わかるを
つくる

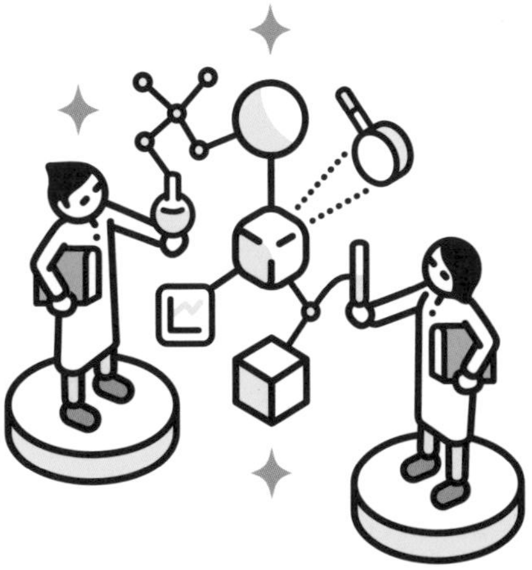

中学

理科 問題集

GAKKEN PERFECT COURSE
SCIENC

Gakken

PERFECT COURSE

はじめに

問題集の基本的な役割とは何か。こう尋ねたとき，多くの人がテスト対策や入試対策を一番に思い浮かべるのではないでしょうか。また，問題を解くための知識を身につけるという意味では，「知識の確認と定着」や「弱点の発見と補強」という役割もあり，どれも問題集の重要な役割です。

しかしこの問題集の役割は，それだけにとどまりません。知識を蓄積するだけではなく，その知識を運用して考える力をつけることも，大きな役割と考えています。この観点から，「知識を組み合わせて考える問題」や「思考力・表現力を必要とする問題」を多く収録しています。この種の問題は，最初から簡単には解けないかもしれません。しかし，じっくり問題と向き合って，自分で考え，自分の力で解けたときの高揚感や達成感は，自信を生み，次の問題にチャレンジする意欲を生みます。みなさんが，この問題集の問題と向き合い，解くときの喜びや達成感をもつことができれば，これ以上嬉しいことはありません。

知識を運用して問題を解決していく力は，大人になってさまざまな問題に直面したときに，それらを解決していく力に通じます。これは，みなさんが将来，主体的に自分の人生を生きるために必要な力だといえるでしょう。『パーフェクトコース わかるをつくる』シリーズは，このような，将来にわたって役立つ教科の本質的な力をつけてもらうことを心がけて制作しました。

この問題集は，『パーフェクトコース わかるをつくる』参考書に対応した構成になっています。参考書を活用しながら，この問題集で知識を定着し，運用する力を練成していくことで，ほんとうの「わかる」をつくる経験ができるはずです。みなさんが『パーフェクトコース わかるをつくる』シリーズを活用し，将来にわたって役立つ力をつけられることを祈っています。

学研プラス

PERFECT COURSE

学研パーフェクトコース
わかるをつくる **中学理科問題集**

この問題集の特長と使い方

特長

本書は, 参考書『パーフェクトコース わかるをつくる 中学理科』に対応した問題集です。
参考書とセットで使うと, より効率的な学習が可能です。
また, 3 ステップ構成で, 基礎の確認から実戦的な問題演習まで,
段階を追って学習を進められます。

構成と使い方

STEP01 要点まとめ

その章で学習する基本的な内容を, 穴埋め形式で確認できるページです。重要語句を書きこんで, 基本事項を確認しましょう。問題にとりかかる前のウォーミングアップとして, 最初にとり組むことをおすすめします。

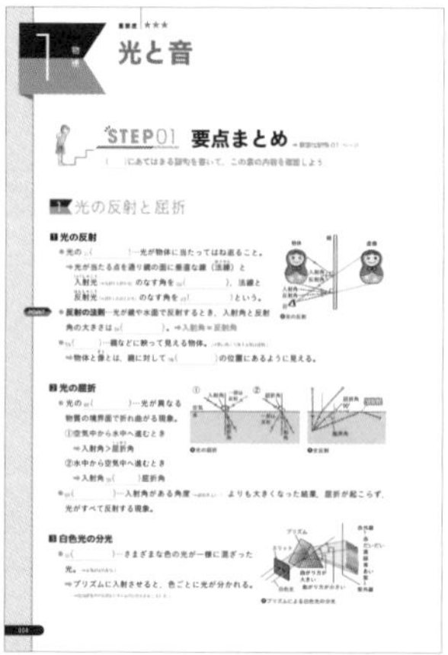

STEP02 基本問題

その章の内容の理解度を, 問題を解きながらチェックするページです。サイドに問題を解くヒントや, ミスしやすい内容についての注意点を記載しています。行き詰まったときは, ここを読んでから再度チャレンジしましょう。

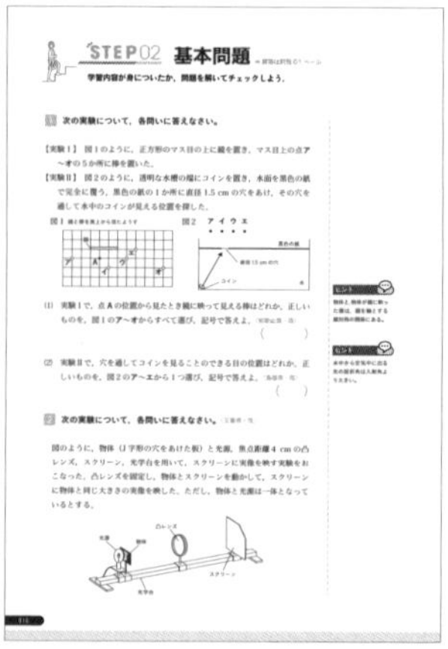

STEP03 実戦問題

入試レベルの問題で，ワンランク上の実力をつけるページです。複雑な計算問題や，読解力，活用力を問われる新傾向の問題も掲載しているので，幅広い学力が身につきます。

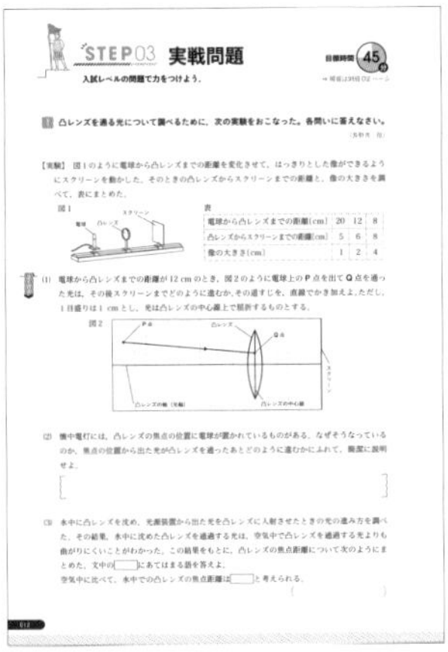

アイコンについて

よく出る
定期テストや入試でよく出る問題です。

難問
やや難易度が高い問題です。

超難問
特に難易度が高い問題です。

新傾向
身近な生活や社会とひもづけた問題や，学習範囲外の知識から思考させる問題など，従来以上に広い知識や活用力を必要とする問題です。

PERFECT COURSE EXAMINATION 入試予想問題

高校入試を想定した，オリジナルの問題を掲載しています。物理，化学，生物，地学の分野をまたいだ実力が問われます。実際の入試をイメージしながら，とり組んでみましょう。

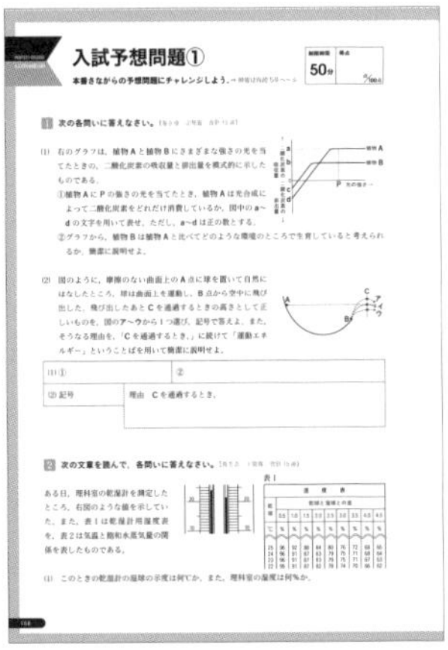

別冊 解答・解説

解答は別冊になっています。詳しい解説がついていますので，まちがえた問題や理解が不十分だと感じた問題は，解説をよく読んで確実に解けるようにしておきましょう。

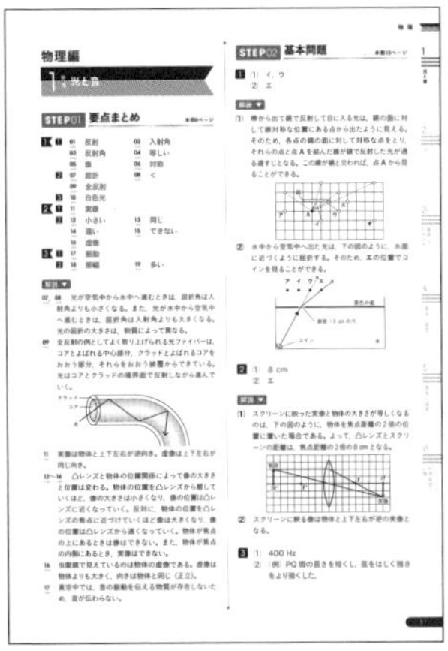

※入試問題について…●編集上の都合により，解答形式を変更したり，問題の一部を変更・省略したりしたところがあります。(「改」と表記)●問題指示文，表記，記号などは，問題集全体の統一のため，変更したところがあります。●問題の出典の「H30」などの表記は，出題年度を示しています。(例：H30⇒平成30年度に実施された入試で出題された問題)

PERFECT COURSE

学研パーフェクトコース
わかるをつくる **中学理科問題集**

目次

物理編

重要度 ★★★

1 物理 光と音

STEP01 要点まとめ

➡解答は別冊 01 ページ

（　）にあてはまる語句を書いて，この章の内容を確認しよう。

1 光の反射と屈折

1 光の反射

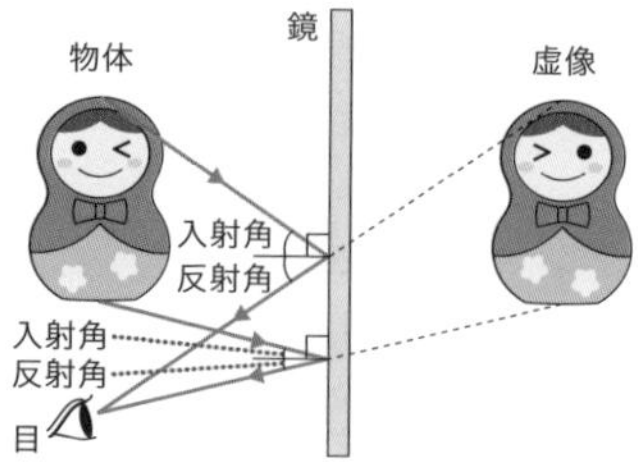

⬆光の反射

- 光の 01（　　　　）…光が物体に当たってはね返ること。
  ➡光が当たる点を通り鏡の面に垂直な線（法線）と入射光［➡反射する前の光］のなす角を 02（　　　　），法線と反射光［➡反射したあとの光］のなす角を 03（　　　　）という。

POINT
- **反射の法則**…光が鏡や水面で反射するとき，入射角と反射角の大きさは 04（　　　　）。**➡入射角＝反射角**
- 05（　　　）…鏡などに映って見える物体。［➡鏡に映って見える像は虚像。］
  ➡物体と像とは，鏡に対して 06（　　　　）の位置にあるように見える。

2 光の屈折

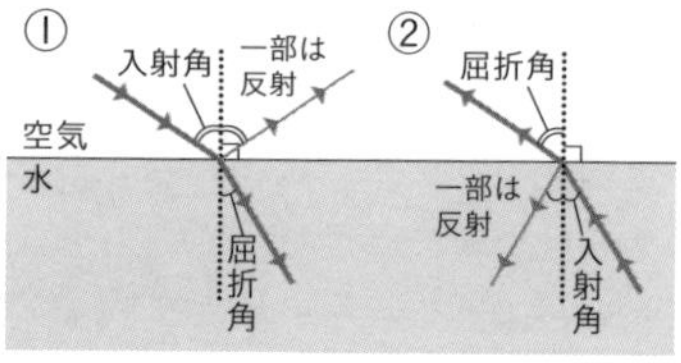

⬆光の屈折

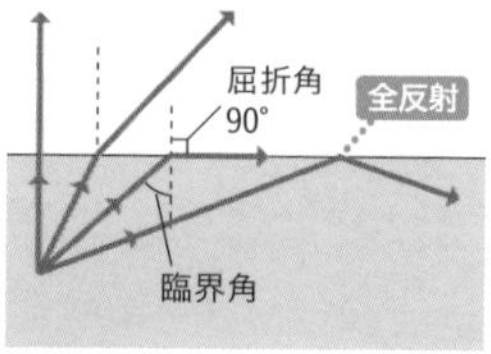

⬆全反射

- 光の 07（　　　　）…光が異なる物質の境界面で折れ曲がる現象。
  ①空気中から水中へ進むとき
  ➡入射角＞屈折角
  ②水中から空気中へ進むとき
  ➡入射角 08（　　　）屈折角
- 09（　　　　）…入射角がある角度［➡臨界角という］よりも大きくなった結果，屈折が起こらず，光がすべて反射する現象。

3 白色光の分光

- 10（　　　　）…さまざまな色の光が一様に混ざった光。［➡太陽光は白色光。］
  ➡プリズムに入射させると，色ごとに光が分かれる。
  ［➡虹は空気中の水滴がプリズムのはたらきをしている。］

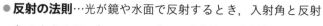

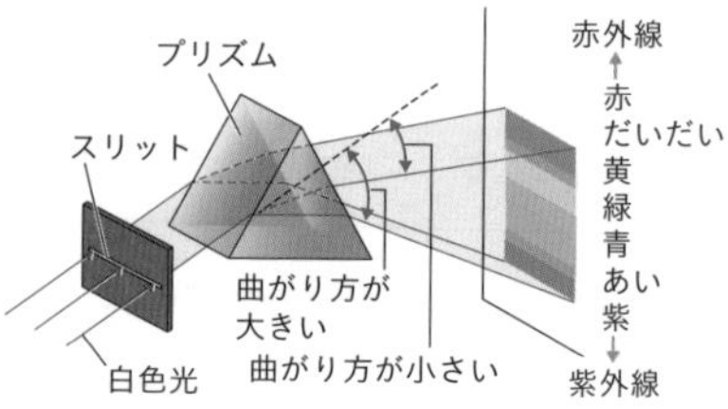

⬆プリズムによる白色光の分光

2 凸レンズによる像

1 実像と虚像

● 11（　　　　）…凸レンズを通った光が集まって，スクリーンに映る像。[➡物体と上下左右が逆向き（倒立）]

● 虚像（きょぞう）…スクリーンに映らない見かけの像。[➡物体と上下左右が同じ向き（正立）]

2 物体の位置と像の位置・大きさの関係

①物体が 2F′より遠い [➡焦点距離の 2 倍の位置の外側にある] とき

➡ 2F と F の間に，実物より 12（　　　　）倒立（とうりつ）の実像（じつぞう）ができる。

POINT ②物体が 2F′ 上 [➡焦点距離の 2 倍の位置] にあるとき

➡ 2F 上に，実物と 13（　　　　）大きさの倒立の実像ができる。

③物体が 2F′ と F′ の間にあるとき

➡ 2F より 14（　　　　）位置に，実物より大きい倒立の実像ができる。

④物体が F′ 上 [➡焦点上] にあるとき

➡像は 15（　　　　）。

⑤物体が F′ とレンズの間 [➡焦点の内側] にあるとき

➡スクリーンに像はできない。

➡凸レンズを通して物体を見ると，物体より大きな正立（せいりつ）の 16（　　　　）が見える。

＊図中のF，F′は焦点。2F，2F′は焦点距離の2倍の位置。

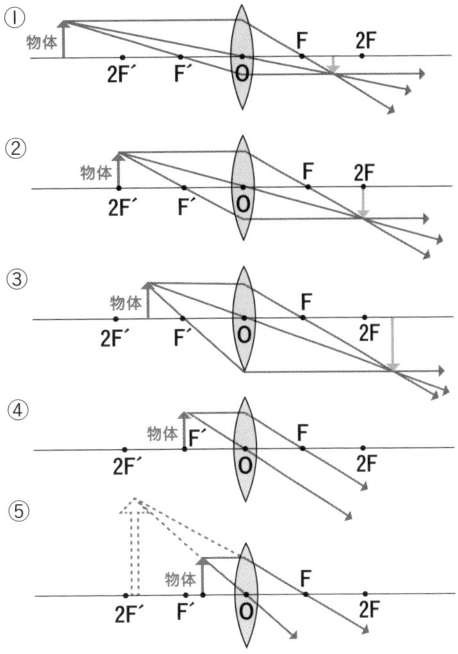

⬆物体の位置と像の位置

3 音の性質

1 音の伝わり方と速さ

● 音の伝わり方…物体が 17（　　　　）して波となって伝わる。
[➡真空中では伝わらない。]

● 音の速さ…空気中を 1 秒間に約 340 m の速さで伝わる。
[➡気温によって変わる。]

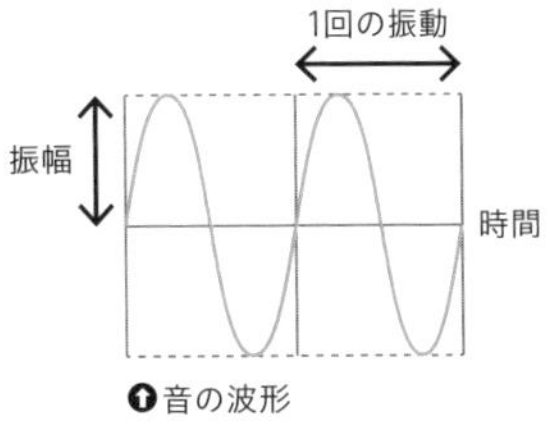

⬆音の波形

2 音の大小と高低

● 音の大小…音源（おんげん）の 18（　　　　）が大きいほど，音は大きい。[➡右図①と②を比較]

● 音の高低…音源の**振動数**（しんどうすう） [➡ 1 秒間に振動する回数] が 19（　　　　）ほど，音は高い。[➡右図①と③を比較]

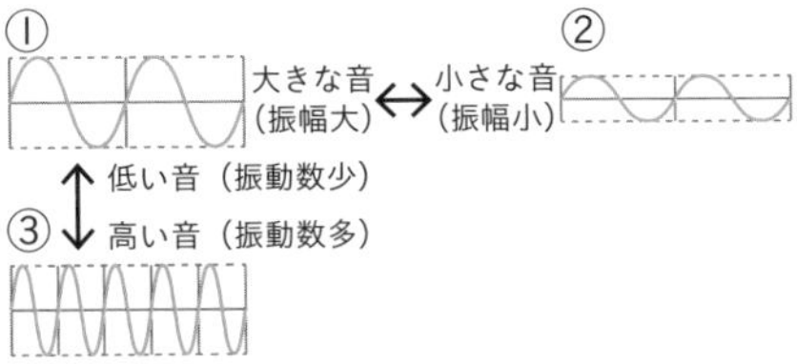

⬆音の波形と音の大小・高低

STEP 02 基本問題 ➡ 解答は別冊 01 ページ

学習内容が身についたか，問題を解いてチェックしよう。

1 次の実験について，各問いに答えなさい。

【実験Ⅰ】 図1のように，正方形のマス目の上に鏡を置き，マス目上の点**ア**～**オ**の5か所に棒を置いた。

【実験Ⅱ】 図2のように，透明な水槽の端にコインを置き，水面を黒色の紙で完全に覆う。黒色の紙の1か所に直径1.5 cmの穴をあけ，その穴を通して水中のコインが見える位置を探した。

図1 鏡と棒を真上から見たようす

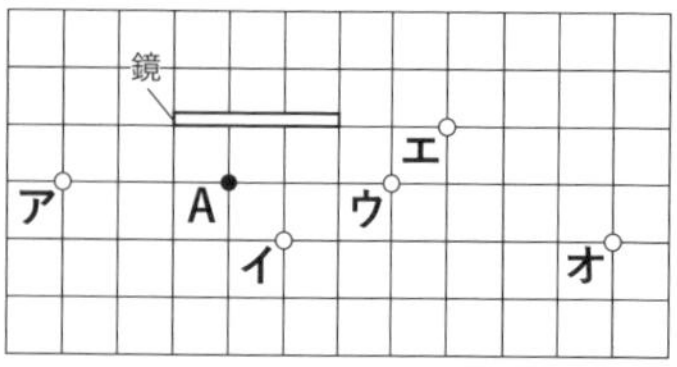

図2

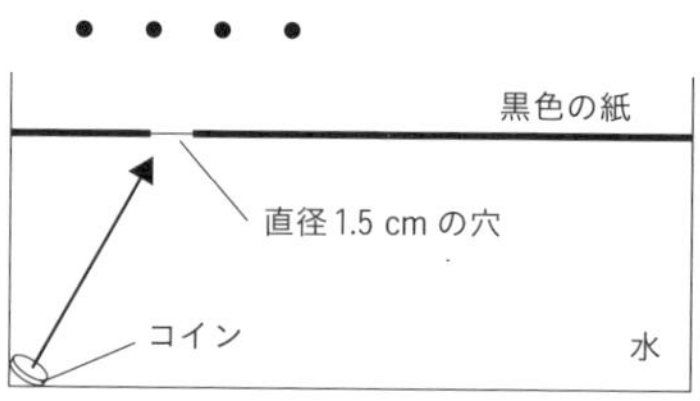

(1) 実験Ⅰで，点**A**の位置から見たとき鏡に映って見える棒はどれか。正しいものを，図1の**ア**～**オ**からすべて選び，記号で答えよ。〈和歌山県・改〉

(　　　　)

(2) 実験Ⅱで，穴を通してコインを見ることのできる目の位置はどれか。正しいものを，図2の**ア**～**エ**から1つ選び，記号で答えよ。〈島根県・改〉

(　　)

ヒント
物体と，物体が鏡に映った像は，鏡を軸とする線対称の関係にある。

ヒント
水中から空気中に出る光の屈折角は入射角より大きい。

2 次の実験について，各問いに答えなさい。〈三重県・改〉

図のように，物体（J字形の穴をあけた板）と光源，焦点距離4 cmの凸レンズ，スクリーン，光学台を用いて，スクリーンに実像を映す実験をおこなった。凸レンズを固定し，物体とスクリーンを動かして，スクリーンに物体と同じ大きさの実像を映した。ただし，物体と光源は一体となっているとする。

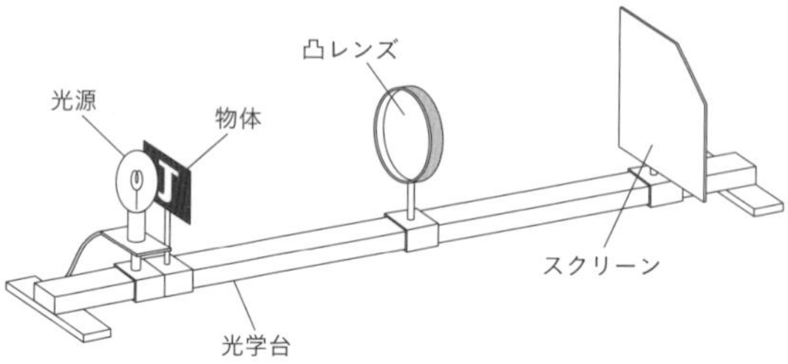

(1) スクリーンに物体と同じ大きさの実像を映したとき，凸レンズとスクリーンの距離は何 cm か，答えよ。

(　　　　)

よく出る

(2) スクリーンに映った像は，どのように見えるか。正しいものを次の**ア**～**エ**から 1 つ選び，記号で答えよ。

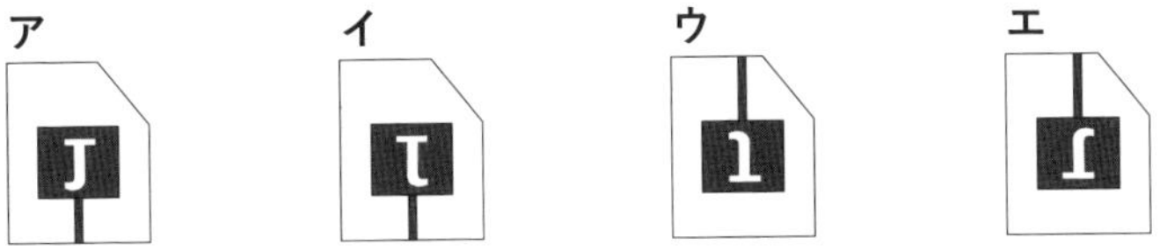

(　　)

ミス注意

上下の向きだけではなく，左右の向きも考慮する。

3 次の各問いに答えなさい。〈長崎県・改〉

図 1 のようなモノコードを使い，弦をはじいたときに発生した音をマイクを通してコンピュータにとりこんだ。弦の左端を **P** 点，コマと弦が接する点を **Q** 点とし，コマの位置は自由に変えることができる。

図 1

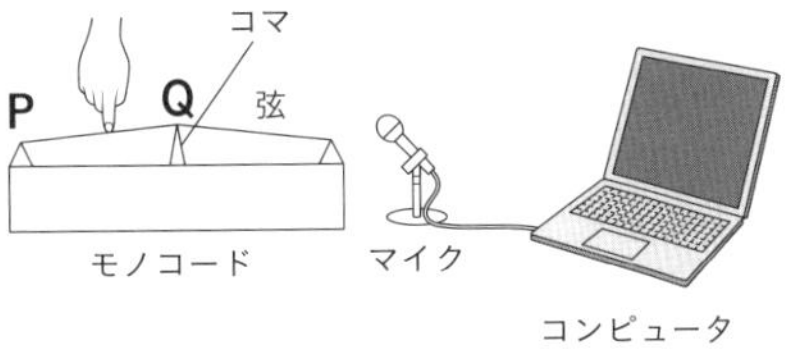

(1) 図 1 において，**PQ** 間の中央をはじき，発生した音のようすをコンピュータの画面に表示させたところ，図 2 のようになった。図 2 の縦軸は振幅を，横軸は時間を表しており，1 回の振動にかかる時間は $\frac{1}{400}$ 秒であった。発生した音の振動数は何 Hz か。

図 2

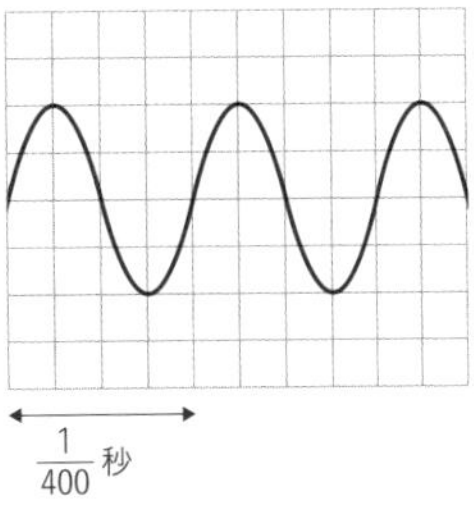

(　　　　)

ヒント

振動数とは，1 秒間に音源が振動する回数である。

(2) **PQ** 間の長さと弦をはじく強さを変えて，再び弦をはじき発生した音のようすをコンピュータの画面に表示させたところ，図 3 のようになった。**PQ** 間の長さと弦をはじく強さをどのように変えたか，数値を用いずに簡単に説明せよ。ただし，縦軸，横軸の 1 目盛りの値は図 2 と同じである。

図 3

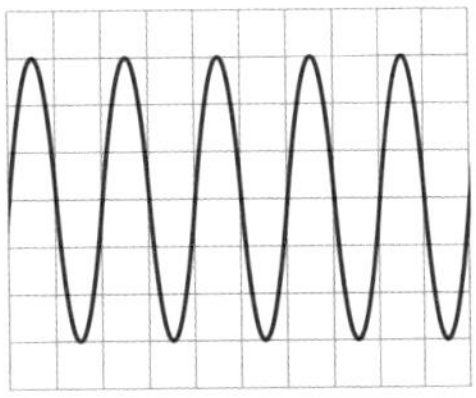

[　　　　　　　　　　　　　　　　　　　　]

ヒント

振幅は音の大きさを，振動数は音の高さを示している。

STEP 03 実戦問題

入試レベルの問題で力をつけよう。

目標時間 45分

➡ 解答は別冊 02 ページ

1 凸レンズを通る光について調べるために，次の実験をおこなった。各問いに答えなさい。

〈長野県・改〉

【実験】 図1のように電球から凸レンズまでの距離を変化させて，はっきりとした像ができるようにスクリーンを動かした。そのときの凸レンズからスクリーンまでの距離と，像の大きさを調べて，表にまとめた。

図1

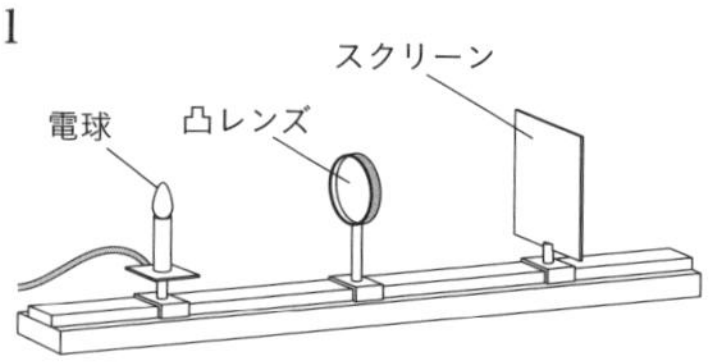

表

電球から凸レンズまでの距離〔cm〕	20	12	8
凸レンズからスクリーンまでの距離〔cm〕	5	6	8
像の大きさ〔cm〕	1	2	4

よく出る

(1) 電球から凸レンズまでの距離が 12 cm のとき，図2のように電球上の **P** 点を出て **Q** 点を通った光は，その後スクリーンまでどのように進むか。その道すじを，直線でかき加えよ。ただし，1目盛りは1 cmとし，光は凸レンズの中心線上で屈折するものとする。

図2

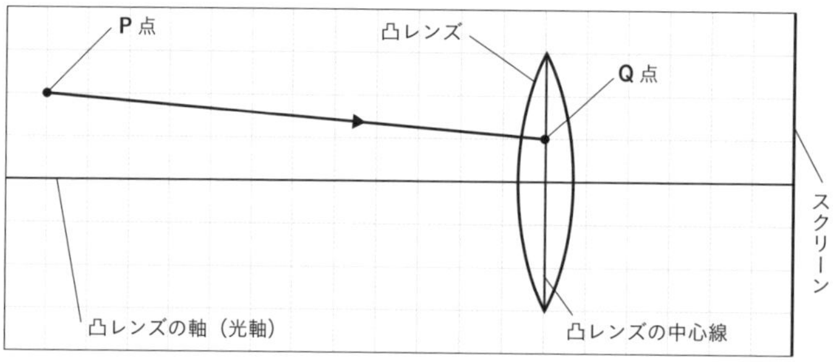

(2) 懐中電灯には，凸レンズの焦点の位置に電球が置かれているものがある。なぜそうなっているのか，焦点の位置から出た光が凸レンズを通ったあとどのように進むかにふれて，簡潔に説明せよ。

[　　　　　　　　　　　　　　　　　　　　]

(3) 水中に凸レンズを沈め，光源装置から出た光を凸レンズに入射させたときの光の進み方を調べた。その結果，水中に沈めた凸レンズを通過する光は，空気中で凸レンズを通過する光よりも曲がりにくいことがわかった。この結果をもとに，凸レンズの焦点距離について次のようにまとめた。文中の［　　］にあてはまる語を答えよ。

空気中に比べて，水中での凸レンズの焦点距離は［　　］と考えられる。

(　　　　　　)

2 音について調べるために，次の実験をおこなった。各問いに答えなさい。〈熊本県〉

【実験Ⅰ】 拓也さんと博樹さんは，音が光と同様に反射する性質を利用し，音の速さを調べる実験をおこなった。図1のように，校舎の壁から10.0 m離れた**A**地点にマイクロホンを置き，コンピュータに接続した。次に，**A**地点からさらに2.0 m離れた**B**地点で博樹さんが1回手をたたき，拓也さんが**A**地点での音の波形を記録した。このとき，**A**，**B**地点は校舎の壁に垂直な同一直線上にあり，風はなかった。図2は，**A**地点で記録した波形を示したもので，**a**は最大の振幅を，**b**は手をたたいた直接の音と校舎の壁で反射した音の時間の間隔を示したものである。

図1

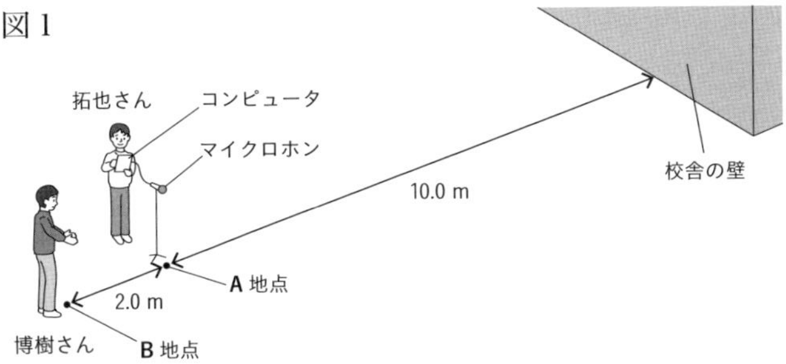

図2

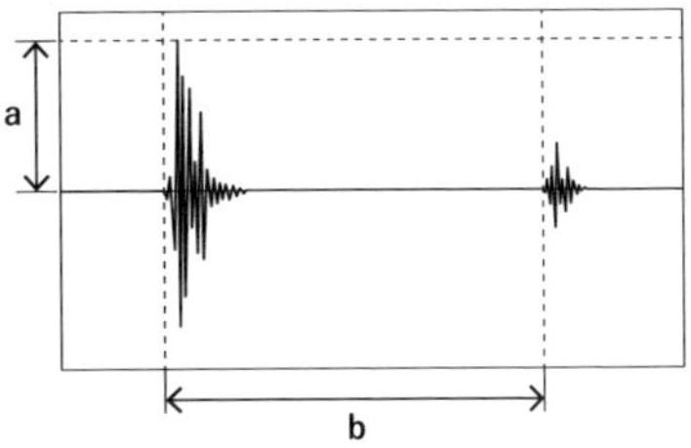

(1) 図2について，**b**の時間の間隔は0.0580秒であった。結果から推測される音の速さは何m/sか。小数第1位を四捨五入して答えよ。
（　　　）

(2) 図1について，手をたたく音を大きくして同様の実験をおこなうと，最大の振幅は図2の**a**と比べて①（**ア** 大きくなる　**イ** 小さくなる　**ウ** 変わらない）。また図1のマイクロホンを**A**地点から校舎に向かって5.0m近づけて同様の実験をおこなうと，手をたたいた直接の音と校舎の壁で反射した音の時間の間隔は，図2の**b**と比べて②（**ア** 大きくなる　**イ** 小さくなる　**ウ** 変わらない）。
①，②の（　）の中からそれぞれ正しいものを1つずつ選び，記号で答えよ。
①（　　）②（　　）

【実験Ⅱ】 実験を終えた2人は，ほかの方法で音の速さを調べることができないかと考え，「ピッピッピッ…」と一定の間隔で音が鳴る電子メトロノームを2台使った実験を計画した。次の①～③は，その方法を示したものである。

> ① 2人が同じ地点に立ち，電子メトロノームの音が鳴る回数を1分間あたり240回に設定し，2台の音を同時に鳴らし始める。
> ② 1台を拓也さんが持ち，もう1台を持った博樹さんが拓也さんから遠ざかっていく。
> ③ 拓也さんの耳に聞こえる2台の音がずれてくることを確認し，再び音が一致したところで博樹さんが止まり，<u>2人の間の距離</u>を測定する。

(3) 下線部がd〔m〕のとき，実験から求められる音の速さは何m/sか。dを使って答えよ。ただし，風の影響は考えないものとする。
（　　　）

3 次の文章を読んで，各問いに答えなさい。〈徳島県・改〉

こうたさん　光の進み方について，いろいろ考えてみると，おもしろいですね。美容院では，a2枚の鏡を使って後ろから見たようすを見せてくれます。このときの光はどう進んでいるのでしょうか。

あかりさん　そういえば，b家の鏡で，私はつま先から頭まで自分の全身を映すことができるけれど，私の妹は，同じ鏡だと自分の足下が映らないらしいです。どうしてでしょうか。

ほたるさん　光の進み方を考えれば，きちんとわかりますよ。

(1) 下線部 **a** について，図1は後頭部にある点 **Y**，目の位置 **Z**，頭の後方の鏡 **M**，前方の大きな鏡 **N** の位置を上から見て表したものである。点 **Y** からの光が鏡 **M**，鏡 **N** の順に進み，目の位置 **Z** に届くまでの光の道すじと，光の進む向きを，(例) に従って図1にかき入れよ。ただし，作図のあとは消さずに残すこと。

図1

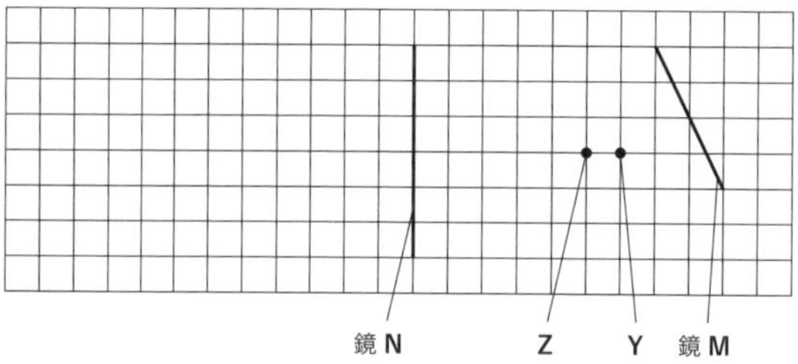

(例)

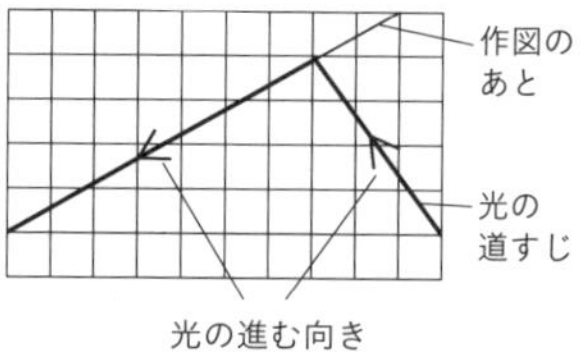

新傾向

(2) 下線部 **b** について，床に対して垂直に1枚の鏡を固定し，あかりさんとあかりさんの妹が隣に並んで立ったとき，2人がそれぞれ自分の全身を見ることができるようにしたい。このとき鏡の縦の長さは何 cm 必要か，また，その鏡の下端を床から何 cm にすればよいか，求めよ。ただし，あかりさんの身長は 154 cm，あかりさんの妹の身長は 116 cm であり，あかりさんの目の高さは床から 140 cm，あかりさんの妹の目の高さは床から 102 cm であるとする。

鏡の縦の長さ (　　　　)　鏡の下端の床からの高さ (　　　　)

4 次の各問いに答えなさい。〈ラ・サール高・改〉

よく出る

(1) 図1は底に鏡を置いた水槽に水を入れたものである。水中にある光源から出た光の道すじはどれか。正しいものを，図1の **ア**～**カ** から1つ選び，記号で答えよ。

(　　)

図1

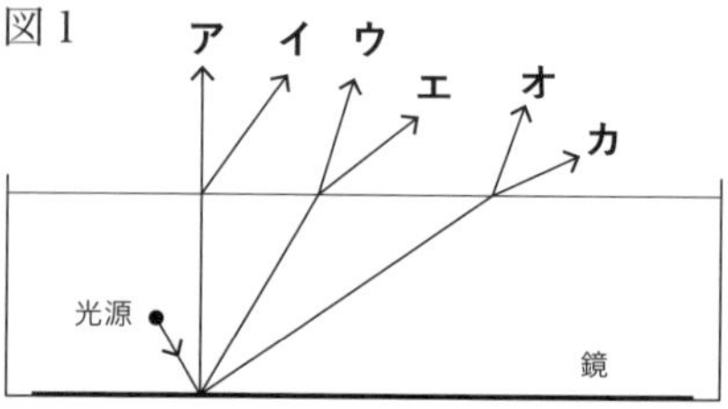

超難問

図2は，白色光が空気中から水中に向かって進むときの光の屈折のようすを表したものである。これから，白色光はさまざまな色の光をふくんでいて，色により屈折角がちがうことがわかる。

図2

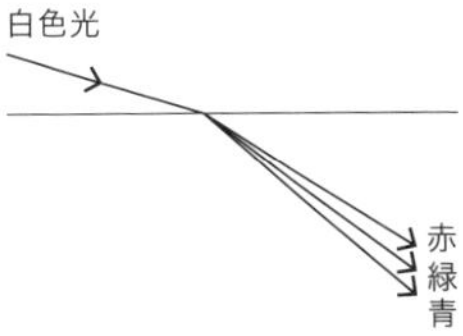

(2) 図3は白色光が球形の水滴で1回だけ反射したときの光の進み方を表したものである。①～③の色の組み合わせはどれか。正しいものを，下の表の**ア～カ**から1つ選び，記号で答えよ。

図3

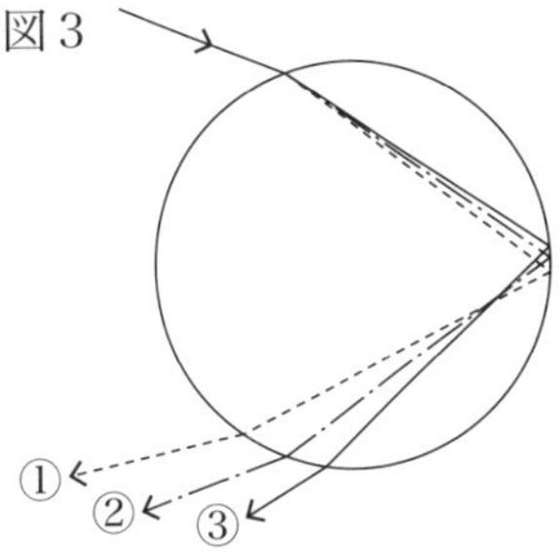

	ア	イ	ウ	エ	オ	カ
①	赤	赤	緑	緑	青	青
②	緑	青	赤	青	赤	緑
③	青	緑	青	赤	緑	赤

（　　）

虹（にじ）は図4のように2つ見えることもあり，水平面に近い方から，主虹（しゅこう），副虹（ふくこう）と呼ばれる。これらは図5のように空気中に浮かんだ多くの水滴に太陽光（さまざまな色をふくむ白色光）が入り，屈折や反射をくり返し，さまざまな色の光に分けられたものが同時に見えたものである。

図4

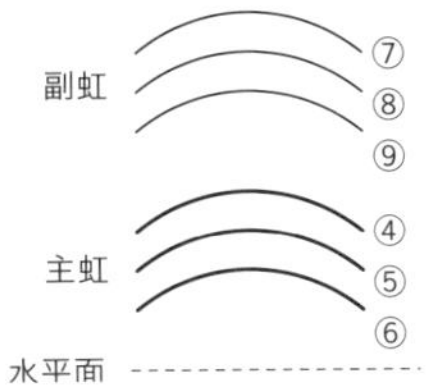

図5

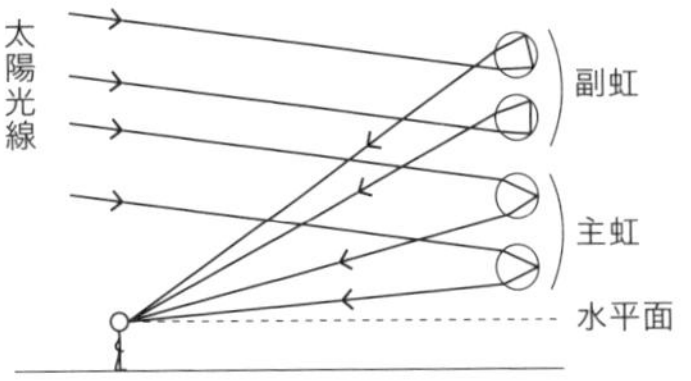

主虹は図6のように水滴で1回反射し，副虹は図7のように水滴で2回反射して地上に届く。ただし，図6および図7は太陽光にふくまれるある色の光が虹を見る人まで到達するようすを描いており，***a***，***b*** は水平面から見上げる角度を表す。

図6

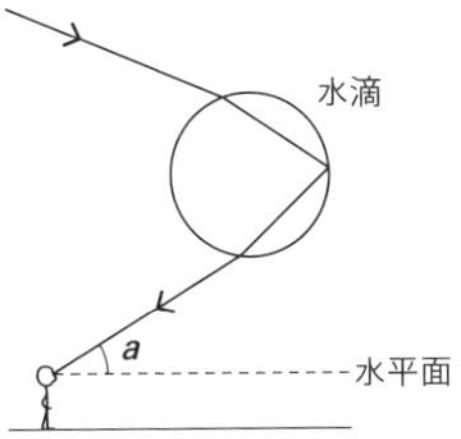

図7

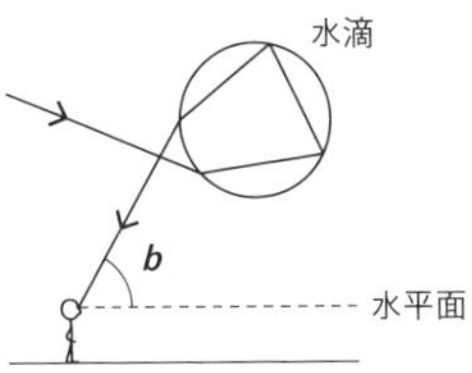

(3) ***a*** および ***b*** は光の色によって変化する。赤色の光と青色の光のうち，角度が大きいのはそれぞれどちらの色か。

a （　　）　***b*** （　　）

(4) 図4において，主虹および副虹の見え方を，下の表の**ア～カ**からそれぞれ選び，記号で答えよ。

主虹	ア	イ	ウ	エ	オ	カ
④	赤	赤	緑	緑	青	青
⑤	緑	青	赤	青	赤	緑
⑥	青	緑	青	赤	緑	赤

副虹	ア	イ	ウ	エ	オ	カ
⑦	赤	赤	緑	緑	青	青
⑧	緑	青	赤	青	赤	緑
⑨	青	緑	青	赤	緑	赤

主虹（　　）　副虹（　　）

重要度 ★★★

力

STEP01 要点まとめ

➡ 解答は別冊 03 ページ

(　　)にあてはまる語句を書いて，この章の内容を確認しよう。

1 力のはたらきと性質

- 力の単位…01(　　　　　　)(記号 N)

［➡ 1N は約 100 g の物体にはたらく重力の大きさ。］

- **2力のつり合い**…1つの物体に2つの力がはたらいていて，物体が 02(　　　　　　)とき，2つの力はつり合っている。
- 03(　　　　　　)**の法則**…ある物体（A）がほかの物体（B）に力を加えるとき，必ず同時に，BからAに対しても力がはたらく。2力の大きさは等しく，同一直線上で向きは反対である。

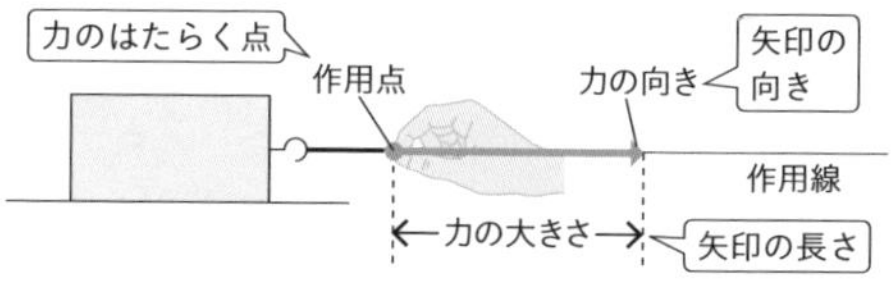

⬆力の表し方

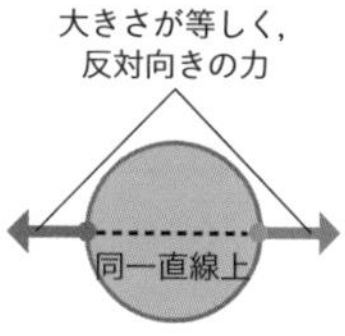

⬆2力のつり合い

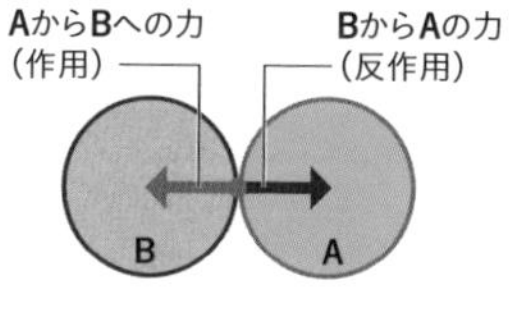

⬆作用・反作用

2 フックの法則

POINT

- **フックの法則**…ばねののびは，加えた力の大きさに 04(　　　　)する。［➡グラフは原点を通る直線になる。］

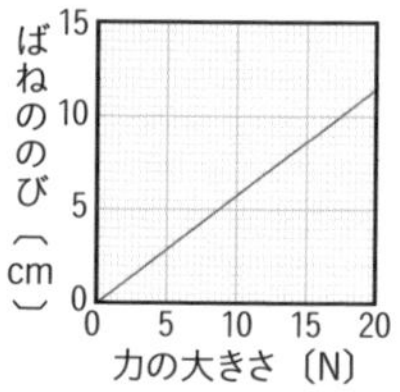

⬆フックの法則

3 力の合成と分解

- **合力**…複数の力と同じはたらきをする1つの力。

POINT

➡2力を2辺とする平行四辺形の 05(　　　　)で表される。

- **力の** 06(　　　　)…複数の力を合力に置きかえること。
- **力の** 07(　　　　)…1つの力を複数の力に分けること。

➡分解して求めた力をもとの力の**分力**という。

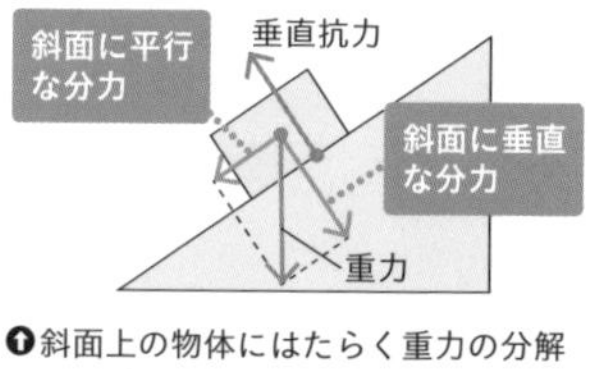

⬆斜面上の物体にはたらく重力の分解

4 水圧と浮力

- **水圧**…水にはたらく 08(　　　　)によって生じる圧力。

➡水圧は，水面からの 09(　　　　)に比例する。

- **浮力**…水中の物体が，水から受ける 10(　　　　)向きの力。

➡物体の上面と下面にはたらく水圧の大きさの差。

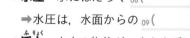

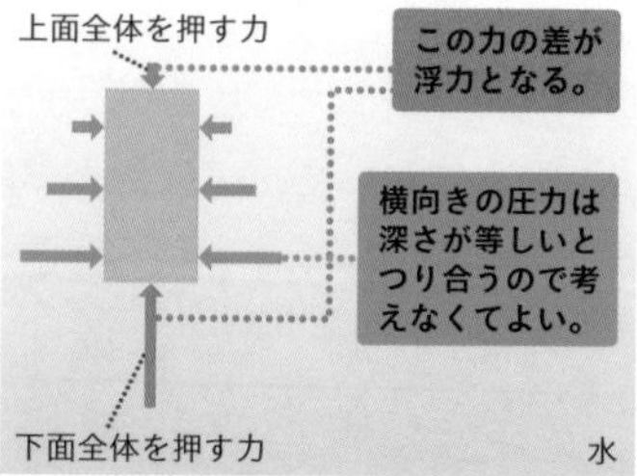

⬆浮力が生じるわけ

STEP 02 基本問題

➡ 解答は別冊 03 ページ

学習内容が身についたか，問題を解いてチェックしよう。

1 次の各問いに答えなさい。

よく出る

(1) ばねののびが，ばねにはたらく力の大きさに比例することは，ある法則として知られている。この法則を発見者にちなんで，何とよぶか，その名称を答えよ。〈静岡県〉 (　　　　　)

よく出る

(2) 水中の物体にはたらく水圧について，最も適切なものを，次の**ア**～**エ**から1つ選び，記号で答えよ。ただし，矢印の長さは水圧の大きさを表すものとする。〈富山県〉

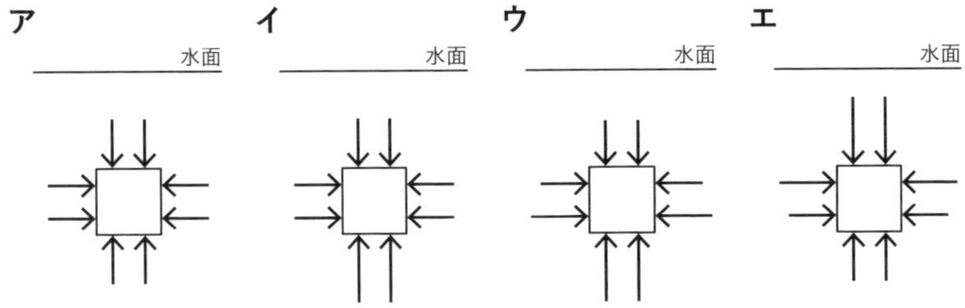

(　　)

ヒント
水深が深いほど水圧は大きくなる。

2 次の各問いに答えなさい。〈島根県〉

図のように水平な床の上に 20 N の重力がはたらく平らな板を置き，その上に 30 N の重力がはたらく小球を置いた。

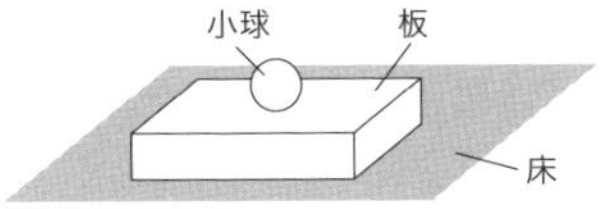

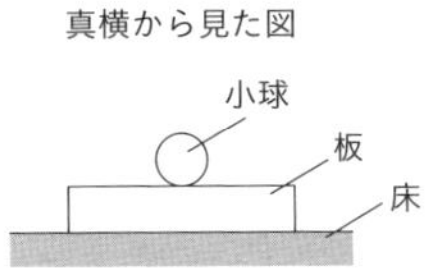

(1) 床が板から受けている力は何 N か。 (　　　　)

(2) 板にはたらく力を図示したものはどれか。最も適切なものを，次の**ア**～**エ**から1つ選び，記号で答えよ。

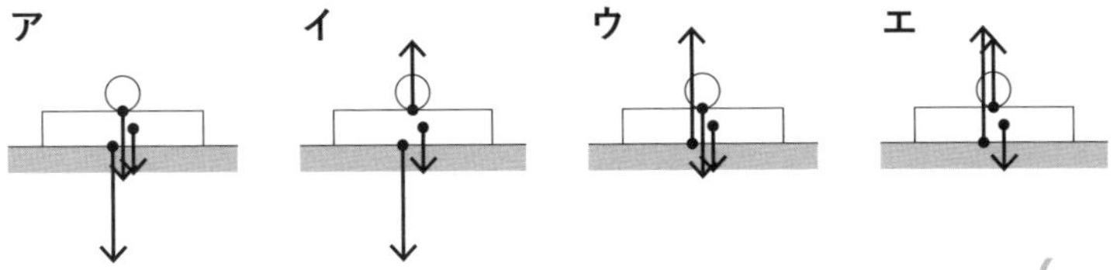

(　　)

ヒント
床が板から受けている力は，板にはたらく重力と小球にはたらく重力の合力である。

STEP 03 実戦問題

入試レベルの問題で力をつけよう。

目標時間 30分

➡ 解答は別冊 04 ページ

1 次の文章を読んで，各問いに答えなさい。〈洛南高〉

新傾向

自然の長さが 22 cm のばねとそれより長いゴムひもを用意し，おもりにばねとゴムひもとをつけて引っ張る実験をした。ばねとゴムひもは，それぞれ 30 cm のびるまではのびと加わる力は比例することがわかっている。

まず，図 1 のようにつないで，ばねばかりをゆっくり水平に引っ張るとばねののびが 12 cm になったときおもりが動き始めた。図 2 は，そのときのばねののびと引く力の関係を示したものである。おもりと台の間にはたらく摩擦力の最大力は 68 N で，ばねとゴムひもが引く力の合力がこれを越えるとおもりが動き出すと考えられる。

図 1

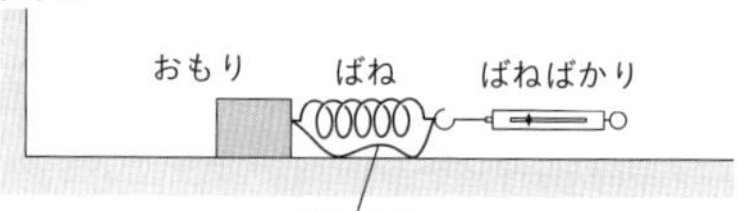

図 2

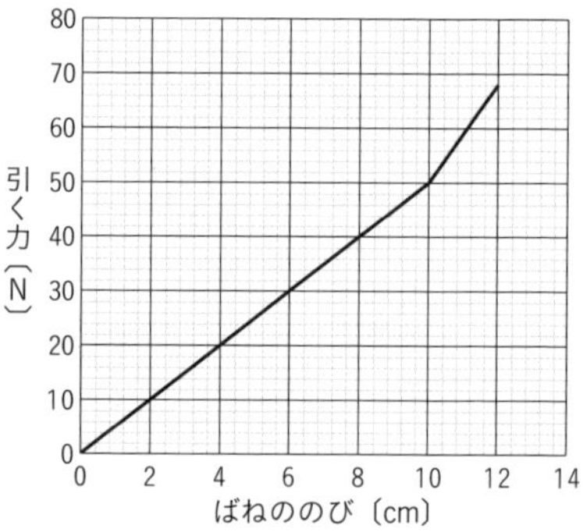

(1) ゴムひもの自然の長さは何 cm か。四捨五入して，整数で答えよ。

(　　　　)

(2) ゴムひもを単独で自然の長さから 1 cm のばすのに必要な力は何 N か。四捨五入して，整数で答えよ。

(　　　　)

次に，ばねとゴムひものつなぎ方を変えて，ばねばかりをある力で引くと，図 3 のように，おもりは壁から 50 cm のところに静止していた。

図 3

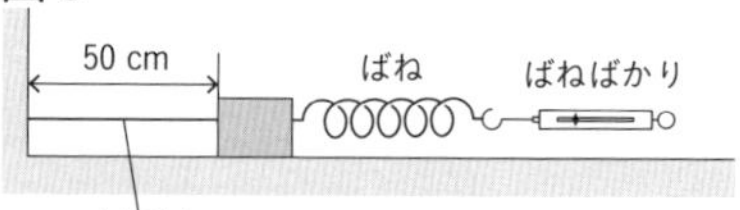

難問

(3) 図 3 の状態からばねばかりを右に動かすと，おもりが動き出した。このときばねは何 cm のびていたか。四捨五入して，整数で答えよ。

(　　　　)

難問

(4) 図 3 の状態からばねばかりを左に動かすと，おもりが動き出した。このときばねは何 cm のびていたか。四捨五入して，小数第一位まで答えよ。

(　　　　)

1 光と音
2 力
3 運動とエネルギー
4 電流と電圧
5 電流と磁界
6 科学技術と人間

2 浮力のはたらき方を調べるために，次の実験をおこなった。各問いに答えなさい。〈島根県〉

【実験Ⅰ】 図1のように，円筒形の容器に金属の小球を入れ，ばねばかりで容器の重さをはかると 2.4 N だった。

【実験Ⅱ】 図2のように，容器をゆっくりと水中に沈めていくと，容器の底面から4分の1までが水中に沈んだところで，ばねばかりの目盛りが 1.7 N を示した。

【実験Ⅲ】 図3のように，容器の底面から半分までを水中に沈めると，ばねばかりの目盛りが 1.0 N を示した。

【実験Ⅳ】 さらに容器を沈めていくと，図4のように，容器の一部が水面上に出た状態で静止し，ばねばかりをはずしても，この状態が保たれた。

図1　図2　図3　図4

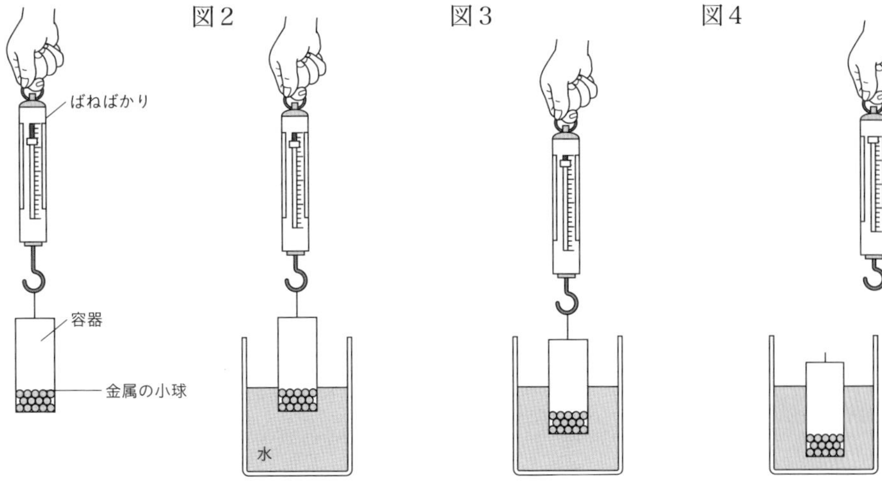

(1) 実験Ⅱで，容器にはたらく浮力の大きさは何Nか。

(　　　　)

よく出る
(2) 実験Ⅰ～実験Ⅲの結果からわかることとして，最も適切なものを次の**ア**～**エ**から1つ選び，記号で答えよ。

ア 物体の水中部分の体積が大きいほうが，重力が小さくなること。
イ 物体の水中部分の体積が大きいほうが，浮力が大きくなること。
ウ 物体にはたらく重力が小さくなると，浮力が大きくなること。
エ 浮力の大きさは，物体の水中部分の体積に関係しないこと。

(　　)

(3) 実験Ⅳで，下線部の状態になるのはなぜか。その理由を答えよ。

(　　　　　　　　　　　　　　　　　　)

難問
(4) 容器に入れる金属の小球をふやして全体の重さを 4.3 N にした。実験Ⅱと同じく，容器の底面から4分の1までを水中に沈めると，ばねばかりの目盛りは何Nを示すか。

(　　　　)

重要度｜★★★

3 物理 運動とエネルギー

STEP01 要点まとめ ➡解答は別冊05ページ

（　　）にあてはまる語句を書いて，この章の内容を確認しよう。

1 力と運動

1 速さ

● 速さ…物体が単位時間に移動した 01（　　　　）。

速さ〔m/s〕＝ 移動距離〔m〕／ 02（　　　　）〔s〕

2 力がはたらかない運動

⬆等速直線運動

● 03（　　　　）運動…一直線上を一定の速さで動く運動。

POINT ➡移動距離は 04（　　　　）に比例する。

［➡移動距離と時間の関係は，原点を通る直線のグラフになる。］

等速直線運動の移動距離〔m〕＝速さ〔m/s〕×時間〔s〕

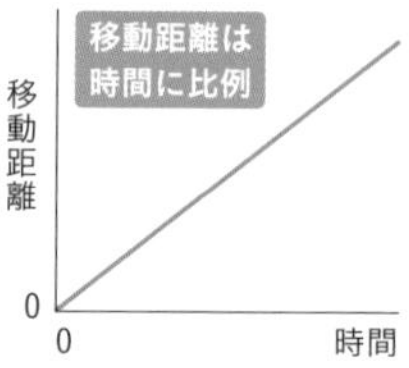

⬆等速直線運動のときの移動距離と時間の関係

● 05（　　　　）…物体がそのままの運動を続けようとする性質。

POINT ➡物体に力がはたらいていない，もしくは，はたらいていても合力が 06（　　　）［➡つり合っている。］なら，静止している物体は静止し続け，運動している物体は 07（　　　　）運動を続ける。（**慣性の法則**）

3 力がはたらく運動

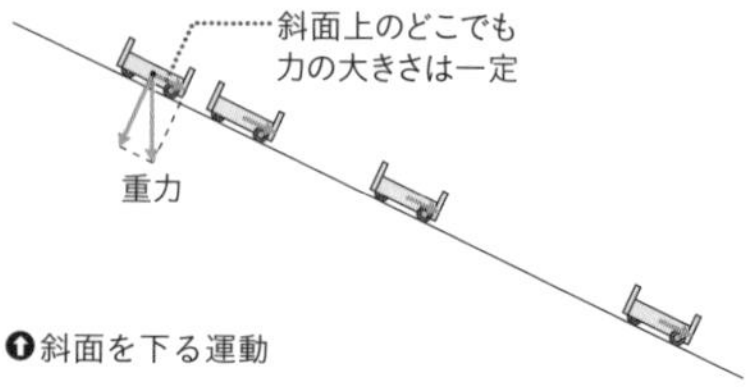

⬆斜面を下る運動

● 斜面を下る運動…斜面に沿った 08（　　　）向きの力［➡斜面の傾きが変わらないなら一定］が物体にはたらき続ける。

➡物体の 09（　　　　）は時間に比例する。

［➡速さと時間の関係は，原点を通る直線のグラフになる。］

➡はたらく力が大きいほど，速さの変化の割合も大きい。

● 10（　　　　）…垂直に落下する物体の運動。

➡物体にはつねに一定の 11（　　　　）がはたらき，速さは時間に 12（　　　　）する。

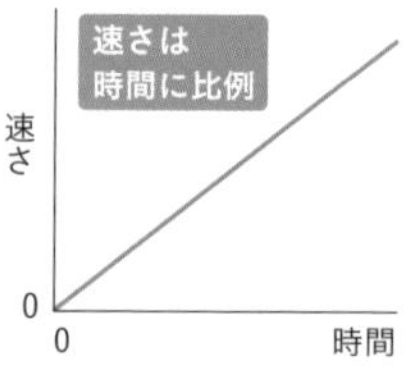

⬆一定の力がはたらく運動のときの速さと時間の関係

2 仕事とエネルギー

1 仕事

- **仕事**（しごと）…加えた力の大きさと力の向きに動いた 13(　　　　)の積で表す。
  ➡単位はジュール（記号 J）。1 N の力の大きさで，力の向きに物体を 1 m 動かすときの仕事を 1 ジュールという。

POINT
- **仕事の原理**…道具などを使って仕事をしても，直接手で仕事をしても，仕事の大きさは 14(　　　　　　)。
- **仕事率**…単位時間（1 秒間）にする仕事の大きさ。
  ➡単位はワット（記号 15(　　　)）。

仕事(J)＝加えた力(N)×動いた距離(m)

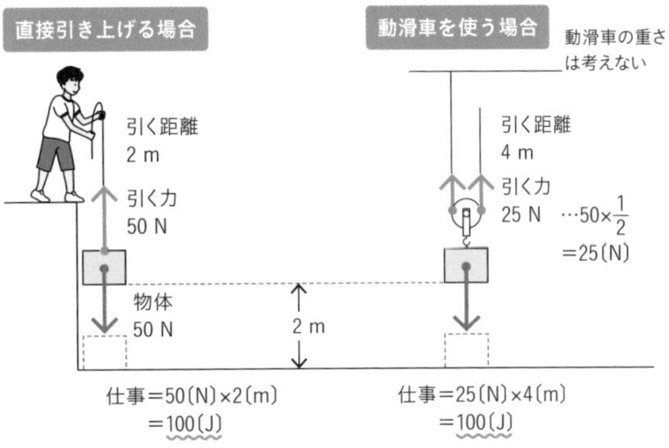

⬆仕事の原理

$$仕事率(W)=\frac{仕事(J)}{16(\qquad)(s)}$$

2 エネルギー

- 17(　　　　　　　　)…物体がほかの物体に仕事をする能力。
  ➡単位はジュール（記号 18(　　　)）。［➡仕事の単位と同じ。］
- 19(　　　　)**エネルギー**…高いところにある物体がもつエネルギー。
  ➡物体の質量（しつりょう）が大きいほど，位置が 20(　　　　)ほど大きい。
- 21(　　　　)**エネルギー**…運動している物体がもつエネルギー。
  ➡物体の質量が 22(　　　　)ほど，速さが速いほど大きい。

3 力学的エネルギーの保存

- **力学的エネルギー**（りきがくてき）…位置（いち）エネルギーと運動（うんどう）エネルギーの 23(　　　)。

POINT
- **力学的エネルギーの保存**（ほぞん）…位置エネルギーと運動エネルギーはたがいに移り変わり，力学的エネルギーはつねに 24(　　　　　)に保たれる。

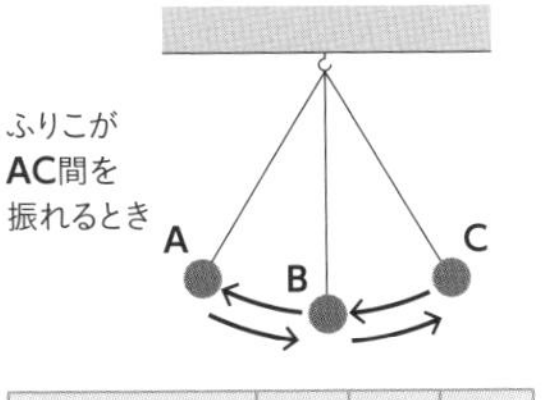

ふりこの位置	A	B	C
位置エネルギー	最大	0	最大
運動エネルギー	0	最大	0

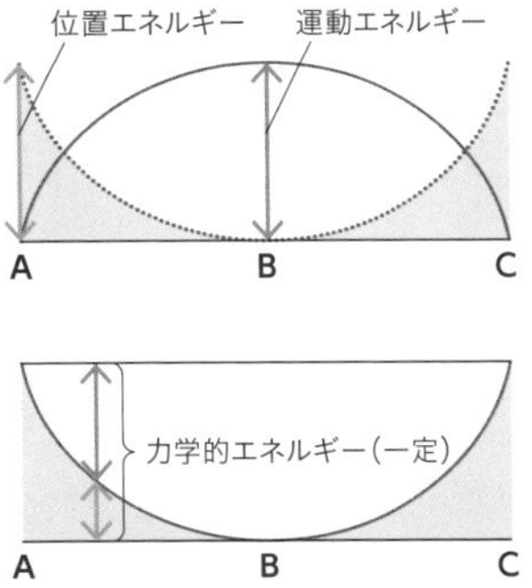

⬆力学的エネルギーの保存

4 エネルギーの移り変わり

- エネルギーはたがいに移り変わるが，エネルギーの総量はつねに 25(　　　　　)。［➡エネルギー保存］

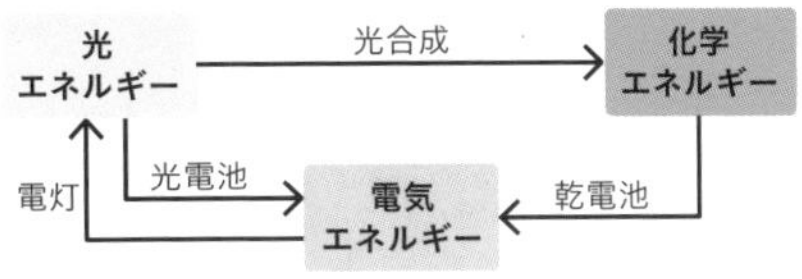

⬆エネルギーの移り変わりの例

STEP 02 基本問題

➡ 解答は別冊 05 ページ

学習内容が身についたか，問題を解いてチェックしよう。

1 次の各問いに答えなさい。

(1) 質量 10 kg の物体を，床から 0.8 m の高さまで一定の速さで持ち上げるのに 2 秒かかったときの仕事率は何 W か。ただし，質量 100 g の物体にはたらく重力の大きさを 1 N とする。〈北海道〉

（　　　　）

(2) 午前 8 時 30 分に A 駅を出発した新幹線が，同じ日の午前 8 時 42 分に B 駅に到着した。この新幹線の平均の速さが 150 km/h のとき，A 駅から B 駅までの移動距離は何 km か。〈北海道〉

（　　　　）

ヒント

仕事〔J〕
＝加えた力〔N〕×動いた距離〔m〕

仕事率〔W〕
＝$\frac{\text{仕事〔J〕}}{\text{時間〔s〕}}$

2 次の文を読んで，各問いに答えなさい。〈京都府・改〉

物体を引き上げるのに必要な仕事について調べるために，次の実験をおこなった。ただし，物体，滑車，ばねばかり，糸にはたらく摩擦力や空気の抵抗と，滑車，ばねばかり，糸の重さ，および糸ののび縮みは考えないものとする。

【実験Ⅰ】 下の図 1 のように，滑車とばねばかりをとりつけた重さ 2.4 N の物体を，床から 10 cm 離れた位置に静止させる。この状態から物体を 1 cm/s の速さで真上に 15 cm 引き上げる。

【実験Ⅱ】 下の図 2 のように，滑車をとりつけた重さ 2.4 N の物体を，滑車を動滑車として用いて，糸の片方の端にばねばかりをとりつけ，床から 10 cm 離れた位置に静止させる。この状態から，物体を一定の速さで真上に 15 cm 引き上げる。

図 1

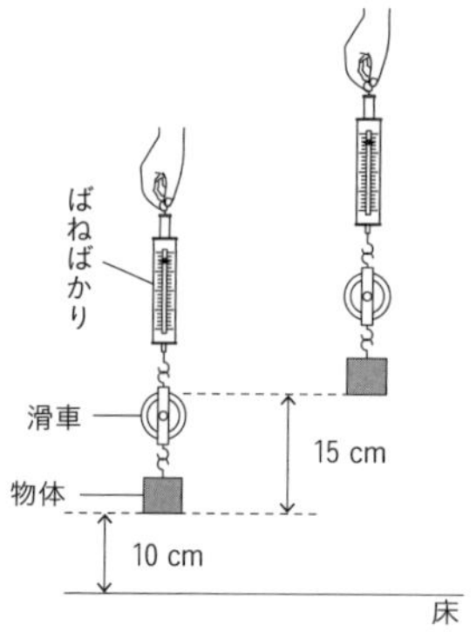

図 2

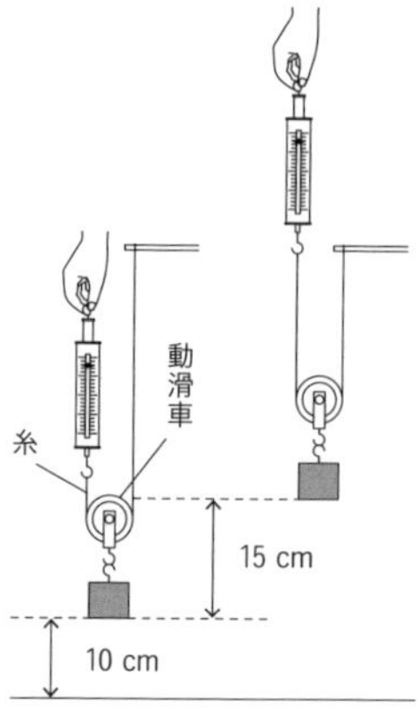

(1) 実験Ⅰにおいて，物体を 15 cm 引き上げるのに必要な仕事は何 J か求めよ。また，実験Ⅰと実験Ⅱのように，物体をある高さまで引き上げるのに必要な仕事の量は，道具を使っても使わなくても変わらない。このことを何というか，ひらがな 7 字で書け。

仕事（　　　　）ひらがな（　　　　　　）

(2) 実験Ⅰと実験Ⅱで，物体を真上に 15 cm 引き上げるときの仕事率が等しいとき，実験Ⅱにおける，ばねばかりを引き上げる速さは何 cm/s か求めよ。

（　　　　　）

くわしく
道具を使った場合，力の大きさは小さくてすむが，力を加える距離が長くなる場合が多い。

3 次の文を読んで，各問いに答えなさい。〈沖縄県・改〉

図 1 のように，小球にのび縮みしない糸をつけて天井の点 O からつるし，ふりこをつくった。ふりこの最下点 B から糸がたるまないようにして点 A まで小球を持ち上げ静止させた。静かに手をはなしたところ小球は最下点 B を通過し，点 A と同じ高さの点 E に達した。ただし，摩擦や空気の抵抗は無視できるものとする。

図 1

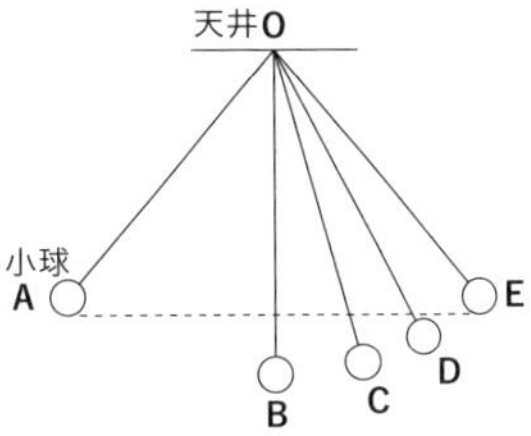

(1) 位置エネルギーが最大になる点として，最も適当なものを図 1 の点 B～E から 1 つ選び，記号で答えよ。

（　　）

よく出る

(2) 点 A から点 E に達するまでの運動エネルギーと位置エネルギーについて，その変化のようすを表しているものとして，最も適当なものを次の**ア**～**エ**から 1 つ選び，記号で答えよ。ただし，図中の実線は運動エネルギーを，点線は位置エネルギーを表している。

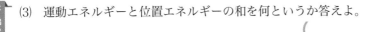

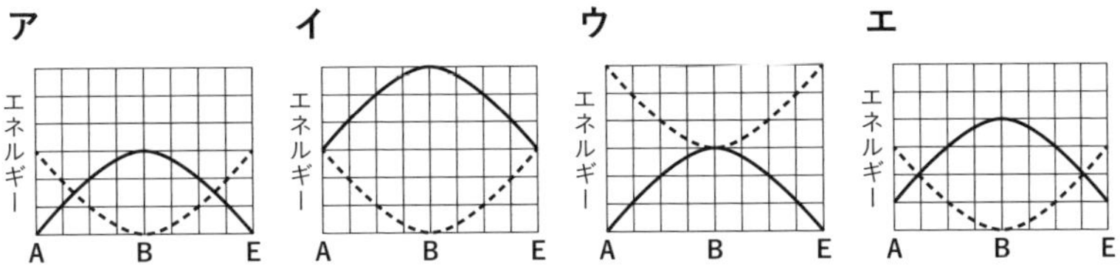

（　　）

よく出る

(3) 運動エネルギーと位置エネルギーの和を何というか答えよ。

（　　　　　　）

STEP 03 実戦問題

入試レベルの問題で力をつけよう。

目標時間 50分

➡ 解答は別冊 06 ページ

1 運動とエネルギーについて調べるために，実験をおこなった。各問いに答えなさい。ただし，小球とレール間の摩擦は考えないものとする。〈山梨県・改〉

【実験Ⅰ】 図1のように，水平な台の上に置かれたレールをスタンドで固定し，水平部分のレールから 20.0 cm の高さのレール上に **A**，15.0 cm の高さに **B**，10.0 cm の高さに **C**，5.0 cm の高さに **D**，水平部分のレール上に **E**，**F**，**G** をとり，木片を **G** に合わせて置いた。

【実験Ⅱ】 質量 20 g の小球 **X** を，**A**～**D** からそれぞれ静かにはなして木片に当て，木片が移動する距離を調べた。

【実験Ⅲ】 質量 30 g の小球 **Y** を，**A**～**D** からそれぞれ静かにはなして木片に当て，木片が移動する距離を調べた。実験Ⅱと実験Ⅲの結果をグラフに表すと，図2のようになった。

図1

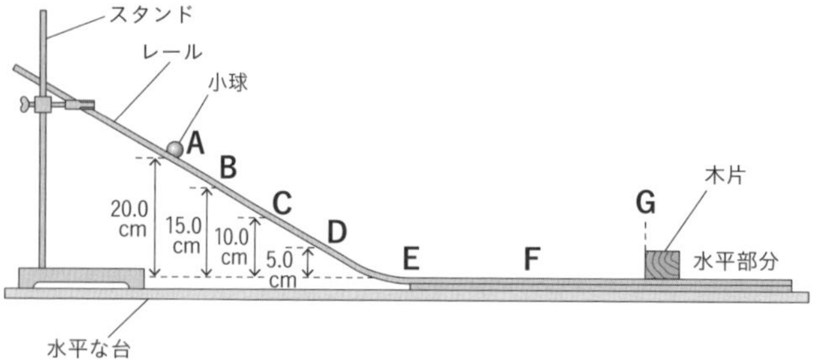

図2

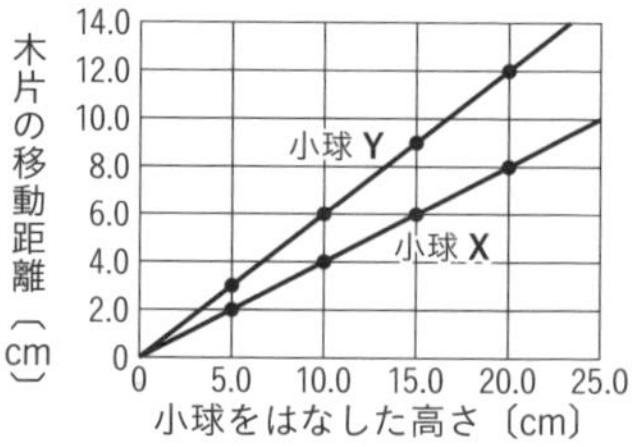

よく出る

(1) 小球 **X** を使って，木片の移動距離を 5.0 cm にするには，小球 **X** をはなす高さを何 cm にすればよいか。図2をもとにして，求めよ。
（　　　　）

(2) 小球 **Y** を使って木片を移動させるとき，**B** から小球 **X** をはなした場合と同じ移動距離にするには，小球 **Y** をはなす高さは何 cm にすればよいか。図2をもとにして求めよ。
（　　　　）

(3) 実験で，レール上の **A** から **F** まで運動する小球 **X** がもっている位置エネルギーと運動エネルギーをそれぞれ模式的に表したグラフについて，最も適当なものはどれか。次の**ア**～**カ**からそれぞれ1つずつ選び，記号で答えよ。

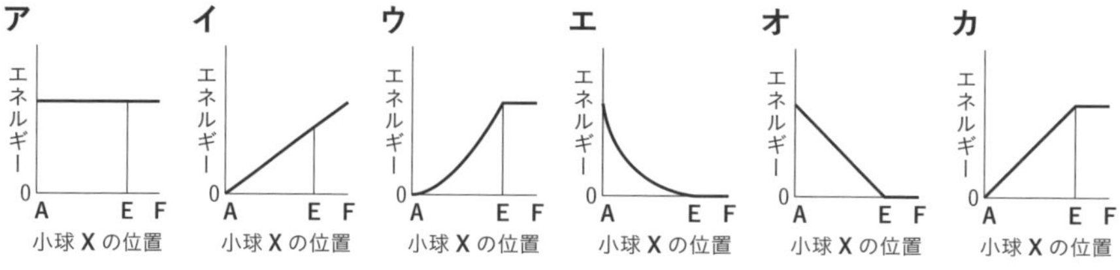

位置エネルギー（　　　　） 運動エネルギー（　　　　）

2 次の文を読んで，各問いに答えなさい。ただし，ボートの大きさは考えなくてよい。

〈久留米大附設高〉

図1のような水の流れがない水面（静水上）を2つのラジコンボートAとBが平行にスタートラインSを経由して距離100m離れたゴールラインGまで最短距離を走ることを考える。スタートラインSとゴールラインGは平行である。ボートAはスタートラインSの手前からゴールラインGまでを一定の速さ2m/sでまっすぐ進む。

図1

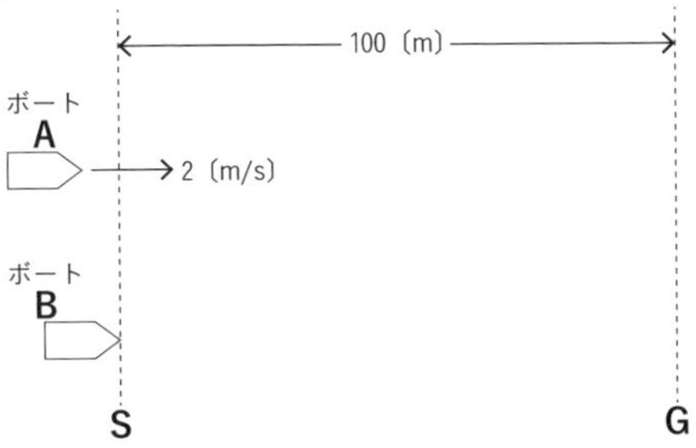

一方ボートBは，最初スタートラインSに静止しており，ボートAがちょうどスタートラインSを通過した瞬間に，スタートラインSを出発し，一定の加速度0.5 m/s^2で加速（1秒間で0.5m/sずつ速くなる）して4m/sの速さになったあとは等速になった。その後，しばらくボートBは等速で走ったあと，一定の加速度0.4 m/s^2で減速（1秒間で0.4m/sずつ遅くなる）してゴールラインGで速さが0m/sとなった。

難問 (1) ボートA，Bの速さ〔m/s〕の時間〔s〕による変化を下のグラフに示せ。ただし，ボートA，BがともにスタートラインSにある瞬間を時間0sとし，グラフの横に区別できるようにA，Bを明示せよ。

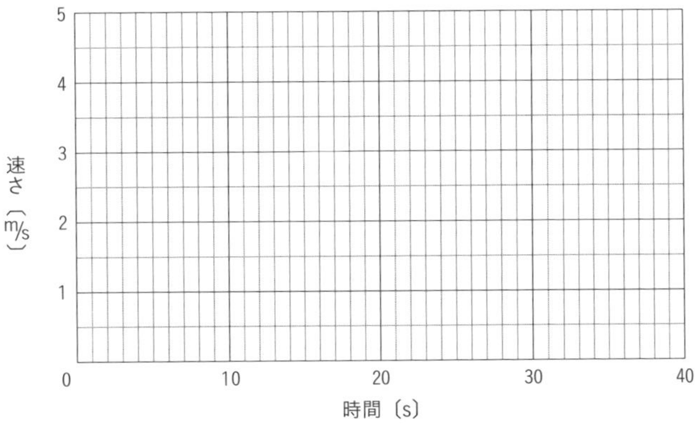

よく出る (2) ボートBがボートAと同じ速さになるのは，ボートBがスタートラインSを出発して何秒後と何秒後か。

(　　　　) (　　　　)

よく出る (3) ボートBがボートAと初めて同じ速さになった瞬間，2つのボートのスタートラインSからの距離の差は何mか。

(　　　　)

よく出る (4) ボートBがボートAを追い越すのは，ボートA，BがスタートラインSを出発して何秒後か。

(　　　　)

(5) ボートBがゴールラインGに到着してから何秒後にボートAがゴールラインGを通過するか。

(　　　　)

3 次の文を読んで，各問いに答えなさい。〈愛光高〉

図1～4のような滑車と輪軸を組み合わせた装置を用いて，重さ 300 N の物体を地面から 2 m の高さまでゆっくりと引き上げた。ただし，滑車，輪軸，ひもは軽く，滑車と輪軸はなめらかに回転するものとする。

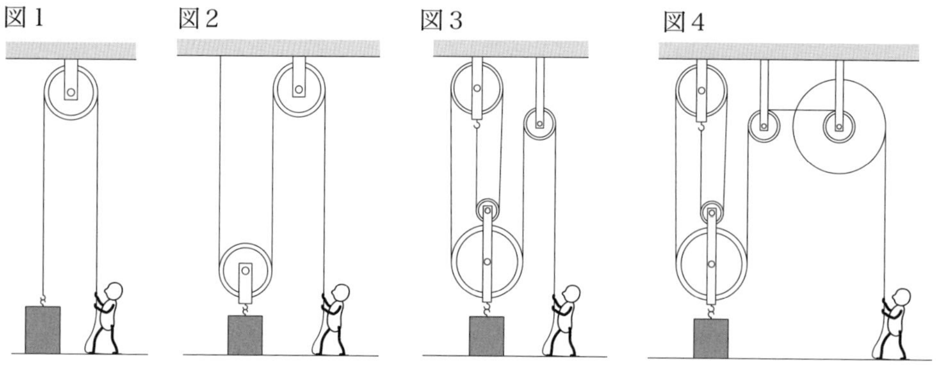

(1) 図1のとき，人がした仕事は何 J か。

(　　　　)

(2) (1)のとき，物体を引き上げるのに 25 秒かかった。人の仕事率は何 W か。

(　　　　)

(3) 図2のとき，物体を引き上げるのに必要な力の大きさは何 N か。

(　　　　)

(4) (3)のとき，物体を引き上げるのに 20 秒かかった。人は 1 秒間に何 m ひもを引いたか。

(　　　　)

(5) 図3のとき，物体を引き上げるのに必要な力の大きさは何 N か。

(　　　　)

(6) (5)のとき，物体を引き上げるのに 15 秒かかった。人の仕事率は何 W か。

(　　　　)

難問 (7) 図4のとき，物体を引き上げるのに必要な力の大きさは何 N か。ただし，輪軸の半径の比は 1：3 である。

(　　　　)

難問 (8) (7)のとき，人は 1 秒間に 1.2 m ひもを引いた。人の仕事率は何 W か。

(　　　　)

4 次の文章を読んで，各問いに答えなさい。〈青雲高・改〉

図１のように，台車を静かにはなしてなめらかな斜面をすべり下りる運動を，１秒間に 60 回打点する記録タイマーを用いて測定した。得られた記録テープで明確にわかる初めの打点を **A** として，６打点ごとに **B**〜**E** の線を引いて各区間の長さをはかったものを図２に示した。ただし，台車と斜面との間の摩擦力，空気抵抗は考えないものとする。

図１

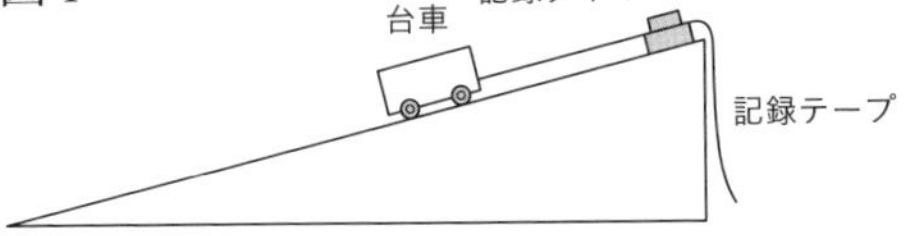

図２

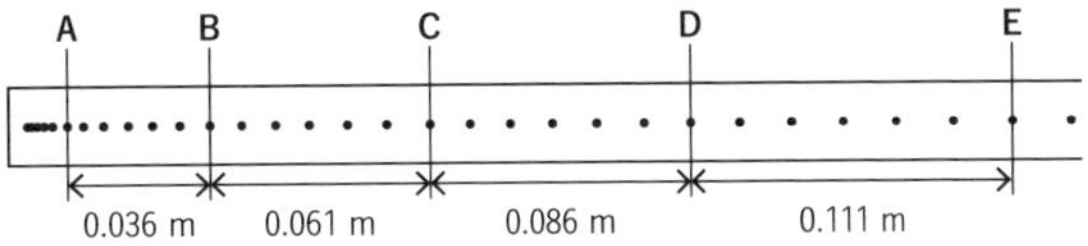

よく出る (1) 高いところにある物体は重力によって落下することで，ほかの物体を動かしたり，変形したりすることができる。このように高いところにある物体がもっているエネルギーを何というか。

（　　　　　　　　）

よく出る (2) **CD** 間を運動しているときの台車の平均の速さを求めよ。（　　　　　　）

(3) **AE** 間を運動しているときの台車の平均の速さを求めよ。（　　　　　　）

よく出る (4) 台車の速さ v〔m/s〕と時刻 t〔s〕の関係を表すグラフ，台車の移動距離 d〔m〕と時刻 t〔s〕の関係を表すグラフとして適するものを，次の**ア**〜**カ**からそれぞれ選び，記号で答えよ。ただし，打点 **A** の時刻を 0 とする。

ア

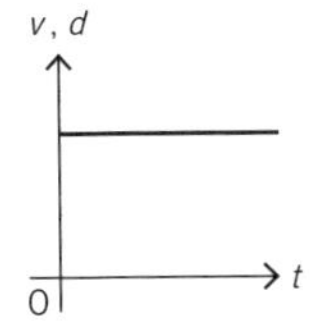

イ

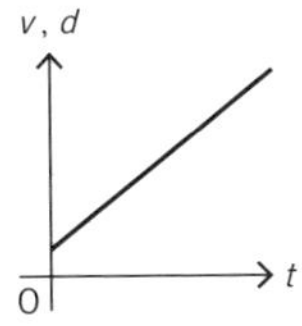

ウ

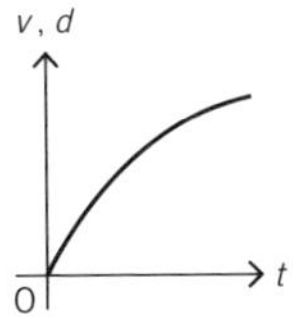

エ

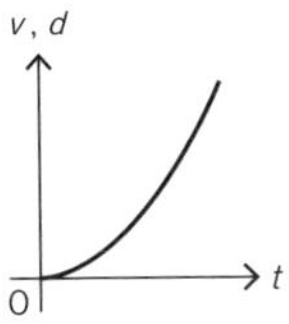

オ

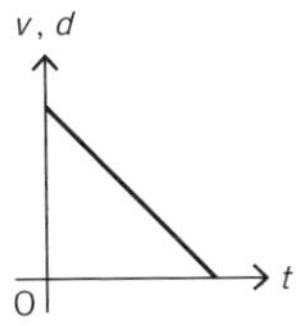

カ

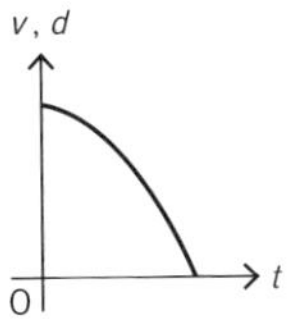

台車の速さと時刻の関係を表すグラフ（　　　）
台車の移動距離と時刻の関係を表すグラフ（　　　）

新傾向 (5) **E** の打点から，さらに 0.50 秒後の打点までの区間の距離を求めよ。ただし，斜面は十分に長いものとする。（　　　　　　）

重要度 ★★★

4 物理

電流と電圧

STEP01 要点まとめ

➡ 解答は別冊 08 ページ

(　　)にあてはまる語句を書いて，この章の内容を確認しよう。

1 電流と電圧

1 電流

- **電流**…電気の流れ。［➡＋極から出て－極に向かって流れる］
  ➡単位はアンペア（記号 01(　　　)）
- **回路**…電流が流れる道すじ。
  ➡電流計は回路に 02(　　　　　)につなぐ。
  ・**直列回路**…電流の流れる道すじが１本道。
  ・03(　　　　　)**回路**…電流の流れる道すじが枝分かれしている。

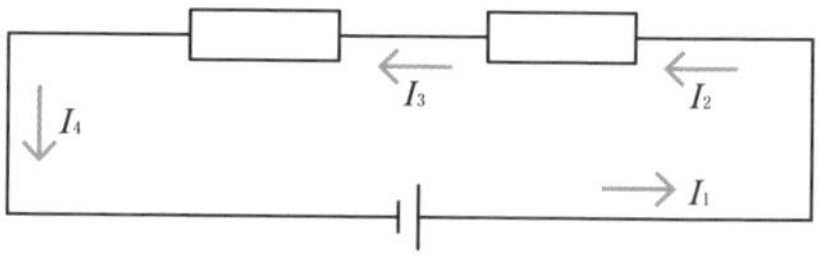

$I_1 = I_2 = I_3$ 06(　　　) I_4

⬆直列回路の電流

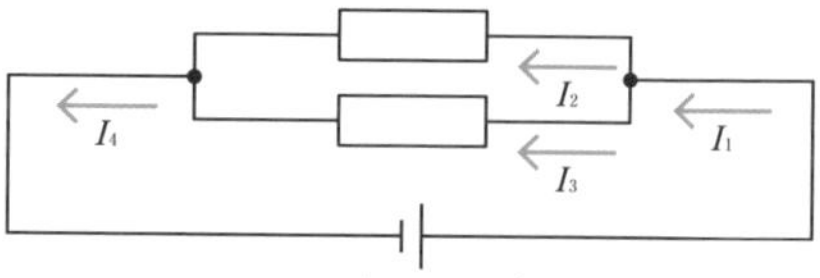

$I_1 = I_2$ 07(　　　) $I_3 = I_4$

⬆並列回路の電流

POINT
- 回路を流れる電流
  ①直列回路…電流の大きさは，どの部分でも 04(　　　　　)。
  ②並列回路…枝分かれする前の電流の大きさは，枝分かれしたあとの電流の大きさの 05(　　　)と等しい。［➡合流後の電流の大きさとも等しい］

2 電圧

- **電圧**…回路に電流を流そうとするはたらき。
  ➡単位は 08(　　　　　)(記号 V)
  ➡電圧計は回路に 09(　　　　　)につなぐ。

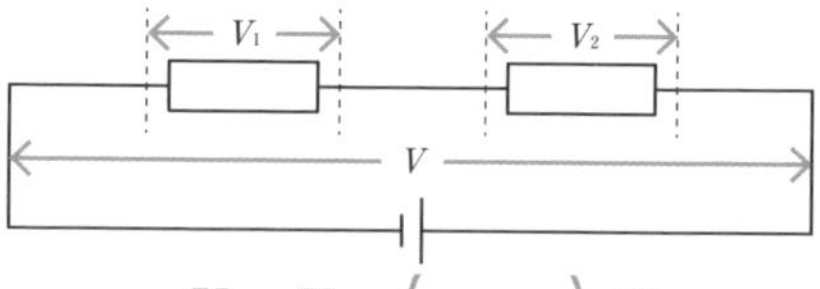

$V = V_1$ 12(　　　) V_2

⬆直列回路の電圧

POINT
- 回路の電圧
  ①直列回路…全体の電圧［➡電源の電圧に等しい］は各電圧の 10(　　　)に等しい。
  ②並列回路…全体の電圧と各部分の電圧は 11(　　　　　)。

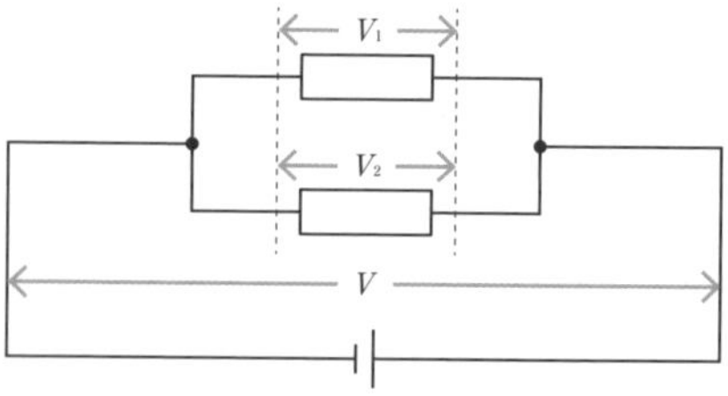

$V = V_1$ 13(　　　) V_2

⬆並列回路の電圧

❸ 電流と電圧の関係

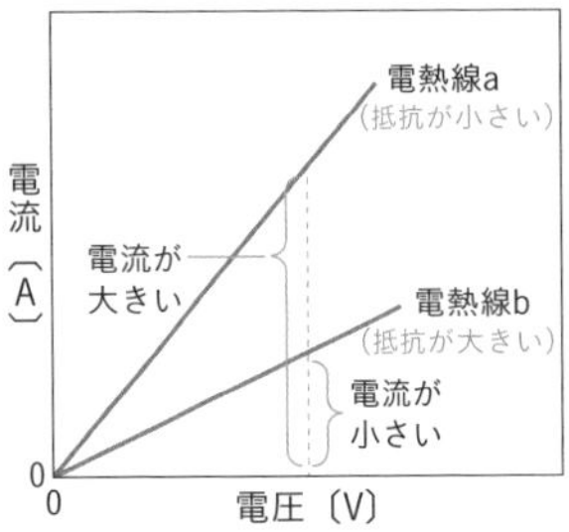

➊電流と電圧のグラフ

- 電流と電圧の関係…電流と電圧の関係をグラフに表すと，グラフは 14(　　　　)を通る直線になる。
  - ➡1つの抵抗器(ていこうき)では，電流と電圧は 15(　　　　)する。
- **電気抵抗**(でんきていこう)（**抵抗**）…電流の流れにくさ。
  - ➡単位は**オーム**（記号 16(　　　)）

POINT
- 17(　　　　　　)…抵抗 R〔Ω〕の金属線の両端に V〔V〕の電圧を加えたときの電流の大きさを I〔A〕とすると，次の関係が成り立つ。

$R = \dfrac{V}{{}_{18}(\quad)}$　**式を変換**(へんかん)➡　$I = \dfrac{{}_{19}(\quad)}{R}$　　$V = {}_{20}(\qquad)$

❹ 回路の抵抗

POINT
- **全抵抗**（**合成抵抗**）…回路全体の抵抗を1つの抵抗として考えたもの。
  - ①直列回路
    …全抵抗は，各部分の抵抗の 21(　　　)に等しい。
  - ②並列回路
    …全抵抗の逆数は，各部分の抵抗の逆数の和に等しい。
    ➡全抵抗は各部分のどの抵抗よりも 22(　　　　)。
    [➡ $R<R_1$　$R<R_2$]

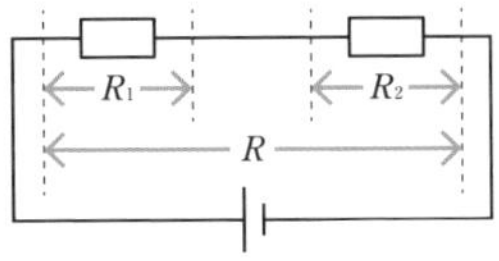

$R = R_1$ 23(　　　) R_2

➊直列回路の全抵抗

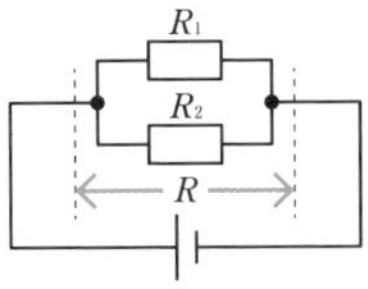

$$\frac{1}{R} = \frac{1}{R_1} + \frac{1}{R_2}$$

➊並列回路の全抵抗

2 電力と電力量

- **電気エネルギー**…電気のもつ，光や音を発生させたり，物を動かしたりする能力。
- **電力**(でんりょく)（**消費電力**(しょうひでんりょく)）…単位時間[➡1秒]あたりに使われる電気エネルギーの量。
  - ➡単位は**ワット**（記号 24(　　　)）[➡1Wは，1Vの電圧を加えて1Aの電流が流れたときの電力。]

電力〔W〕＝電圧〔V〕× 25(　　　　)〔A〕

- **電力量**(でんりょくりょう)…ある時間に消費した電力の総量。電力と時間の 26(　　　)で表される。
  - ➡単位はジュール（記号J）やワット時（Wh），キロワット時（kWh）。
  - ➡1Wの電力を1秒間使ったときの電力量が1J。

電力量〔J〕＝電力〔W〕× 27(　　　　)〔s〕　　**電力量〔Wh〕＝電力〔W〕×時間〔h〕**

- 電流による発熱…電熱線に電流を流したときに発生する熱量は，電熱線で消費される 28(　　　　)に等しい。

➡水1gの温度を1℃上昇させるのに必要な熱量は，約 29(　　　　)J。

熱量〔J〕＝電力〔W〕×時間〔s〕＝4.2〔J/(g･℃)〕×水の質量〔g〕×上昇温度〔℃〕

STEP 02 基本問題 ➡解答は別冊 08 ページ

学習内容が身についたか，問題を解いてチェックしよう。

1 次の各問いに答えなさい。〈島根県〉

右の図は，デジタルカメラなどで利用されているニッケル水素電池である。

©パナソニック株式会社

(1) ニッケル水素電池は，外部から逆向きの電流を流すと低下した電圧が回復し，くり返し使うことができる。このような電池を何というか。その名称を答えよ。

(　　　　　)

よく出る

(2) 電圧 1.2 V のニッケル水素電池 2 個を直列につないで 8.0 Ωの抵抗器 1 個に電流を流すとき，抵抗器に流れる電流の大きさは何 A か，求めよ。

(　　　　　)

ヒント
オームの法則
抵抗に流れる電流の大きさは，電圧に比例し，抵抗に反比例する。
電圧〔V〕
＝抵抗〔Ω〕×電流〔A〕

2 次の各問いに答えなさい。〈新潟県・改〉

次の図 1 ～ 3 の回路を用いて，電流とそのはたらきを調べる実験をおこなった。

図 1

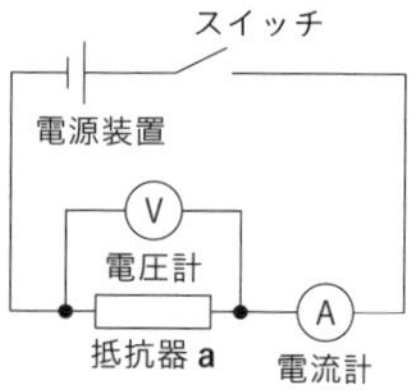

図 2

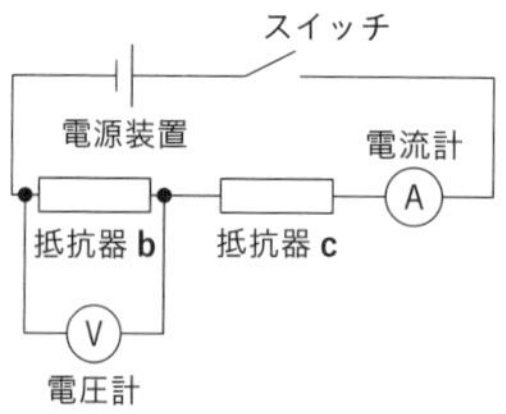

図 3

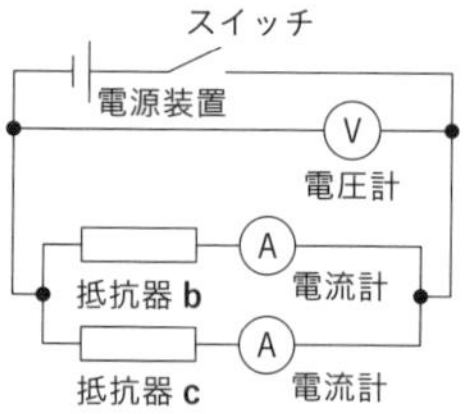

くわしく
電流計は測定したい場所に直列につなぐ。
電圧計は測定したい場所に並列につなぐ。

(1) 図 1 のように，抵抗器 **a** を用いて回路をつくり，スイッチを入れ，電圧計が 3.0 V を示すように電源装置を調節したところ，電流計の針が図 4 のようになった。このとき，次の①，②の問いに答えよ。

図 4

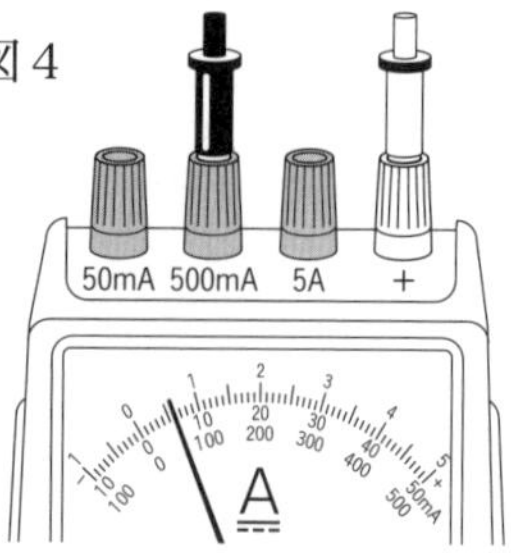

① 抵抗器 **a** の電気抵抗は何Ωか。

(　　　　　)

② 抵抗器 **a** が消費する電力は何 W か。

(　　　　　)

ヒント
電力〔W〕
＝電圧〔V〕×電流〔A〕

(2) 図2，3のように，それぞれ，電気抵抗60 Ωの抵抗器**b**，電気抵抗12 Ωの抵抗器**c**を用いて回路をつくりスイッチを入れ，電圧計が3.0 Vを示すように電源装置を調節した。このとき，次の①，②の問いに答えよ。

① 図2の電流計は，何mAを示すか。 (　　　　)

② 図2の抵抗器**b**，**c**と，図3の抵抗器**b**，**c**のうち，消費する電力が最も大きい抵抗器が消費する電力は何Wか。 (　　　　)

くわしく

R_a，R_bの2つの抵抗を，直列，並列につないだ場合の回路の合成抵抗Rは，それぞれ以下の式で求めることができる。

直列回路の合成抵抗
$R=R_a+R_b$

並列回路の合成抵抗
$\frac{1}{R}=\frac{1}{R_a}+\frac{1}{R_b}$

3 次の各問いに答えなさい。

(1) 次の文を読んで，各問いに答えよ。〈茨城県〉

> わたしたちは，目的に合わせてエネルギーを変換させながら利用している。白熱電球では，電気エネルギーの一部が光エネルギーになるが，残りのほとんどが（　**ア**　）エネルギーになってしまう。LED電球では，明るさが同程度の白熱電球より（　**ア**　）エネルギーに変換される量が少なく，消費電力が小さい。

① 文中の（　**ア**　）にあてはまる語は何か，答えよ。 (　　　　)

② 消費電力60 Wの白熱電球を，消費電力8 WのLED電球に交換すると，30日間で消費する電力量を何kWh減らせるか，求めよ。ただし，1日の使用時間を5時間とする。 (　　　　)

くわしく

LED電球は白熱電球や蛍光灯と比べ，消費電力が小さく，環境への負担も少ない。
LEDの技術を応用したものとして有機EL照明があげられ，スマートフォンの画面などに使用されている。

(2) 許容電流が15 Aの延長コードに，100 Vの電圧で電気器具を複数同時につないで，許容電流を超えずに使用できる組み合わせはどれか。次の**ア**～**オ**の組み合わせから正しいものをすべて選び，記号で答えよ。ただし，使用する電気器具の消費電力は表のとおりとする。〈岡山県〉

	消費電力〔W〕
ドライヤー	1100
テレビ	210
こたつ	600
掃除機	1200
パソコン	100

ア ドライヤー，こたつ
イ 掃除機，テレビ
ウ テレビ，こたつ，パソコン
エ ドライヤー，テレビ，掃除機
オ パソコン，掃除機，こたつ

(　　　　)

STEP 03 実戦問題

入試レベルの問題で力をつけよう。

目標時間 50分

➡ 解答は別冊 09 ページ

1 電熱線に加わる電圧と流れる電流について調べるために，次の実験をおこなった。各問いに答えなさい。〈香川県〉

【実験Ⅰ】 下の図1のような装置を用いて，電熱線 P と電熱線 Q について，電熱線に加える電圧を変えて電熱線に流れる電流の強さを調べた。まず，図1の装置のスイッチを入れて，電熱線 P に加わる電圧と流れる電流の強さを調べた。次に，電熱線 P を電熱線 Q にとりかえ，同じように実験をした。図2は，電熱線に加わる電圧と流れる電流の関係をグラフに表したものである。

図1

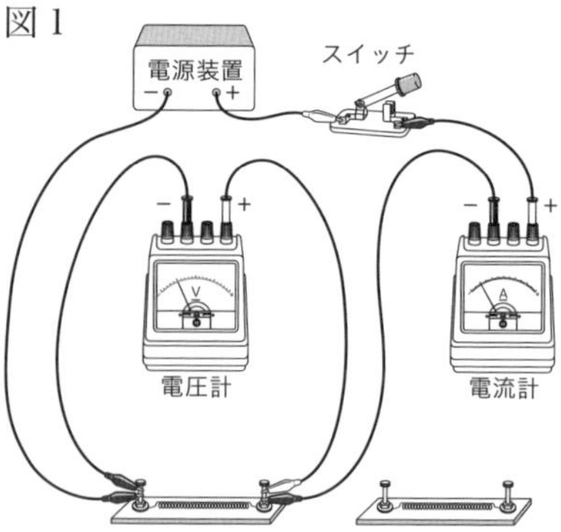

図2

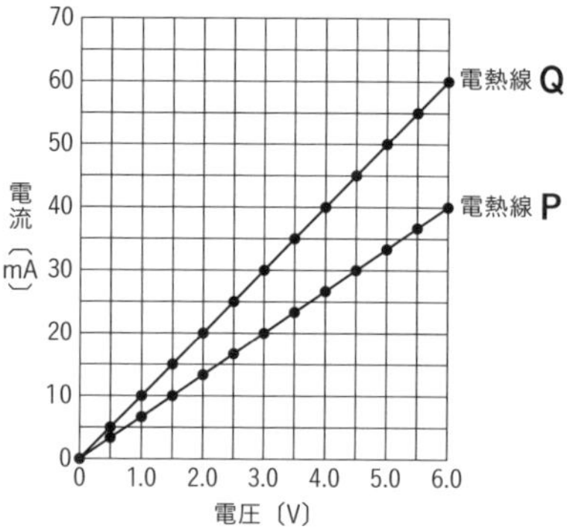

【実験Ⅱ】 実験Ⅰと同じ電熱線 P と電熱線 Q を用いた下の図3，図4のような装置を用いて，それぞれスイッチを入れ，電熱線 P，Q に電流を流し，回路全体に加わる電圧と回路全体に流れる電流を調べた。

図3

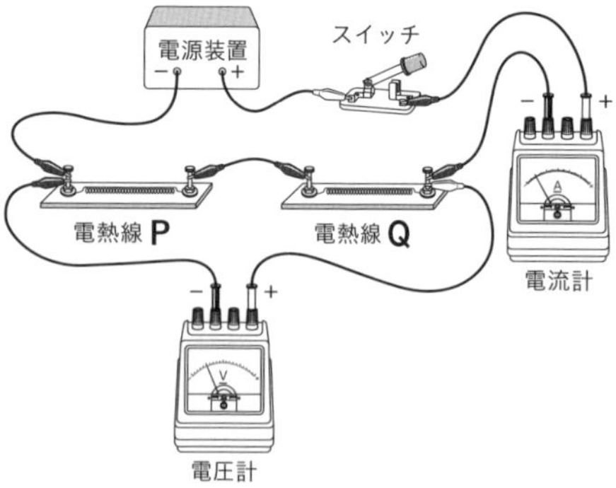

図4

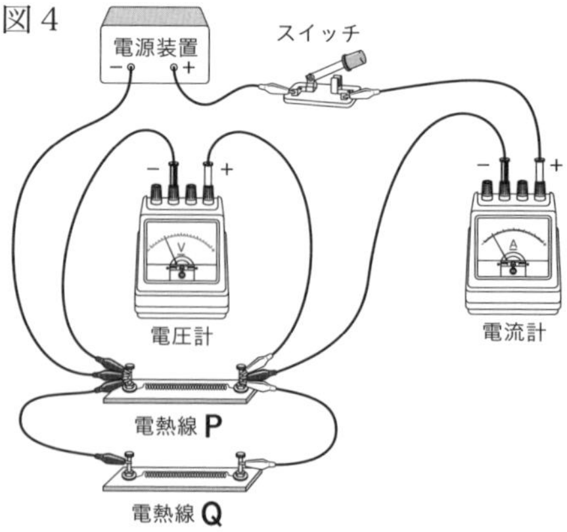

よく出る

(1) 電熱線 P の抵抗は何Ωか。 (　　　　)

(2) 図２をもとにして，図３の装置について回路全体に加わる電圧と回路全体に流れる電流の関係をグラフに表したい。グラフの縦軸のそれぞれの（　　）に適当な数値を入れ，図３の装置の回路全体に加わる電圧と，回路全体に流れる電流の関係を右のグラフに表せ。

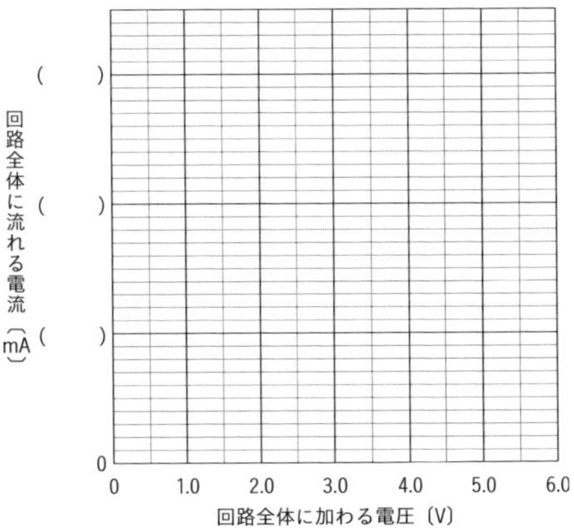

(3) 図４の装置で電圧計の値が２Ｖを示すときの電熱線**Q**での消費電力に対して，図４の装置で電圧計の値が６Ｖを示すときの電熱線**Q**での消費電力は何倍になると考えられるか。

（　　　　）

難問

(4) 電熱線**P**を接続した図１，図３，図４の各装置のスイッチを入れ，各装置の電圧計が同じ値を示しているとき，各装置の電流計が示す値をそれぞれx，y，zとする。次の**ア**～**カ**のうち，x，y，zの関係を表す式として適当なものを１つ選び，記号で答えよ。

ア　$x < y < z$　　**イ**　$y < x < z$　　**ウ**　$z < x < y$

エ　$x < z < y$　　**オ**　$y < z < x$　　**カ**　$z < y < x$

（　　　　）

2 次の各問いに答えなさい。〈大阪教育大附高（池田）〉

１Ωの抵抗**R**の一端を５Ｖの電源**E**の＋極に接続し，抵抗**R**の他端と電源**E**の－極との間に別の抵抗を接続して回路をつくる。使用できる抵抗は0.3Ωの抵抗$\mathbf{R_1}$，0.5Ωの抵抗$\mathbf{R_2}$，0.7Ωの抵抗$\mathbf{R_3}$の計３つである。ただし，３つの抵抗をすべて使用する必要はない。

(1) 抵抗**R**の消費電力が最小となる回路をつくった。抵抗**R**の消費電力は何Ｗか。

（　　　　）

(2) 抵抗**R**に2.1Ａ～2.4Ａの間の電流が流れる回路をつくりたい。抵抗**R**と電源**E**との間に接続する抵抗の接続方法を簡潔に説明せよ。また，このとき抵抗**R**に流れる電流は何Ａか。四捨五入して小数第１位まで答えよ。

接続方法（　　　　　　　　　　）　電流（　　　　）

難問

(3) 抵抗**R**に４Ａ～4.2Ａの電流が流れる回路をつくりたい。この回路図を右の図に書け。

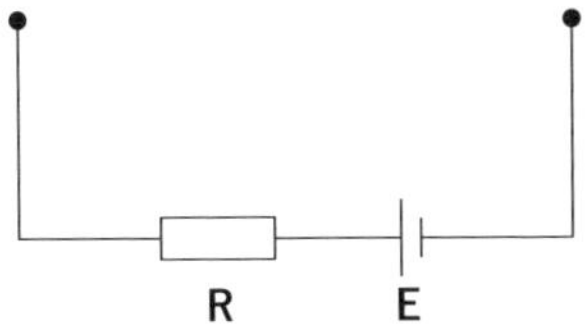

3 **電流や電圧について調べるために，次の実験をおこなった。各問いに答えなさい。ただし，抵抗器以外の電気抵抗は考えないものとする。**〈京都府〉

【実験Ⅰ】 抵抗の大きさが同じである抵抗器 **a**・**b** をつないで右の図のような回路をつくり，スイッチを入れて電流を流す。このとき，電圧計が 3.0 V を示すように電源装置を調整し，電流計を使って電流の大きさをはかる。その後，スイッチを切る。

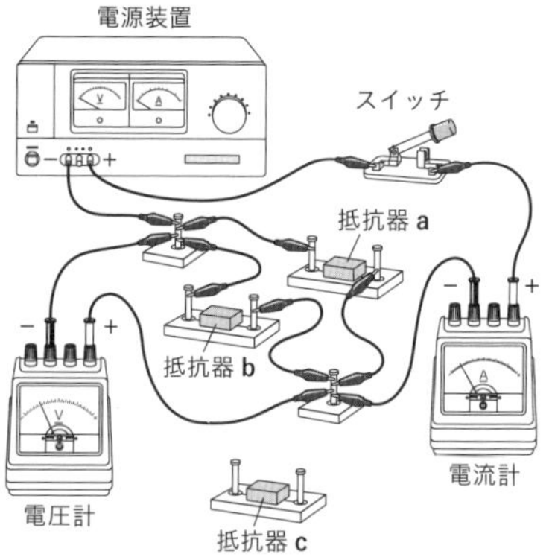

【実験Ⅱ】 抵抗器 **b** を回路から外し，スイッチを入れて電流を流す。このとき，電流計と電圧計を使って電流と電圧の大きさをはかり，抵抗器 **b** を外す前の電流と電圧の大きさと比べる。その後，スイッチを切る。

【実験Ⅲ】 外した抵抗器 **b** の代わりに，抵抗器 **b** とは抵抗の大きさが異なる抵抗器 **c** をつなぎ，スイッチを入れて電流を流す。このとき，電流計と電圧計を使って電流と電圧の大きさをはかり，実験Ⅱの抵抗器 **b** を外したあとの電流と電圧の大きさと比べる。

【結果】

実験Ⅰでは，電流計は 500 mA を示した。

実験Ⅱでは，抵抗器 **b** を外したあとの電流の大きさが，抵抗器 **b** を外す前と比べて小さくなった。また，電圧計は 3.0 V を示し，変化がなかった。

実験Ⅲでは，抵抗器 **c** をつないだあとの電流の大きさが，実験Ⅱの抵抗器 **b** を外したあとと比べて 1.5 倍になった。また，電圧計は 3.0 V を示し，変化がなかった。

(1) 結果から考えて，抵抗器 **a** の抵抗の大きさとして正しいものを，次の**ア**～**エ**から 1 つ選び，記号で答えよ。

ア 6 Ω **イ** 9 Ω **ウ** 12 Ω **エ** 15 Ω （　　）

難問

(2) 結果中の下線部抵抗器 **b** を外したあとの電流の大きさは，実験Ⅰの結果と比べて何 mA 小さくなったか求めよ。また，結果から考えて，抵抗器 **c** の抵抗の大きさは何Ωか求めよ。

電流の大きさ（　　　　）抵抗の大きさ（　　　　）

4 **電熱線の発熱について調べるために，次の実験をおこなった。各問いに答えなさい。ただし，室温はつねに一定であるものとする。**〈京都府〉

【実験】 右の図のように，電気抵抗の大きさが 10 Ωの電熱線，スイッチ，電源装置を接続し，熱を伝えにくい発泡ポリスチレンのコップに，水温が室温と等しい水 100 g，電熱線，温度計を入れる。電熱線に加える電圧の大きさを 10 V に調節してからスイッチを入れ，コップ内の水をゆっくりとかき混ぜながら 60 秒ごとに 300 秒間水温を測定する。

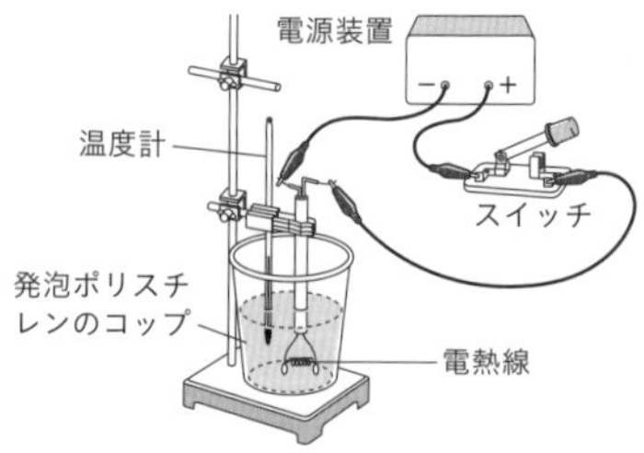

【結果】

時間〔秒〕	0	60	120	180	240	300
水温〔℃〕	21.4	22.8	24.2	25.6	27.0	28.4

(1) 結果から考えて，このまま加熱を続けた場合，スイッチを入れてから420秒後の水温は何℃になるか求めよ。ただし，300秒以降も水温の上昇する割合は変わらないものとする。

（　　　　）

(2) 電熱線の電気抵抗の大きさと電熱線に加える電圧の大きさを次の**ア〜エ**のように変えて，他の条件は変えずに実験をおこなった。このとき，次の**ア〜エ**を，スイッチを入れてから300秒後の水温が高かったものから順に並べかえ，記号で答えよ。

ア　電熱線を電気抵抗の大きさが20 Ωのものにとりかえて，
　電熱線に加える電圧の大きさを20 Vに調節する。
イ　電熱線を電気抵抗の大きさが20 Ωのものにとりかえて，
　電熱線に加える電圧の大きさを5 Vに調節する。
ウ　電熱線を電気抵抗の大きさが5 Ωのものにとりかえて，
　電熱線に加える電圧の大きさを20 Vに調節する。
エ　電熱線を電気抵抗の大きさが5 Ωのものにとりかえて，
　電熱線に加える電圧の大きさを5 Vに調節する。

（　　→　　→　　→　　）

(3) 発泡ポリスチレンのコップを熱を伝えやすい銅製のコップにとりかえて，ほかの条件は変えずに実験をおこなった。このときの，熱の移動の向きについて述べたものとして最も適当なものを，次のⅰ群**ア〜ウ**から1つ選べ。
また，このとき，スイッチを入れてから300秒後の水温は，発泡ポリスチレンのコップを用いた場合と比べてどうなったか，最も適当なものを，ⅱ群**カ〜ク**から1つ選べ。

ⅰ群　**ア**　コップの外から水へ熱が移動する。
　　　イ　水からコップの外へ熱が移動する。
　　　ウ　コップの外から水へ熱が移動すると同時に，水からコップの外へも熱が移動する。

ⅱ群　**カ**　高くなった。
　　　キ　低くなった。
　　　ク　変わらなかった。

ⅰ群（　　　）　ⅱ群（　　　）

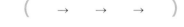

5 物理

重要度 ★★★

電流と磁界

STEP01 要点まとめ

➡ 解答は別冊 11 ページ

(　　)にあてはまる語句を書いて，この章の内容を確認しよう。

1 電流と磁界

❶ 磁界

● 01(　　　　)…磁石の極と極や，極と鉄片などの間にはたらく力。磁力（じりょく）がはたらいている空間には，02(　　　　)があるという。

①磁界（じかい）の向き…磁界中に置いた磁針の 03(　　　)極が指す向き。

②磁界の強さ…磁界中の各点での磁力の強さ。磁石のまわりでは 04(　　　)に近いほど強い。

● 05(　　　　)…磁界の向きに沿ってかいた線。向きは 06(　　　)極から出て 07(　　　)極へ向かう。

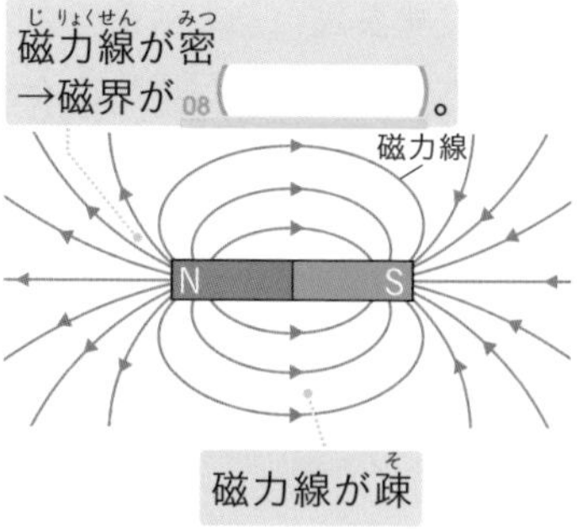

⬆棒磁石の磁力線

❷ 電流と磁界

● 電流による磁界…導線のまわりの磁界は，導線を中心に 09(　　　　)状にできる。

● 10(　　　　)**の法則**

➡電流の向きを右ねじの進む向きと合わせると，磁界の向きは**右ねじを回す向き**になる。

● コイル内の磁界…右手の４本の指で電流の向きにコイルをにぎると，**親指の向き**が磁界の向きになる。［➡コイルの外にできる磁界の向きはコイル内とは逆向き。］

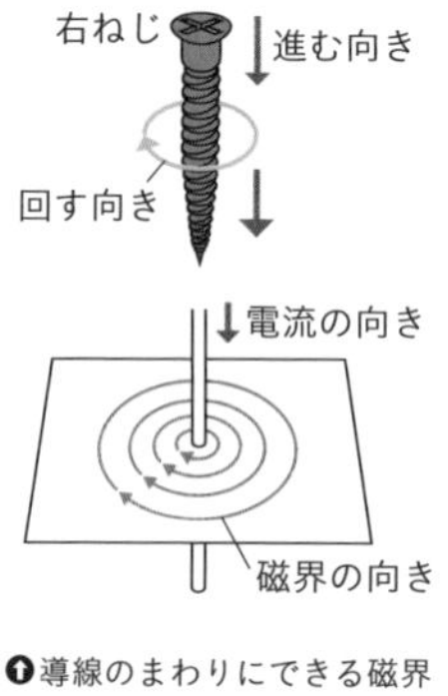

⬆導線のまわりにできる磁界

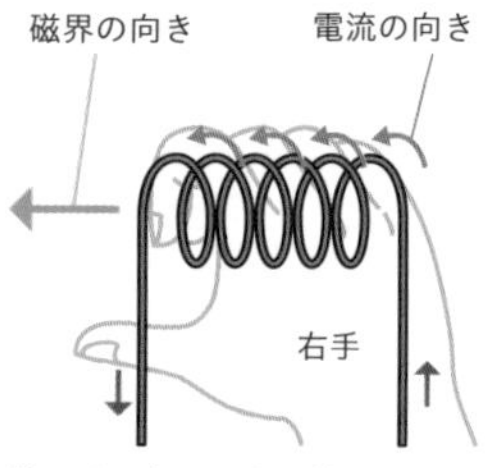

⬆コイル内にできる磁界

POINT ● 電流が磁界から受ける力

①力の向き…電流・磁界の両方に対して 11(　　　　)。

②力の大きさ…電流や磁界を強くすると，受ける力は 12(　　　　)なる。

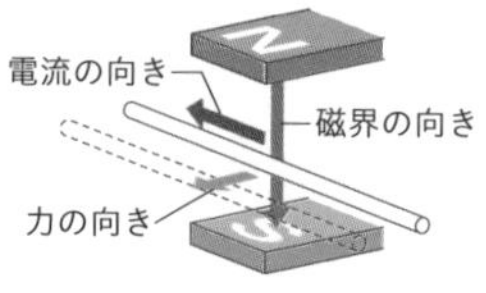

⬆電流が磁界から受ける力

・電流だけを逆向きに
　→力は逆向きになる。
・磁界だけを逆向きに
　→力は逆向きになる。
・電流と磁界の両方を逆向きに
　→力の向きは変わらない。

- 13（　　　　）…コイル内の磁界を変化させたとき，コイルに電流が流れる現象。
  ➡このとき流れる電流を 14（　　　　）という。
- 誘導電流（ゆうどうでんりゅう）の向き…磁石を動かす向きや動かす極の種類を変えると，電流の向きが逆になる。

2 電流の正体

1 静電気

- 15（　　　　）…２種類の異なる物質をこすり合わせたときに生じる電気。＋（正）と－（負）の電気がある。
- 静電気（せいでんき）による力
  ①同じ種類の電気（＋と＋，－と－）どうし
  ➡ 16（　　　　）合う。
  ②ちがう種類の電気（＋と－）どうし
  ➡ 17（　　　　）合う。

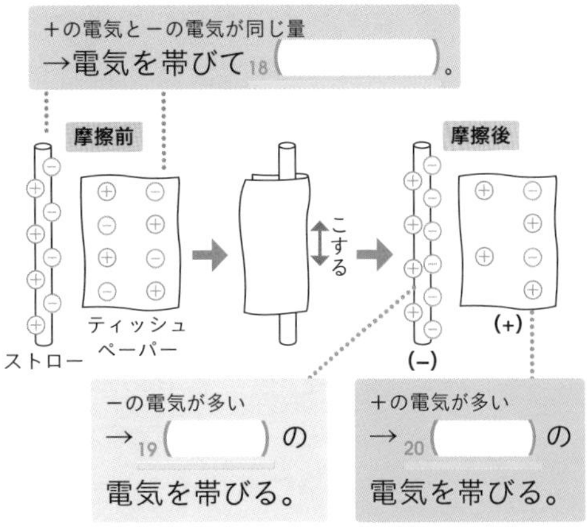

⬆ストローとティシュペーパーの帯びる電気

2 放電と電流

- 21（　　　　）…たまっていた電気が流れ出す現象。
- 22（　　　　）…気圧（きあつ）を低くした空間に電流が流れる現象。
- 23（　　　　）…－の電気をもつ粒子（りゅうし）。
- **電子線**（でんしせん）（**陰極線**（いんきょくせん））…真空放電（しんくうほうでん）によって見られる，24（　　　　）極［➡陰極］の金属から飛び出した**電子**の流れ。
- POINT 電流の正体…25（　　　　）極から 26（　　　　）極へと移動する 27（　　　　）の流れ。

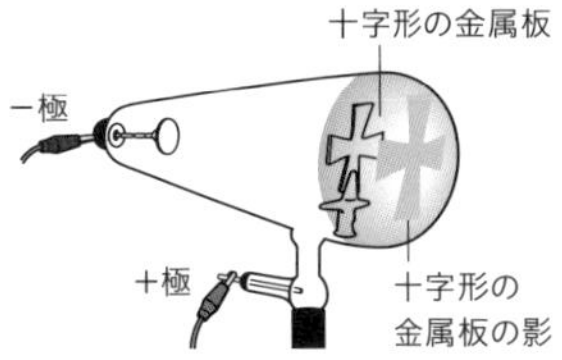

⬆電子線（陰極線）

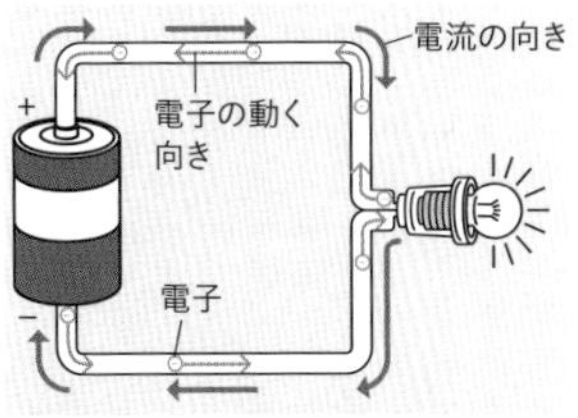

⬆電流の向きと電子の動く向き

3 放射線

- 28（　　　　）…大きなエネルギーをもった粒子の流れや光の一種。X（エックス）線，α（アルファ）線，β（ベータ）線，γ（ガンマ）線などがある。
  ➡物質（ぶっしつ）を通りぬける性質や，物質を変質させる性質がある。目には見えない。
  ➡人体が受けた放射線（ほうしゃせん）による影響（えいきょう）の度合いを表す単位を 29（　　　　）（記号 Sv）という。
- 30（　　　　）…物質が自発的に放射線を出す性質（能力）。［➡放射能の強さを表す単位はベクレル（記号 Bq）］

3 直流と交流

- **直流**（ちょくりゅう）…向きが 31（　　　　）の電流。［➡乾電池から得られる電流］
- 32（　　　　）…向きと大きさが周期的に変化する電流。［➡家庭のコンセントから得られる電流］
  ➡１秒間に電流の向きが変化する回数を 33（　　　　）という。単位はヘルツ（記号 Hz）。

STEP 02 基本問題 ➡解答は別冊 11 ページ

学習内容が身についたか，問題を解いてチェックしよう。

1 次の実験について，各問いに答えなさい。〈富山県〉

① 図1のように，蛍光板を入れた真空放電管の電極に電圧を加えると，直進する光のすじが観察できた。

② ①からさらに，上下の電極板に電圧を加えると，光のすじが図2のように曲がった。

③ 別の真空放電管を用い，図3のように電極に電圧を加えると，蛍光塗料が塗ってある面に，十字形の金属板のかげができた。

図1

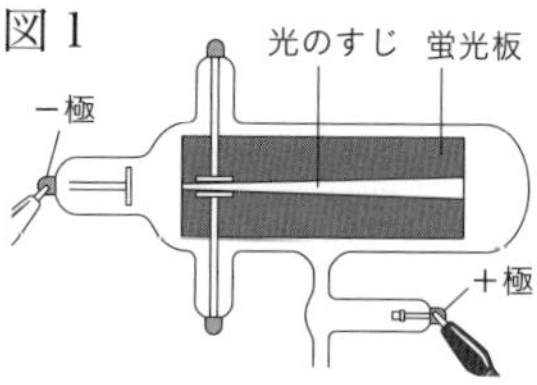

図2

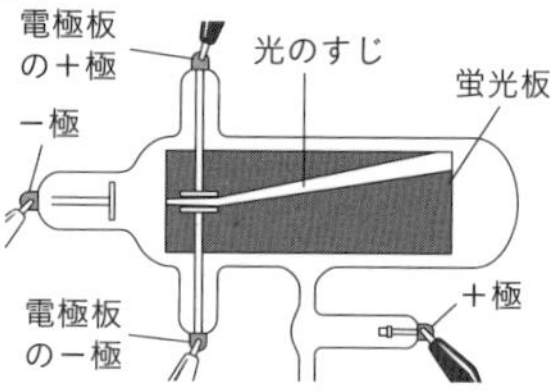

図3

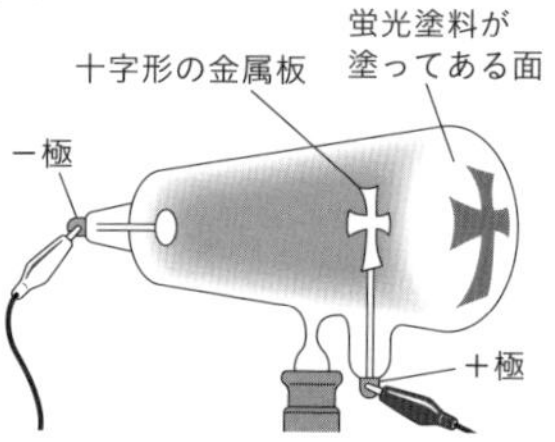

よく出る

(1) 光のすじや十字形の金属板のかげは，蛍光板や蛍光塗料が光ることによって生じている。蛍光板や蛍光塗料を光らせるものの性質について述べた文として正しいものを，次の**ア**～**エ**から1つ選び，記号で答えよ。

ア　＋極から出て，＋の電気をもっている。
イ　＋極から出て，－の電気をもっている。
ウ　－極から出て，＋の電気をもっている。
エ　－極から出て，－の電気をもっている。

(　　)

ヒント
光のすじが曲がった方向と，十字形のかげができた方向をヒントに考える。

(2) 図1の真空放電管を使って，光のすじを曲げるには，実験の②の方法以外にどのような方法が考えられるか，書け。

(　　　　　　　　　　　　　　　　)

2 次の各問いに答えなさい。

よく出る

(1) 図1のような装置を用いて，コイルを流れる電流が磁界の中で受ける力を調べる実験をおこなった。電源装置のスイッチを入れると，コイルは矢印の向きに動いた。コイルの動く向きを図1の矢印と逆にする方法を，1つ簡潔に書け。

〈福岡県・改〉

図1

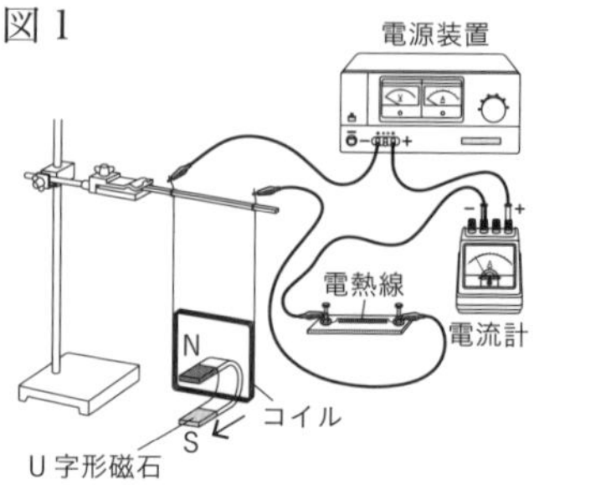

(　　　　　　　　　　　　　　　　)

ヒント
力の向きは，電流と磁界の向きによって決まる。

よく出る

(2) 図２のように，エナメル線を巻いたコイルを用いて回路をつくり，木の台の上に４つの方位磁針を置いた。コイルに図２の a → b → c → d の向きに電流を流したとき，４つの方位磁針のＮ極がさす向きはどのようになっているのか，方位磁針を真上から見たものとして正しいものを，次の**ア**～**エ**から１つ選び，記号で答えよ。〈三重県・改〉

図２

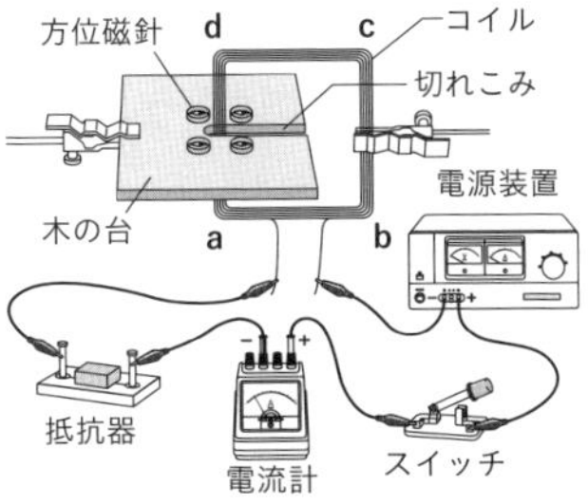

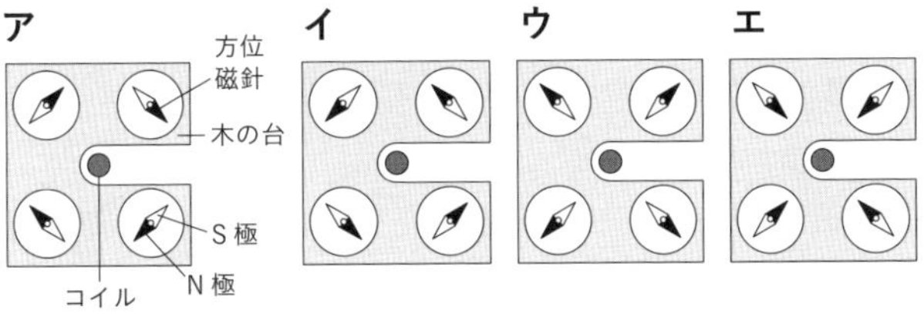

（　　）

3 次の実験について，各問いに答えなさい。〈山梨県・改〉

① コイルと検流計をつないだ回路をつくった。
② 図のように，棒磁石のＮ極をコイルに近づけると，検流計の針は０の位置から＋に振れた。
③ 次に棒磁石のＳ極をコイルに近づけたり，遠ざけたりして，検流計の針の振れを観察した。

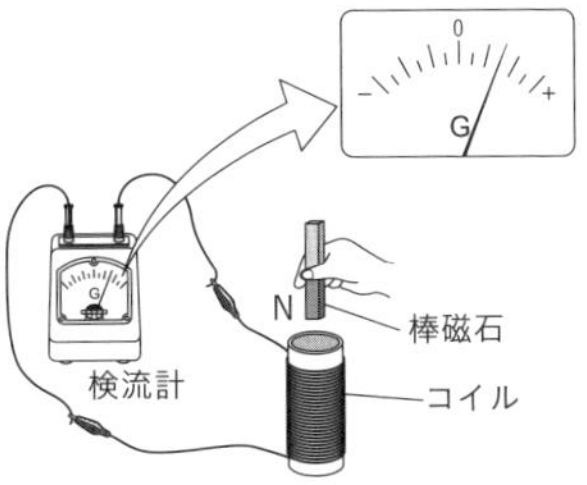

(1) ②のときに，電磁誘導により誘導電流が流れた。誘導電流を大きくするためには，どのような方法が考えられるか，１つ書け。

［　　　　　　　　　　　　　　　　］

(2) ③で，棒磁石のＳ極をコイルに近づけたり，遠ざけたりしたとき，検流計の針の振れはどのようになったか。次の**ア**～**エ**から１つ選び，記号で答えよ。

ア Ｓ極を近づけたときも遠ざけたときも，＋に振れる。
イ Ｓ極を近づけたときも遠ざけたときも，－に振れる。
ウ Ｓ極を近づけたときは＋に振れ，遠ざけたときは－に振れる。
エ Ｓ極を近づけたときは－に振れ，遠ざけたときは＋に振れる。

（　　）

ヒント
電流が流れているコイルのまわりにはある方向の磁界が現れる。

STEP 03 実戦問題

入試レベルの問題で力をつけよう。

目標時間 25分

➡ 解答は別冊 12 ページ

1 次の各問いに答えなさい。

よく出る

(1) 図は，2つの発光ダイオードA，Bの向きを逆にして並列につないだ装置である。この装置に交流電流を流し，暗い部屋の中ですばやく左右に動かした。このときの発光ダイオードの点灯のようすを表した図として最も適切なものを，次のア～カから1つ選び，記号で答えよ。〈和歌山県・改〉

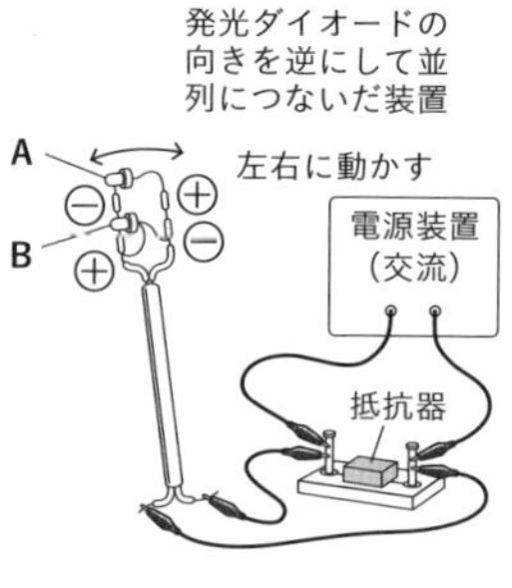

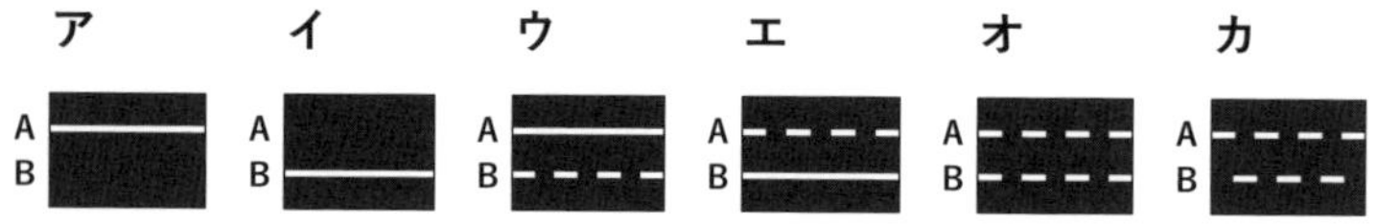

(　　)

(2) 放射線や放射性物質について述べた文として誤っているものを，次のア～エから1つ選び，記号で答えよ。〈埼玉県 H29〉

ア　X線撮影は，放射線の透過性を利用している。

イ　放射線を出す能力のことを放射能という。

ウ　放射性物質は，自然界には存在しないため，人工的につくられる。

エ　放射線によって，人体にどれだけ影響があるかを表す単位をシーベルト〔Sv〕という。

(　　)

2 コイルの性質について，次の各問いに答えなさい。

〈東大寺学園高・改〉

(1) 図1のように，2つのコイルAとBを接近させた状態にする。

① 電源装置の電圧を0Vから増加させたとき，検流計に流れる電流の向きは右向きか，左向きか。

(　　　)

図1

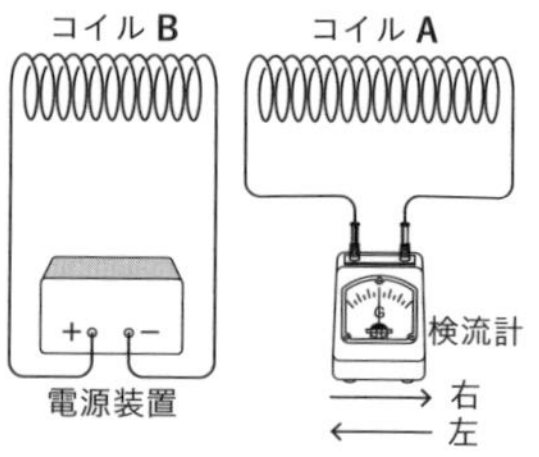

② 電源装置の電圧を3Vで一定に保ったとき，検流計を流れる電流はどうなるか。正しいものを，次のア～エから1つ選び，記号で答えよ。

ア　電流は増加する。　　**イ**　電流は減少する。

ウ　電流は一定を保つ。　**エ**　電流は流れない。

(　　)

(2) 図2のように，図1のコイル**A**，**B**に貫通するように鉄心を入れた。(1)①と同じように電源装置の電圧を0 Vから増加させたとき，検流計の針の振れは(1)①のときと比べてどのように動くか。正しいものを，次の**ア**～**エ**から1つ選び，記号で答えよ。

図2
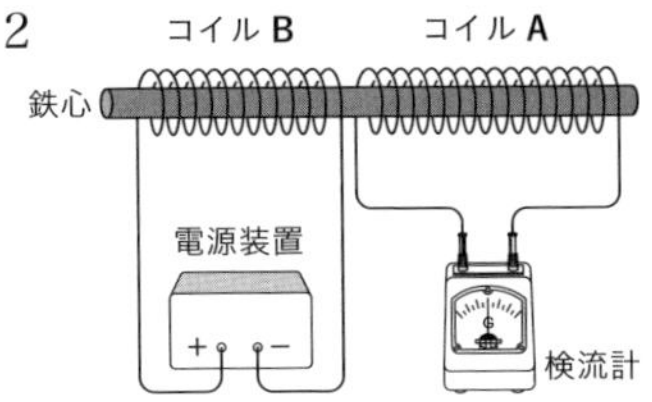

ア　針の振れは大きくなる。　**イ**　針の振れは小さくなる。
ウ　針は振れなくなる。　**エ**　針の振れは同じ大きさで逆向きに振れる。

(　　　)

超難問

(3) ロの字型の鉄心の左側にコイル**C**を図3のようにとりつけ，電源装置を接続して点**P**→コイル**C**→点**Q**の向きに電流を流した場合，コイル**C**に流れた電流によって鉄心を一周するような磁界を生じることが知られている。さらに，鉄心の右側にコイル**D**と10 Ωの抵抗器を図4のようにとりつけた。以下では電流の流れる向きをプラス（＋），マイナス（－）で表すことにし，点**P**→コイル**C**→点**Q**の向きに流れるとき，および，点**R**→コイル**D**→点**S**の向きに流れるときをプラスとする。これと反対向きに流れるときをマイナスとする。図4の装置では，抵抗器に流れる電流の大きさは，コイル**C**に流れる電流の1秒あたりの変化量に比例する。コイル**C**に流れる電流の大きさが4秒間で0 Aから10 Aに，時間に比例して増加したとき，抵抗器に流れた電流の大きさは1 Aで一定であった。

図3
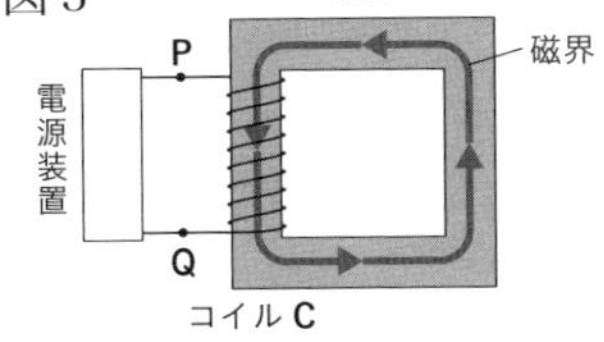

図4
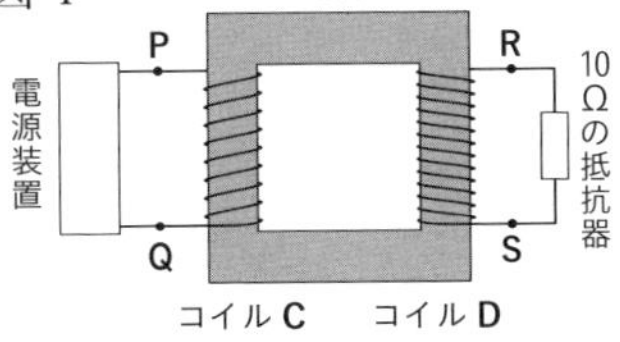

図5
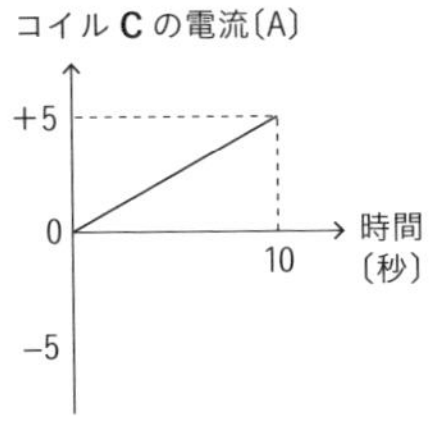

図6
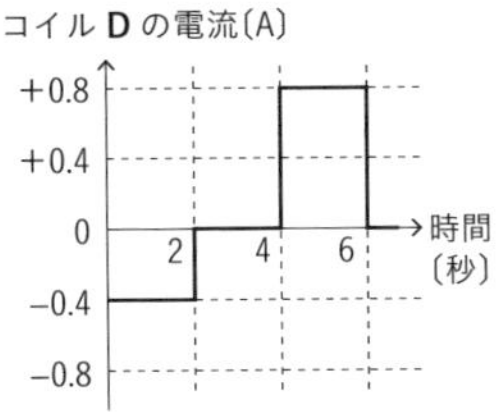

① コイル**C**に流れる電流を図5のように変化させたとき，コイル**D**に流れる電流は何Aか。プラス（＋）またはマイナス（－）をつけて答えよ。

(　　　　)

② コイル**D**に流れる電流が図6のように変化した場合，コイル**C**の電流はどのように変化したか，プラス・マイナスに注意して，0～6秒の範囲を右図にグラフとして表せ。ただし，コイル**C**に流れる電流は0秒のとき0 Aとする。

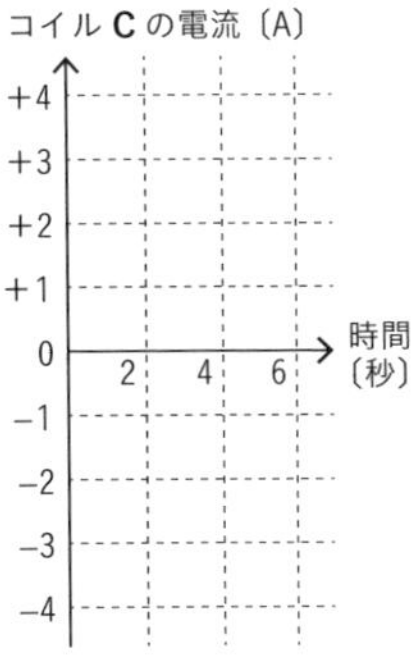

重要度 ★★★

6 物理 科学技術と人間

STEP01 要点まとめ

➡ 解答は別冊 13 ページ

（　　）にあてはまる語句を書いて，この章の内容を確認しよう。

1 エネルギー資源とその利用

- 01（　　　　　）…石油，石炭，天然ガスなど，大昔の生物の遺骸が地下で変化したもの。
  ➡量に限りが 02（　　　　）。
- 電気エネルギーのつくり方（発電方法）
  - 03（　　　　）発電…ダムなどにためた水を流して，発電機のタービンを回す。[➡ダムをつくるため，設置場所は限られるが，二酸化炭素が発生しない。]
  - 04（　　　　）発電…化石燃料を燃やし，高圧の水蒸気をつくり，発電機のタービンを回す。[➡エネルギー変換効率が高いが，大量の二酸化炭素を出す。]
  - 05（　　　　）発電…ウラン原子が核分裂するときに放出するエネルギー（核エネルギー）で高圧の水蒸気をつくり，発電機のタービンを回す。[➡燃料や使用済み燃料は人体に有害な放射線を出すため，厳重な管理が必要。]
  - 06（　　　　）発電…光電池（太陽電池）を使い，太陽の光エネルギーを電気エネルギーに変える。
  - 07（　　　　）発電…風で風車を回し，発電機を回す。
  - 08（　　　　）発電…マグマの熱でつくられた高圧の水蒸気で発電機のタービンを回す。
  - 09（　　　　　）発電…間伐材や家畜のふん尿など[➡バイオマス]から固形燃料やエタノールやメタンガスをつくって燃やし，高圧の水蒸気をつくり，発電機のタービンを回す。

	エネルギーの流れ
火力発電	化学エネルギー ➡ 熱エネルギー ➡ 運動エネルギー ➡ 電気エネルギー
水力発電	位置エネルギー ➡ 運動エネルギー ➡ 電気エネルギー
原子力発電	核エネルギー ➡ 熱エネルギー ➡ 運動エネルギー ➡ 電気エネルギー

2 科学技術と新素材

- 炭素繊維…炭素からなる繊維。軽く，強い。
- 形状記憶合金…ある温度以下で変形しても，加熱するともとの形に戻る性質をもつ合金。
- ファインセラミックス…純度の高い原料からできたセラミックス。半導体などに用いられる。
- 10（　　　　　）…石油などからつくられた物質。合成樹脂ともよばれる。
  ➡①加工がしやすい，②軽い，③さびたりくさったりしない，④電気を通しにくい，⑤薬品に強い，⑥衝撃に強い，などの性質がある。[➡海への流出が社会問題になっている。]

STEP02 基本問題 ➡解答は別冊 13 ページ

学習内容が身についたか，問題を解いてチェックしよう。

よく出る

1 次の文を読んで，問いに答えなさい。〈群馬県・改〉

［ ① ］エネルギーをもっている石油などの化石燃料を燃やし，得た［ ② ］エネルギーで高温の水蒸気をつくり，発電機のタービンを回す。発電機では，タービンの［ ③ ］エネルギーが電気エネルギーに変わる。

問 文中の［ ① ］～［ ③ ］にあてはまる語を，それぞれ書け。

①（　　　）②（　　　）③（　　　）

よく出る

2 次の文を読んで，各問いに答えなさい。〈長野県・改〉

再生可能なエネルギー資源の１つとして木材やバイオエタノールなどのバイオマスがある。炭素をふくむ物質の流れについて，図１は木材をストーブで燃焼させるようすを，図２はトウモロコシなどを原料としたバイオエタノールを燃料の一部として利用するようすを示したものである。

図１

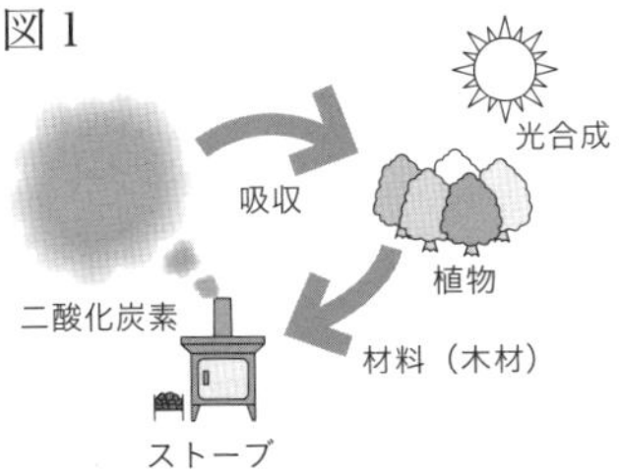

図２

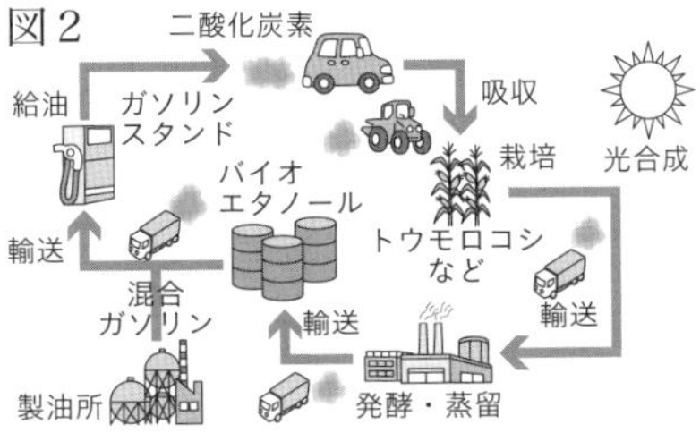

(1) 次の文の［　　］にあてはまる言葉を，図１の中の語を使って簡潔に書け。

> バイオマスは，植物が空気中の二酸化炭素をとり入れてつくった有機物がもとになっている。そして，バイオマスを燃やしたときに出る二酸化炭素の量は，［　　］する二酸化炭素の量とほぼつり合うと考えられるので，大気中の二酸化炭素濃度の上昇を抑制できる。

（　　　　　）

(2) バイオマスを利用しても，図２の場合では大気中の二酸化炭素濃度の上昇を抑制しにくい。その理由を図２から読みとれることをもとに，簡潔に説明せよ。

［　　　　　］

くわしく

火力発電のほかに，おもな発電の方法として，水力発電と原子力発電があげられる。水力発電は，ダムの水を高所から流し，発電機のタービン（水車）を回転させることで電気を発生している。原子力発電は，ウランの核分裂で生じる熱で高圧の水蒸気をつくり，火力発電と同様に，発電機のタービンを回転させている。

ヒント

バイオエタノールを加工し，利用する過程に着目する。

STEP 03 実戦問題

目標時間 25分

入試レベルの問題で力をつけよう。

➡ 解答は別冊 14 ページ

1 次の各問いに答えなさい。

新傾向

(1) 再生可能なエネルギーの利用には，太陽光発電，風力発電，地熱発電などがある。これらには長所のほかに短所もあり，十分には普及していない。①太陽光発電，②風力発電，の短所を述べたものとして最も適当なものを，次の**ア**～**エ**からそれぞれ１つずつ選び，記号で答えよ。〈大阪教育大附高（平野）・改〉

ア 発電効率が低い。

イ 二酸化炭素を排出する。

ウ 電力供給が不安定で騒音がある。

エ 発電にともなって生じた廃棄物を長期間管理する必要がある。

① (　　) ② (　　)

よく出る

(2) 太陽からの日射によって地球が受ける熱量は，地表での面積 1 m^2 あたり毎秒 1000 J であるとする。面積が 0.005 m^2 の太陽光電池を地表に置いて模型モーターに接続すると，電圧が 4.5 V で 0.2 A の電流が流れた。この太陽光電池は，太陽から入射した熱量の何パーセントを電気エネルギーに変換していることになるか。〈大阪教育大附高（平野）・改〉

(　　)

(3) 燃料電池は燃料電池自動車として実用化されており，走行のためのエネルギーをとり出す際に環境に対する影響が少ないといわれていることがわかった。ガソリンエンジンに比べて，燃料電池は環境に対してどのような影響が少ないのか，ガソリンエンジンと燃料電池がそれぞれエネルギーをとり出す際に生成する物質をあげて説明せよ。〈高知県・改〉

[　　　　]

2 次の各問いに答えなさい。〈東大寺学園・改〉

(1) PET ボトル，ポリエチレン，ポリプロピレン，ポリ塩化ビニル，ポリスチレンに共通する性質を，次の**ア**～**カ**からすべて選び，記号で答えよ。

ア アルミニウムよりも密度が小さい。

イ 酸やアルカリの水溶液に溶けやすい。

ウ 破片を切りとり，水に入れると浮く。

エ 電圧を加えると電流が流れる。

オ 燃やすと二酸化炭素を生じる。

カ 熱を加えると軟らかくなり，加工しやすい。

(　　)

(2) 次の①，②の文は，プラスチックを燃やしたときの特徴を記している。それぞれの文に最もよくあてはまるものを，次の**ア**～**エ**から１つずつ選び，記号で答えよ。

① 炎の中に入れると燃えるが，炎の外に出すと火が消える。

② 点火すると，多量のすすを出しながら燃える。

ア ポリエチレン　**イ** ポリプロピレン

ウ ポリ塩化ビニル　**エ** ポリスチレン

①（　　）②（　　）

3 次の文を読んで，各問いに答えなさい。〈開成高・改〉

原子力発電所で燃料として使われるウラン原子は，別の原子に変わるときに原子核から放射線を出す。放射線は，①物体を通り抜ける能力がある，②原子や分子をイオン化する能力がある，③目に見えない，などの性質をもつ。

難問

(1) ある原子力発電所が 50.4 万 kW（キロワット）の出力で運転されている。このとき発電所が１分間に供給する電力量（電気エネルギー）のすべてが，50 m プールの水の温度の上昇に使われたとすると，水の温度は何 ℃上昇するか，求めよ。ただし，50 m プールの水の体積は 1200 m^3，水 1 g の温度を 1 ℃上げるのに必要な熱量は 4.2 J，水 1 kg の体積は $\frac{1}{1000}$ m^3 とする。

（　　）

(2) 次の３種類の放射線のうち，文中①の性質が一番強い放射線はどれか。最も適切なものを，次の**ア**～**ウ**から１つ選び，記号で答えよ。

ア アルファ線　**イ** ベータ線　**ウ** ガンマ線

（　　）

(3) 放射線の中の１つに，文中①の性質を利用して健康診断のレントゲン検査に使われる放射線がある。その名称を答えよ。またその正体は何か。最も適切なものを，次の**ア**～**ウ**から１つ選び，記号で答えよ。

ア アルファ線と同じヘリウム原子核　**イ** ベータ線と同じ電子

ウ ガンマ線と同じ光（電磁波）の一種

名称（　　）記号（　　）

新傾向

(4) 放射性物質が放射線を出して別の物質に変わるとき，その放射性物質の量は減っていく。その減り方には「ある量の放射性物質がその半分の量になるまでの時間はいつも同じである。」という規則性があり，その時間のことを「半減期」という。半減期は放射性物質の種類によって異なり，１分以下のものから数十億年をこえるものまである。今，半減期が 1600 年の放射性物質が 1.00 g あったとする。そのときから 3200 年経過したとき，この放射性物質は何 g 残っているか，答えよ。

（　　）

化学編

重要度 ★★★

1 化学 身のまわりの物質

STEP01 要点まとめ

➡ 解答は別冊 15 ページ

（　　）にあてはまる語句を書いて，この章の内容を確認しよう。

1 物質の区別

1 物質の区別

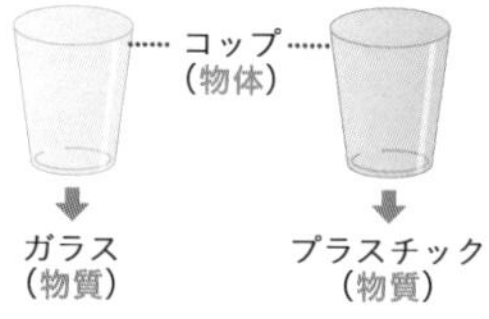

⬆物体と物質

- 01（　　　　）…ものの形状や用途に注目したときのよび方。
- 02（　　　　）…ものをつくっている材料に注目したときのよび方。
- **密度**…単位体積［➡ふつう 1cm³］あたりの物質の 03（　　　　）。単位は g/cm³。
  ➡物質の種類が同じなら，大きさや形がちがっても，密度は 05（　　　　）。

$$\text{密度}(g/cm^3) = \frac{\text{物質の質量}(g)}{\text{物質の}_{04}(\quad\quad)(cm^3)}$$

POINT
- ものの浮き沈みと密度…液体の中に固体を入れるとき
  - ・固体が液体に浮く
    ➡固体のほうが密度が 06（　　　　）。
  - ・固体が液体に沈む
    ➡固体のほうが密度が 07（　　　　）。

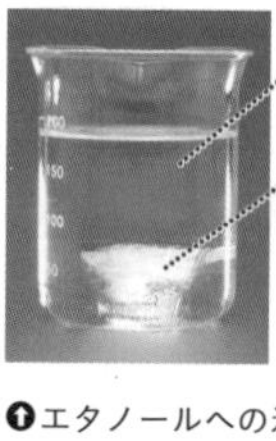

⬆エタノールへの氷の浮き沈み

- 物質の分類
  ①**純粋な物質**…08（　　）種類の物質からできているもの。［➡水，エタノールなど。］
  ② 09（　　　　）…2 種類以上の物質が混ざっているもの。［➡空気，海水など。］

2 有機物と無機物

- **有機物**…10（　　　　）をふくむ物質。燃えて二酸化炭素ができる。［➡砂糖，デンプン，木など。］
- 11（　　　　）…有機物以外の物質。［➡酸素，水，食塩，鉄など。］

炭素そのものや二酸化炭素は無機物。

3 金属と非金属

- 12（　　　　）…**金属光沢**がある。電流が流れやすい（電気伝導性）。熱をよく伝える（熱伝導性）。のばしたり広げたりすることができる（延性・展性）。［➡鉄，銅，アルミニウムなど。］
- 13（　　　　）…金属以外の物質。［➡ガラス，プラスチック，木，ゴムなど。］

2 物質の状態変化

1 物質の三態

● 14(　　　　　)…物質の状態が温度によって**固体・液体・気体**と変わること。

POINT ➡状態変化によって，体積は変化するが，15(　　　　)は変化しない。ふつう，固体→液体→気体となると，体積は16(　　　　)なる。［➡氷→水は例外。］

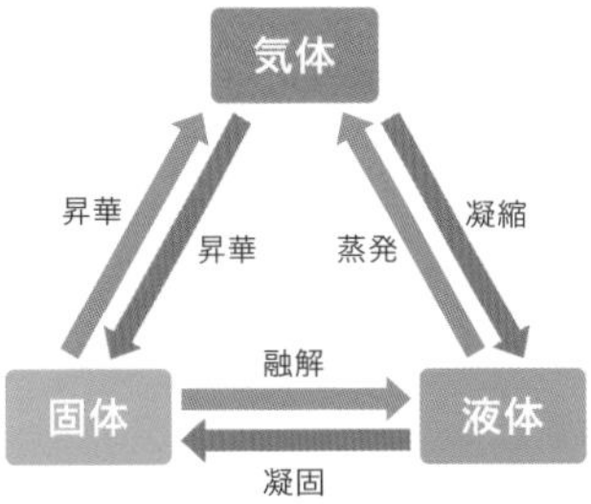

⬆状態変化

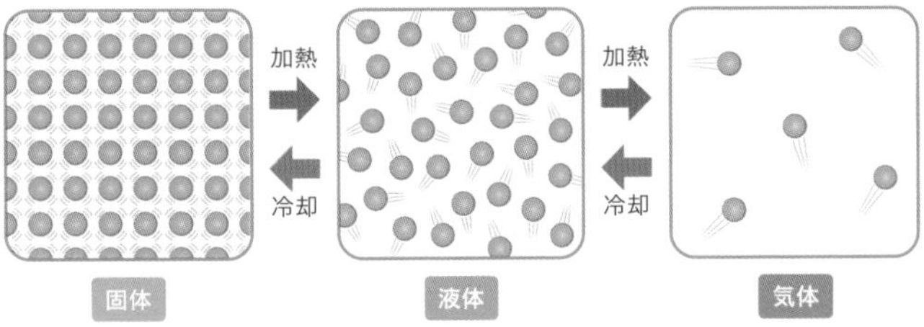

⬆固体・液体・気体の粒子モデル

質量は 17(　　　　)。

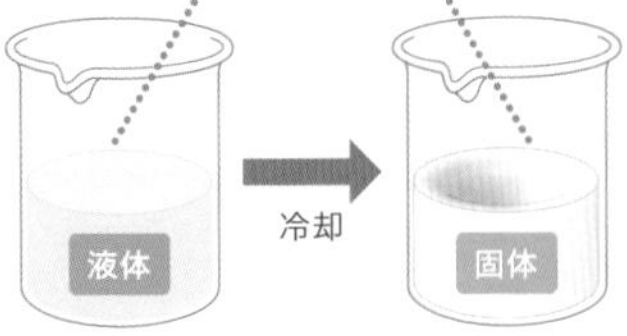

⬆液体のロウが固まったようす

2 状態変化と温度

● **沸点**と**融点**…どちらも，物質の種類によって決まっている。体積には関係しない。

① 18(　　　　)…液体が沸騰するときの温度。

② 19(　　　　)…固体が融けて液体になるときの温度。

POINT ● 純粋な物質の沸点・融点…物質の状態が変化している最中は，加熱を続けても温度は20(　　　　)で変化しない。

● 混合物の沸点・融点…決まった温度にはならない。

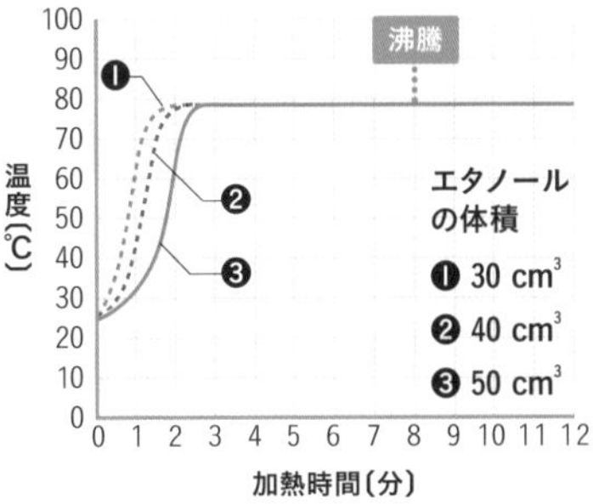

⬆加熱するエタノールの体積と温度変化

3 蒸留

● 21(　　　　)…液体を熱して沸騰させ，出てくる蒸気（気体）を冷やして再び液体としてとり出す操作。

➡物質の22(　　　　)のちがいを利用して物質を分ける。

➡①低い温度…沸点の低い物質が多く出る。

②高い温度…沸点の23(　　　　)物質が多く出る。

③固体の物質…あとに残る。

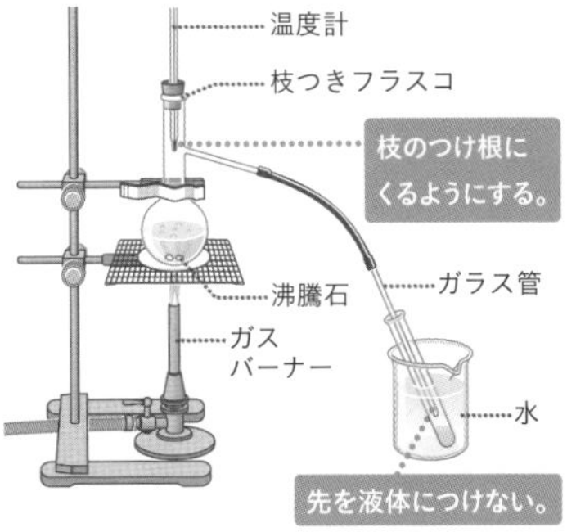

⬆蒸留の実験

STEP 02 基本問題

➡ 解答は別冊 16 ページ

学習内容が身についたか，問題を解いてチェックしよう。

1 次の各問いに答えなさい。

(1) 水や塩化ナトリウムのように1種類の物質からできているものを何というか，その名称を答えよ。（　　　　　）

よく出る

(2) アルミニウムと銅に共通の性質は何か。次の**ア**～**エ**からすべて選び，記号で答えよ。〈石川県〉

ア 電気をよく通す。　**イ** 熱をよく伝える。

ウ 磁石につく。　**エ** みがくと特有の光沢がある。

（　　　　　）

くわしく

金属特有の光沢を金属光沢という。

2 次の各問いに答えなさい。〈山口県〉

図1のように，水 300 cm^3 を入れたビーカー，エタノール 300 cm^3 を入れたビーカー，密度が等しい2つのポリエチレン片を用意し，液体中の物体の浮き沈みについて，調べることにした。ただし，20 ℃における密度は，水が 1.00 g/cm^3，エタノールが 0.79 g/cm^3，用いたポリエチレン片が 0.95 g/cm^3 である。

図1

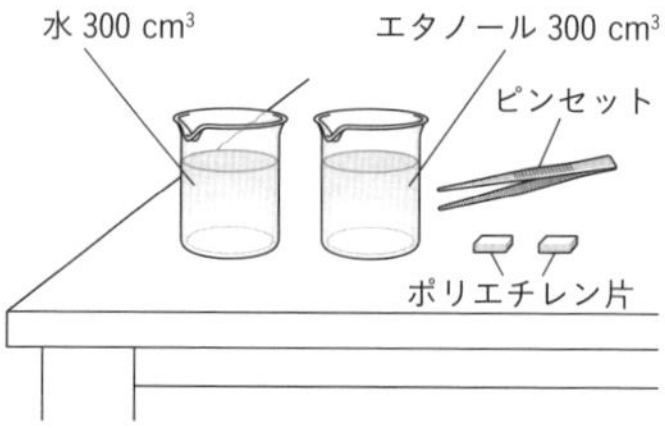

(1) 20 ℃において，エタノール 300 cm^3 の質量は何 g か，求めよ。（　　　　　）

ヒント

密度〔g/cm^3〕$= \frac{物質の質量〔g〕}{物質の体積〔cm^3〕}$

(2) 図2のように，20 ℃において，ポリエチレン片を水とエタノールの中にそれぞれ入れて，静かにはなした。このときのポリエチレン片の浮き沈みについて述べた文として，正しいものを，次の**ア**～**エ**から1つ選び，記号で答えよ。

ア 水にも，エタノールにも沈む。

イ 水には沈むが，エタノールには浮く。

ウ 水には浮くが，エタノールには沈む。

エ 水にも，エタノールにも浮く。

図2

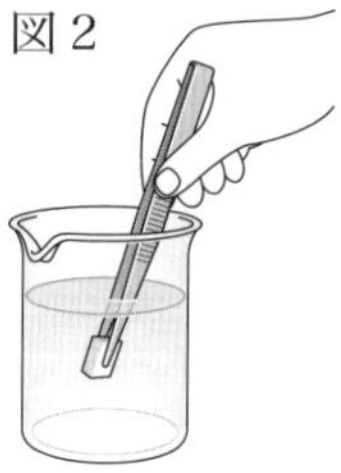

（　　　）

ヒント

液体よりも固体の密度が小さい場合，固体は液体に浮く。
逆に，液体よりも固体の密度が大きい場合，固体は液体に沈む。

3 物質は，温度によって固体，液体，気体とすがたを変える。これについて，次の各問いに答えなさい。〈三重県・改〉

よく出る

(1) 物質が温度によって固体，液体，気体とすがたを変えることを何というか，その名称を答えよ。

(　　　　　　)

(2) 下の表は，**ア〜オ**の５つの物質の融点と沸点を示したものである。温度が−10 ℃のとき，液体である物質はどれか，表の**ア〜オ**から適当なものをすべて選び，記号で答えよ。

	物質	融点〔℃〕	沸点〔℃〕
ア	酸素	−218	−183
イ	エタノール	−115	78
ウ	水銀	−39	357
エ	水	0	100
オ	パルミチン酸	63	360

(　　　　)

ヒント
物質の温度が融点より低い場合は固体，沸点より高い場合は気体の状態となる。

4 次の実験について，各問いに答えなさい。〈長崎県・改〉

【実験】 右図のように，水とエタノールの混合物を枝つきフラスコに入れて20分間加熱し，ガラス管から出てくる液体を，氷で満たしたビーカーに入れた試験管に集め，その性質を調べた。

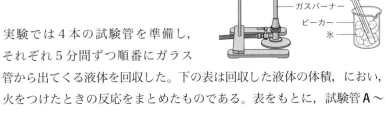

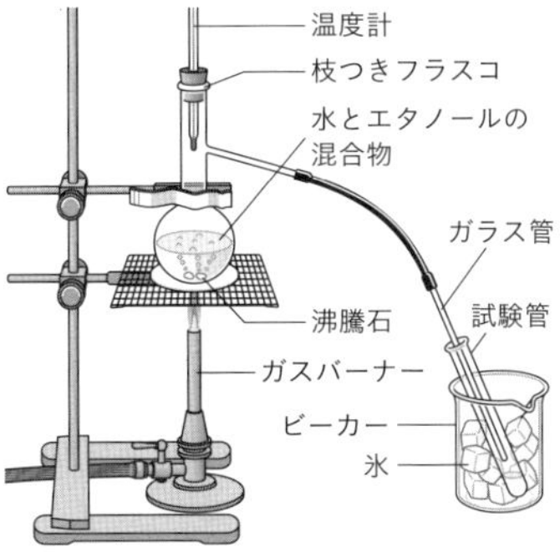

(1) 実験では４本の試験管を準備し，それぞれ５分間ずつ順番にガラス管から出てくる液体を回収した。下の表は回収した液体の体積，におい，火をつけたときの反応をまとめたものである。表をもとに，試験管**A**〜**D**を加熱直後から回収した順番になるように並べ，記号で答えよ。

試験管	体積	におい	火をつけたときの反応
A	8.3 cm^3	強い。	長くよく燃えた。
B	4.6 cm^3	ほとんどしない。	燃えなかった。
C	4.7 cm^3	少しする。	あまり燃えなかった。
D	0.5 cm^3	強い。	よく燃えた。

(　　→　　→　　→　　)

ヒント
水の沸点よりもエタノールの沸点のほうが低い。

(2) 実験でおこなっている，混合物中の物質を分離する方法を何というか。

(　　　　)

STEP 03 実戦問題

入試レベルの問題で力をつけよう。

目標時間 40分

➡ 解答は別冊 16 ページ

1 次の各問いに答えなさい。

よく出る

(1) 有機物以外の物質である無機物を，次の**ア**～**オ**から２つ選び，記号で答えよ。〈北海道〉

ア 食塩　**イ** 砂糖　**ウ** プラスチック　**エ** ロウ　**オ** 鉄

(　　　　)

(2) すべての有機物に共通してふくまれるものは何か。その名称を答えよ。 (　　　　)

よく出る

(3) 下図は，さまざまな物質の体積と質量の関係を表したものである。**A**と同じ物質であると考えられるものはどれか。図の**ア**～**エ**から１つ選び，記号で答えよ。〈岩手県〉

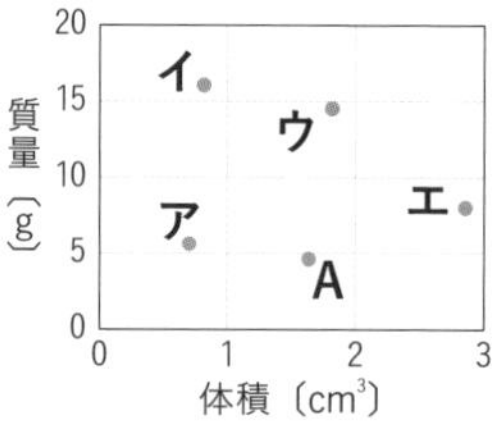

(　　　)

新傾向

2 次の実験について，各問いに答えなさい。〈兵庫県・改〉

表は固体と液体の密度を表したものである。表にある物質を用いて，次の実験をおこなった。

【実験Ⅰ】 固体**A**でできた一辺が2.0 cmの立方体がある。この質量をはかったところ，7.36 gであり，液体**B**に入れると沈んだ。また，液体**B**に，液体**B**より密度の大きい液体**C**を加えると混じり合った。

【実験Ⅱ】 ポリスチレンでできたおもちゃのブロックと２種類の液体を１つのビーカーに入れてかき混ぜ，しばらく放置すると，右図のように液体が２層になり，その間にブロックが浮かんだ。

	密度〔g/cm³〕	
固体	氷（0 ℃）	0.92
	ロウ	0.88
	ポリスチレン	1.06
	アルミニウム	2.70
液体	水	1.00
	エタノール	0.79
	食用油	0.91
	食塩の飽和水溶液	1.20

※温度が表示されていないものは20 ℃の値である。

(1) 実験Ⅰで用いた固体**A**として適当なものを，次の**ア**～**エ**から１つ選び，記号で答えよ。

ア 氷　**イ** ロウ

ウ ポリスチレン　**エ** アルミニウム

(　　　)

(2) 実験Ⅰで用いた液体**B**として適当なものを，次の**ア**～**エ**から１つ選び，記号で答えよ。

ア 水　　**イ** エタノール
ウ 食用油　　**エ** 食塩の飽和水溶液

(　　)

(3) 実験Ⅱに用いた２種類の液体の組み合わせとして適当なものを，次の**ア**～**エ**から１つ選び，記号で答えよ。

ア 水，食用油
イ 水，エタノール
ウ エタノール，食塩の飽和水溶液
エ 食用油，食塩の飽和水溶液

(　　)

3 次の文章を読んで，各問いに答えなさい。〈青雲高・改〉

石油や石炭，天然ガスは化石燃料とよばれる地下資源である。天然ガスの主成分はメタンであり，完全燃焼[※1]させると二酸化炭素と水を生じる。プロパンもメタンと同様に完全燃焼させると二酸化炭素と水を生じる化合物[※2]であり，おもに石油にふくまれている。石油にはプロパンのほかにも多くの物質がふくまれており，それらの（　①　）の差を利用してガソリンや灯油，軽油，重油などに分離している。このような分離方法を（　②　）という。

※１　完全燃焼…物質が十分な酸素のもとで燃焼し，ふくまれている炭素がすべて反応して二酸化炭素になること。
※２　化合物…２種類以上の元素（物質を構成するもとになるもの）からできている物質。

(1) 文章中の空欄（　①　）・（　②　）に適する語を答えよ。

①(　　)　②(　　)

(2) 下線部のように，完全燃焼させると二酸化炭素を生じる物質を一般に何というか。漢字３文字で答えよ。

(　　)

(3) (2)の物質に分類されるものはどれか。次の**ア**～**カ**からすべて選び，記号で答えよ。

ア アルミニウム　　**イ** ポリエチレン
ウ 大理石　　**エ** エタノール
オ ガラス　　**カ** 黒鉛

(　　)

4 次の各問いに答えなさい。〈大阪教育大附高（池田）・改〉

右のグラフは，大気圧※のもとで氷に単位時間あたり一定の熱を加えていったときの，加熱時間と温度の変化を表している。
※大気圧…大気による圧力。1 気圧は 1013 hPa。

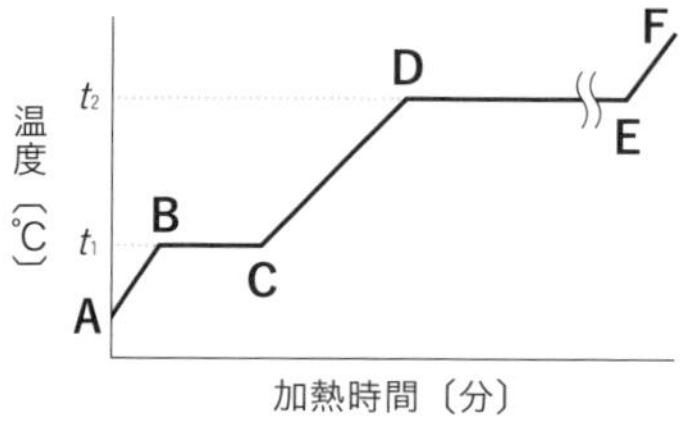

よく出る
(1) t_1，t_2 の温度をそれぞれ何というか。また，それぞれの温度は何℃か，答えよ。

t_1 の名称（　　　）　t_2 の名称（　　　）
t_1 の温度（　　　）　t_2 の温度（　　　）

(2) **B～C**間と**D～E**間はどのような状態になっているか。適当なものを，次の**ア～オ**からそれぞれ 1 つずつ選び，記号で答えよ。

ア　固体のみの状態
イ　固体と液体が共存している状態
ウ　液体のみの状態
エ　液体と気体が共存している状態
オ　気体のみの状態

B～C間（　　）　**D～E**間（　　）

(3) **B～C**間と**D～E**間で起きている変化を，それぞれ何というか，答えよ。

B～C間（　　　）　**D～E**間（　　　）

(4) **B～C**間および**D～E**間では，熱を加えているのに温度が変化しない。この理由を簡潔に答えよ。

［　　　　　　　　　　　　］

難問
(5) グラフをよく見ると**A～B**間，**C～D**間および**E～F**間の傾きがそれぞれ異なっていることがわかる。この傾きのちがいは水のどのような性質を示すものか。氷や水蒸気と比較して 20 字以内で答えよ。

［　　　　　　　　　　　　］

超難問
5 2 種類の物質A，Bを同質量とり，次の実験をおこなった。各問いに答えなさい。

〈愛光高〉

【実験】　物質**A**をおだやかに加熱するために，熱湯が入ったビーカーに木片が入った試験管を入れ，物質**A**が入った試験管を差しこみ，図 1 のように装置を組み立てた。ガスバーナーで加熱して 10 分間の温度変化をはかり，その結果を図 2 に示した。また，同様の実験を物質**B**でもおこなった。

図1

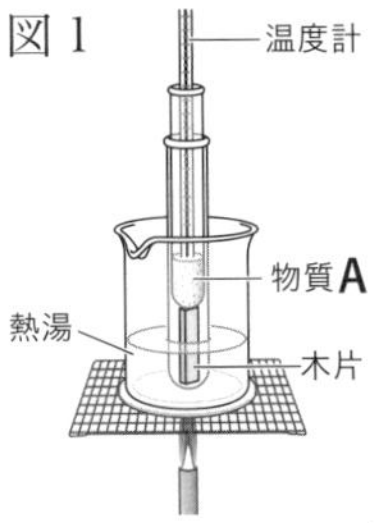

図2

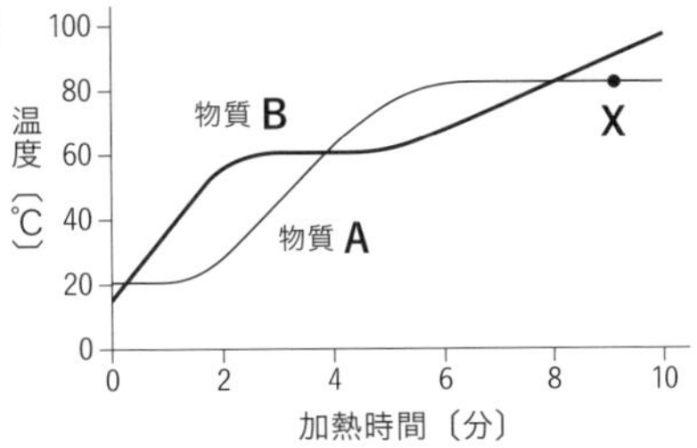

(1)　0〜2分の間，物質AとBの温度変化にはちがいがある。その理由として正しいものを，次の**ア〜エ**から1つ選び，記号で答えよ。

ア　この間に物質Aが状態変化していて，状態変化に熱が使われていたから。

イ　この間に物質Aが状態変化していて，状態変化により熱が発生したから。

ウ　この間に物質Bが状態変化していて，状態変化に熱が使われていたから。

エ　この間に物質Bが状態変化していて，状態変化により熱が発生したから。　(　　)

(2)　グラフ中のX点で，物質Aはどのような状態であると考えられるか。適当なものを次の**ア〜オ**から1つ選び，記号で答えよ。

ア　固体のみの状態

イ　固体から液体への状態変化が起こっていて，固体と液体が共存している状態

ウ　液体のみの状態

エ　液体から気体への状態変化が起こっていて，液体と気体が共存している状態

オ　気体のみの状態　(　　)

(3)　10分間の加熱後，物質Aが入った試験管をすぐにビーカーからとり出し，別のビーカーに入れていた水で8分間冷やした。その温度変化のグラフはどのようになるか。適当なものを次の**ア〜エ**から1つ選び，記号で答えよ。ただし，冷やすことによりビーカー内の水の温度は変化しないものとする。

ア

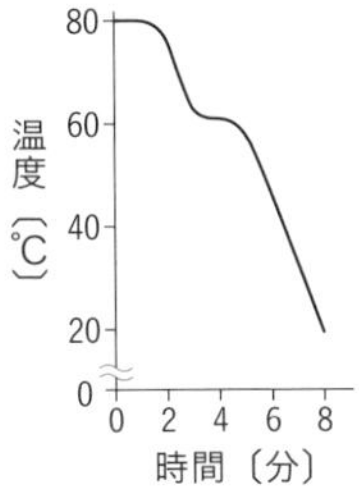

イ

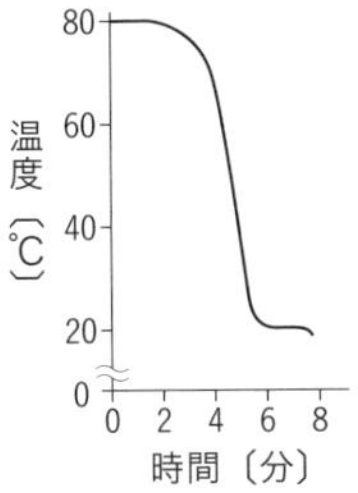

ウ

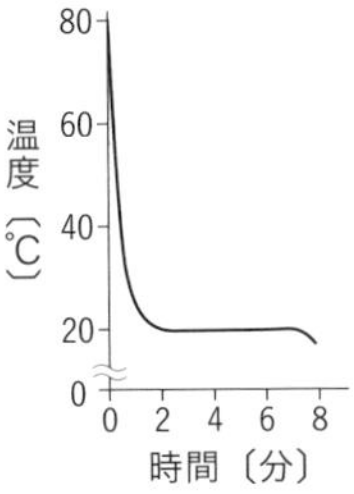

エ

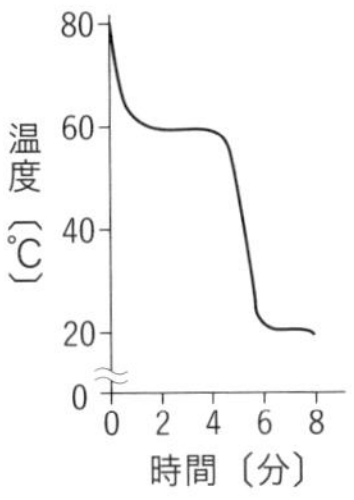

(　　)

(4)　(3)の操作を物質Bでおこなうと，その温度変化は図3のようになった。物質AとBの沸点はどちらが高いと予想されるか。適当なものを次の**ア〜ウ**から1つ選び，記号で答えよ。

ア　物質Aの沸点のほうが高い。　**イ**　物質Bの沸点のほうが高い。

ウ　物質Aと物質Bの沸点は同じ。　(　　)

図3

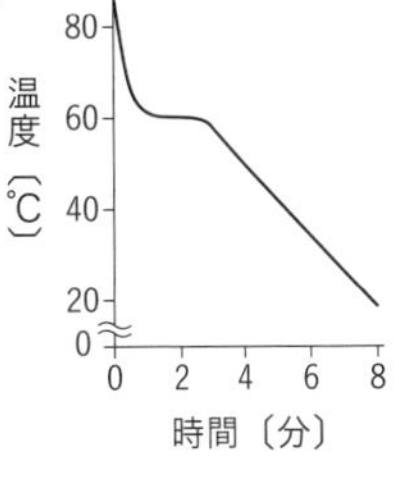

重要度 ★★★

2 化学

気体と水溶液

STEP01 要点まとめ

➡ 解答は別冊 18 ページ

（　　）にあてはまる語句を書いて，この章の内容を確認しよう。

1 気体の性質

❶ 気体の性質と発生方法

	酸素	二酸化炭素	アンモニア	水素
色	無色	無色	無色	無色
におい	ない。	ない。	03（　　　　）がある。	ない。
水への溶け（と）やすさ	溶け 01（　　　　）。	少し 02（　　　　）。	非常によく溶ける。	溶けにくい。
空気に対する密度（みつど）の大きさ	約 1.1 倍	約 1.5 倍	約 0.6 倍	約 0.07 倍
そのほかの性質	ほかのものを燃やす性質（助燃性（じょねんせい））がある。	石灰水に通すと，石灰水が白くにごる。	有毒。水溶液は 04（　　　　）性。	物質中で最も密度が 05（　　　　）。火をつけると燃えて 06（　　　）ができる。
発生方法の例	二酸化マンガンにうすい過酸化水素水（オキシドール）を加える。	石灰石にうすい塩酸を加える。	塩化アンモニウムと水酸化カルシウムを混ぜて加熱する。	亜鉛（あえん）などの金属にうすい塩酸を加える。

❷ 気体の集め方

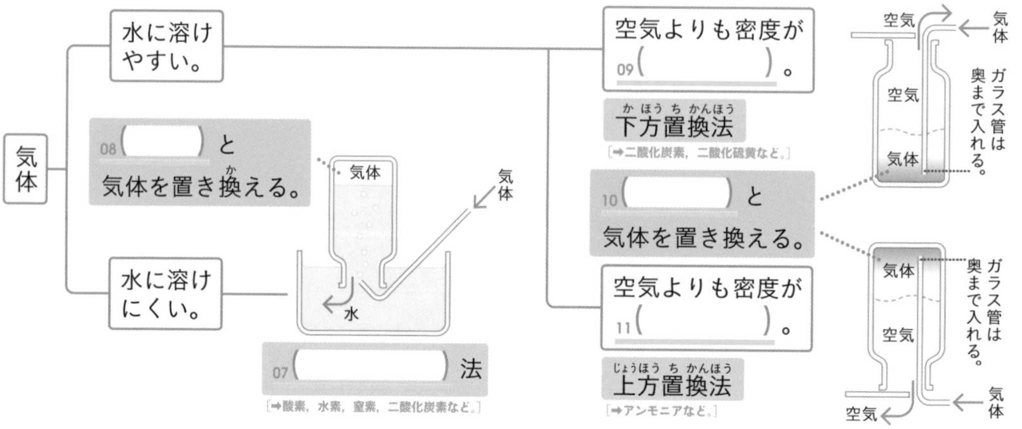

2 物質の溶解

1 溶液

- 12(　　　　)…液体に，ほかの物質が溶けた液。
  - ① 13(　　　　)…溶液に溶けている物質。
  - ② 14(　　　　)…溶質を溶かしている液体。
    ➡溶媒が水の溶液をとくに 15(　　　　)という。
- 水溶液の特徴
  - ①濃さはどこでも 17(　　　　)。
  - ②透明。色がついているものもある。
  - ③時間が経過しても沈殿はできない。
- 溶液の質量…溶質の質量と溶媒の質量の 18(　　　)。

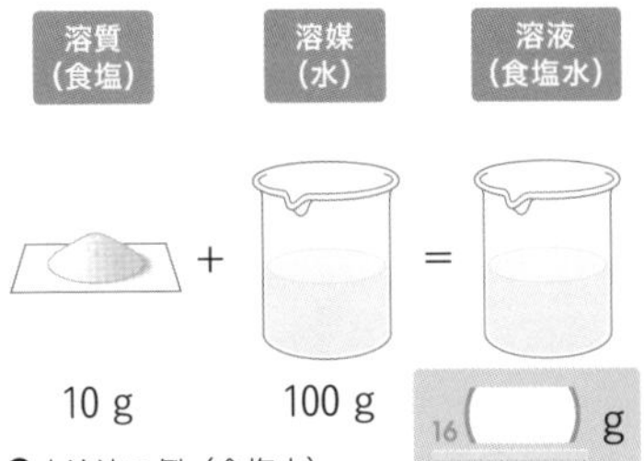

⬆水溶液の例（食塩水）

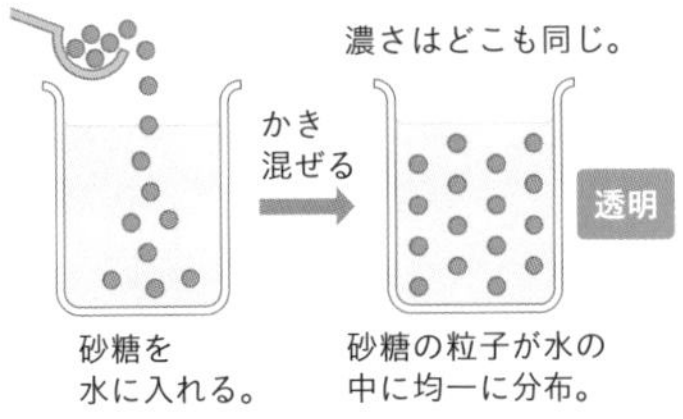

⬆水溶液の特徴

2 濃度

POINT
- **質量パーセント濃度**…溶液の濃さを，溶質の質量が溶液全体の質量の何％にあたるかで示す。

$$\text{質量パーセント濃度(\%)} = \frac{\text{溶質の質量(g)}}{{}_{19}(\quad\quad)\text{の質量(g)}} \times 100$$

3 溶解度と再結晶

1 溶解度

- 20(　　　　)…溶質が 100 g の溶媒に溶ける限度の量。温度によって変わる。
- **溶解度曲線**…物質の溶解度と 21(　　　　)との関係を表すグラフ。
- 22(　　　　)…溶質が限度まで溶けている状態。その状態の水溶液を 23(　　　　)という。

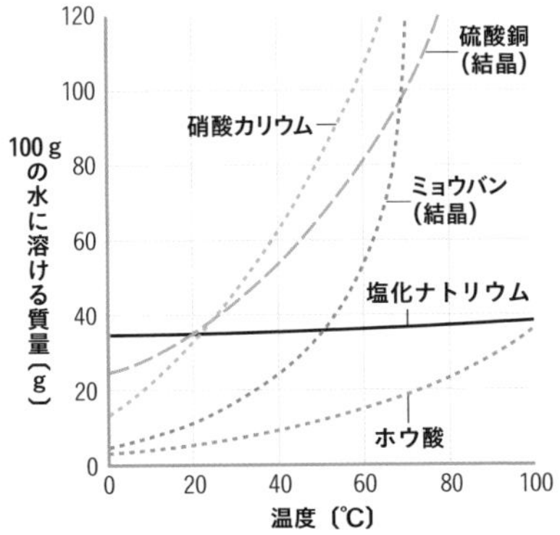

⬆溶解度曲線

2 再結晶

- 24(　　　　)…固体を液体に溶かしてから，再び結晶としてとり出すこと。

3 ろ過

- 25(　　　　)…ろ紙などを使って，固体と液体をこし分ける操作。
  ➡ろ紙の目よりも 26(　　　　)粒がろ紙上に残る。

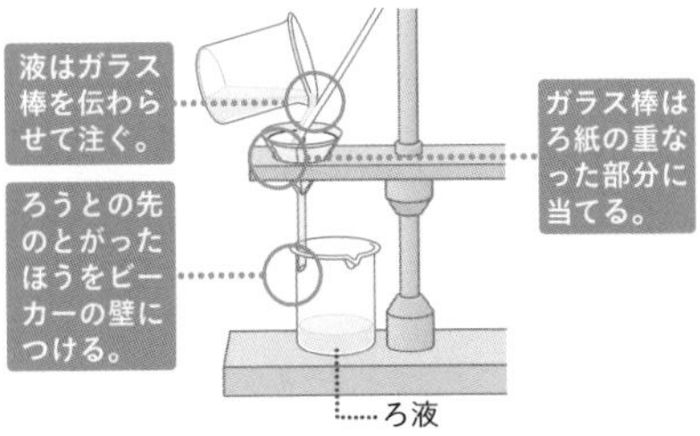

⬆ろ過

STEP 02 基本問題

➡ 解答は別冊 19 ページ

学習内容が身についたか，問題を解いてチェックしよう。

1 次の各問いに答えなさい。

(1) 4種類の気体について述べた次の**ア**～**エ**のうち，正しいものを1つ選び，記号で答えよ。〈神奈川県〉

ア 水素は無色無臭で，物質を燃やすはたらきがある。
イ 塩素は無色で刺激臭があり，漂白作用がある。
ウ アンモニアは空気より軽く，水に溶けにくい気体である。
エ 二酸化炭素は空気より重く，水に少し溶け，その水溶液は酸性を示す。

（　　）

(2) 下方置換法で集める気体の性質として，正しいものを1つ選び，記号で答えよ。〈兵庫県〉

ア 空気より密度が小さく，水に溶けにくい。
イ 空気より密度が小さく，水に溶けやすい。
ウ 空気より密度が大きく，水に溶けにくい。
エ 空気より密度が大きく，水に溶けやすい。

（　　）

(3) 発生させたアンモニアを集めるとき，アンモニアがたまったことを確認するために使うものとして，正しいものを1つ選び，記号で答えよ。〈兵庫県〉

ア 赤色リトマス紙　　**イ** 青色リトマス紙
ウ マグネシウムリボン　　**エ** 塩化コバルト紙

（　　）

くわしく

酸素の発生方法
二酸化マンガンにうすい過酸化水素水を加える。

二酸化炭素の発生方法
石灰石にうすい塩酸を加える。

水素の発生方法
亜鉛や鉄などの金属にうすい塩酸を加える。

アンモニアの発生方法
①塩化アンモニウムと水酸化カルシウムを混ぜて加熱する。
②塩化アンモニウムに水酸化ナトリウムを加えて水を注ぐ。

2 身のまわりの物質について調べるために，次の実験をおこなった。各問いに答えなさい。〈石川県・改〉

【実験】 2種類の物質**A**，**B**をそれぞれ25 gずつ20 ℃の水100 gに加えて十分にかき混ぜたところ，**A**と**B**は水に溶けた。ただし，**A**は完全に溶けたが，**B**は一部が溶けずに残った。

よく出る

(1) 下線部について，**A**を溶かした溶液の質量パーセント濃度は何%か，求めよ。（　　）

ヒント

質量パーセント濃度〔%〕

$$=\frac{\text{溶質の質量〔g〕}}{\text{溶液の質量〔g〕}}\times 100$$

溶液の質量〔g〕
＝溶質の質量＋溶媒の質量

よく出る

(2) 右のグラフは，水の温度と溶解度の関係を表したものであり，**ア**，**イ**は物質A，Bのいずれかである。これをもとに，次の①，②に答えよ。

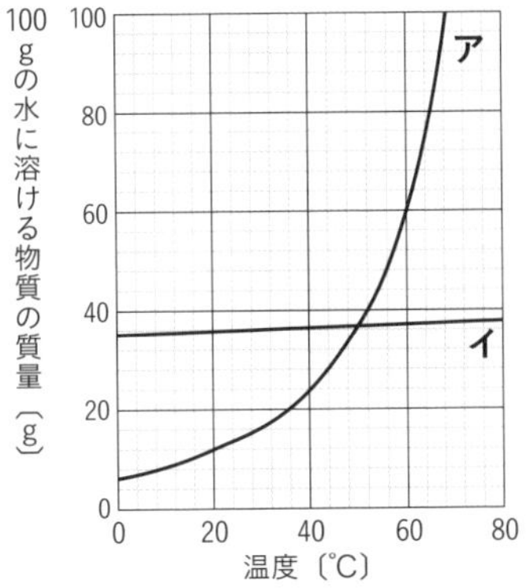

①**ア**は 40 ℃の水 100 g に何 g 溶けるか，答えよ。　（　　　）

②**イ**は，物質A，Bのどちらか書け。また，そう判断した理由を答えよ。

イ（　　　）

理由［　　　　　　　　　　　　　　　］

3 ろ過について，次の各問いに答えなさい。

よく出る

(1) ろ過の操作として正しいのはどれか。次の**ア**～**エ**から1つ選び，記号で答えよ。

ア　**イ**　**ウ**　**エ**

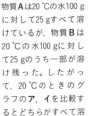

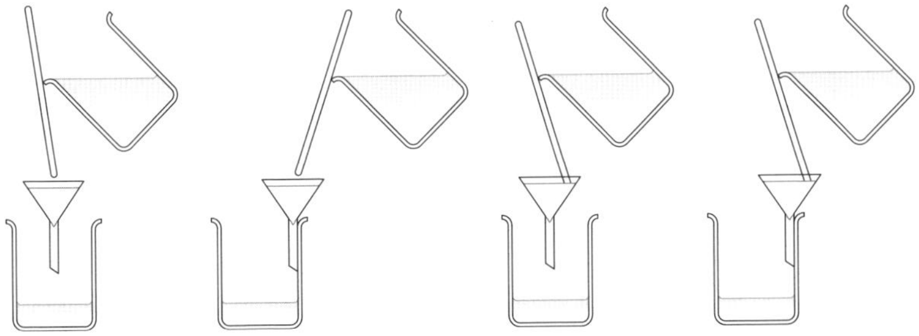

（　　　）

(2) 不純物が混じった水溶液をろ過して，固体とろ液に分けることができた。その理由として適当なものを次の**ア**～**エ**から1つ選び，記号で答えよ。

〈山梨県・改〉

ア　固体はろ紙の穴より小さく，ろ液中の物質はろ紙の穴より大きいから。

イ　固体はろ紙の穴より大きく，ろ液中の物質はろ紙の穴より小さいから。

ウ　固体，ろ液中の物質ともにろ紙の穴より小さいから。

エ　固体，ろ液中の物質ともにろ紙の穴より大きいから。

（　　　）

ヒント

物質**A**は20 ℃の水100 gに対して25 gすべて溶けているが，物質**B**は20 ℃の水100 gに対して25 gのうち一部が溶け残った。したがって，20 ℃のときのグラフの**ア**，**イ**を比較するとどちらがすべて溶けたかわかる。

STEP 03 実戦問題

入試レベルの問題で力をつけよう。

目標時間 40分

➡ 解答は別冊 19 ページ

1 次の実験について，各問いに答えなさい。〈開成高・改〉

試験管に 2 種類の粉末を入れ，右図のように試験管の底をガスバーナーで加熱してアンモニアの気体を発生させた。

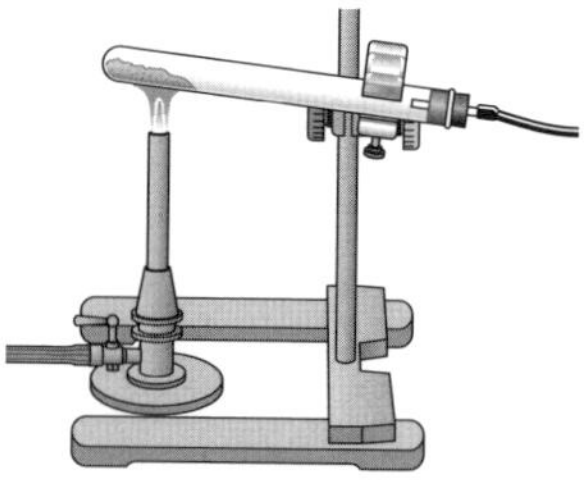

(1) アンモニアの気体を発生させる物質の組み合わせとして，最も適当なものを次の**ア**～**エ**から 1 つ選び，記号で答えよ。

ア 炭酸カルシウムと塩化ナトリウム
イ 塩化アルミニウムと水酸化カルシウム
ウ 水酸化アルミニウムと硫酸マグネシウム
エ 水酸化カルシウムと硫酸アンモニウム

（　　）

(2) 発生した気体のアンモニアを捕集する方法として，最も適当なものを次の**ア**～**ウ**から 1 つ選び，記号で答えよ。

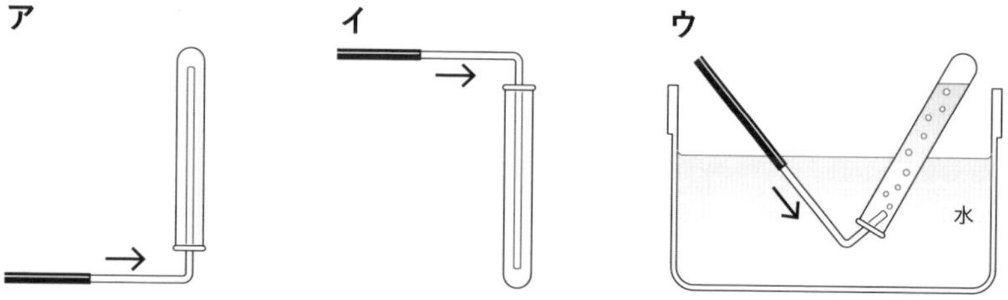

（　　）

(3) 次の①～④の実験操作で発生する気体のうち，(2)の**ア**の方法で捕集することもあるものを 1 つ選び，番号で答えよ。ただし，発生する水蒸気は考えないものとする。

① うすい塩酸に亜鉛の金属片を加える。
② 石灰石にうすい塩酸を加える。
③ 炭酸水素ナトリウムを加熱する。
④ 二酸化マンガンにうすい過酸化水素水を加える。

（　　）

(4) (3)の①～④の実験操作で発生する気体を，それぞれ試験管に捕集した。これらの気体の性質を確認する方法として最も適当なものを，次の**ア**～**オ**からそれぞれ 1 つ選び，記号で答えよ。同じ記号を複数回選んでもよい。ただし，発生する水蒸気は考えないものとする。

ア 石灰水を試験管に入れて振り混ぜて，石灰水が白くにごるのを確認する。
イ 火のついた線香の先を試験管に入れて，炎が大きくなるのを確認する。
ウ 火のついたマッチ棒を試験管の口に近づけて，ポンと音がするのを確認する。
エ 青色の塩化コバルト紙を試験管の内側につけて，うすい赤色になるのを確認する。
オ この気体の水溶液を試験管に入れてフェノールフタレイン溶液を加え，水溶液が赤色になるのを確認する。

①(　　) ②(　　) ③(　　) ④(　　)

2 次の文章を読んで，各問いに答えなさい。〈市川高・改〉

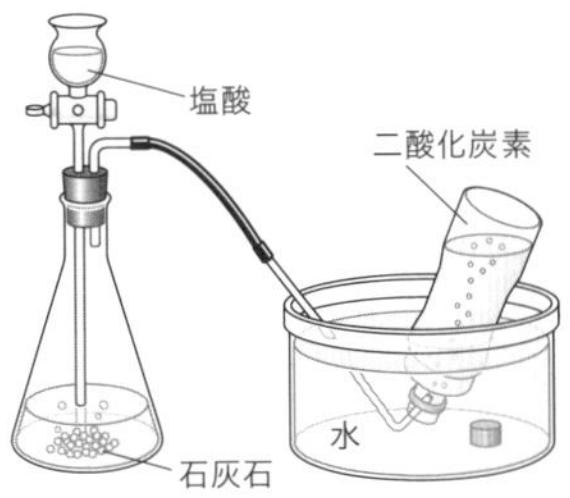

石灰石に塩酸を加えて二酸化炭素を発生させ，発生した気体を水上置換法でペットボトルに集めた。このペットボトルに石灰水を入れて少し振ったところ，液体の色は（　A　）色に変化した。
また，同様に二酸化炭素を集めた別のペットボトルに水を半分ほど入れ，ふたをして激しく振ったところ，ペットボトルがへこんだ。その後，ペットボトルの中の液体にBTB溶液を加えると，（　B　）色に変化した。

(1) （　A　）・（　B　）にあてはまる色を，次の**ア～カ**からそれぞれ選び，記号で答えよ。

ア 無　**イ** 黄　**ウ** 白　**エ** 青　**オ** 紫　**カ** 赤

A(　　) B(　　)

(2) BTB溶液を加えて，液体が（　B　）色に変化したが，これは何性を表すか。

(　　　　)

よく出る

(3) ペットボトルがへこんだのはなぜか。理由を簡単に説明せよ。

[　　　　　　　　　　]

(4) 二酸化炭素は石灰石の代わりに，別のものに塩酸を加えても発生させることができる。石灰石の代わりになるものを，次の**ア～サ**からすべて選べ。

ア 亜鉛　**イ** アルミニウム　**ウ** 貝殻　**エ** ジャガイモ　**オ** 重そう
カ 大理石　**キ** 卵の殻　**ク** 鉄　**ケ** 二酸化マンガン　**コ** マグネシウム
サ レバー

(　　　　)

(5) ペットボトルに石灰水を入れたときに（　A　）色になるのは，石灰水と二酸化炭素が反応して炭酸カルシウムという水に溶けにくい物質ができるためである。炭酸カルシウムをふくむものを(4)の**ア～サ**からすべて選び，記号で答えよ。

(　　　　)

3 次の文章を読んで，各問いに答えなさい。〈愛媛県・改〉

表は，水 100 g に溶ける物質の最大の質量と温度との関係をまとめたものである。また，表中の物質 **a**～**d** のいずれか 1 つはミョウバンである。

物質＼温度	0 ℃	20 ℃	40 ℃	60 ℃	80 ℃
a	38	38	38	39	40
b	6	11	24	57	321
c	179	204	238	287	362
d	3	5	9	15	24
硝酸カリウム	13	32	64	109	169

【実験Ⅰ】 水 10 g にミョウバン 3.0 g を入れた試験管を 20 ℃に保ち，よく振ったところ，ミョウバンの一部が溶け残った。この試験管を加熱して水溶液の温度を 60 ℃まで上げると，溶け残っていたミョウバンはすべて溶けた。次に，この試験管を冷却して水溶液の温度を下げると，ミョウバンの結晶が出てきた。ただし，水の蒸発はないものとする。

【実験Ⅱ】 水 100 g に硝酸カリウムを溶けるだけ溶かし，40 ℃の飽和水溶液をつくった。この飽和水溶液をゆっくりと加熱し，10 g の水を蒸発させた。加熱をやめ，この水溶液の温度を 20 ℃まで下げると，硝酸カリウムの結晶が出てきた。

(1) ミョウバンは，表の物質 **a**～**d** のどれにあたるか。最も適当なものを **a**～**d** から 1 つ選び，記号で答えよ。

(　　)

(2) 実験Ⅰで，水溶液の温度を 60 ℃からミョウバンの結晶が出始めるまで下げていくとき，冷却し始めてからの時間と水溶液の質量パーセント濃度との関係を表すグラフはどれか。次の**ア**～**エ**から，最も適当なものを 1 つ選び，記号で答えよ。ただし，グラフはミョウバンの結晶が出始める直前の時間である t までかかれている。

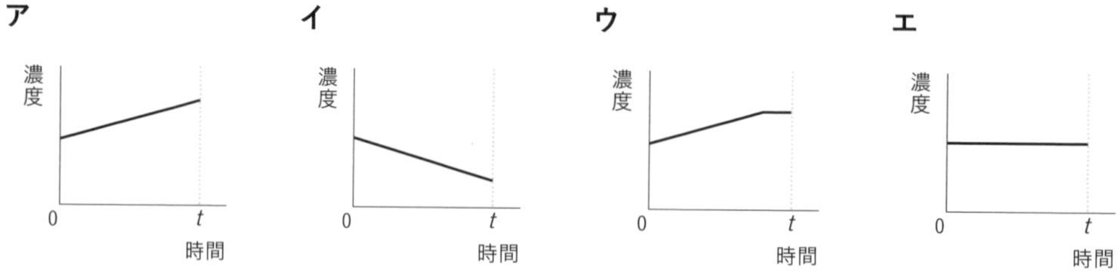

(　　)

(3) 実験Ⅱで，40 ℃の硝酸カリウム飽和水溶液の質量パーセント濃度は何%か。小数第 1 位を四捨五入して，整数で書け。(　　)

(4) 実験Ⅱで出てきた硝酸カリウムの結晶はおよそ何 g か。次の**ア〜エ**から，最も適当なものを 1 つ選び，記号で答えよ。

ア 26 g　**イ** 32 g　**ウ** 35 g　**エ** 58 g

(　　)

4 次の文章を読んで，各問いに答えなさい。〈東大寺学園高〉

次の表は物質**A〜E**の溶解度を温度ごとに記したものである。溶解度とはそれぞれの物質が 100 g の水に溶ける質量〔g〕のことである。また，2 種類以上の物質を同じ水に混ぜて溶かしてもたがいに溶解度には影響しないものとして，あとの問いに答えよ。答えが割り切れない場合は，小数第 2 位を四捨五入して小数第 1 位まで答えよ。

	0 ℃	20 ℃	40 ℃	60 ℃	80 ℃
A	28	34	40	46	51
B	37.5	37.8	38.3	39	40
C	14	20	29	40	56
D	13	32	64	109	169
E	35.5	24	16	10	6.2

(1) 物質**A〜E**のうちの 1 つは 20 ℃で気体であり，そのほかは固体である。表の**A〜E**から気体を選び，記号で答えよ。

(　　)

(2) 40 ℃の**A**の飽和水溶液 100 g をとり，0 ℃まで冷やすと**A**は何 g 析出するか。

(　　)

(3) 40 g の**A**と 100 g の**D**をふくむ 140 g の混合物を 80 ℃で 100 g の水に溶かし，20 ℃まで冷却すると，析出する固体中の**A**の質量の割合は何％になるか。

(　　)

難問

(4) (3)で得られた固体を再び 80 ℃で 100 g の水に溶かし，20 ℃まで冷却すると固体が得られた。その固体にふくまれる**A**と**D**の質量はそれぞれ何 g か。

A(　　)　**D**(　　)

よく出る

(5) (3)(4)のように，混合物中における固体の溶解度のちがいを利用して，一方の物質を精製する方法を何というか。

(　　)

重要度 ★★★

3 化学 化学変化と原子・分子①

STEP01 要点まとめ

➡ 解答は別冊 21 ページ

(　　)にあてはまる語句を書いて，この章の内容を確認しよう。

1 原子と分子

❶ 原子と分子

● 01(　　　　　)…物質をつくるもととなる最小の粒子。それ以上分けることができない。

➡大きさや質量，性質は種類によって異なる。

● 02(　　　　　)…原子がいくつか結びついた，物質の性質を示す最小の粒子。

➡金属や塩化ナトリウムのように，原子が集まっただけで，分子をつくらない物質もある。

● 03(　　　　　)…原子の種類。現在 118 種類が知られている。

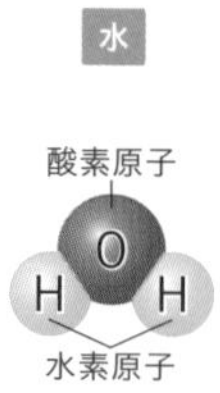

⬆分子をつくる物質

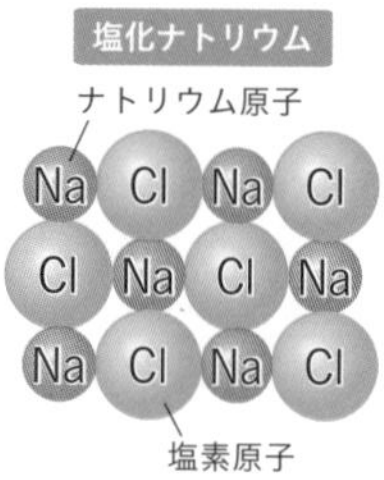

⬆分子をつくらない物質

● **単体と化合物**

① 04(　　　　　)…1 種類の元素からできている物質。［➡水素，酸素，鉄など。］

② 05(　　　　　)…2 種類以上の元素からできている物質。［➡水，塩化ナトリウムなど。］

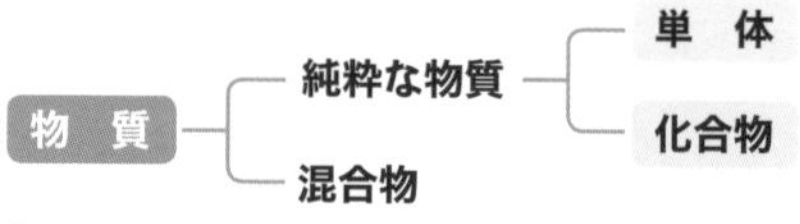

⬆物質の分類

❷ 化学式と化学反応式

● **元素記号**…原子の種類［➡元素］を表す記号。

● 06(　　　　　)…元素記号を使って物質を表した式。

● 07(　　　　　　)…化学変化を化学式を使って表したもの。

➡反応する物質を左辺に，生成した物質を右辺に書く。

POINT ➡左辺と右辺の各原子の総数は 08(　　　　　)なる。

$$2H_2 + O_2 \rightarrow 2H_2O$$

左辺　H が 4 個，O が 2 個　　右辺　H が 09(　　　)個，O が 2 個

⬆化学反応式の例（水素と酸素が結びつく反応）

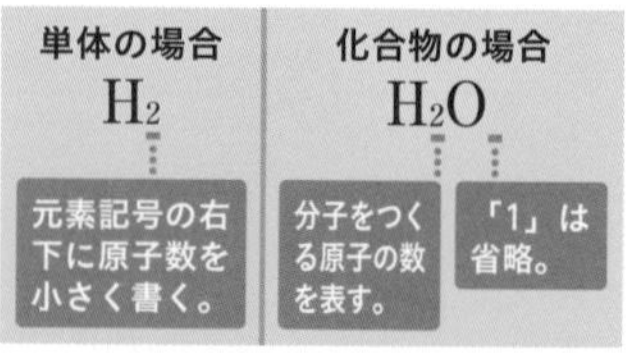

⬆分子をつくる物質の化学式

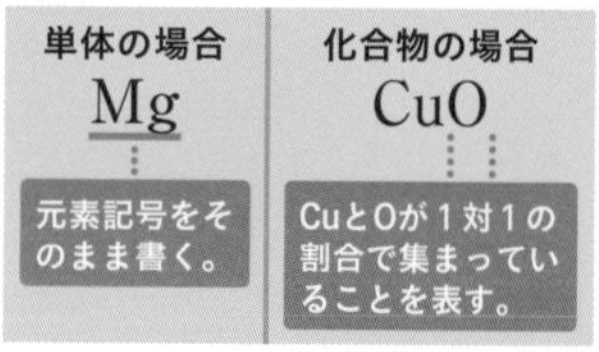

⬆分子をつくらない物質の化学式

2 いろいろな化学変化

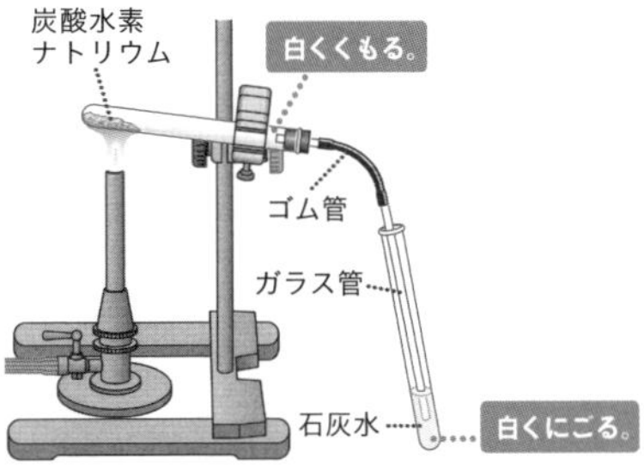

⬆炭酸水素ナトリウムの熱分解

1 化学変化

● 10(　　　　　)…物質が，もとの物質とは性質のちがう別の物質になる変化。［➡分解，化合など。］

2 分解

● 分解(ぶんかい)…１種類の物質が，11(　　　)種類以上の別の物質に分かれる変化。［➡熱分解や電気分解がある。］

①炭酸水素ナトリウムの熱分解(ねつぶんかい)…炭酸水素ナトリウム → 炭酸ナトリウム＋二酸化炭素＋水

$2NaHCO_3$ → 12(　　　　　) + CO_2 + H_2O

②酸化銀の熱分解…酸化銀 → 銀＋酸素

13(　　　　　) → 4Ag + O_2

③水の電気分解(でんきぶんかい)…水 → 14(　　　　) ＋ 酸素

$2H_2O$ → $2H_2$ + 15(　　　　)

3 化合と酸化

● 化合(かごう)*…２種類以上の物質が結びついて，別の新しい物質ができる化学変化。

①銅と硫黄(いおう)の化合…銅＋硫黄 → 硫化銅(りゅうかどう)

Cu + S → 16(　　　　)

● 酸化(さんか)…物質が 17(　　　　)と化合する化学変化。

➡酸化によってできた物質を 18(　　　　)という。

①銅の酸化…銅＋酸素 → 酸化銅

2Cu + O_2 → 19(　　　　　)

②マグネシウムの酸化…マグネシウム＋酸素 → 20(　　　　　　　　)

2Mg + O_2 → 2MgO

● 21(　　　　)…物質が熱や光を出しながら激しく酸化すること。

*化合という用語は近年使用されないようになってきている。

4 還元

● 還元(かんげん)…酸化物(さんかぶつ)から酸素をとり除く反応。［➡酸化と逆の反応。］

POINT ➡酸化と還元は 22(　　　　)に起こる。

・酸化銅の炭素による還元…酸化銅＋炭素 → 銅＋二酸化炭素

2CuO + C → 23(　　　　) + CO_2

還元：酸化銅 → 銅

酸化銅 ＋ 炭素 → 銅 ＋ 二酸化炭素

酸化：炭素 → 二酸化炭素

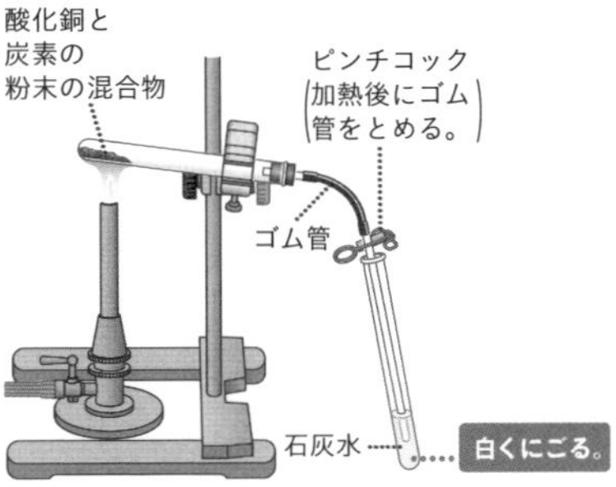

⬆酸化銅の炭素による還元

STEP 02 基本問題

➡ 解答は別冊 22 ページ

学習内容が身についたか，問題を解いてチェックしよう。

1 次の各問いに答えなさい。

(1) マグネシウムや鉄のように，1 種類の元素だけでできている物質を，次の**ア**～**エ**から 1 つ選び，記号で答えよ。

ア 塩化ナトリウム　**イ** 二酸化炭素　**ウ** エタノール　**エ** 硫黄

（　　）

(2) N の記号で表される元素の名称を答えよ。

（　　）

2 次の各問いに答えなさい。〈高知県〉

右図のように，リボン状のマグネシウムをピンセットではさんでガスバーナーで熱すると，マグネシウムは光を出して酸化し，白色の物質が残った。

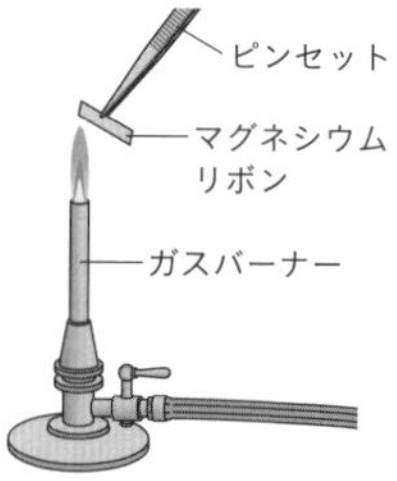

(1) この実験で，残った白色の物質は何か，化学式で答えよ。

（　　）

(2) 物質が激しく光や熱を出しながら酸化することを何というか。

（　　）

3 次の実験について，各問いに答えなさい。〈和歌山県・改〉

【実験】 右図のように実験装置を組み立て，炭酸水素ナトリウムをガスバーナーで十分加熱したところ，気体**A**が発生し，石灰水は白くにごった。また，試験管中に固体**B**が残り，試験管の口の部分には液体**C**がたまった。

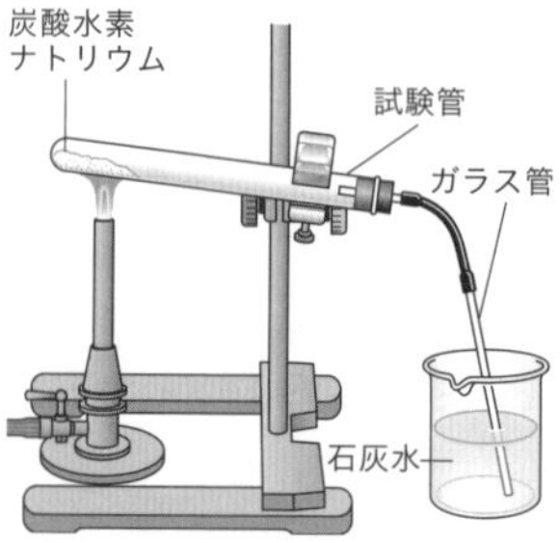

水が 5 cm^3 入った試験管を 2 本用意し，一方には炭酸水素ナトリウムを，もう一方には固体**B**を 0.5 g ずつ入れ，溶け方を観察した。その後，フェノールフタレイン溶液をそれぞれの試験管に2滴加え，色の変化を観察した。表は実験の結果をまとめたものである。

くわしく

炭酸水素ナトリウムは重そうともよばれ，ベーキングパウダーなどのふくらし粉にふくまれている。

	炭酸水素ナトリウム	固体B
水への溶け方	試験管の底に溶け残りがあった。	すべて溶けた。
フェノールフタレイン溶液を加えたときの色の変化	うすい赤色になった。	濃い赤色になった。

よく出る
(1) 次の文は，実験の結果からわかったことをまとめた内容の一部である。文中の①，②について，それぞれ**ア**，**イ**のうち適切なものを1つ選んで，記号で答えよ。

> フェノールフタレイン溶液によって，どちらの水溶液も赤色に変化したことから，この2つの水溶液の性質はどちらも①（**ア** 酸性 **イ** アルカリ性）であることがわかった。また，変化した水溶液の赤色の濃さのちがいから，①の性質が強いのは②（**ア** 炭酸水素ナトリウム **イ** 固体**B**）が溶けた水溶液であるとわかった。

①（　　　）②（　　　）

よく出る
(2) 炭酸水素ナトリウムは加熱により，気体**A**，固体**B**，液体**C**に分かれた。このときの化学変化を表す化学反応式を書け。

（　　　　　　　　　　）

4 次の実験について，各問いに答えなさい。〈和歌山県・改〉

【実験】 水酸化ナトリウムを水に溶かして，質量パーセント濃度が2.5％の水酸化ナトリウム水溶液をつくり，図1の電気分解装置に入れた。
次に電源装置を使って，水酸化ナトリウム水溶液に電流を流した。

図1 電気分解装置
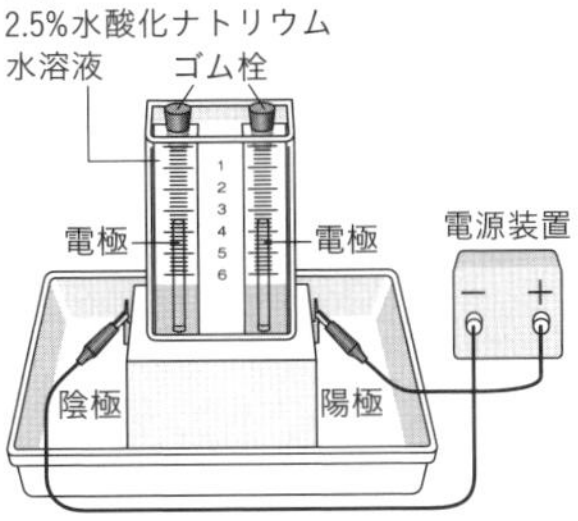

(1) この実験で，電気分解しやすくするために，水酸化ナトリウム水溶液を用いたのはなぜか。その理由を水の性質と比較して，簡潔に書きなさい。

［　　　　　　　　　　］

(2) 図2は水分子を表したモデルである。この実験で起こった化学変化を，○と◎のモデルを使ってかけ。ただし，使う分子のモデルの数は最小限にとどめること。

図2
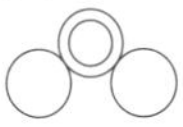

［　　　　　　　　　　］

くわしく
この実験では，加熱をやめると試験管やガラス管内の温度が下がって気圧が下がり，石灰水が逆流することがあるため，加熱をやめる前に石灰水からガラス管を引き抜く必要がある。

くわしく
この実験では，発生した水が加熱部分を急激に冷やして試験管を割ることを防ぐため，試験管の口を下げて実験をおこなう。

ヒント
水の電気分解
水 → 水素＋酸素

STEP 03 実戦問題

入試レベルの問題で力をつけよう。

目標時間 40分

➡ 解答は別冊 22 ページ

1 次の各問いに答えなさい。

(1) 鉄鉱石から鉄をとり出すときのように，酸化物から酸素がうばわれる（酸化物が酸素を失う）化学変化を何というか。〈北海道〉

（　　　）

よく出る

(2) 次の**ア**～**カ**の物質のうち，分子をつくらないものはどれか。正しいものをすべて選び，記号で答えよ。〈函館ラサール高・改〉

ア　二酸化炭素　　**イ**　塩化水素　　**ウ**　塩化ナトリウム
エ　酸化銅　　**オ**　窒素　　**カ**　銀

（　　　）

新傾向

(3) 次の反応式はメタン CH_4，ブタン C_4H_{10} が燃焼したときの化学反応式である。（　　）内にあてはまる係数を答えよ。ただし，係数が1のときは「1」と答えよ。〈開成高〉

（ ① ）CH_4 ＋（ ② ）O_2 → （ ③ ）CO_2 ＋（ ④ ）H_2O
（ ⑤ ）C_4H_{10} ＋（ ⑥ ）O_2 → （ ⑦ ）CO_2 ＋（ ⑧ ）H_2O

①（　　）②（　　）③（　　）④（　　）
⑤（　　）⑥（　　）⑦（　　）⑧（　　）

2 マグネシウムの粉末を図1のような装置で加熱する実験をおこなった。次の各問いに答えなさい。〈東京学芸附高・改〉

図1

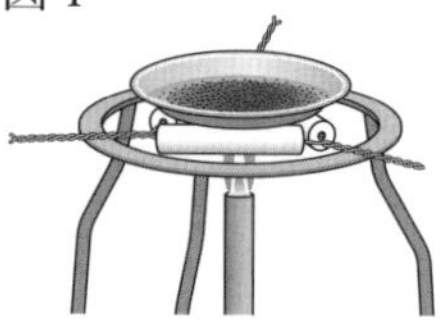

よく出る

(1) 図2のガスバーナーの点火の手順について，次の①～⑤を正しい順に並べたものはどれか。あとの**ア**～**カ**から1つ選び，記号で答えよ。

① **A**を回して開ける。
② **E**にななめ下から火を近づけ，**D**をゆるめてガスに火をつける。
③ **D**を押さえながら，**C**を回して青い炎にする。
④ **C**，**D**がしまっていることを確認する。
⑤ **B**を回して開けて，マッチに火をつける。

ア　①→④→②→⑤→③　　**イ**　④→①→②→⑤→③
ウ　①→④→⑤→③→②　　**エ**　④→①→⑤→③→②
オ　①→④→⑤→②→③　　**カ**　④→①→⑤→②→③

（　　　）

図2

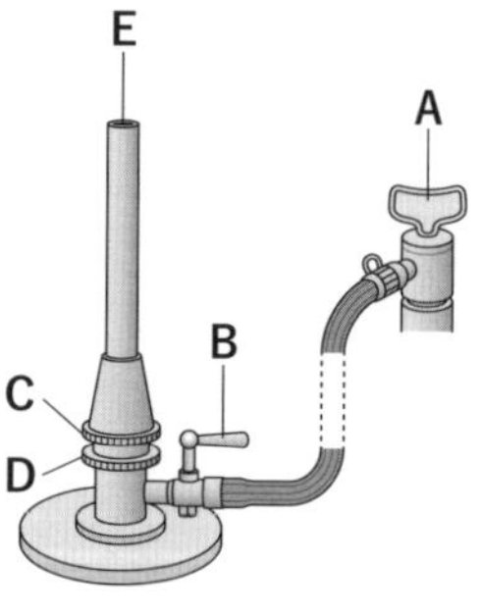

(2) この実験のように，激しく熱や光を出しながら物質が酸化する変化の名称を何というか。漢字2文字で答えよ。

（　　　　　　）

(3) 酸化マグネシウムの色はどれか。正しいものを次の**ア〜エ**から1つ選び，記号で答えよ。
　　ア 黒色　　**イ** 赤茶色　　**ウ** 白色　　**エ** 青色

（　　　　　　）

(4) マグネシウムと酸素が反応する化学反応式はどれか。正しいものを次の**ア〜カ**から1つ選び，記号で答えよ。

　　ア $Mg + O → MgO$　　　　**イ** $Mg + O_2 → MgO_2$
　　ウ $Mg_2 + O → Mg_2O$　　　**エ** $Mg_2 + O_2 → 2MgO$
　　オ $2Mg + O → Mg_2O$　　　**カ** $2Mg + O_2 → 2MgO$

（　　　　　　）

3 銅とその化合物に関する次の文章を読んで，各問いに答えなさい。〈筑波大附高〉

銅は，金属の中で銀についで（　**ア**　）をよく通すので，導線などに用いられている。また，銅は，金属の中で銀についで（　**イ**　）をよく伝えるので，調理器具などにも用いられている。

銅を空気中で加熱すると，銅と空気中の酸素が反応して，黒色の CuO になる。

水素をふきこみながら CuO を加熱すると，CuO と水素が反応して，銅と水になる。この反応は，次のように表すことができる。

$$CuO + 水素 → 銅 + 水 \quad \cdots ①$$

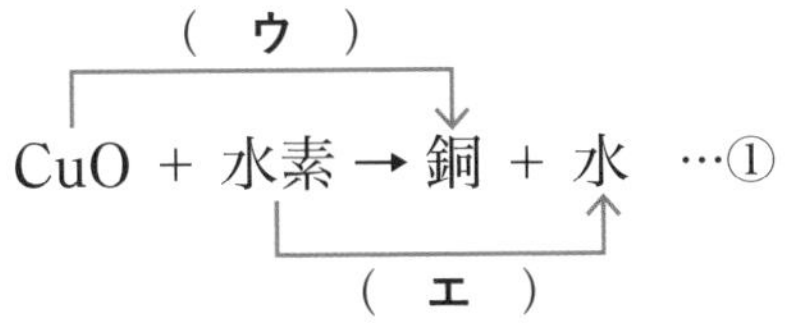

(1) 文中の（　**ア**　），（　**イ**　）にあてはまる語をそれぞれ漢字で答えよ。

ア（　　　　　）　**イ**（　　　　　）

(2) 下線部の反応の化学反応式を書け。

（　　　　　　　　　　　）

(3) ①式の（　**ウ**　），（　**エ**　）にあてはまる化学変化の名称をそれぞれ漢字2文字で答えよ。

ウ（　　　　）　**エ**（　　　　）

(4) ①式の反応で 2.00 g の CuO を完全に銅に変えた。このときできた水の質量は何 g か。小数点以下第2位まで答えよ。ただし，銅原子1個の質量は酸素原子1個の質量の4倍であり，酸素原子1個の質量は水素原子1個の質量の16倍であるとする。

（　　　　　　）

4 鉄粉と硫黄を用いた次の実験をおこなった。各問いに答えなさい。

〈大阪教育大附高（池田）・改〉

【実験】 鉄粉と硫黄の粉末をよく混合させ，これを乾いた試験管に入れて加熱すると激しく反応して，黒色化合物**A**が生成した。

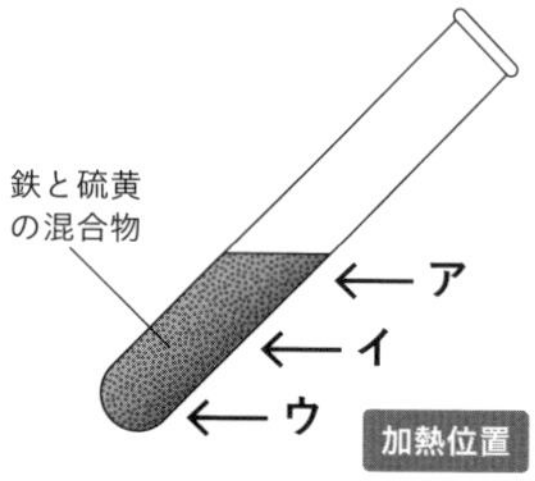

(1) 鉄と硫黄はともに単体である。単体とはどのような物質のことをいうか，「元素」という言葉を使って簡単に書け。〈三重県・改〉

［　　　　　　　　　　　　　　］

よく出る

(2) 鉄と硫黄の混合物を加熱したときの反応を化学反応式で書け。

（　　　　　　　　　　）

(3) 鉄と硫黄の入った試験管を加熱するとき，どの位置を加熱すればよいか。適切な位置を図の**ア**～**ウ**から１つ選び，記号で答えよ。また，反応が始まると加熱をしなくても反応が進行する。その理由を答えよ。

記号（　　）

理由［　　　　　　　　　　　　　　］

(4) 黒色化合物**A**を試験管からとり出し，うすい塩酸を加えると気体が発生した。この気体の化学式を書け。また，この気体の性質について正しいものを次の**ア**～**ク**からすべて選び，記号で答えよ。

ア 無臭　**イ** 腐卵臭　**ウ** 空気より軽い。　**エ** 空気より重い。

オ 無毒　**カ** 有毒　**キ** 自然界では発生しない。　**ク** 自然界で発生する。

化学式（　　　　）

記号（　　　　）

超難問

5 次の文章を読んで，各問いに答えなさい。〈筑波大附高・改〉

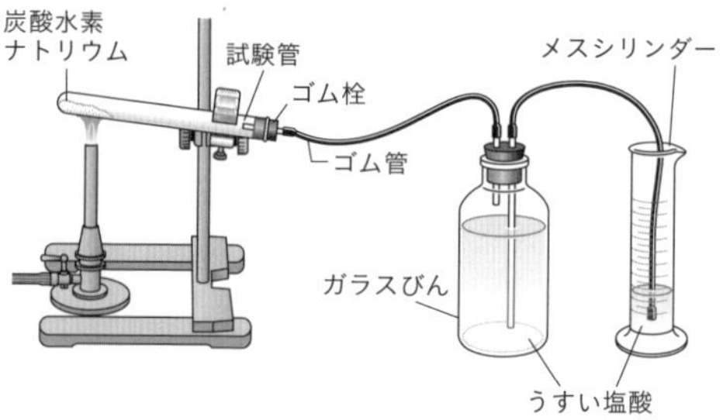

炭酸水素ナトリウムを加熱すると気体が発生する。この気体について調べるために，図のような装置を用いて実験した。

メスシリンダーを持ち上げて，メスシリンダーの液面の高さをガラスびんの液面に合わせ，メスシリンダーの目盛りを読んだ。メスシリンダーをもとに戻し，試験管に入れた炭酸水素ナトリウムを加熱すると，ガラスびんの中に入れたうすい塩酸がメスシリンダーに移動し始めた。そのまま加熱を続けると，メスシリンダー内のうすい塩酸が増加し，試験管の中に液滴が見られた。さらに加熱を続けると，メスシリンダー内のうすい塩酸の増加が止まった。 **A**

その後，ガラスびんにたまった気体すべてを採取し，十分な量の石灰水を加えて振り混ぜた。生成した白色沈殿をとり出して乾燥させ，質量をはかった。

(1) 炭酸水素ナトリウムについて述べた文として誤っているものを，次の**ア〜エ**から1つ選び，記号で答えよ。〈青雲高〉

ア 炭酸水素ナトリウムを水に溶かすとアルカリ性を示す。

イ クエン酸との混合物に少量の水を加え，よく振り混ぜると吸熱反応が起こる。

ウ 同量の水に炭酸水素ナトリウムと炭酸ナトリウムをそれぞれ溶かすと，炭酸ナトリウムのほうが溶けやすい。

エ 炭酸水素ナトリウムは分子が集まってできている物質である。

( )

(2) この実験で発生した気体の体積を，実験前と同じ温度・圧力のもとで正しく測定したい。文中の[A]でどのような操作をすればよいか。次の**ア〜キ**から必要なものだけを選び，おこなう順番に並べて記号で答えよ。

ア しばらく放置した。

イ ガスバーナーの火を止めた。

ウ メスシリンダーの目盛りを読んだ。

エ ゴム管をメスシリンダーから抜きとった。

オ 試験管にはめてあったゴム栓をはずした。

カ ガラスびんにはめてあったゴム栓をはずした。

キ メスシリンダーまたはガラスびんを上下させて，両容器内の液面の高さをそろえた。

( )

(3) この実験で発生した気体について述べた文として正しいものを，次の**ア〜カ**から2つ選び，記号で答えよ。

ア この気体を空気と混ぜて点火すると，小爆発を起こす。

イ この気体の中に火のついたろうそくを入れると，激しく燃える。

ウ この気体を入れたシャボン玉をつくると，空気中で必ず上昇する。

エ この気体を入れたシャボン玉をつくると，空気中で必ず下降する。

オ 赤インクをうすめた水溶液の入った試験管にこの気体を移し，ゴム栓をして振ると赤インクの色が消える。

カ この気体は，炭酸水素ナトリウムに塩酸を加えたときに発生する気体と同じである。

( )

(4) ガラスびんの中のうすい塩酸を水にかえてこの実験をおこなったところ，メスシリンダーに移動した水の体積は，うすい塩酸のときに比べて減少した。その理由を簡潔に説明せよ。

[ ]

重要度 ★★★

4 化学 化学変化と原子・分子②

STEP01 要点まとめ

➡ 解答は別冊 24 ページ

(　)にあてはまる語句を書いて，この章の内容を確認しよう。

1 化学変化と質量保存

❶ 化学変化と質量

- 沈殿(ちんでん)のできる反応…反応の前後で，質量(しつりょう)の総和は 01(　　　　)。
- 気体が発生する反応…密閉容器中では，反応の前後で質量の総和は変化しない。
  ➡密閉できない容器では気体が逃(に)げるので見かけ上は軽くなる。

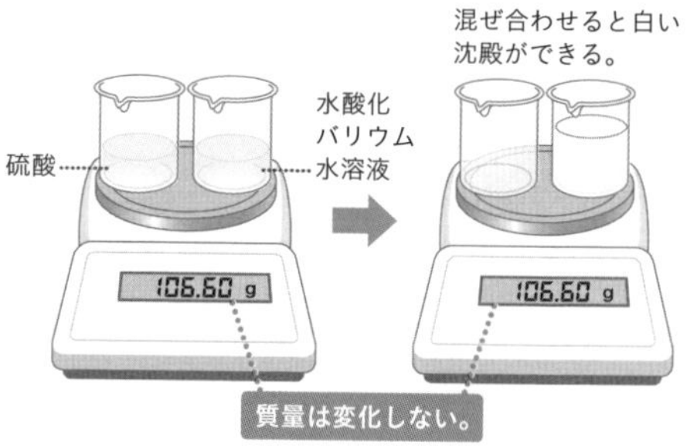

⬆硫酸と水酸化バリウム水溶液の反応と質量変化

POINT
- **質量保存の法則**(しつりょうほぞんのほうそく)…化学変化(かがくへんか)の前後では，質量が 02(　　　　)という法則。
  ➡化学変化では原子(げんし)の 03(　　　　)が変わるだけなので，質量の総和は変化しない。

❷ 金属の酸化と質量

- 金属の酸化(さんか)…結びつく 04(　　　　)の分だけ質量が大きくなる。
  ➡金属と結びつく酸素の質量は，金属の質量に 05(　　　　)する。
- 2種類の物質(ぶっしつ)が結びつくときのそれぞれの物質の質量の比は 06(　　　　)になる。
  ①銅の酸化…銅＋酸素 → 酸化銅
  　➡質量の割合…銅4：酸素 07(　　)：酸化銅5
  ②マグネシウムの酸化…マグネシウム＋酸素 → 酸化マグネシウム
  　➡質量の割合…マグネシウム3：酸素2：酸化マグネシウム 08(　　)

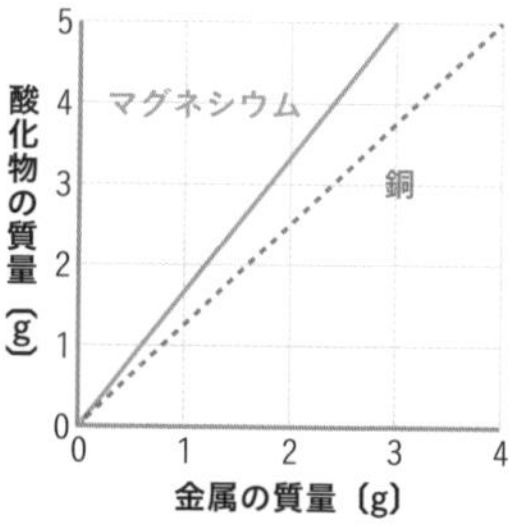

⬆金属と酸化物の質量の関係

2 化学変化と熱

- 化学変化は，必ずエネルギー［➡多くの場合は熱エネルギー］の出入りをともなう。
  ① 09(　　　　)…熱を発生する化学変化。［➡鉄の酸化など。］
  ② 10(　　　　)…熱を吸収する化学変化。［➡水酸化バリウムと塩化アンモニウムの反応など。］

STEP 02 基本問題

➡ 解答は別冊 24 ページ

学習内容が身についたか，問題を解いてチェックしよう。

1 次の各問いに答えなさい。〈長崎県・改〉

【実験】 1.44g の削り(けず)状のマグネシウムを，ステンレス皿全体に広げ，右図のような装置で加熱をおこなった。ステンレス皿の温度が十分に下がったあと物質の質量をはかった。その後再び加熱をし，ステンレス皿の温度が十分に下がったあとの物質の質量をはかる操作をくり返して，その変化を調べたところ，下の表の結果が得られた。

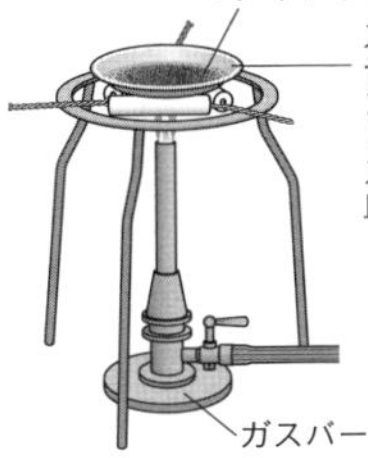

加熱した回数	1 回目	2 回目	3 回目	4 回目	5 回目
物質の質量〔g〕	1.92	2.16	2.34	2.40	2.40

(1) 完全に酸化したのは何回目の加熱後と考えられるか。

( )

よく出る

(2) 表の結果から，マグネシウムの質量と結びつく酸素の質量の比を，最も簡単な整数の比で表せ。

( )

くわしく

マグネシウムの酸化

$2Mg + O_2 \rightarrow 2MgO$

ヒント

完全に酸化したときの質量をもとに計算する。

2 化学かいろ（携帯用かいろ）のしくみについて調べるために，次の実験をおこなった。各問いに答えなさい。〈沖縄県・改〉

【実験】 鉄粉 12 g と活性炭粉末 8 g の混合物の入ったビーカーに，液体 **A** を少しずつ入れながらガラス棒でかき混ぜると，温度がどんどん上がった。

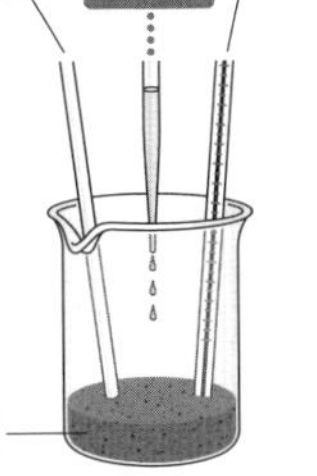

(1) 実験で，下線部のように温度の上昇が見られたが，この温度が上昇する反応を何というか答えよ。

( )

(2) 実験における液体 **A** として適当なものを，次の**ア**～**エ**から 1 つ選び，記号で答えよ。

ア 砂糖水　　**イ** 石灰水　　**ウ** 食塩水　　**エ** 水道水

( )

くわしく

鉄が酸化され，酸化鉄となる過程で熱が発生する。活性炭は空気中の酸素を吸着し，酸化しやすくするはたらきがある。

STEP 03 実戦問題

目標時間 20分

入試レベルの問題で力をつけよう。

➡ 解答は別冊 25 ページ

1 次の各問いに答えなさい。〈市川高〉

ステンレス皿に銅またはマグネシウムの粉末をとり，右図の装置を用いて加熱する実験をおこなった。

A 班は 0.180 g，B 班は 0.360 g，C 班は 0.540 g の銅およびマグネシウムをそれぞれはかりとった。その後，これらの金属粉をしばらく加熱したあとに冷まして粉末の質量をはかる，という操作を続けて 4 回おこなった。表 1 は銅，表 2 はマグネシウムの実験の結果をまとめたものである。

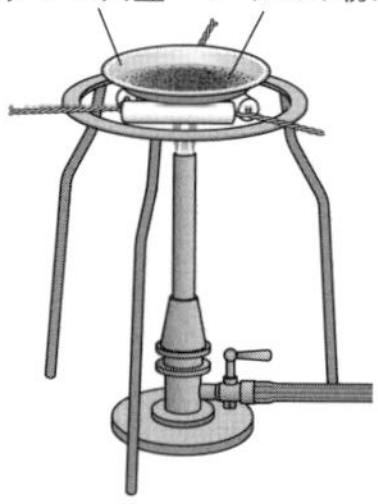

表 1

銅	1 回目	2 回目	3 回目	4 回目
A 班	0.198	0.216	0.225	0.225
B 班	0.400	0.425	0.448	0.450
C 班	0.576	0.630	0.672	0.675

加熱後の粉末の質量〔g〕

表 2

マグネシウム	1 回目	2 回目	3 回目	4 回目
A 班	0.240	0.276	0.300	0.300
B 班	0.480	0.543	0.597	0.600
C 班	0.726	0.840	0.894	0.900

加熱後の粉末の質量〔g〕

よく出る (1) 銅を空気中で加熱したときの化学反応式を書け。

(　　　　　　　　　　　　　　　　)

よく出る (2) マグネシウムの加熱の実験において，別の D 班は 0.630 g のマグネシウムをはかりとり，同様の実験をおこなった。十分に加熱したとき，生成する物質の質量は何 g か。

(　　　　)

難問 (3) マグネシウムの加熱の実験において，A 班が 2 回目の加熱を終えた時点で，未反応のマグネシウムは何 g か。

(　　　　)

難問 (4) 銅とマグネシウムの粉末の混合物2.160 gを十分に加熱したところ，加熱後の粉末の質量は2.800 gになった。混合物中にふくまれていた銅は何gか。

(　　　)

2 次の各問いに答えなさい。〈青雲高・改〉

市販のベーキングパウダーには炭酸水素ナトリウムがふくまれている。その含有率を調べるために次の実験Ⅰ，Ⅱをおこなった。

【実験Ⅰ】 ビーカーA～Eに同じ濃度の塩酸を10 cm^3ずつ入れ，その質量を測定する。次に，それぞれのビーカーに質量の異なる炭酸水素ナトリウムを加え，反応後の質量を測定する。下の表はその結果をまとめたものである。

	A	B	C	D	E
塩酸を入れたビーカーの質量〔g〕	60.00	60.00	60.00	60.00	60.00
炭酸水素ナトリウムの質量〔g〕	0.00	0.21	0.63	1.05	1.47
反応後のビーカーの質量〔g〕	60.00	60.10	60.30	60.61	61.03

【実験Ⅱ】 実験Ⅰと同じ濃度の塩酸10 cm^3を入れたビーカーに市販のベーキングパウダー1.40 gを加えたところ，質量が60.00 gから61.18 gになった。

(1) 炭酸水素ナトリウムと塩酸の反応により，塩化ナトリウムと水と二酸化炭素が生じる。この変化を化学反応式で表せ。

(　　　　　　　　　　　　　　　　)

(2) 実験Ⅰで10 cm^3の塩酸と過不足なく反応する炭酸水素ナトリウムの質量は何gか。また，このとき発生する二酸化炭素は何gか。割り切れない場合は，四捨五入して小数第2位まで答えよ。

炭酸水素ナトリウム(　　　　)　二酸化炭素(　　　　)

(3) 実験Ⅱで使用したベーキングパウダーは何%の炭酸水素ナトリウムをふくんでいるか。割り切れない場合は，四捨五入して整数で答えよ。ただし，炭酸水素ナトリウムと塩酸の反応以外は起こらないものとする。

(　　　)

重要度 ★★★

化学変化とイオン

STEP01 要点まとめ

➡ 解答は別冊 26 ページ

(　　)にあてはまる語句を書いて，この章の内容を確認しよう。

1 水溶液とイオン

1 イオン

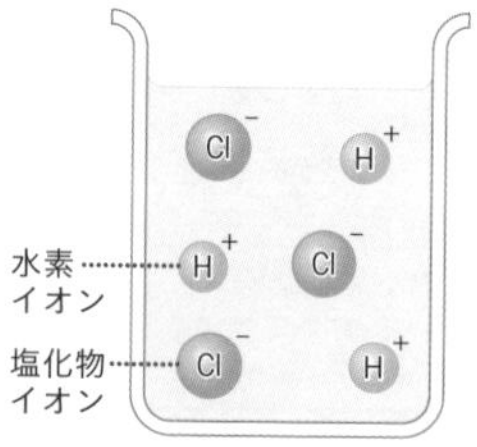

⬆塩化水素の電離

- 01(　　　　)…水に溶かしたとき，電流が流れる物質。[➡食塩（塩化ナトリウム），塩化水素など。]
- **非電解質**…水に溶かしても，電流が流れない物質。[➡砂糖など。]
- 02(　　　　)…原子，または原子の集まりが電気を帯びたもの。
  - ①**陽イオン**…原子が**電子**を 03(　　　　)，＋の電気を帯びたもの。
    - 例　水素イオン H^+，銅イオン Cu^{2+}
  - ②**陰イオン**…原子が電子を得て，04(　　　)の電気を帯びたもの。
    - 例　水酸化物イオン OH^-，塩化物イオン Cl^-
- 05(　　　　)…電解質が水に溶けて，陽イオンと陰イオンに分かれること。
  - 例　塩化水素の電離…$HCl \rightarrow H^+ + Cl^-$

2 電気分解とイオン

- 06(　　　　)…電流を流すことで物質を分解すること。
- 塩化銅水溶液の電気分解
  - ・陽極…表面から 07(　　　　)が発生。
  - ・陰極…表面に 08(　　　　)が付着。

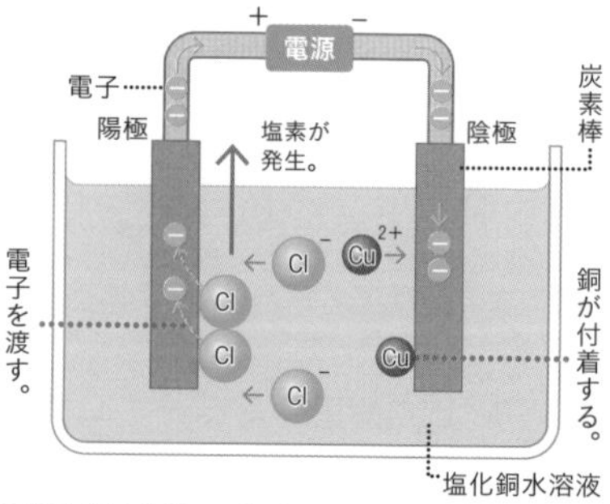

⬆塩化銅水溶液の電気分解

3 金属のイオンへのなりやすさ

- 金属は，電子を失って 09(　　　　)イオンになりやすいが，なりやすさは金属によって異なる。イオンへのなりやすさをイオン化傾向という。

おもな金属のイオン化傾向　Na＞Mg＞Al＞Zn＞Fe＞Cu＞Ag

2 電池

1 電池（化学電池）

- 電池（でんち）…10(　　　　　)によって電流をとり出す装置。

POINT ➡イオンになりやすいほうの金属が 11(　　　)極となる。

- ダニエル電池のしくみ

①イオンになりやすい 12(　　　　)原子が電子を残して亜鉛イオンとなり，水溶液中に溶け出す。$Zn \rightarrow Zn^{2+} + ⊖⊖$

②亜鉛板に残った 13(　　　　)が導線を通って銅板へ移動する。

③水溶液中の銅イオンが銅板の表面で電子を受けとり，14(　　　　)となり，銅板の表面につく。$Cu^{2+} + ⊖⊖ \rightarrow Cu$

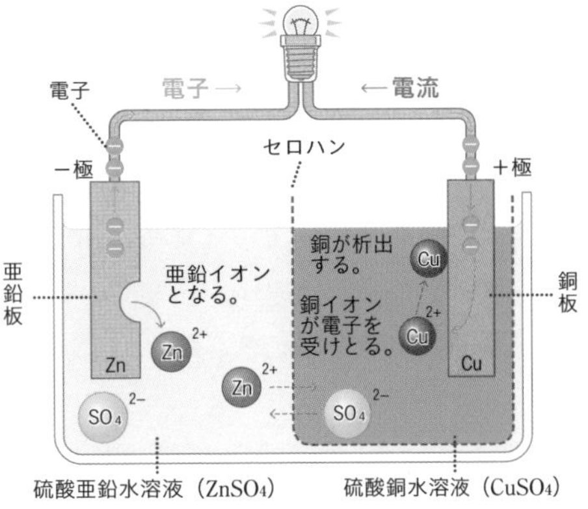

↑ダニエル電池のしくみ

2 身のまわりの電池

- 15(　　　　　)…くり返し使うことができない電池。［➡マンガン乾電池など。］
- 二次電池（にじでんち）…16(　　　　)してくり返し使うことができる電池。［➡リチウムイオン電池など。］
- 17(　　　　　)…水素と酸素から水ができる反応を利用して，電流をとり出す電池。

3 酸・アルカリと中和

1 酸・アルカリ

- 18(　　　　)…水溶液にしたとき，水素イオン H^+ を生じる化合物（かごうぶつ）。［➡塩化水素，硫酸，硝酸など。］

例　塩化水素　$HCl \rightarrow$ 19(　　　　) $+ Cl^-$

- 20(　　　　　)…水溶液にしたとき，水酸化物イオン OH^- を生じる化合物。［➡水酸化ナトリウム，アンモニアなど。］

例　水酸化ナトリウム　$NaOH \rightarrow Na^+ +$ 21(　　　　　)

2 中和

- 22(　　　　)…酸の水素イオンとアルカリの水酸化物イオンが反応して水ができる反応。$H^+ + OH^- \rightarrow H_2O$
➡水素イオンと水酸化物イオンがたがいの性質を 23(　　　　　　　)合う。
- 24(　　　　)…中和（ちゅうわ）のとき，アルカリの陽イオンと酸の陰イオンが結びついてできる物質。［➡塩化ナトリウムなど。］

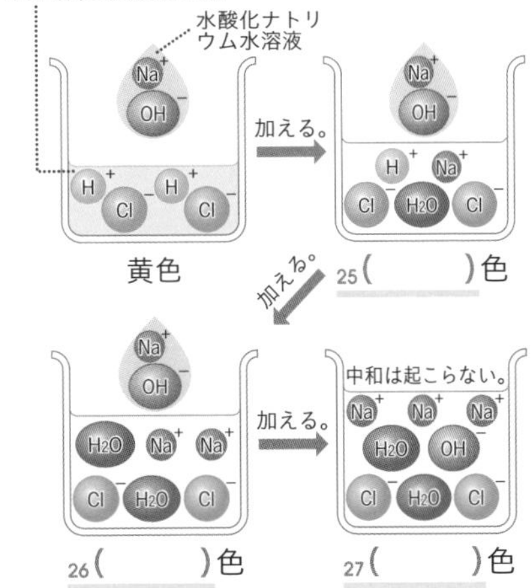

↑塩酸に水酸化ナトリウム水溶液を加えていったときの変化

STEP 02 基本問題 ➡ 解答は別冊 26 ページ

学習内容が身についたか，問題を解いてチェックしよう。

1 塩化銅（$CuCl_2$）について，次の各問いに答えなさい。〈佐賀県・改〉

(1) 文中の（ A ），（ B ）にあてはまる語の組み合わせとして最も適当なものを，あとの**ア**～**エ**から1つ選び，記号で答えよ。

> 原子は＋の電気をもつ陽子と，－の電気をもつ電子と，電気をもたない中性子からできており，陽子1個と電子1個がもつ電気の量は同じである。原子の中では，陽子の数と電子の数が等しいため，原子全体では電気をもたない。塩化銅を構成する銅イオンは，銅原子が電子を2個（ A ）できる（ B ）イオンである。

	A	B
ア	受けとって	陽
イ	受けとって	陰
ウ	失って	陽
エ	失って	陰

（　　）

(2) 塩化銅が水に溶けて電離するようすを，化学式を使って表せ。

（　　　　　　　　）

2 中和反応を調べる実験について，次の各問いに答えなさい。〈茨城県〉

【実験】 ビーカーにうすい塩酸を10 mL入れ，こまごめピペットで緑色のBTB溶液を数滴加えた。この液に，うすい水酸化ナトリウム水溶液を15 mL加えると，液の色は青色に変化した。<u>この青色の液にうすい塩酸を1滴ずつ加えていくと，5 mL加えたところで液の色は緑色になった。</u>

(1) 次の文中の（ ① ），（ ② ）にあてはまる語を書け。
下線部の色の変化から，ビーカー内の液の性質が（ ① ）性から（ ② ）性に変化していることがわかる。

①（　　　　）②（　　　　）

よく出る

(2) 塩酸と水酸化ナトリウム水溶液の中和を，化学反応式で書け。

（　　　　　　　　）

ヒント
中和反応では水と塩ができる。

3 次の実験について，各問いに答えなさい。〈佐賀県・改〉

【実験】 ビーカーに入れたうすい塩酸によくみがいた銅板と亜鉛板を入れ，右図のようにモーターとつないだところ，モーターは回転を始めた。次に，銅板を見ると，表面に泡がついていることから，気体が発生していることがわかった。しばらくして亜鉛板をとり出したところ，表面がざらついているようすが観察された。

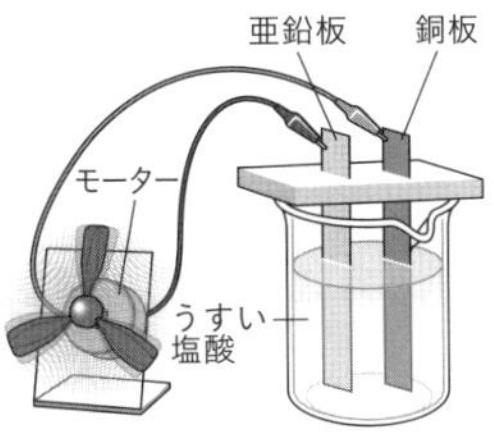

(1) 次の文は銅板での水素の発生について述べたものである。文中の（ A ），（ B ），（ C ）にあてはまる数値や語句の組み合わせとして，最も適当なものを，あとの**ア～ク**から1つ選び，記号で答えよ。

> 銅板の表面では，塩酸中の1個の水素イオンが（ A ）個の電子を（ B ）水素原子になり，水素原子が2個結びついて，水素が発生する。このとき，電子は（ C ）移動している。

	A	B	C
ア	1	受けとって	亜鉛板からモーターを通って銅板へ
イ	1	受けとって	銅板からモーターを通って亜鉛板へ
ウ	1	放出して	亜鉛板からモーターを通って銅板へ
エ	1	放出して	銅板からモーターを通って亜鉛板へ
オ	2	受けとって	亜鉛板からモーターを通って銅板へ
カ	2	受けとって	銅板からモーターを通って亜鉛板へ
キ	2	放出して	亜鉛板からモーターを通って銅板へ
ク	2	放出して	銅板からモーターを通って亜鉛板へ

（　　）

よく出る

(2) モーターが回っている間の，水溶液中の塩化物イオンと亜鉛イオンの数の変化を表したグラフはどのようになるか。最も適当なものを次の**ア～エ**から1つ選び，記号で答えよ。ただし，グラフは縦軸にイオンの数，横軸に時間をとり，実線（———）が塩化物イオンを，破線（-------）が亜鉛イオンを表している。

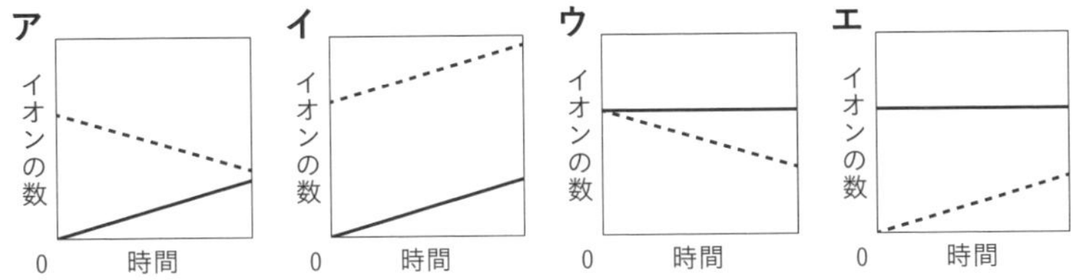

（　　）

くわしく
図ではうすい塩酸を用いたが，ほかの電解質（塩化ナトリウム・レモン汁）の溶液にかえても電流が流れる。

くわしく
各金属板の反応
＋極の金属板の表面からは，気体が発生する。
－極の金属板は，その金属が溶け出していく。

ヒント
銅板または亜鉛板のどちらが溶けるか，また，塩酸中の塩化物イオンがどのように反応するかを考える。

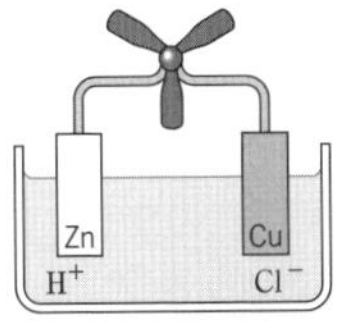

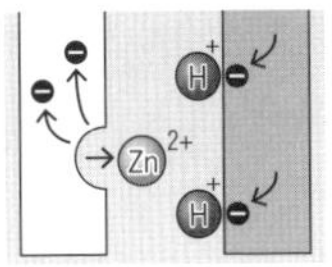

STEP 03 実戦問題

入試レベルの問題で力をつけよう。

目標時間 40分

➡ 解答は別冊 27 ページ

1 **電池について調べるために，次の実験をおこなった。各問いに答えなさい。**〈沖縄県・改〉

【実験Ⅰ】 右図のように，ビーカーに5％塩酸を入れ，1枚の金属板**A**に亜鉛板，もう1枚の金属板**B**に銅板を用いて，プロペラつきモーターと導線でつなぎ，プロペラが回るかどうか調べた。

【実験Ⅱ】 実験Ⅰの5％塩酸を，5％砂糖水，5％食塩水，5％エタノール水溶液に変えて同じようにプロペラが回るかを調べた。金属板を別の水溶液に入れるときには，そのつど蒸留水で洗った。また，金属板**A**および**B**の組み合わせを変えて同様の実験をおこなった。

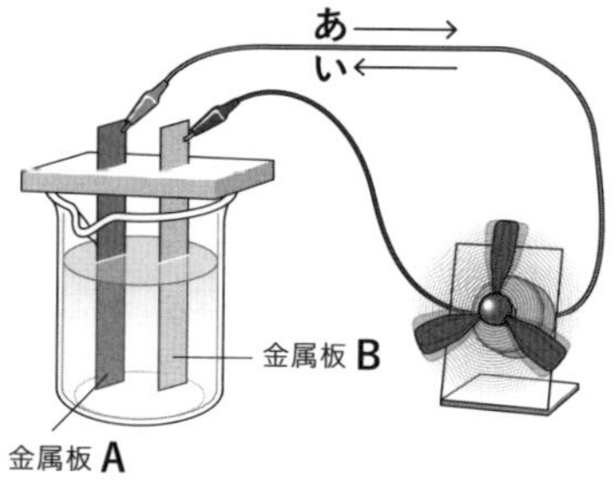

実験Ⅰ，Ⅱの結果　　○回った。　×回らなかった。

金属板A	金属板B	5％塩酸	5％砂糖水	5％食塩水	5％エタノール水溶液
亜鉛板	銅板	○	×	○	×
亜鉛板	マグネシウム板	○	×	○	×
亜鉛板	亜鉛板	×	×	×	×
銅板	マグネシウム板	○	×	○	×
銅板	銅板	×	×	×	×
マグネシウム板	マグネシウム板	×	×	×	×

(1) 実験Ⅰではプロペラが回った。このように，化学変化によって電気エネルギーをとり出すしくみをもつものを何というか，答えよ。
（　　　　）

(2) 実験Ⅰについて述べた次の文の空欄にあてはまる語句を答えよ。ただし，（ ① ）と（ ③ ）は物質名を，（ ② ）は上図の記号「**あ**」，「**い**」のどちらかを答えよ。
①（　　　）②（　　）③（　　　）

> 実験Ⅰにおいて，プロペラが回ったことから電流が流れたことがわかる。このとき，－極は（ ① ）板であり，図において，電子は（ ② ）の向きに流れている。また，＋極では，気体の（ ③ ）が発生している。

1 身のまわりの物質
2 気体と水溶液
3 化学変化と原子・分子①
4 化学変化と原子・分子②
5 化学変化とイオン

(3) 実験Ⅰにおいて，5%塩酸を用いてプロペラが回っているとき，亜鉛板の表面にざらつきが観察できた。亜鉛板の表面で生じたイオンを化学式で書け。ただし，化学式は大文字，小文字の大きさが区別できるように書くこととする。

(　　　　)

(4) 実験Ⅱの下線部において，その操作をする理由を答えよ。

[　　　　]

(5) 表からプロペラが回る条件を次の２つの語句を使って説明せよ。
語句［電解質水溶液，　金属板］

[　　　　]

2 燃料電池について，各問いに答えなさい。〈青森県・改〉

アルカリ乾電池や（　①　）乾電池は使い捨てだが，燃料電池は水素と酸素を供給すれば，（　②　）エネルギーを継続的に電気エネルギーに変換できるので，モーターを回し続けることができる。下図は水素と酸素を 25 cm³ ずつ入れた燃料電池の装置を模式的に表したものである。スイッチを入れたところ，次の化学変化が起こって電流が流れ，モーターが回った。

$$2H_2 + O_2 \rightarrow 2H_2O$$

しばらくスイッチを入れて，残った気体の体積をそれぞれ調べた。下の表は，２回に分けて調べた結果をまとめたものである。

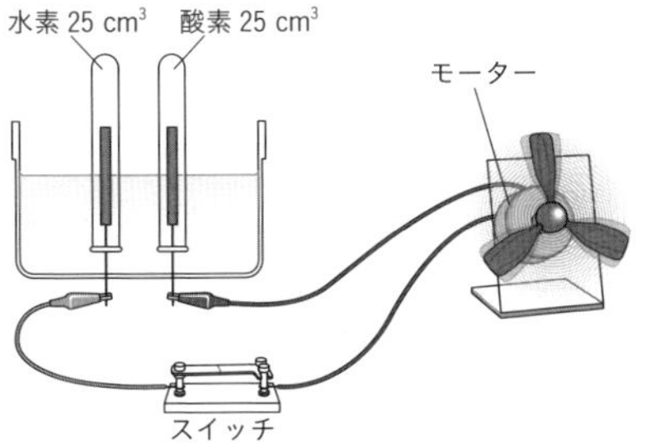

水素の体積〔cm³〕	23	13
酸素の体積〔cm³〕	24	19

(1) 文中の（　①　），（　②　）に入る語として適当なものを，次の**ア**～**オ**からそれぞれ１つずつ選び，記号で答えよ。

ア 化学　**イ** 熱　**ウ** マンガン　**エ** 光　**オ** 鉛

①(　　　)　②(　　　)

(2) 水素が 15 cm³ 残っていたときに，酸素は何 cm³ 残っていたか，求めよ。

(　　　　)

3 次のような操作をおこなった。以下の問いに答えなさい。〈大阪教育大附高（池田）・改〉

濃度の異なる塩酸**A**，**B**をビーカーに入れ，BTB溶液を2滴加えたあと，かき混ぜながら濃度の異なる水酸化ナトリウム水溶液**C**，**D**を加えた。その結果をまとめると次の表のようになった。

	塩酸	水酸化ナトリウム水溶液	BTB溶液の変化
実験Ⅰ	**A**：10 cm^3	**C**：4 cm^3	黄色→緑色
実験Ⅱ	**A**：10 cm^3	**D**：12.5 cm^3	黄色→緑色
実験Ⅲ	**B**：10 cm^3	**C**：6 cm^3	黄色→緑色

(1) 塩酸**A**と塩酸**B**の，同体積にふくまれる水素イオンの数を最も簡単な整数比で示せ。

（　　　）

(2) 塩酸**A** 20 cm^3 に水酸化ナトリウム水溶液**D** 25 cm^3 を加えたところ，体積45 cm^3 の水溶液**X**が得られた。水溶液**X**の水を完全に蒸発させたところ，塩化ナトリウムが1.6 g得られた。この水溶液**X**の質量パーセント濃度は何%か。小数第2位を四捨五入し，小数第1位まで答えよ。ただし水溶液**X**の密度を1.4 g/cm^3 とする。

（　　　）

(3) 塩酸**A** 10 cm^3 に水酸化ナトリウム水溶液**D** 12 cm^3 を加えたときに得られる塩化ナトリウムの質量は何gか。小数第3位を四捨五入し，小数第2位まで答えよ。

（　　　）

超難問

4 次の文章を読んで，各問いに答えなさい。〈清風南海高・改〉

うすい硫酸を電気分解すると，陽極では酸素が発生した。硫酸イオン SO_4^{2-} は，水分子よりも陽極に電子を与えにくいことがわかっている。そのため硫酸イオンではなく，水分子が陽極に電子を与える反応が起こり，酸素が発生する。

また，塩化ナトリウム水溶液を電気分解すると，陰極では水素が発生した。ナトリウムイオン Na^+ は，水分子よりも陰極から電子を受けとりにくいことがわかっている。そのためナトリウムイオンではなく，水分子が陰極から電子を受けとる反応が起こり，水素が発生する。

【実験】 **A**，**B**，**C**のビーカーには，硫酸銅水溶液，水酸化ナトリウム水溶液，塩化ナトリウム水溶液のいずれかが入っている。次ページの図のように，電源から4 Aの電流を一定時間流し，電気分解をした。電気分解の結果，電極**d**の表面に赤色の物質が析出し，その質量は4 gだった。また，電極**c**で発生した気体と電極**e**で発生した気体の体積は同じだった。

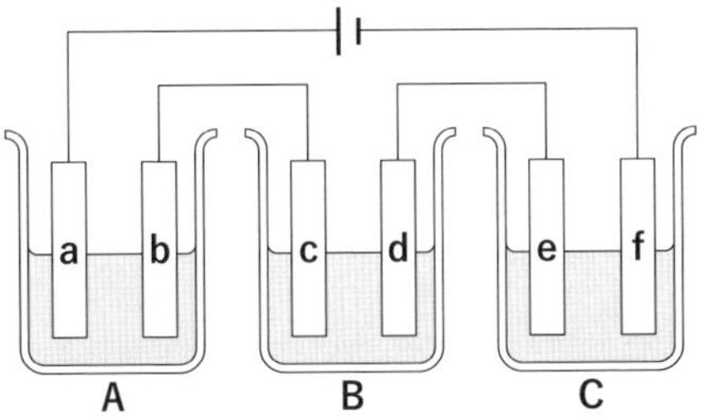

(1) ビーカーBに入っている水溶液は何か。適当なものを次のア～ウの中から1つ選び，記号で答えよ。

ア 硫酸銅水溶液　**イ** 水酸化ナトリウム水溶液　**ウ** 塩化ナトリウム水溶液

(　　)

(2) 電極a～fで起こった化学反応を次のア～カから1つ選び，記号で答えよ。同じ記号をくり返し選んでもかまわない。ただし，電子はe^-で表記している。

ア $2H_2O \rightarrow O_2 + 4H^+ + 4e^-$　**イ** $Cu^{2+} + 2e^- \rightarrow Cu$

ウ $4OH^- \rightarrow O_2 + 2H_2O + 4e^-$　**エ** $2H_2O + 2e^- \rightarrow H_2 + 2OH^-$

オ $2H^+ + 2e^- \rightarrow H_2$　**カ** $2Cl^- \rightarrow Cl_2 + 2e^-$

a(　　)　b(　　)　c(　　)　d(　　)　e(　　)　f(　　)

(3) 電極a付近の水溶液を一部とり，緑色のBTB溶液を加えた。色の変化を次のア～クの中から1つ選び，記号で答えよ。

ア 黄色になった。

イ 緑色のままであった。

ウ 青色になった。

エ 赤色になった。

オ 黄色になったあと，色が徐々にうすくなった。

カ 緑色が徐々にうすくなった。

キ 青色になったあと，色が徐々にうすくなった。

ク 赤色になったあと，色が徐々にうすくなった。

(　　)

(4) 電極c付近の水溶液を一部とり，リトマス試験紙につけた。色の変化を次のア～エから1つ選び，記号で答えよ。

ア 赤色から青色に変わった。　**イ** 赤色から白色に変わった。

ウ 青色から赤色に変わった。　**エ** 青色から白色に変わった。

(　　)

生物編

重要度 ★★★

1 生物 身近な生物の観察

STEP01 要点まとめ

➡ 解答は別冊 29 ページ

(　　)にあてはまる語句を書いて，この章の内容を確認しよう。

1 ルーペの使い方

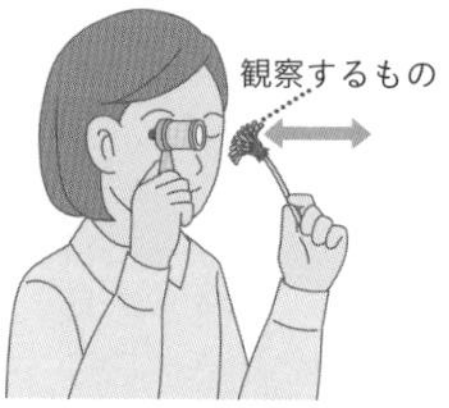

● ピントの合わせ方…ルーペは目とレンズが平行になるように目に 01(　　　　　)て持ち，02(　　　　　　　　)を動かす。

● 02が動かせないとき…03(　　　)を前後に動かして，ピントを合わせる。

2 顕微鏡の使い方

● **顕微鏡の倍率**

接眼レンズの倍率×
04(　　　　　)レンズの倍率

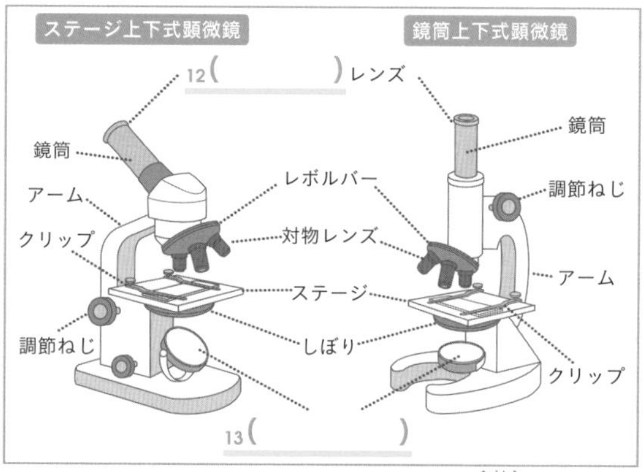

⬆ステージ上下式顕微鏡と鏡筒上下式顕微鏡

POINT ● 顕微鏡を使う手順

① 05(　　　　)レンズ，06(　　　　) レンズの順にとりつける。

② 07(　　　　)としぼりを調節して，視野を明るくする。

③対物レンズとプレパラートを横から見ながら 08(　　　　　　)。

④対物レンズとプレパラートを 09(　　　　)ながら，ピントを合わせる。

[➡対物レンズとプレパラートをふつけないようにするため。]

POINT ● 顕微鏡の倍率と視野…高い倍率ほど，見える範囲は 10(　　　　　　)なり，明るさは 11(　　　　　)なる。[➡低い倍率で観察するものを探してから高い倍率にする。]

3 水中の小さな生物

● 光合成をする生物…**葉緑体**をもち，体は 14(　　　)色。

● 小さな動物…さかんに運動するものがある。

⬇水中の小さな生物

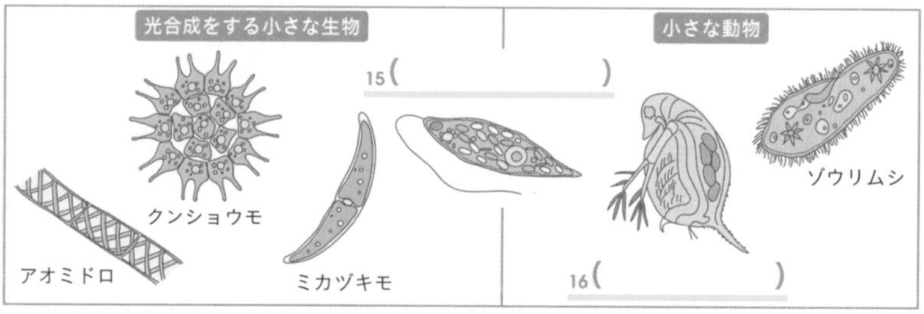

STEP02 基本問題

➡ 解答は別冊 29 ページ

学習内容が身についたか，問題を解いてチェックしよう。

1 次の各問いに答えなさい。

よく出る

(1) 植物を手にとってルーペで観察する。このときのルーペの使い方として最も適切なものを，右図の**ア〜エ**から１つ選び，記号で答えよ。

〈埼玉県 H29〉

（　　）

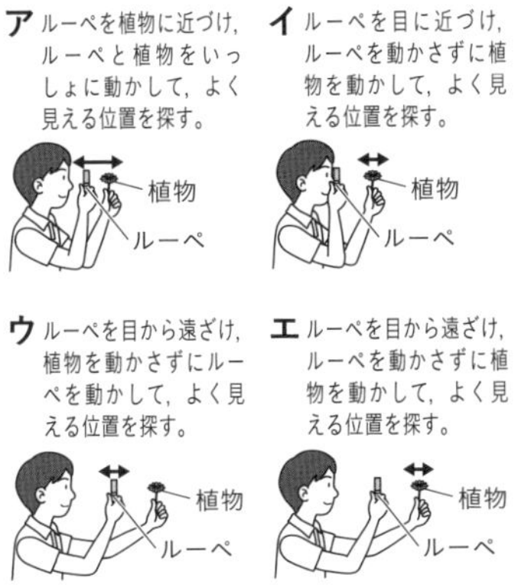

ア ルーペを植物に近づけ，ルーペと植物をいっしょに動かして，よく見える位置を探す。
植物
ルーペ
イ ルーペを目に近づけ，ルーペを動かさずに植物を動かして，よく見える位置を探す。
植物
ルーペ
ウ ルーペを目から遠ざけ，植物を動かさずにルーペを動かして，よく見える位置を探す。
植物
ルーペ
エ ルーペを目から遠ざけ，ルーペを動かさずに植物を動かして，よく見える位置を探す。
植物
ルーペ

(2) 次の文は，顕微鏡を操作する手順について示したものである。文中の（　X　），（　Y　），（　Z　）にあてはまるものの組み合わせとして最も適するものを，あとの**ア〜エ**から１つ選び，記号で答えよ。〈神奈川県〉

> 手順①　対物レンズを最も（　X　）のものにし，接眼レンズをのぞきながら反射鏡を調節して，視野が最も明るくなるようにする。
> 手順②　プレパラートをステージにのせ，対物レンズを横から見ながら調節ねじを回し，対物レンズとプレパラートをできるだけ（　Y　）。
> 手順③　接眼レンズをのぞきながら調節ねじを回し，対物レンズとプレパラートを（　Z　），ピントを合わせる。

ア　X－低倍率　Y－遠ざける　Z－近づけて
イ　X－低倍率　Y－近づける　Z－遠ざけて
ウ　X－高倍率　Y－近づける　Z－遠ざけて
エ　X－高倍率　Y－遠ざける　Z－近づけて

（　　）

2 次の問いに答えなさい。〈大阪府・改〉

単細胞生物であるものを次の**ア〜エ**からすべて選び，記号で答えよ。ただし，ナミウズムシは，ウズムシ（プラナリア）のなかまであり，川にすみ，光の刺激を受けとる感覚器官である目をもつ生物である。

ア　アメーバ　**イ**　ツバキ　**ウ**　乳酸菌　**エ**　ナミウズムシ

（　　）

ヒント
細菌類や，ゾウリムシなどの１つの細胞で１つの体を構成している生物を単細胞生物という。

STEP 03 実戦問題

入試レベルの問題で力をつけよう。

目標時間 15分

➡ 解答は別冊 29 ページ

1 生物の観察について，次の各問いに答えなさい。

(1) 光学顕微鏡について，正しいものを2つ選べ。〈ラ・サール高〉

ア 5倍の接眼レンズと10倍の対物レンズを用いた場合，観察倍率は15倍となる。

イ 観察開始時は，観察物を見つけやすくするために観察倍率を高い倍率にする。

ウ ピントは，対物レンズを横から見ながら，対物レンズの先端とプレパラートとの間の距離をできるだけ遠ざけたあと，接眼レンズをのぞきながら合わせる。

エ 光学顕微鏡の視野内の左下にある観察物は，接眼レンズをのぞきながらプレパラートを左下に移動させることで，顕微鏡の視野内の中央に移動させることができる。

オ 観察倍率を10倍から40倍に拡大すると，10倍のときに見えたものの面積が16倍になって見える。

(　　)(　　)

よく出る

(2) プレパラートをつくるとき，右図のようにピンセットでカバーガラスの端をつまみ，片方からゆっくりとかぶせる。このようにすると観察しやすいプレパラートができるのはなぜか。簡潔に書け。〈佐賀県〉

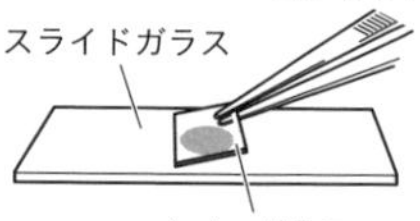

[　　　　]

(3) 平面鏡と凹面鏡の両面がある反射鏡で光の強さを調節する場合，高倍率のときには凹面鏡を用いることが多い。このことをふまえ，高倍率で観察する際に注意することを説明せよ。

〈同志社高〉

[　　　　]

(4) マツの葉の気孔を，顕微鏡を用いて観察した。これについて，次の各問いに答えなさい。

〈石川県・改〉

① 倍率が7倍の接眼レンズを使用して，マツの葉の気孔を70倍で観察するには，倍率が何倍の対物レンズを使用すればよいか，求めよ。

(　　)

難問

② マツの葉の気孔を顕微鏡で観察するとき，葉を，光源ランプで真下からではなく斜め上から照らす。それはなぜか，理由を書け。

[　　　　]

(5) 下図は，顕微鏡である微生物を観察したときの視野とプレパラートを示した模式図である。視野の左上に見えている微生物を視野の中央に動かしたいとき，プレパラートをどの方向に動かせばよいか。**ア**～**エ**から１つ選び，記号で答えよ。〈岩手県・改〉

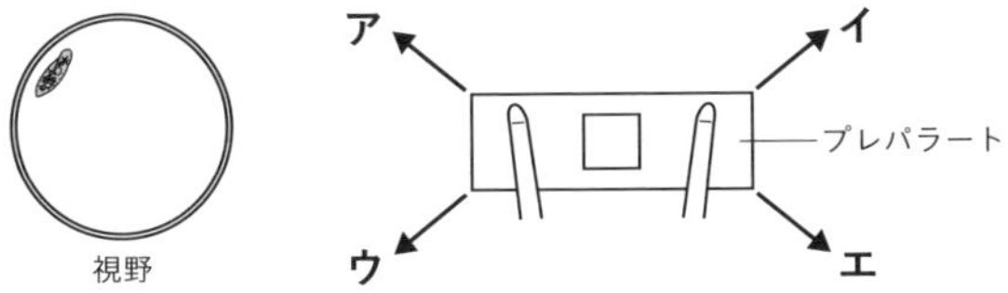

(　　　)

2 下図のａ～ｃの生物について，各問いに答えなさい。〈東大寺学園高・改〉

a

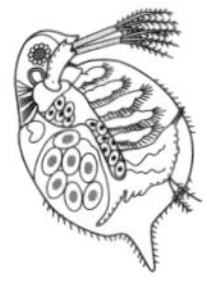

b

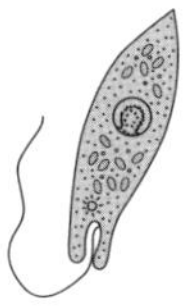

c

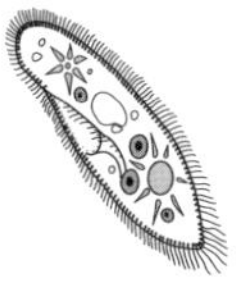

(1) **a**～**c**のそれぞれの生物名を正しく記したものを，次の**ア**～**カ**から１つ選び，記号で答えよ。

ア　**a**―ゾウリムシ　**b**―ミジンコ　**c**―ミドリムシ
イ　**a**―ゾウリムシ　**b**―ミドリムシ　**c**―ミジンコ
ウ　**a**―ミジンコ　**b**―ゾウリムシ　**c**―ミドリムシ
エ　**a**―ミジンコ　**b**―ミドリムシ　**c**―ゾウリムシ
オ　**a**―ミドリムシ　**b**―ゾウリムシ　**c**―ミジンコ
カ　**a**―ミドリムシ　**b**―ミジンコ　**c**―ゾウリムシ

(　　　)

よく出る

(2) **a**～**c**を，実際の大きさの順に並べたものを，次の**ア**～**カ**から１つ選び，記号で答えよ。

ア　**a**＞**b**＞**c**　　**イ**　**a**＞**c**＞**b**
ウ　**b**＞**a**＞**c**　　**エ**　**b**＞**c**＞**a**
オ　**c**＞**a**＞**b**　　**カ**　**c**＞**b**＞**a**

(　　　)

(3) **a**～**c**のそれぞれの生物の特徴を記した文を，次の**ア**～**ク**から１つずつ選び，記号で答えよ。

ア　光合成をおこなう単細胞生物でよく動き回る。
イ　光合成をおこなう単細胞生物で動かない。
ウ　光合成をおこなう多細胞生物でよく動き回る。
エ　光合成をおこなう多細胞生物で動かない。
オ　光合成をおこなわない単細胞生物でよく動き回る。
カ　光合成をおこなわない単細胞生物で動かない。
キ　光合成をおこなわない多細胞生物でよく動き回る。
ク　光合成をおこなわない多細胞生物で動かない。

a(　　　)　**b**(　　　)　**c**(　　　)

2 生物

重要度 ★★★

植物の生活と多様性①

STEP01 要点まとめ

➡ 解答は別冊 30 ページ

(　　)にあてはまる語句を書いて，この章の内容を確認しよう。

POINT 1 植物のなかま分け

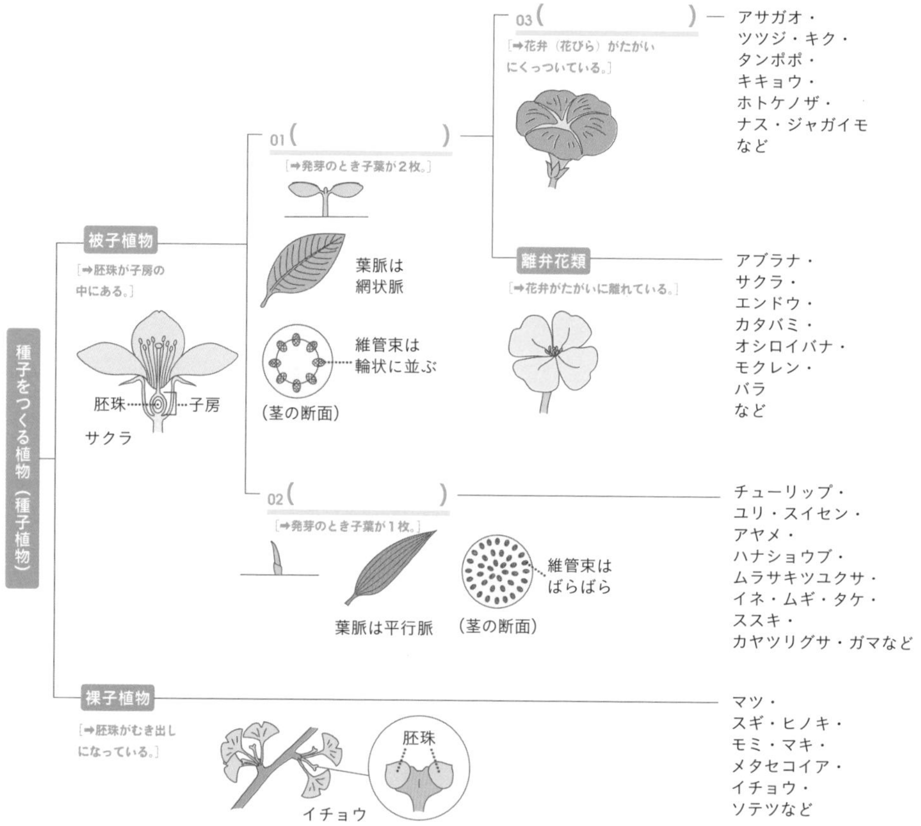

- 植物のなかま分け…種子(しゅし)をつくる植物と種子をつくらない植物に分類できる。

POINT

- 04 (　　　　) 植物…種子でふえる植物。被子植物(ひししょくぶつ)と裸子植物(らししょくぶつ)がある。
- 05 (　　　　) 植物…胚珠(はいしゅ)が子房(しぼう)の中にある。
  - ・発芽のときの子葉の数により，**単子葉類**(たんしようるい) [➡子葉が１枚] と **双子葉類**(そうしようるい) [➡子葉が２枚] に分けられる。
  - ・双子葉類は，花弁(かべん)のようすで合弁花類(ごうべんかるい)と離弁花類(りべんかるい)に分けられる。
- 06 (　　　　) 植物…胚珠がむき出しになっている。

2 種子をつくらない植物

種子をつくらない植物 → 陸上生活をするもの

- **シダ植物** …… ワラビ・ゼンマイ・スギナ・トクサ・クラマゴケ・ヒカゲノカズラなど
  - 茎は 07( ) になっている。

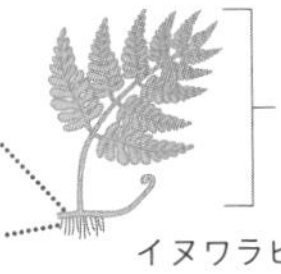

- **コケ植物** …… ゼニゴケ・ジャゴケ・ミズゴケ・ヒョウタンゴケ・ヒカリゴケ・スギゴケなど
  - 08( ) で体を地面に固定。

POINT ●**シダ植物とコケ植物**…種子をつくらないで，09( )でふえる植物。

	維管束の有無	根・茎・葉の区別
シダ植物	10( )	ある
コケ植物	ない	11( )

11 …… 水分は体の表面から吸収する。

3 花のつくりとはたらき

●花のつくり（被子植物）…外側から，12( )，花弁，おしべ，13( )の順になっている。

・14( )…めしべのもとのふくらんだ部分。

・15( )…子房の中の小さな粒。

・16( )…おしべの先の袋。花粉が入っている。

●花のはたらき

・**受粉**…めしべの**柱頭**におしべの 17( )がつくこと。

POINT 受粉すると，子房 ➡ 18( )になる。

胚珠 ➡ 19( )になる。

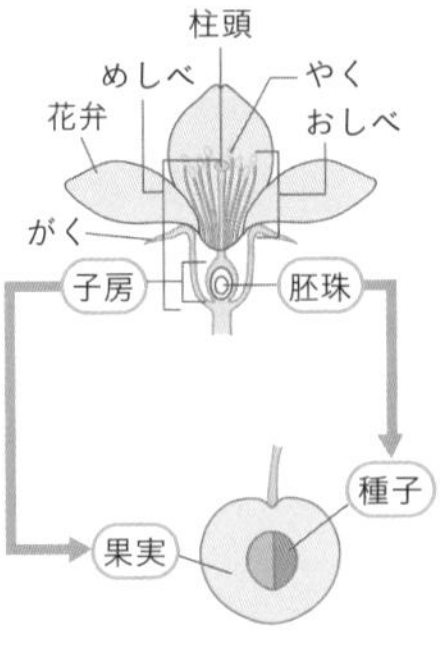

❶花のつくりとはたらき
（例）サクラとさくらんぼ

4 マツの花のつくりとはたらき

●花のつくり…花弁やがくはない。
雌花と雄花がある。

●**雌花**…りん片に 20( )がむき出しでついている。

●**雄花**…りん片に花粉が入った 21( )がついている。

POINT ●種子のでき方…花粉が直接胚珠につくと胚珠が種子になり，雌花は 22( )になる。

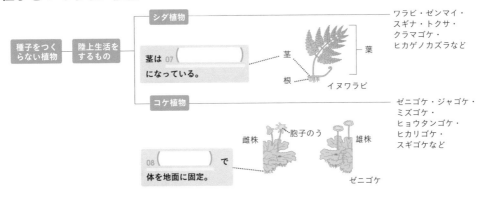

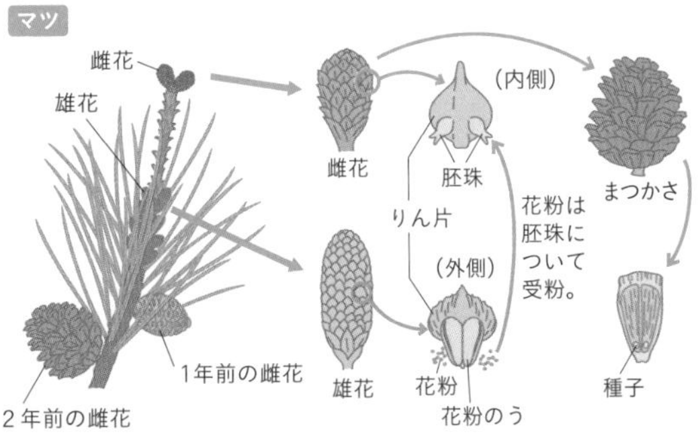

❶マツの花と種子

STEP 02 基本問題

➡ 解答は別冊 31 ページ

学習内容が身についたか，問題を解いてチェックしよう。

1 次の各問いに答えなさい。

(1) 右図は，マツの枝の先端を模式的に表したものである。雄花は右図の**ア〜エ**のうちのどれか。最も適当なものを1つ選び，その記号を書け。〈千葉県・改〉

（　　）

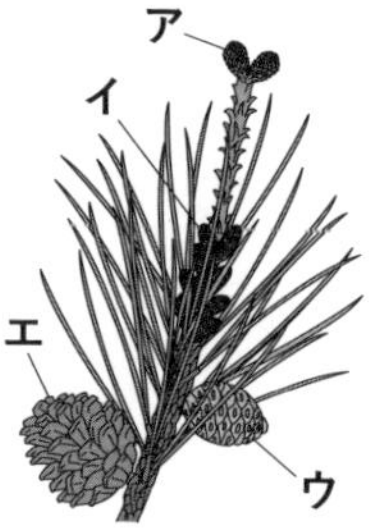

よく出る

(2) 被子植物は子葉の数から単子葉類と双子葉類に分類することができる。単子葉類について記した，次の文の（ **X** ），（ **Y** ）にあてはまる語の組み合わせとして，最も適当なものをあとの**ア〜エ**から1つ選び，その記号を書け。〈新潟県・改〉

> 単子葉類の葉脈は（ **X** ）に通り，根は（ **Y** ）からなる。

ア　**X**－網目状　**Y**－主根と側根
イ　**X**－網目状　**Y**－たくさんのひげ根
ウ　**X**－平行　**Y**－主根と側根
エ　**X**－平行　**Y**－たくさんのひげ根

（　　）

2 花のつくりについて，各問いに答えなさい。〈島根県・改〉

アブラナの花を分解したところ，図のようになった。

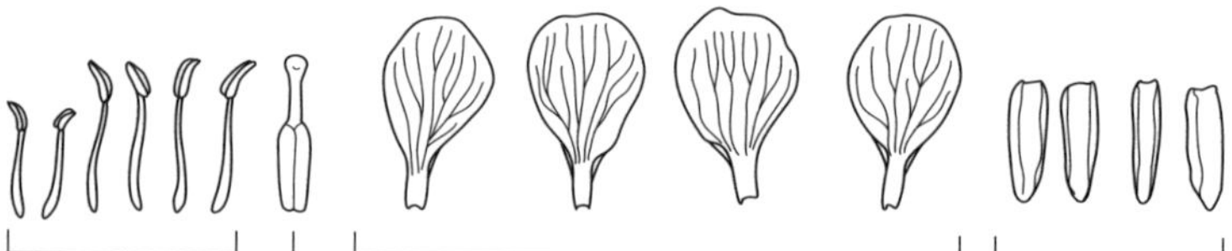

(1) 図の**D**を何というか，その名称を答えよ。

（　　）

(2) 図の**A〜D**を花の中心から外側に向かって並べたとき，その順番を記号で答えよ。（　　）

ヒント

マツの雄花と雌花は，どちらもりん片が重なってできている。雌花が受粉するとまつかさになる。

くわしく

単子葉類
ユリ，イネ，ムギ，タケなど。

双子葉類
アサガオ，キク，アブラナ，サクラなど。

3 次の各問いに答えなさい。〈茨城県・改〉

(1) 図1はイヌワラビの葉の裏を表している。黒っぽく見える集まりを柄つき針ではがし，顕微鏡で観察したところ，図2のように，黒っぽく見える集まりの中から小さな粒が出てきた。この小さな粒を何というか。また，この小さな粒について正しく説明したものを，次の**ア**～**エ**から1つ選び，記号で答えよ。

図1

図2

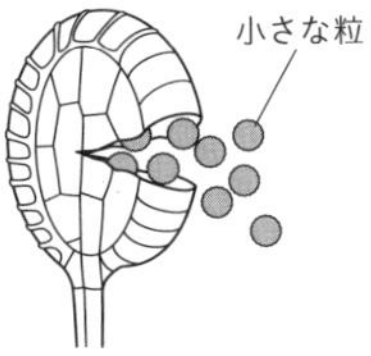

ア めしべの柱頭につくと花粉管がのびる。
イ 受粉するとやがて果実になる。
ウ りん片がついている。
エ 湿り気のあるところに落ちると発芽する。

名称（　　　　）　記号（　　）

(2) 図3は，植物のなかま分けを表したものである。ホウセンカとイヌワラビにあてはまるものを，図3の**A**～**E**からそれぞれ1つ選び，記号で答えよ。

図3

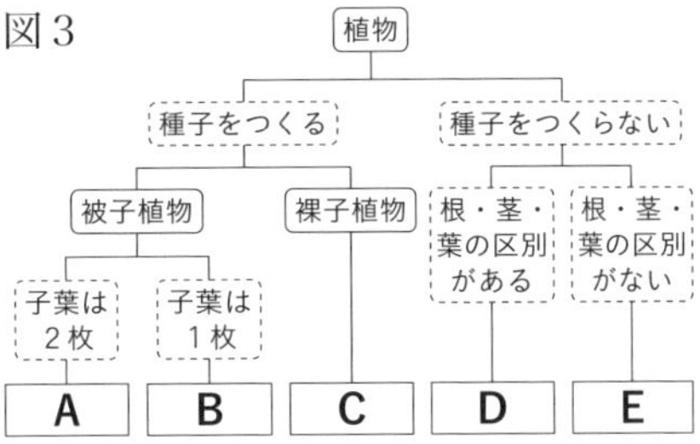

ホウセンカ（　　）　イヌワラビ（　　）

(3) 被子植物と裸子植物のちがいを，「胚珠」と「子房」という語を用いて，それぞれの植物について説明せよ。

［　　　　　　　　　　　　］

4 次の各問いに答えなさい。〈岡山県・改〉

(1) 細菌類として適当なのは，**ア**～**エ**のうちのどれか。1つ答えよ。

ア シイタケ　**イ** トビムシ　**ウ** アオカビ　**エ** 大腸菌

（　　）

(2) ゼニゴケをふくむ7つの植物を，2つの異なる観点で分類すると，右図のようになった。観点Ⅰ，観点Ⅱとして最も適当なのは，**ア**～**エ**のうちではどれか。それぞれ1つ答えよ。

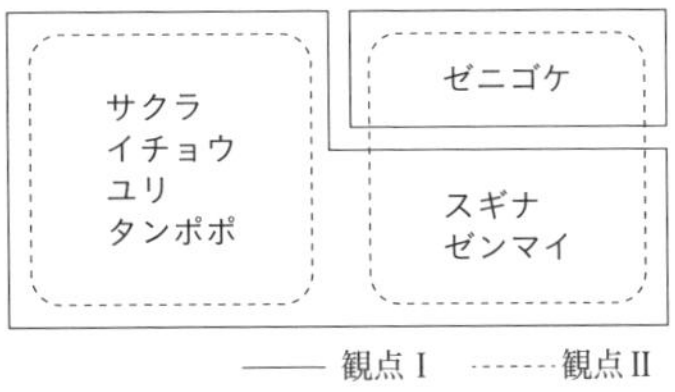

ア 子房があるものとないもの
イ 光合成をおこなうものとおこなわないもの
ウ 体全体で水を吸収するものとしないもの
エ 胚珠があるものとないもの　観点Ⅰ（　　）　観点Ⅱ（　　）

ヒント
イヌワラビはシダ植物である。

ヒント
コケ植物は維管束をもたない。

STEP 03 実戦問題

入試レベルの問題で力をつけよう。

目標時間 20分

➡ 解答は別冊 32 ページ

よく出る

1 次の各問いに答えなさい。〈市川高・改〉

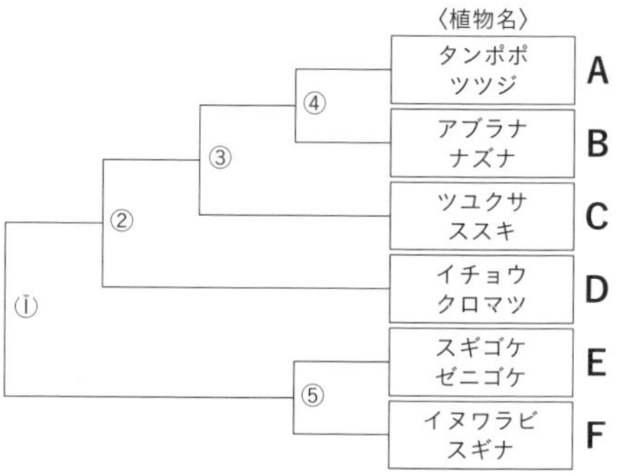

右図は，植物の分類を示したものである。いろいろな植物を①～⑤の特徴にしたがって，**A**～**F**の各グループに分けた。

(1) ①では，植物の「子孫の残し方」のちがいによってグループ**A**・**B**・**C**・**D**とグループ**E**・**F**の２つの集団に分けることができた。この２つの集団の「子孫の残し方」を，それぞれ説明せよ。

［　　　　　　　　　　　　　　　］

(2) ②では，グループ**A**・**B**・**C**は「被子植物」，グループ**D**は「裸子植物」と分類することができた。「裸子植物」の名前の由来となっている特徴は何か。説明せよ。

［　　　　　　　　　　　　　　　］

(3) ④では，「花弁のつくり」によってグループ**A**とグループ**B**に分けることができた。次の**ア**～**オ**の植物群のうち，グループ**A**とグループ**B**に正しく分けられている組み合わせはどれか。

（　　）

	グループA	グループB
ア	アサガオ　キク　ヘチマ	エンドウ　カタバミ　サクラ
イ	アサガオ　キク　ユリ	エンドウ　サクラ　ヘチマ
ウ	エンドウ　サクラ　ユリ	アサガオ　イネ　キク
エ	エンドウ　カタバミ　サクラ	アサガオ　キク　ヘチマ
オ	イネ　ヘチマ　ユリ	アサガオ　カタバミ　サクラ

2 植物の特徴に関して，次の問いに答えなさい。〈灘高〉

あとの(1)～(8)の特徴にあてはまる植物を，次の〔名称〕**A**～**L**と〔図〕**ア**～**シ**からそれぞれ選び，記号で答えよ。

〔名称〕

A　スギナ　　**B**　マツ　　**C**　スギ　　**D**　スサビノリ　　**E**　ソテツ　　**F**　ワカメ
G　オヒルギ　　**H**　ゼンマイ　　**I**　イチョウ　　**J**　ブナ　　**K**　ワラビ　　**L**　コンブ

〔図〕

（出典「牧野新日本植物図鑑」北隆館）

(1) 山の峰や河原など栄養の少ない土地に生える常緑針葉樹。雌雄同体で，新年に門の飾りとする地域もある。この木の根には共生菌がつきキノコが生えることもあるが，このキノコの人工栽培は困難である。　名称（　　　　）図（　　　　）

(2) 日本では街路樹として使われ，葉は扇形。花は目立たず，受粉は春だが，夏に花粉の中に精子ができて受精する。中国原産の「生きた化石」である。葉が黄色の落葉高木で秋にはギンナンが取れる。　名称（　　　　）図（　　　　）

超難問

(3) マングローブ林を形成する植物で，日本では沖縄のような熱帯・亜熱帯の河口に生える。耐塩性で，泥の中で体を支えたり呼吸するための気根や，樹上で実が発芽する胎生種子などの特徴がある。　名称（　　　　）図（　　　　）

(4) 常緑針葉樹でまっすぐな幹が建築材や酒樽（さかだる）などに使われる。世界遺産の屋久島産のものや，吉野，秋田産のものが有名だが，人工林として日本中に植林され，ながらく花粉症の原因となっている。　名称（　　　　）図（　　　　）

(5) 山地に生える落葉広葉樹で，その実は野生動物のえさとなる。青森県から秋田県に広がる世界遺産「白神山地」に残る原生林では，この植物が，くり返し世代交代している。
名称（　　　　）図（　　　　）

(6) シダのなかまで春先に田んぼのあぜ道などにツクシとして顔を出し，食することが可能。胞子の放出以外に地下茎でも生息域を広げる。　名称（　　　　）図（　　　　）

(7) 世界遺産である「知床の海」に生えるものが有名。夏に収穫し，天日干しされ，乾物として市場に出回る。根は岩石等に密着するためのもので，水を吸収するためではない。だしをとるのに使われる。　名称（　　　　）図（　　　　）

(8) 紅色の海藻で秋から春にかけて養殖される。これを細断して天日に干したものを食している。夏は微細な糸状体で海底のカキ殻などについてすごしているので人目につかない。
名称（　　　　）図（　　　　）

3 生物

重要度 ★★★

植物の生活と多様性②

STEP01 要点まとめ

➡ 解答は別冊 33 ページ

(　　)にあてはまる語句を書いて，この章の内容を確認しよう。

1 葉のつくりとはたらき

1 葉のつくり

- 01(　　　　)…葉の表面にある，すじ状の部分。葉にある維管束（いかんそく）[➡道管や師管の集まり。]のこと。
- 02(　　　　)…根で吸収した水や肥料分（養分）などが通る。[➡根から，茎や葉にもつながっている。]
- 03(　　　　)…葉でつくられた栄養分が通る。
- 気孔（きこう）…葉の裏側に多くあるすきま。04(　　　　)の出入り口になる。

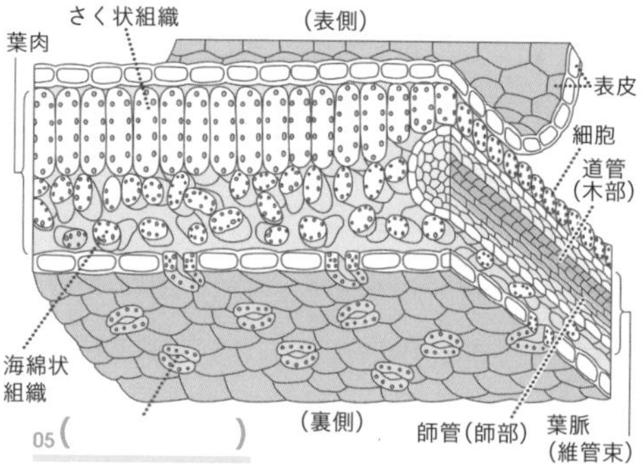

⬆葉のつくり

2 光合成

- 06(　　　　)…植物が，緑色の葉に光を受けて，栄養分をつくるはたらき。

POINT
- 光合成（こうごうせい）の場所…葉の緑色の部分にある07(　　　　)。[➡ふの部分にはない。]

POINT
- 光合成のしくみ

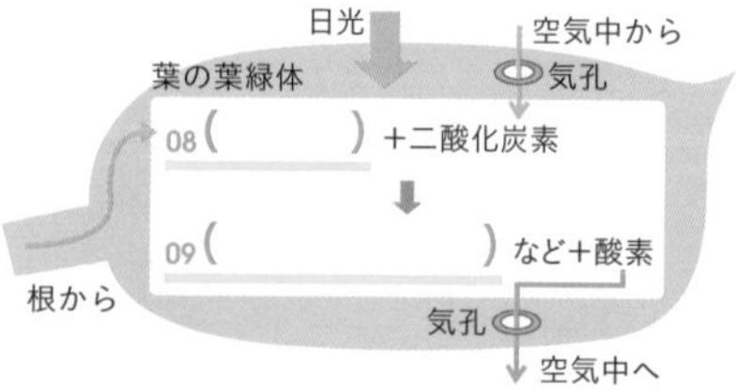

光合成の原料➡10(　　　　)と水。[➡10は気孔から，水は根から吸収する。]

光合成でできるもの➡デンプンなどの栄養分と11(　　　　)。

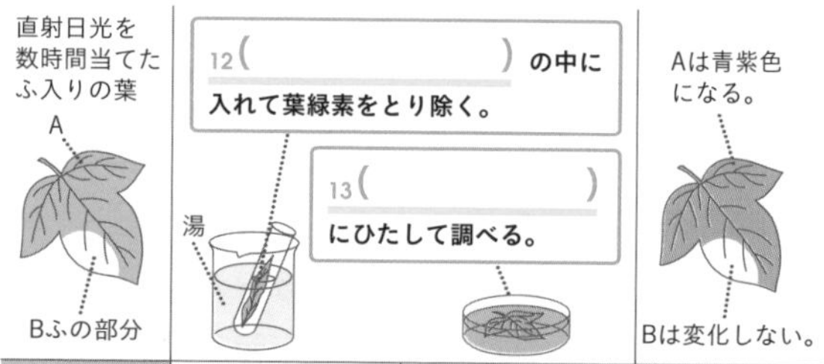

Aの緑色の部分	葉緑体がある	青紫色になる	デンプンがある
Bのふの部分	葉緑体がない	変化しない	デンプンがない

⬆光合成と葉緑体の関係を調べる実験

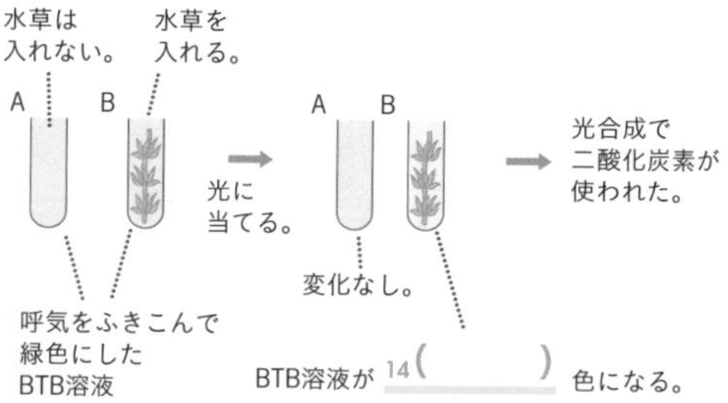

⬆光合成と二酸化炭素の関係を調べる実験

3 呼吸

- 植物の呼吸…植物は呼吸をして，15(　　　　)をとり入れ，16(　　　　)を出している。
- **呼吸と光合成**

  暗い場所➡呼吸だけをおこなうので，袋の空気を石灰水に通すと，17(　　　　)。

  明るい場所➡呼吸だけでなく，18(　　　　)もおこなうので，石灰水が変化しない。

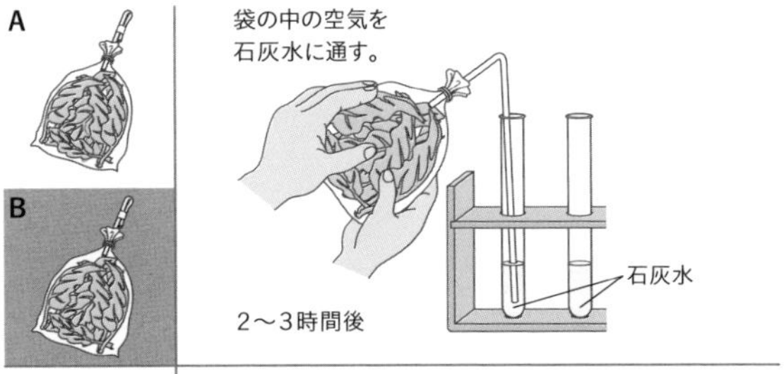

A 明るい場所に放置した葉	あまり変わらない ⟶	光合成をおこなった（呼吸もおこなう）
B 暗い場所に放置した葉	白くにごる 19(　　　　)が発生 →	呼吸をおこなった（光合成はおこなわない）

⬆光合成・呼吸と二酸化炭素の関係を調べる実験

4 蒸散

- 20(　　　　)…植物の体内から，水が水蒸気となって出ていくこと。
- POINT 蒸散の場所…葉の表皮のすきまである21(　　　　)。三日月形の孔辺細胞に囲まれた部分。葉の22(　　　　)側に多い。
- 蒸散の役割［➡植物の体温調節にも役立つ。］

  ①根から水を23(　　　　)はたらきがさかんになる。

  ②根から吸収した水や肥料分が体全体に行きわたる。

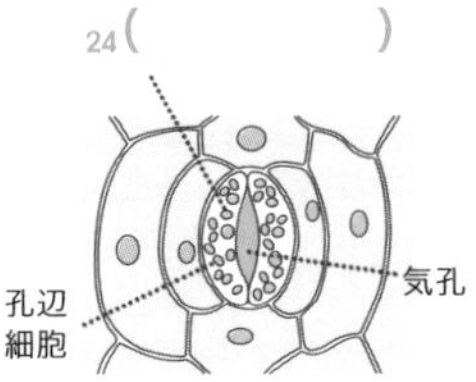

⬆気孔のつくり

2 根・茎のつくりとはたらき

1 根のつくりとはたらき

- 25(　　　　)…根の先端近くにある多数の毛のような根。

  ➡根の表面積を大きくし，水の吸収を効率よくする。
- 根のつくり…**主根**から26(　　　　)が出た植物［➡双子葉類］，**ひげ根**がたくさんある植物［➡単子葉類］などがある。
- 根のはたらき…水や肥料分を吸収。体を支える。

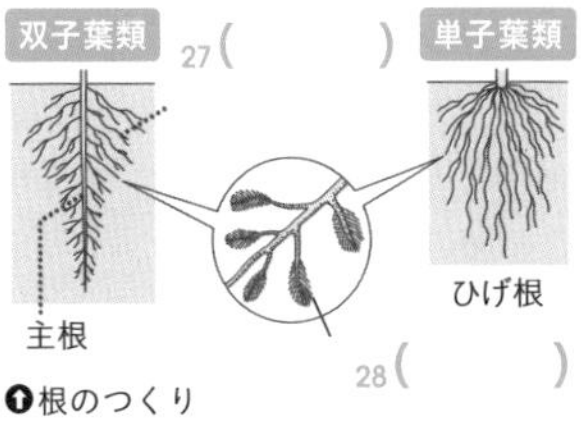

⬆根のつくり

2 茎のつくりとはたらき

- 茎のつくり…茎には**維管束**がある。
- 茎のはたらき…29(　　　　)を通して，根で吸収した水や肥料分，葉でつくられた栄養分を体全体に運ぶ。［➡茎の維管束は，根や葉の維管束とつながっている。］
- 維管束の並び方…30(　　　　)に並んでいる植物［➡双子葉類］と，散らばっている植物［➡単子葉類］がある。

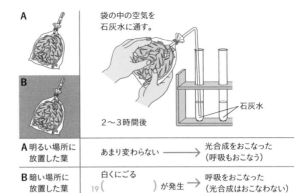

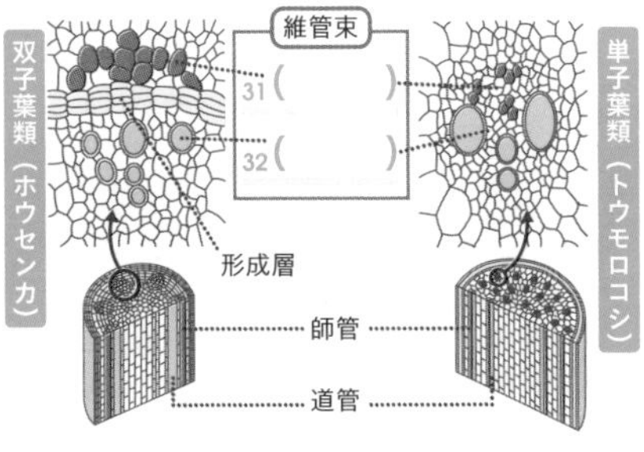

⬆茎のつくり

STEP 02 基本問題 ➡ 解答は別冊 34 ページ

学習内容が身についたか，問題を解いてチェックしよう。

1 次の各問いに答えなさい。

(1) 図1は，ホウセンカの茎の横断面と根の特徴を表した模式図である。その組み合わせとして正しいものはどれか。**ア～エ**から1つ選び，記号で答えよ。〈岩手県・改〉

(　　)

図1

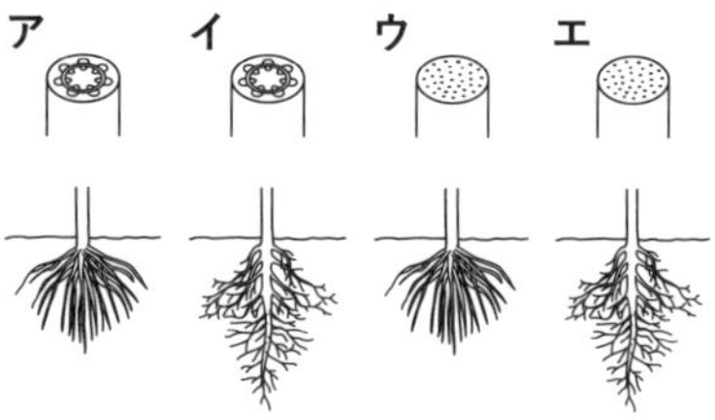

ヒント
ホウセンカは双子葉類である。

(2) 図2は，ある被子植物の葉の裏側の表皮をうすくはぎ，切りとって，顕微鏡で観察したときのスケッチである。その中には，気孔がいくつも確認できた。気孔のはたらきによって起こることを説明した次の文の（ ① ），（ ② ）に適語を入れ，文を完成せよ。〈長崎県・改〉

図2

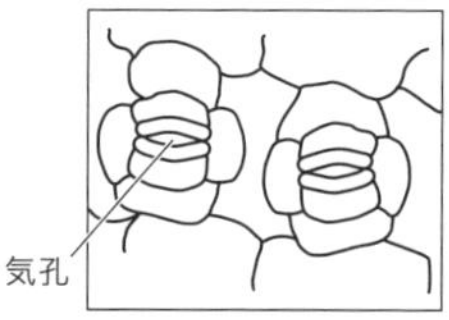

くわしく
気孔は葉の裏側に多く分布する。イネ科では表側も裏側も同じくらいの数の気孔が分布するものもある。

> 気孔では酸素や二酸化炭素の出入り以外に，水蒸気が放出される（ ① ）という現象が見られる。また，（ ① ）が活発におこなわれることによって，（ ② ）がさかんに起こり，植物にとって必要なものが根から茎，葉へと運ばれていく。

①(　　　　)　②(　　　　)

2 インゲンマメの呼吸と光合成について調べるために，次の実験をおこなった。あとの各問いに答えなさい。〈兵庫県・改〉

よく出る

【実験】 葉の枚数や大きさが同じインゲンマメの鉢植えを2つ用意し，それぞれに透明なポリエチレンの袋**X**，**Y**をかぶせて息をふきこみ，**X**と**Y**の中の気体の量が同じになるようにして密封した。

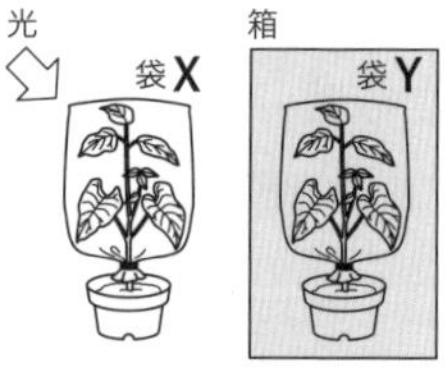

図のように，**X**のインゲンマメは光が当たるように窓ぎわに置き，また，**Y**のインゲンマメは光が当たらないように箱に入れて置いた。

下の表は，実験を開始した13時から2時間おきに，それぞれの袋の中の二酸化炭素の体積の割合を，気体検知管を用いて測定した結果である。ただし，**X**と**Y**のインゲンマメが呼吸によって出している二酸化炭素の量は同じであるとする。

	袋の中の二酸化炭素の割合〔%〕			
	13時	15時	17時	19時
袋**X**	0.80	0.50	0.40	0.40
袋**Y**	0.80	0.95	1.05	1.15

(1) この実験を開始してしばらくすると，袋の内側に水滴がついた。このことについて説明した次の文の（ ① ），（ ② ）に入る語句の組み合わせとして適切なものを，あとの**ア**～**エ**から1つ選び，記号で答えよ。

> 根から吸収された水の多くは，（ ① ）を通って葉に運ばれる。これらの水の大部分は，気孔から（ ② ）の状態で空気中に出ていく。

ア ①道管 ②気体　**イ** ①道管 ②液体
ウ ①師管 ②気体　**エ** ①師管 ②液体

（　　）

(2) 表から，13時，15時，17時からのそれぞれ2時間における，インゲンマメの呼吸と光合成について考察した文として適切なものを，次の**ア**～**エ**から1つ選び，記号で答えよ。

ア インゲンマメが呼吸で出した二酸化炭素の量は，13時，15時，17時からのどの2時間においても一定である。
イ 17時からの2時間は，インゲンマメは呼吸をしていない。
ウ 15時からの2時間において，**X**のインゲンマメが光合成でとり入れた二酸化炭素の量と呼吸で出した二酸化炭素の量は等しい。
エ **X**のインゲンマメは，13時からの2時間において，最もさかんに光合成をしている。

（　　）

(3) この実験の13時から19時までの6時間における，次の①，②の量はそれぞれ袋の中の気体の体積の何%か，適切なものをあとの**ア**～**オ**からそれぞれ1つ選び，記号で答えよ。

① **X**のインゲンマメが呼吸で出した二酸化炭素
② **X**のインゲンマメが光合成でとり入れた二酸化炭素

ア 0.00%　**イ** 0.05%　**ウ** 0.35%
エ 0.40%　**オ** 0.75%

①（　　）②（　　）

くわしく
道管は，茎の内側にあり，師管は茎の外側にある。

ミス注意
日光がよく当たるところでは光合成>呼吸となり，植物は二酸化炭素を吸収し，酸素を放出しているだけのように見える。

STEP 03 実戦問題

入試レベルの問題で力をつけよう。

目標時間 20分

➡ 解答は別冊 34 ページ

1 写真は，葉の横断面の顕微鏡写真である。次の各問いに答えなさい。〈大阪星光学院高〉

新傾向

(1) 右のような葉の横断面を観察するにはある特徴をもった葉が用いられる。どのような特徴のある葉が用いられるか。下の［植物群］の中から用いられることが多い植物を 1 つ選び，その理由を 30 字以内で答えよ。

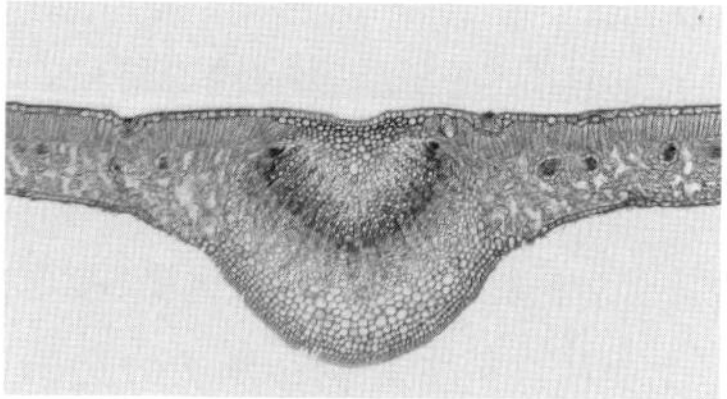

［植物群］　アサガオ　サクラ　ツバキ　スイレン　スギ

［植物
理由　　　　　　　　］

新傾向

(2) 葉の縦断面を観察するための実験手順を，実験器具・注意点を明らかにして，箇条書きで答えよ。顕微鏡に関しては使用する倍率についても書け。

解答例　① …の葉を…を用いて，…
　　　　② …
　　　　③ …
　　　　④ プレパラートを倍率…倍で観察する。

［　　　　　　　　　　　　　　　　　　］

2 次の文章を読んで，あとの各問いに答えなさい。〈青雲高・改〉

植物の葉のつくりやつき方は，（　あ　）というはたらきと深く関わっている。アジサイのように平たい葉を茎に対して垂直に近い角度でつける植物もあれば，イネのように細長い葉を斜めにのばす植物もある。
アジサイのような葉の形とつき方では上の葉が光をさえぎってしまうが，①葉は茎の先端側についているものほど小さいので上下の葉が多少重なっても下の葉にも光が届く。

(1) 文中の空欄（　あ　）に適切な語を記せ。

（　　　　）

(2) （　あ　）がおこなわれる細胞内の構造物の名称を記せ。

（　　　　）

(3) 下線部①について，なぜ茎の先端側についている葉のほうが小さいのか，簡潔に説明せよ。

［　　　　　　　　　　　　　　　　　　］

3 次の実験について，各問いに答えなさい。〈大阪教育大附高（平野）〉

光合成によってデンプンがつくられていることを確かめる方法の１つに，ヨウ素液で染色して観察する方法がある。ふ入りのアサガオの葉の一部を図１のようにアルミニウムはくでおおい，３時間ほど日光を当てたのちに切りとった。これを熱湯にひたしたのち，あたためたエタノールに入れて脱色した。この葉を水洗いしたのち，うすいヨウ素液につけたところ，色の変化が見られた部分と見られなかった部分があった。

図１

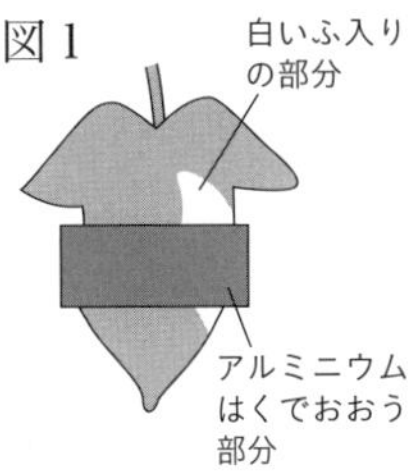

図２

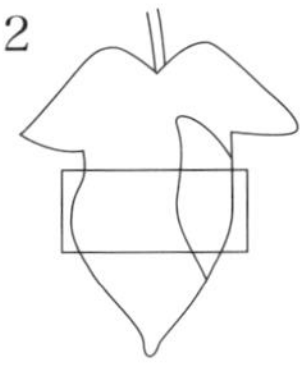

(1) 色の変化が見られた部分は何色になったか。

（　　　）

(2) 図２の葉に，色の変化が見られた部分を黒く塗りつぶせ。

4 次の各問いに答えなさい。〈大阪教育大附高（平野）〉

(1) ホウセンカなどの双子葉類の茎と根をうすく切ってその断面を観察した。双子葉類の①茎および②根の断面として最も適当なものを図１よりそれぞれ１つずつ選び，**a**～**e**の記号で答えよ。なお，図中の**ア**は植物体の表面，**イ**は内部を，**ウ・エ**は植物体を縦につらぬく管状構造を，すべての図で同じように示してある。

図１

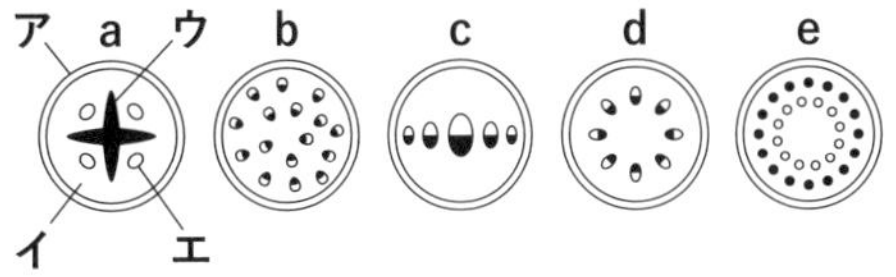

①（　　　）　②（　　　）

(2) (1)で調べた植物の根を切りとり，葉のついた茎を図２のように赤い色水を入れたフラスコに差し入れて，明るいところで２時間放置した。その後，(1)で観察した**ア**～**エ**のうち１つの部位が赤い色でうすく染まっていた。染まっていた部分は**ア**～**エ**のどの部位か，記号で答えよ。また，その部位に集まっている構造の名称を答えよ。

記号（　　　）　名称（　　　）

図２

(3) (2)の実験をさらに続けると，フラスコの中の赤い色水の量が減少するのが観察された。この水の減少には，おもに葉で起こるある現象が関わっている。

① この現象は何とよばれるか。（　　　）

② この現象がおもに葉で起こることを確かめるためには，上で述べた実験のほかにどのような実験をすればよいか。図３で示した**a**～**d**の実験のうちから，最も適当だと思う実験を１つ選び，記号で答えよ。

図３

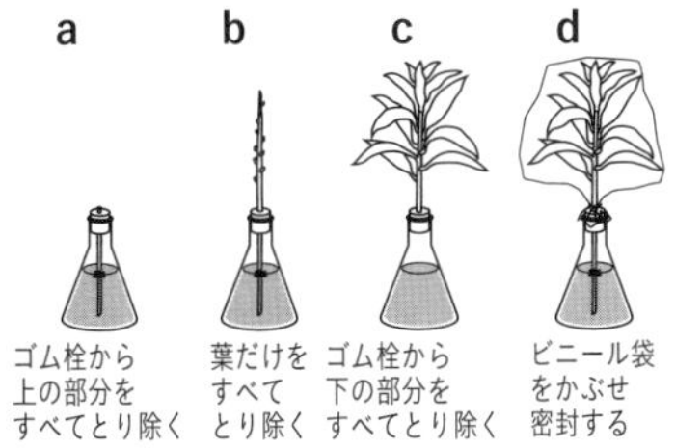

（　　　）

重要度 ★★★

4 生物 動物の生活と多様性①

STEP01 要点まとめ

➡解答は別冊35ページ

(　　)にあてはまる語句を書いて，この章の内容を確認しよう。

POINT ❶ 動物のなかま分け

- 動物
  - 背骨がある　01(　　　　)動物
    - 03(　　　　)［➡親と似た子を産む。］ ―（肺呼吸）― 04(　　　　)類
    - 卵生［卵から子がかえる。⬅］
      - 陸上に産卵［➡卵に殻がある。］
        - （肺呼吸，恒温動物（こうおんどうぶつ））― 05(　　　　)類
        - （肺呼吸，変温動物（へんおんどうぶつ））― 06(　　　　)類
      - 水中に産卵［➡卵に殻がない。］
        - （幼生はえら，成体は肺と皮膚（ひふ）で呼吸）― 07(　　　　)類
        - （えら呼吸）― 魚類
  - 背骨がない　02(　　　　)動物
    - 08(　　　　)動物
      - 昆虫類（こんちゅうるい）
      - 甲殻類（こうかくるい）
      - その他
    - 軟体動物（なんたいどうぶつ）
    - その他

❷ セキツイ動物

	魚類	両生類	ハチュウ類	鳥類	ホニュウ類
体温	変温動物	変温動物	09(　　　　)	10(　　　　)	恒温動物
ふえ方	卵生（卵に殻（から）がない）	卵生（卵に殻がない）［➡乾燥に弱い。］	卵生（卵に殻がある）	卵生（卵に殻がある）	11(　　　　)
呼吸	えらで呼吸	幼生は 12(　　　　)，成体は肺と皮膚で呼吸	13(　　　　)で呼吸	肺で呼吸	肺で呼吸
体表	うろこ	湿った皮膚	かたいうろこ	14(　　　　)	毛

❸ 無セキツイ動物

- **節足動物（せっそくどうぶつ）**…15(　　　　)骨格をもち，体に節がある。昆虫類，甲殻類（エビ，カニなど），クモ類などがある。
- 16(　　　　)…イカ，タコ，アサリのような貝など。内臓を包む膜（外（がい）とう膜（まく））がある。

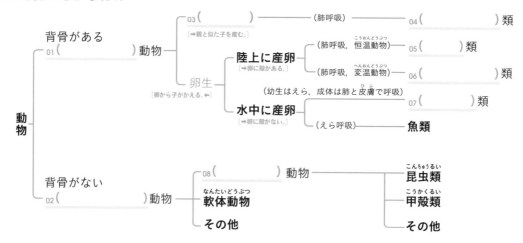

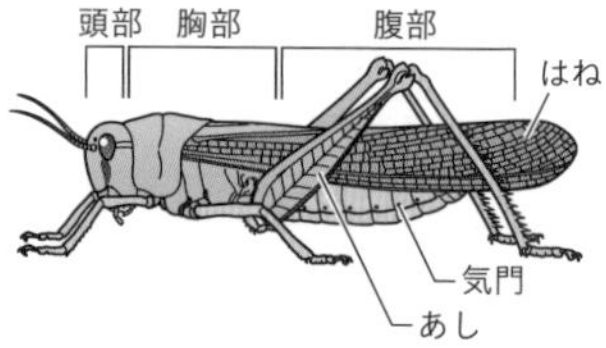

⬆昆虫類（バッタの体のつくり）

STEP 02 基本問題

➡ 解答は別冊 35 ページ

学習内容が身についたか，問題を解いてチェックしよう。

1 次の各問いに答えなさい。〈福井県・改〉

(1) 幼生のときは水中，成体では陸上で生活する動物の例として，最も適切なものを次の**ア**～**エ**から 1 つ選び，その記号を書け。また，この動物の幼生と成体の呼吸のしかたを簡潔に書け。

ア ヤモリ　**イ** カエル　**ウ** タコ　**エ** トカゲ

記号（　　）

呼吸のしかた［　　　　　　　　　　］

よく出る

(2) 環境の温度が変化しても体温がほとんど変化しないしくみをもつ動物のことを何とよぶか。その名称を漢字で書け。

（　　　　　）

2 次の各問いに答えなさい。

(1) セキツイ動物のなかまのうち，ホニュウ類にのみ見られる特徴を 1 つ書け。

（　　　　　）

よく出る

(2) 節足動物について，次の①，②に答えよ。〈青森県〉

① 次の文は，節足動物の特徴について述べたものである。文中の（　）に入る適切な語を書け。

体に節があり，（　　）というかたい殻におおわれている。

（　　　　　）

② **A** 昆虫類，**B** 甲殻類にあてはまるものの組み合わせとして適切なものを次の**ア**～**エ**から 1 つ選び，その記号を書け。

ア　**A**　カブトムシ　**B**　クモ
イ　**A**　クモ　**B**　カブトムシ
ウ　**A**　カブトムシ　**B**　ミジンコ
エ　**A**　クモ　**B**　ミジンコ

（　　）

くわしく

イモリは水辺にすむ両生類，ヤモリは家の近くにすむハチュウ類である。漢字で「井守」，「家守」とそれぞれ表記すると覚えやすい。

ヒント

なかまのふやし方に着目する。

STEP 03 実戦問題

入試レベルの問題で力をつけよう。

目標時間 20分

➡ 解答は別冊 36 ページ

1 **次の図のように，いろいろな特徴によって６種類の動物をグループＡからＦに分類した。あとの各問いに答えなさい。**〈東京学芸大附高・改〉

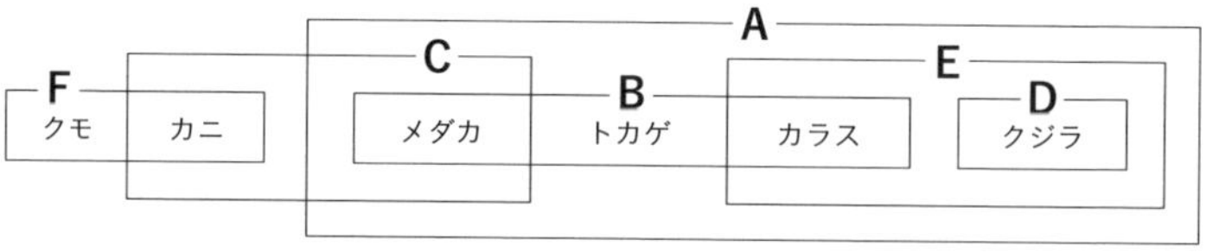

(1)　**Ａ**から**Ｆ**の特徴の組み合わせとして正しいものを次の**ア**～**ク**から１つ選び，その記号を書け。

	A	B	C	D	E	F
ア	背骨がある	うろこも羽毛もない	えらで呼吸	胎生	恒温動物	外骨格をもつ
イ	背骨がない	うろこも羽毛もない	肺で呼吸	胎生	恒温動物	内骨格をもつ
ウ	背骨がある	うろこも羽毛もない	えらで呼吸	卵生	変温動物	外骨格をもつ
エ	背骨がない	うろこも羽毛もない	肺で呼吸	卵生	変温動物	内骨格をもつ
オ	背骨がある	うろこか羽毛がある	えらで呼吸	胎生	恒温動物	外骨格をもつ
カ	背骨がない	うろこか羽毛がある	肺で呼吸	卵生	変温動物	内骨格をもつ
キ	背骨がある	うろこか羽毛がある	えらで呼吸	卵生	恒温動物	外骨格をもつ
ク	背骨がない	うろこか羽毛がある	肺で呼吸	胎生	変温動物	内骨格をもつ

（　　）

(2)　**Ｂ**のメダカ，トカゲ，カラスはそれぞれ魚類，ハチュウ類，鳥類である。魚類，ハチュウ類，鳥類の組み合わせとして正しいものを右の①～⑧から１つ選び，その記号を書け。

（　　）

	魚類	ハチュウ類	鳥類
①	フナ	イモリ	ワシ
②	ハゼ	ヤモリ	コウモリ
③	イカ	イグアナ	モルモット
④	ウナギ	カメ	ペンギン
⑤	シャチ	カエル	カモノハシ
⑥	イルカ	ミジンコ	クジャク
⑦	エビ	ミミズ	ダチョウ
⑧	サンマ	ヘビ	ムササビ

(3)　国の天然記念物であるオオサンショウウオの成体は**Ａ**～**Ｆ**のどれに属するか。正しいものを１つ選び，その記号を書け。

（　　）

2 次の各問いに答えなさい。〈筑波大附駒場高・改〉

(1) 次の文中の（　　）に入る適切な語を漢字で書け。

> 節足動物の多くでは，幼生から成体へ形態や生活様式を大きく変える（　　）が見られる。

（　　　　）

難問

(2) (1)によって呼吸のしかたを変える昆虫はどれか。正しいものを次の**ア～オ**から1つ選び，記号で答えよ。

ア　ショウリョウバッタ　　**イ**　ミンミンゼミ　　**ウ**　アキアカネ

エ　ゲンゴロウ　　**オ**　キアゲハ

（　　）

3 次の文章を読んで，あとの各問いに答えなさい。〈和歌山県・改〉

無セキツイ動物は，背骨をもたない動物でセキツイ動物よりははるかに多くの種類があり，それぞれの特徴のちがいから，図1のように分けられる。図1にまとめた無セキツイ動物について，次の(1)～(3)に答えよ。

図1　無セキツイ動物の分類

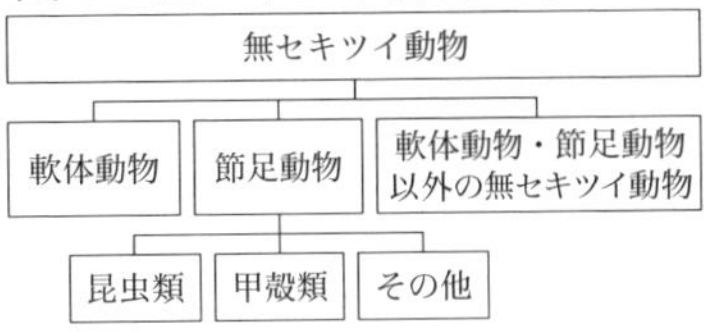

(1) ①「軟体動物」，②「節足動物」，③「軟体動物・節足動物以外の無セキツイ動物」として正しいものを，次の**ア～カ**から2つずつ選び，記号で答えよ。

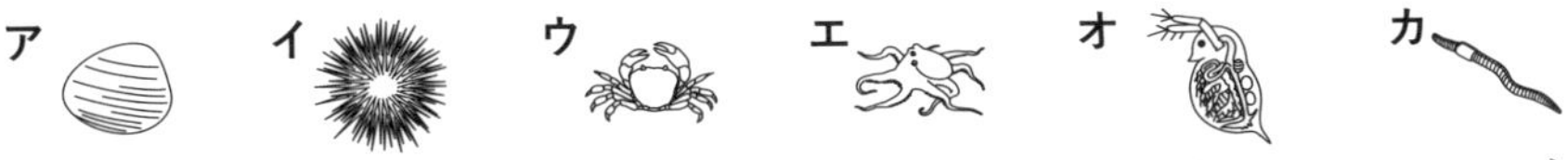

アサリ　ウニ　カニ　タコ　ミジンコ　ミミズ

①（　　，　　）　②（　　，　　）　③（　　，　　）

(2) 図2のように，昆虫類の胸部や腹部には気門がある。この気門のはたらきとして正しいものを，次の**ア～エ**から1つ選び，記号で答えよ。

ア　音（空気の振動）を感じている。

イ　呼吸のために空気をとりこんでいる。

ウ　においを感じている。

エ　尿を体外に排出している。

図2
トノサマバッタの体のつくり

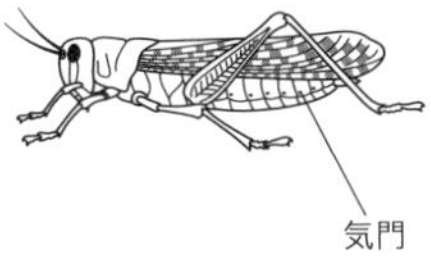

（　　）

(3) 軟体動物の内臓をおおっている筋肉でできた膜を何とよぶか。その名称を書け。

（　　　　）

重要度｜★★★

5 生物 動物の生活と多様性②

STEP01 要点まとめ

➡ 解答は別冊 37 ページ

(　　)にあてはまる語句を書いて，この章の内容を確認しよう。

1 生命を維持するはたらき

❶ 食物の消化と吸収

- 01(　　　　)…口や**消化液**などのはたらきで，食物の栄養分を吸収されやすい形に変えること。
- 02(　　　　)…食物の通り道になる，口➡胃➡小腸➡大腸➡肛門までのひとつながりの管。
- POINT 03(　　　　)…消化液にふくまれ，栄養分を分解する。だ液にふくまれ，デンプンを分解する
- POINT 04(　　　　)など。[➡ペプシン，トリプシン，リパーゼなど。]
- 栄養分の分解…**デンプン**は05(　　　　)に，**タンパク質**は06(　　　　)に，**脂肪**は**脂肪酸**と07(　　　　)に分解される。
- 養分の吸収…消化されてできたブドウ糖やアミノ酸などは小腸の08(　　　　)から吸収される。

[➡ブドウ糖とアミノ酸は毛細血管，脂肪酸とモノグリセリドは再び脂肪となってリンパ管に入る。]

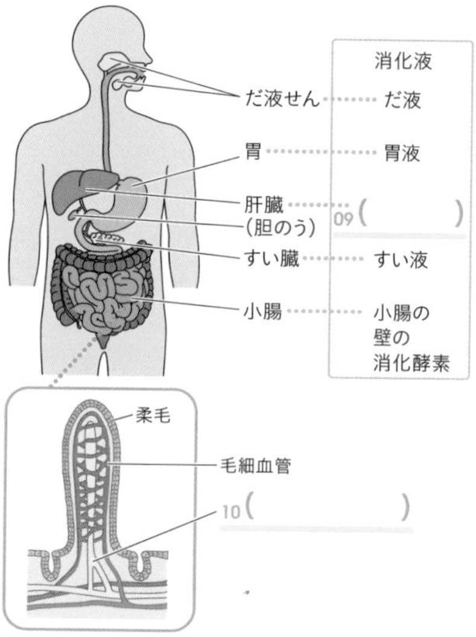

⬆消化器官と消化液

❷ 呼吸

- **肺呼吸**…11(　　　　)の毛細血管で，酸素をとり入れ，二酸化炭素を放出している。[➡肺の気管支の先に肺胞がある。]

POINT ➡多くの**肺胞**があることで，肺の12(　　　　)が大きくなり，気体の交換が効率よくできる。

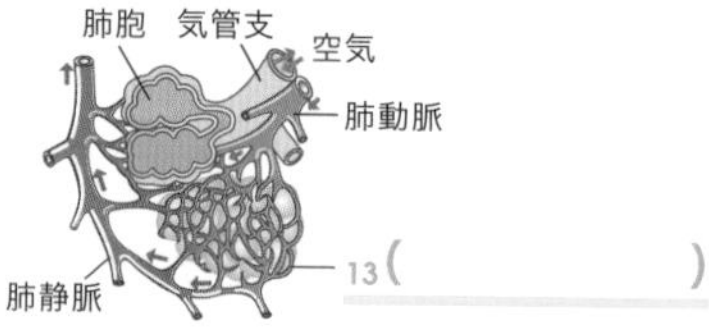

⬆肺胞のつくり

❸ 排出

- 14(　　　　)…有害なアンモニアを**尿素**に変える器官。
- **腎臓**…15(　　　　)などの不要な物質を血液からこし出して，**尿**をつくる。

➡血液中の塩分や水分の量を一定に保つ。

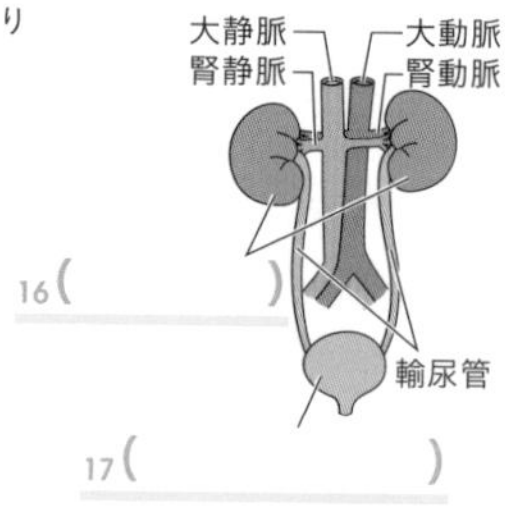

⬆腎臓のつくり

4 血液の循環

- 血液の成分…**赤血球**，**白血球**，**血小板**，**血しょう**など。
  - ・**赤血球**…18(　　　　　)を運ぶ。
  - ・19(　　　　　)…体に入ってきた細菌などを分解する。
  - ・20(　　　　　)…血液を固める。
  - ・**血しょう**…養分や不要な物質を運ぶ。毛細血管からしみ出して細胞をひたしているものは21(　　　　　)。
- **血液の循環**…心臓➡肺➡心臓と流れる22(　　　　　)，心臓➡肺以外の全身➡心臓と流れる23(　　　　　)。
- POINT 心臓から出る血液が流れる24(　　　　　)と，心臓にもどる血液が流れる25(　　　　　)がある。
- 酸素を多くふくむ血液を26(　　　　　)，二酸化炭素を多くふくむ血液を27(　　　　　)という。

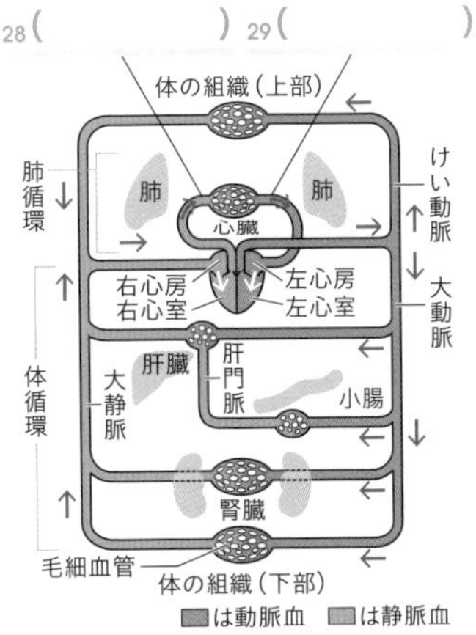

❶血液の循環

2 感覚と運動のしくみ

1 感覚器官

- 30(　　　　　)…外界からの刺激を受けとる器官。［➡目や耳など。］
- 光の伝わり方…角膜から光が入る➡31(　　　　　)で屈折➡32(　　　　　)に像を結ぶ➡信号を33(　　　　　)が**脳**に伝える。
- 音の伝わり方…外耳で音波を集める➡鼓膜➡耳小骨➡うずまき管➡信号を**聴神経**（**感覚神経**）が**脳**に伝える。

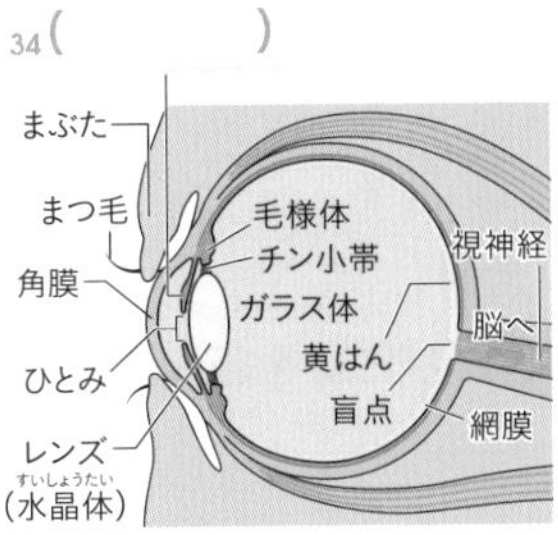

❶目のつくり

2 神経系

- 35(　　　　　)…脳，せきずい。
- **末しょう神経**…感覚器官からの刺激を伝える36(　　　　　)，中枢神経からの命令を運動器官などに伝える37(　　　　　)がある。
- **意識して起こる反応**…38(　　　　　)が命令を出す。
- **無意識に起こる反応**…39(　　　　　)が命令を出すもので**反射**という。
  - ➡反応までの時間が短く，危険から身を守る。
  - ［➡脳に信号が伝わる前に反応が起こる。］

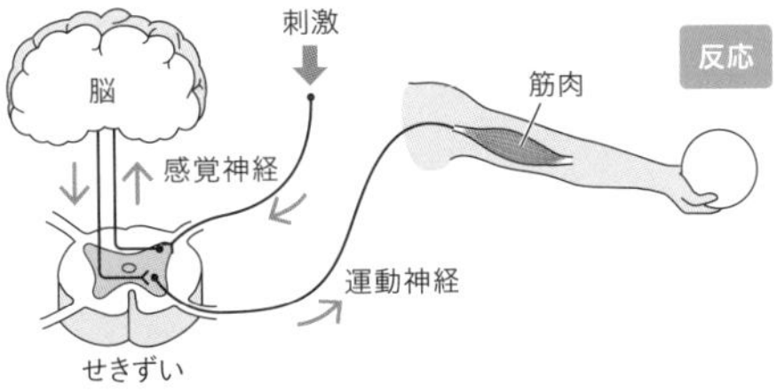

❶意識して起こる反応のしくみ

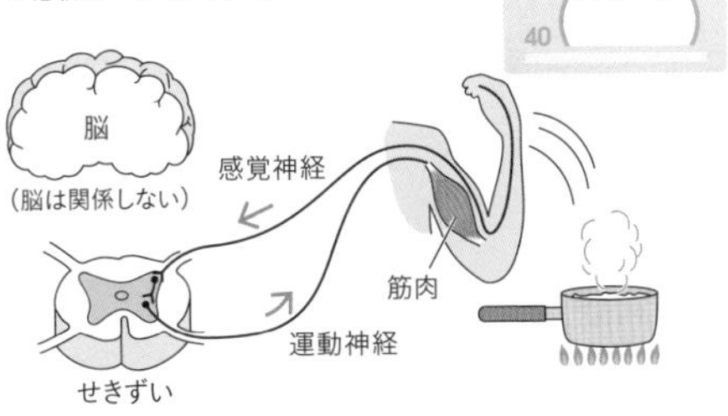

❶無意識に起こる反応（反射）のしくみ

3 体が動くしくみ

- 関節をはさんで骨についている41(　　　　　)が縮んだり，ゆるんだりすることで動く。

STEP02 基本問題

➡ 解答は別冊 38 ページ

学習内容が身についたか，問題を解いてチェックしよう。

1 次の各問いに答えなさい。〈新潟県・改〉

よく出る

(1) 胃液にふくまれる消化酵素のペプシンが分解する物質として正しいものを次の**ア**～**エ**から１つ選び，記号で答えよ。

ア タンパク質　**イ** デンプン　**ウ** 脂肪　**エ** ブドウ糖

(　　)

よく出る

(2) 次の文は，胆汁のはたらきについて述べたものである。文中の（ X ），（ Y ）にあてはまる語の組み合わせとして適当なものをあとの**ア**～**エ**から１つ選び，記号で答えよ。

> 胆汁は消化酵素を（ X ），（ Y ）の分解を助ける。

ア［X ふくみ　Y 脂肪］
イ［X ふくまず　Y 脂肪］
ウ［X ふくみ　Y デンプン］
エ［X ふくまず　Y デンプン］

(　　)

くわしく
胆汁は肝臓で生成され，胆のうで一時的にたくわえられる。

2 次の文章を読んで，各問いに答えなさい。〈鹿児島県〉

図１は，ヒトが刺激を受けとってから反応するまでに信号が伝わる経路を模式的に表したものであり，**A**は脳，**B**はせきずい，**C**～**F**は神経を表している。また，図２は，ヒトが腕を曲げたときの骨と筋肉を模式的に表したものである。

図１

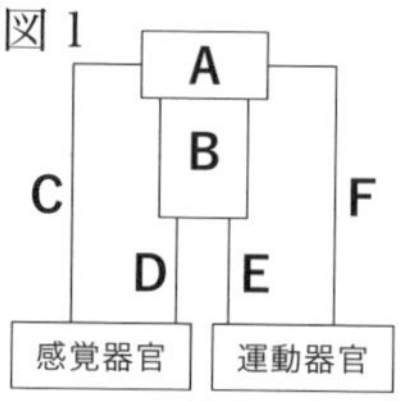

(1) ヒトの神経系のうち，判断や命令などをおこなう脳や脊髄を何というか，その名称を答えよ。(　　　　　　)

(2) 熱いなべに手がふれて思わず手を引っこめる反応において，刺激を受けとって反応するまでに信号が伝わる経路について必要なものを図１の**A**～**F**からすべて選び，伝わる順に左から書け。(　　　　　　)

(3) 図２の状態から腕をのばすとき，図２の筋肉**X**と筋肉**Y**はどうなるか。適当なものを次の**ア**～**エ**から１つ選び，記号で答えよ。

ア 筋肉**X**も筋肉**Y**も縮む。
イ 筋肉**X**も筋肉**Y**もゆるむ。
ウ 筋肉**X**はゆるみ，筋肉**Y**は縮む。
エ 筋肉**X**は縮み，筋肉**Y**はゆるむ。

(　　)

図２

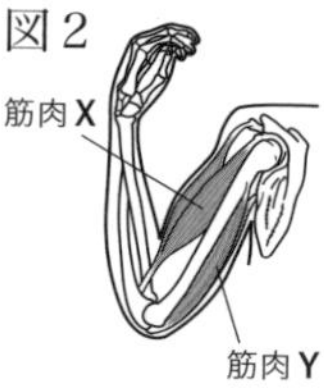

ヒント
反射は生きていくために生まれつき備わった反応のしくみで，大脳にも信号は届くが，信号が届くころにはすでに反応がすんでいる。

3 次の各問いに答えなさい。〈京都府・改〉

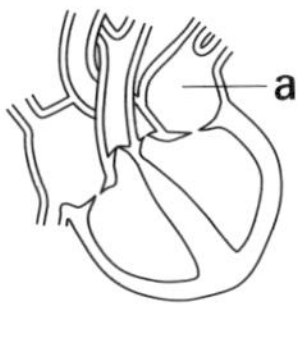

(1) 右図は，体の正面から見たヒトの心臓のつくりを模式的に表したものである。図中の**a**の部分の名称として最も適当なものを，下の［ⅰ群］**ア**～**エ**から1つ選び，記号を答えよ。また，心臓での血液の流れる向きを表したものとして最も適当なものを，下の［ⅱ群］**カ**～**ケ**から1つ選び，記号で答えよ。

［ⅰ群］ **ア** 右心房 **イ** 右心室 **ウ** 左心房 **エ** 左心室

［ⅱ群］ **カ** **キ** **ク** **ケ**

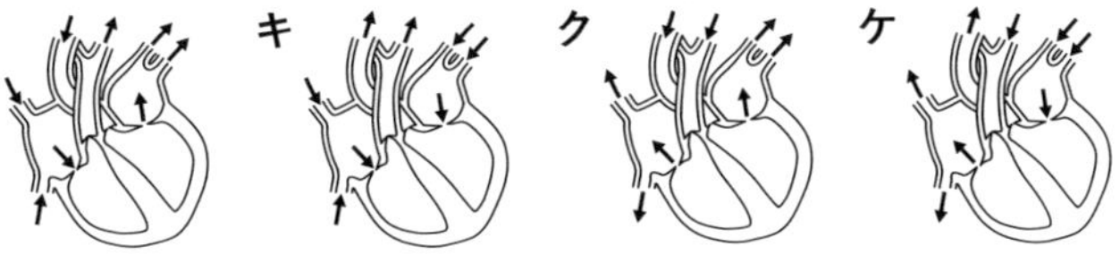

ⅰ群（　　） ⅱ群（　　）

(2) ヒトの血液に関して述べた文として適当なものを次の**ア**～**エ**から1つ選び，記号で答えよ。

ア 血液の固形成分は，赤血球，白血球，血しょうである。

イ 血液の成分である白血球は，ヘモグロビンによって酸素を運搬する。

ウ 血液の成分である赤血球は，体に侵入した細菌などを分解する。

エ 血液の液体成分の一部が毛細血管からしみ出し，細胞のまわりを満たしたものを，組織液という。

（　　）

4 次の各問いに答えなさい。〈長崎県・改〉

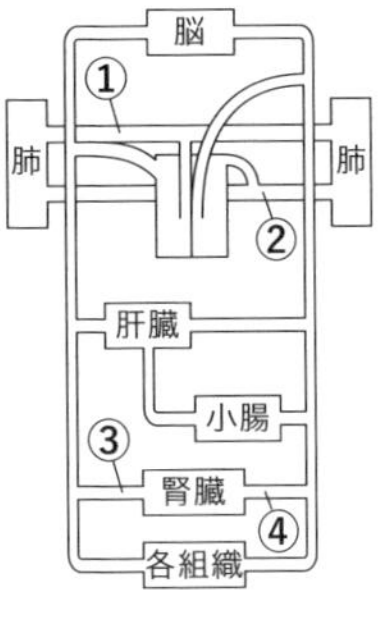

(1) 図はヒトの血液循環の経路を模式的に示したものである。①～④の血管のうち，血液中にふくまれる酸素の割合が最も小さいものと，血液中にふくまれる尿素の割合が最も小さいものの組み合わせとして正しいものを次の**ア**～**エ**から1つ選び，記号で答えよ。

ア ①・③ **イ** ①・④

ウ ②・③ **エ** ②・④

（　　）

よく出る

(2) ヒトの器官の特徴について説明した次の文の（ **X** ），（ **Y** ）に入る適切な語を答えよ。 **X**（　　） **Y**（　　）

> ヒトには，物質移動を効率よくおこなうため，器官内部の表面積を大きくしているものがある。たとえば，小腸の壁にはたくさんのひだがあり，そのひだの表面に（ **X** ）があることで，栄養分の吸収が効率よくおこなわれている。また，肺の気管支の先端には（ **Y** ）があることで，酸素と二酸化炭素の交換が効率よくおこなわれている。

くわしく

血液が，心臓→全身→心臓と流れることを体循環といい，心臓→肺→心臓と流れることを肺循環という。

STEP 03 実戦問題

入試レベルの問題で力をつけよう。

目標時間 25分

➡ 解答は別冊 39 ページ

1 次の文章を読んで，あとの各問いに答えなさい。〈筑波大附高〉

図1は，ヒトの消化器官とその周辺の血管などを示したものである。また，図2は，炭水化物，脂肪，タンパク質が分解されていくようすを表した模式図である。

図1

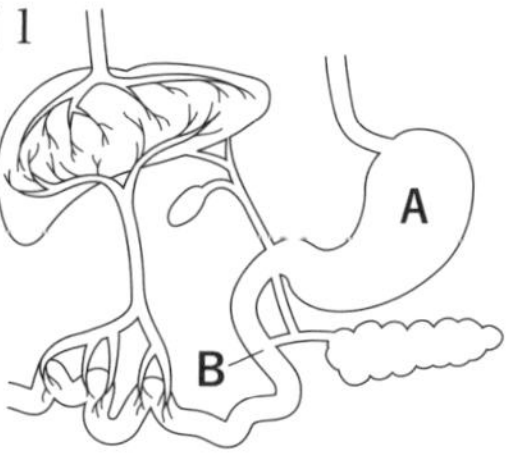

図2

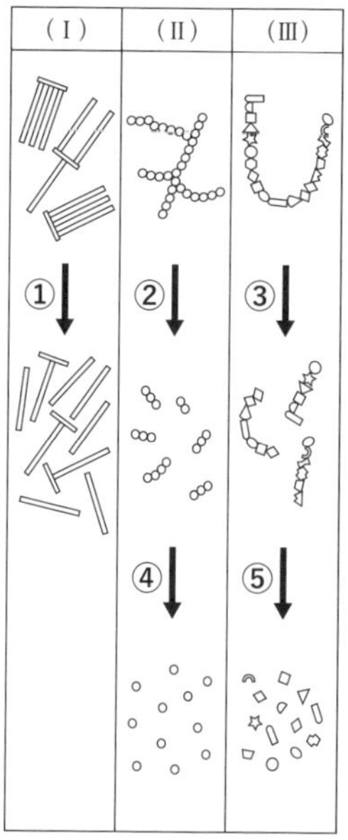

(1) 図2の（Ⅰ）～（Ⅲ）は，それぞれ炭水化物，脂肪，タンパク質のうちのどれが分解されていくようすを示しているか。次の**ア**～**カ**から1つ選び，記号で答えよ。ただし，図中の○などの形が同じものは同じ分子を示しており，□と△のように形がちがうものは，ちがう分子を示している。

ア　（Ⅰ）…炭水化物　（Ⅱ）…脂肪　（Ⅲ）…タンパク質
イ　（Ⅰ）…炭水化物　（Ⅱ）…タンパク質　（Ⅲ）…脂肪
ウ　（Ⅰ）…脂肪　（Ⅱ）…炭水化物　（Ⅲ）…タンパク質
エ　（Ⅰ）…脂肪　（Ⅱ）…タンパク質　（Ⅲ）…炭水化物
オ　（Ⅰ）…タンパク質　（Ⅱ）…炭水化物　（Ⅲ）…脂肪
カ　（Ⅰ）…タンパク質　（Ⅱ）…脂肪　（Ⅲ）…炭水化物　（　　）

(2) 図1の**A**および**B**では，それぞれ図2の①～⑤のうち，おもにどの反応が起こっているか。あてはまるものをすべて選び，記号で答えよ。

A（　　　　）
B（　　　　）

2 次の文章を読んで，あとの各問いに答えなさい。〈青雲高・改〉

地球上に存在するほとんどの動物は目や耳などの（　**ア**　）を有するが，目は光を，耳は音を受容しやすい構造になっている。光は眼球の水晶体を通過して網膜に像を結び，網膜上の感覚細胞によって光の刺激を信号に変換して（　**イ**　）が脳へと送る。音による空気の振動は鼓膜，耳小骨，（　**ウ**　）の順に伝わり，音の刺激は信号に変換され聴神経を通って脳へと伝わる。

(1) 文章中の空欄（　**ア**　）～（　**ウ**　）に入る適当な語をそれぞれ答えよ。

ア（　　　　）　**イ**（　　　　）　**ウ**（　　　　）

難問

(2) 下線部について，次の①，②に答えよ。

① 見ている物体が，網膜上にどのように投影されているかを説明しているものとして適当なものを次の**ア**～**エ**から1つ選び，記号で答えよ。

ア　上下左右ともに同じ向きとなる。
イ　上下は逆向きだが，左右は同じ向きとなる。

ウ　上下は同じ向きだが，左右は逆向きとなる。
エ　上下左右ともに逆向きとなる。　（　　）

② ある物体を見ているときに，その空間をより暗くした。そのときのひとみの変化および網膜に投影される像の変化として適当なものを次の**ア～カ**から1つ選び，記号で答えよ。
ア　ひとみは縮小し，網膜上の像は小さくなる。
イ　ひとみは縮小し，網膜上の像の大きさは変わらない。
ウ　ひとみは縮小し，網膜上の像は大きくなる。
エ　ひとみは拡大し，網膜上の像は小さくなる。
オ　ひとみは拡大し，網膜上の像の大きさは変わらない。
カ　ひとみは拡大し，網膜上の像は大きくなる。　（　　）

3　次の文章を読んで，あとの各問いに答えなさい。〈函館ラ・サール高〉

あるヒトの血液100 mL中に溶けこむことができる酸素の量は最大で20 mLであり，この量の酸素が血液に溶けた状態を「酸素飽和度100%」という。また，このヒトは毎分5 Lの血液を大動脈から送り出す。ヒトの臓器**A**には2本の異なる血管から血液が流れこみ，1本の血管から血液が流れ出ていく。このヒトでは，大動脈から送り出された血液の10%はそのまま臓器**A**に流れこみ，その血液の酸素飽和度は95%であった。また，大動脈から送り出された血液の20%は，他の臓器を通ったあとに臓器**A**に流れこみ，その血液の酸素飽和度は60%であった。一方，臓器**A**から流れ出る血液の酸素飽和度は60%であった。なお，1分間に臓器**A**に流れこむ血液と臓器**A**から流れ出る血液の量は同じであった。

(1) 次の**ア～エ**を，ヒトの血液が肺から出たあとに通過する順番に並べ，記号で答えよ。
ア　肺動脈　**イ**　左心室　**ウ**　大静脈　**エ**　右心房
（　　→　　→　　→　　）

(2) 臓器**A**は次のうちのどれだと考えられるか。正しいものを次の**ア～オ**から1つ選び，記号で答えよ。
ア　腎臓　**イ**　肝臓　**ウ**　すい臓　**エ**　肺　**オ**　ぼうこう
（　　）

(3) 臓器**A**のはたらきを次の**ア～キ**からすべて選び，記号で答えよ。
ア　すい液をつくる　**イ**　胆汁をつくる　**ウ**　尿をつくる　**エ**　食べた物を消化する
オ　栄養分を貯蔵する　**カ**　尿を貯蔵する　**キ**　血液中に酸素をとりこむ
（　　）

難問 (4) このヒトの臓器**A**には，合計で毎分何mLの血液が流れこむか。整数で答えよ。必要があれば小数第1位を四捨五入すること。　（　　mL）

難問 (5) このヒトの臓器**A**では毎分何mLの酸素が使われていると考えられるか。整数で答えよ。必要があれば小数第1位を四捨五入すること。　（　　mL）

4 次の文章を読んで，あとの各問いに答えなさい。

〈東京学芸大附高〉

ヒトの体には，血管が張りめぐらされており，食事によって吸収した栄養分などを全身に運んでいる。心臓は，血液を全身に循環させるためのポンプとしてのはたらきをもつ。図1は正面から見たヒトの心臓を模式的に示したものである。また，血液のほか，リンパ液や組織液などの体液を体内に循環させるしくみをa循環系とよぶ。

図1

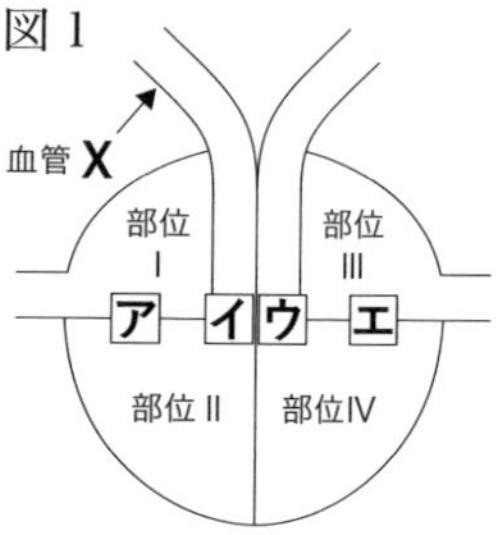

新傾向

(1) 心臓には血液の逆流を防ぐための弁がついている。下のA～Dは弁の形を模式的に示したものである。心室が収縮しているとき，図1のア～エの弁の形として正しい組み合わせを右の①～⑧から1つ選び，記号で答えよ。

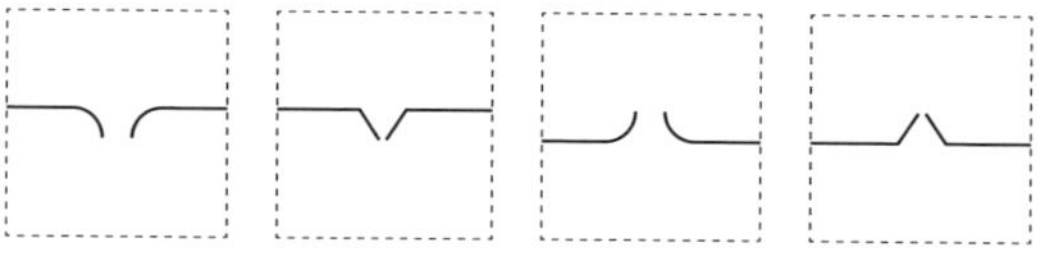

	ア	イ	ウ	エ
①	A	B	C	D
②	A	D	D	A
③	B	A	C	D
④	B	C	C	B
⑤	C	D	B	A
⑥	C	B	B	C
⑦	D	C	A	B
⑧	D	A	A	D

（　　）

(2) 図1の部位Ⅰ～Ⅳの構造のうち，最も壁の筋肉が発達している部位はどれか。

① 部位Ⅰ　② 部位Ⅱ　③ 部位Ⅲ　④ 部位Ⅳ

（　　）

(3) 図1の血管Xについて説明した文として正しいものはどれか。

① 血管の壁がうすく，血液の一部が血管の外へしみ出しやすくなっている。
② 酸素を多くふくむあざやかな赤色の動脈血が流れていて，血管に弁がない。
③ 筋肉が発達していて，血管の壁に弾力がある。
④ 酸素をあまりふくまない暗い赤色の静脈血が流れ，血管に弁がある。

（　　）

(4) 下線部aについて説明した文のうち，誤っているものはどれか。

① 血管は心臓から出て枝分かれし，毛細血管となって全身の細胞まで血液を運ぶ。
② 血液の成分の一つである白血球は，出血したときに血液を固めるはたらきをもつ。
③ リンパ管は，小腸の組織まで張りめぐらされ，小腸で吸収された物質の一部を吸収する。
④ 組織液は，血しょうの一部が毛細血管からしみ出したもので，細胞と血管との間で物質のやりとりをおこなっている。

（　　）

ヒトは外界からの刺激を感覚器官で受けとり，最終的に筋肉を動かすことによって刺激に対する反応をおこなっている。多くの刺激の情報は大脳に伝えられるが，一部 **b** 大脳とは無関係に生じる反応もある。

(5) 図２はヒトの腕の骨格や筋肉のようすを示したものである。次の【運動１】と【運動２】のとき，収縮する筋肉の組み合わせとして正しいものを次の**ア**～**エ**から１つ選び，記号で答えよ。

図２

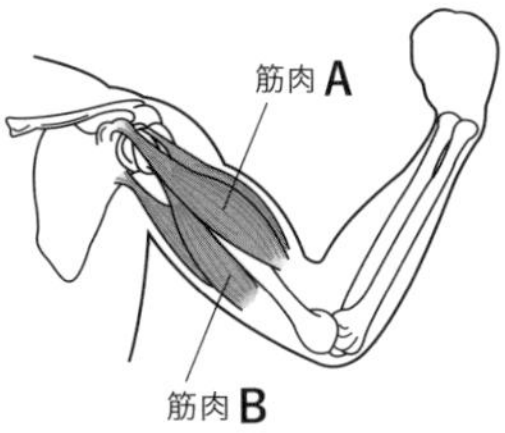

【運動 1】腕立てふせで，自分の体をもち上げる。
【運動 2】鉄棒にぶら下がり，自分の体をもち上げる。

ア　運動１…筋肉**A**，運動２…筋肉**A**
イ　運動１…筋肉**A**，運動２…筋肉**B**
ウ　運動１…筋肉**B**，運動２…筋肉**A**
エ　運動１…筋肉**B**，運動２…筋肉**B**　（　　）

(6) 下線部 **b** のような反応を何というか。漢字で答えよ。

（　　　）

(7) 下線部 **b** の例として適当なものを次の**ア**～**エ**から１つ選び，記号で答えよ。
ア　横断歩道で信号が青になったので歩き出した。
イ　暗い部屋に入ったら目のひとみが大きくなった。
ウ　100 m 走で，ピストルの合図とともに走り出した。
エ　試験の最中，緊張によりおなかが痛くなった。　（　　）

5　次の各問いに答えなさい。〈東大寺学園高〉

(1) ヒトの目のつくりで，明るさによって，入ってくる光の量を調節するのは何か。次の**ア**～**オ**から１つ選び，記号で答えよ。
ア　網膜　**イ**　虹彩　**ウ**　水晶体　**エ**　毛様体　**オ**　前庭

（　　）

よく出る

(2) 熱いやかんに手がふれたときに，思わずその手を引っこめてしまう反応の中枢はどれか。次の**ア**～**カ**から１つ選び，記号で答えよ。
ア　大脳　**イ**　間脳　**ウ**　せきずい　**エ**　延ずい
オ　感覚神経　**カ**　運動神経　（　　）

(3) 息をはくときのしくみとして適切でないものを，次の**ア**～**オ**から１つ選び，記号で答えよ。
ア　肺が縮む。　**イ**　胸腔（きょうこう）がせまくなる。　**ウ**　ろっ間筋がゆるむ。
エ　ろっ骨が上がる。　**オ**　横隔膜が上がる。　（　　）

重要度 ★★★

6 生物 生物の細胞と生殖

STEP01 要点まとめ

➡ 解答は別冊 40 ページ

(　　)にあてはまる語句を書いて，この章の内容を確認しよう。

1 細胞のつくりとはたらき

- **細胞**のつくり…1個の 01(　　　　)のまわりにある，**細胞膜**までの部分を**細胞質**という。
- 1個の細胞からできている生物を 02(　　　　　　)，多くの細胞からできている生物を 03(　　　　　　　)という。
- 多細胞生物の体の成り立ち…細胞➡組織➡器官➡個体

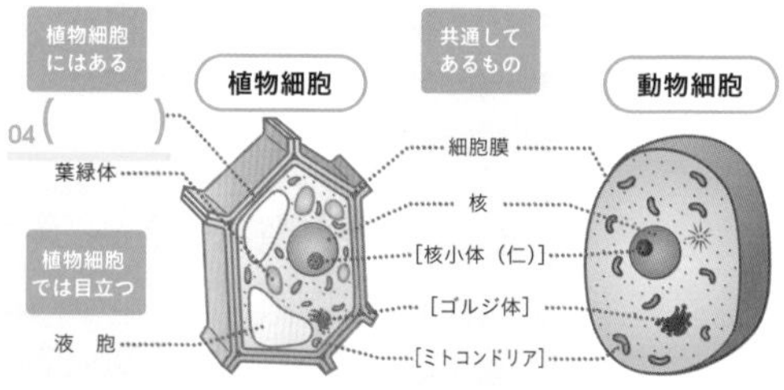

⬆細胞のつくり [➡細胞内の核と細胞壁以外の部分を細胞質という。]

POINT

- 05(　　　　　　)…1つの細胞が2つに分かれること。

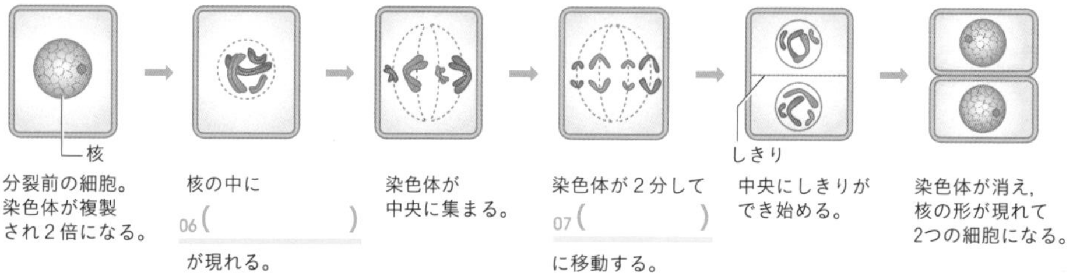

核
分裂前の細胞。染色体が複製され2倍になる。
核の中に 06(　　　　　) が現れる。
染色体が中央に集まる。
染色体が2分して 07(　　　　　) に移動する。
しきり
中央にしきりができ始める。
染色体が消え，核の形が現れて2つの細胞になる。

⬆植物細胞の細胞分裂の順序 [➡染色体は一度中央に集まってから移動する。]

- 多細胞生物の成長…細胞分裂によって細胞の 08(　　　　　　　)こと，ふえた細胞が 09(　　　　　)なることで成長する。

2 生物のふえ方

POINT

1 無性生殖と有性生殖

- 10(　　　　　　)…親の体の一部が分かれて子になるふえ方。➡親とまったく同じ形質 [➡生物の形や性質] をもつ。
- 11(　　　　　　)…両親の**生殖細胞** [➡卵（卵細胞）や精子（精細胞）] が受精して子を残すふえ方。➡親とはちがう形質も現れる。

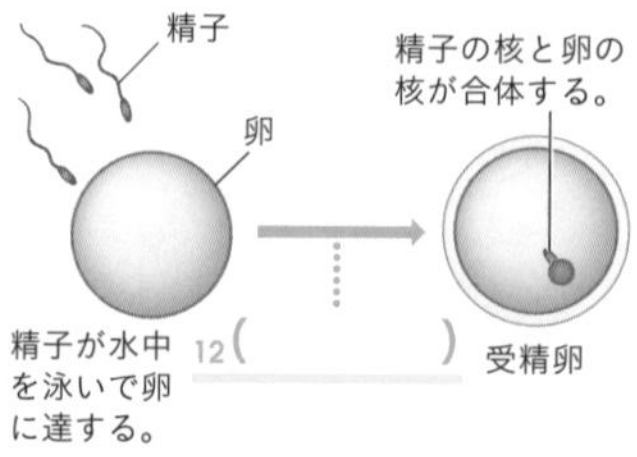

⬆受精卵のでき方

2 生殖と遺伝

● 13(　　　　　)…親の形質が子や孫の代に伝わること。

● 子や孫に形質を伝えるもの…14(　　　　　　　)といい，核の**染色体**にある。[➡遺伝子の本体をDNAという。]

● 15(　　　　　　　)…卵や精子，卵細胞や精細胞などの**生殖細胞**がつくられるときにおこなわれる**細胞分裂**。分裂後の細胞の染色体の数が16(　　　　　)になる。卵（卵細胞）と精子（精細胞）が受精すると，両親の遺伝子を半分ずつ受けついだ17(　　　　　　)ができる。

● 18(　　　　　)**の法則**…代々顕性の形質をもつ親と代々潜性の形質をもつ親をかけ合わせると，子には一方の形質だけが現れること。子に現れる形質を19(　　　　　)の形質，現れない形質を20(　　　　　)の形質という。

● 21(　　　　　)**の法則**…対になっている遺伝子が別々の生殖細胞に分かれて入ること。これより，孫の代には顕性の形質：潜性の形質が22(　　　　　)の割合で現れる。

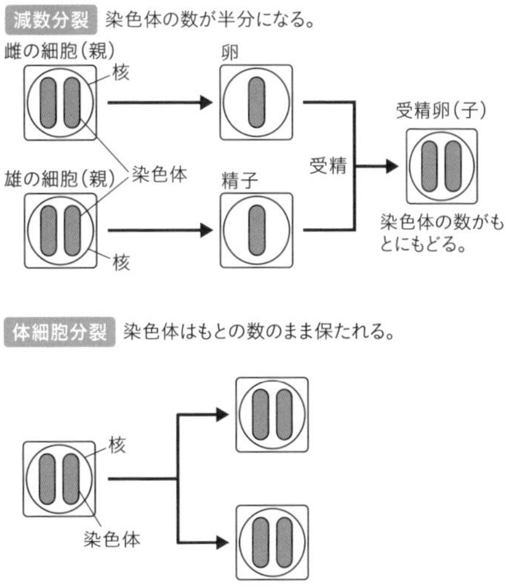

⬆細胞分裂と染色体

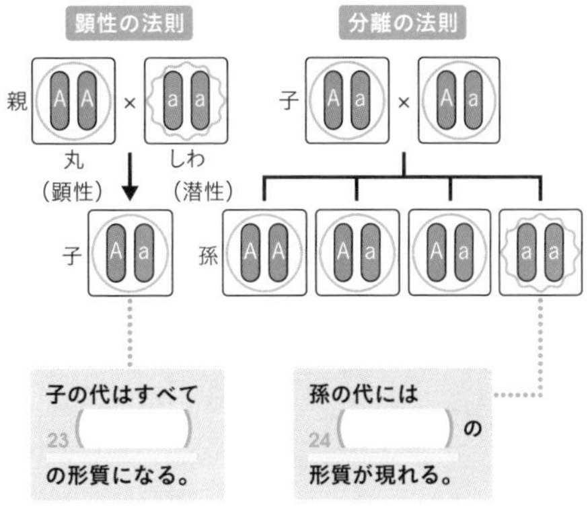

⬆遺伝のきまり

3 生物の多様性と進化

● 25(　　　　　)…生物の特徴が，長い年月の間に変わっていくこと。

● 進化の証拠…①形がちがっても，もとは同じ器官であったと考えられる26(　　　　　　　)，②**化石**[➡生物の死がいなどが地層に残されたもの。]など。

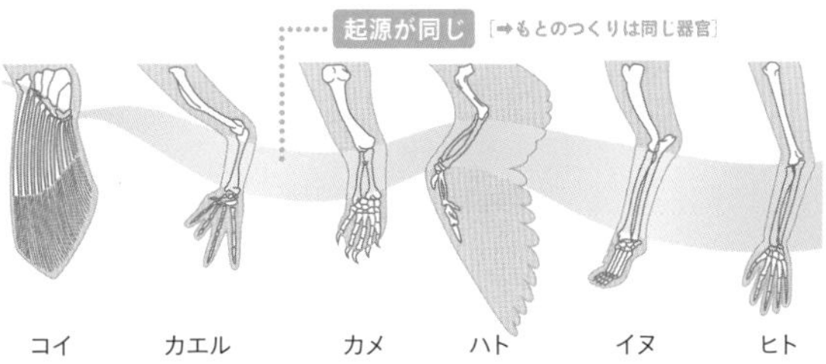

⬆セキツイ動物の前あしの比較

● 進化の道すじ

STEP 02 基本問題

➡ 解答は別冊 41 ページ

学習内容が身についたか，問題を解いてチェックしよう。

1 次の各問いに答えなさい。

(1) 植物の細胞には特徴的なつくりがいくつかある。細胞を保護し，植物の体の形を保つために役立っているつくりを何というか，その名称を答えよ。〈和歌山県〉

(　　　　　　　　　　)

よく出る

(2) 図１は，タマネギの根に等間隔に印をつけ，水につけ始めた日と３日後の根のようすを表したものである。図１の**A**～**C**の各部分から得られた細胞を染色し，顕微鏡を用いて同じ倍率で観察したところ，図２の**ア**～**ウ**のいずれかが見られた。このとき，図１の**A**～**C**の各部分で見られる細胞はどれか。図２の**ア**～**ウ**からそれぞれ１つずつ選び，記号で答えよ。

〈富山県〉

図１

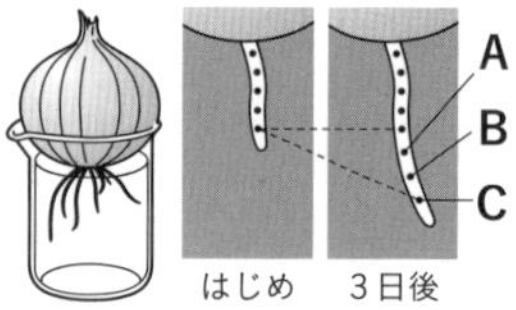

図２

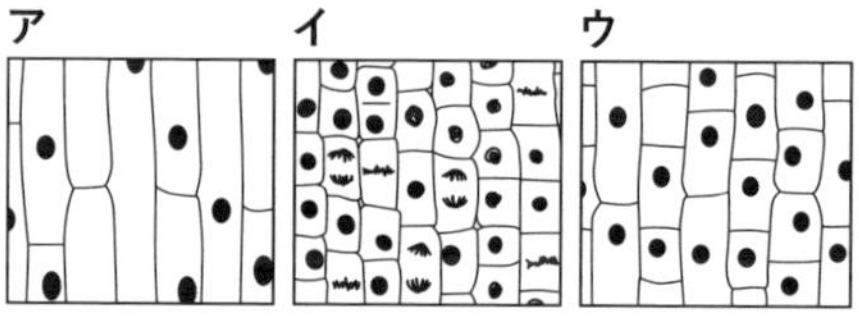

A (　　　)　**B** (　　　)　**C** (　　　)

2 次の各問いに答えなさい。

(1) ジャガイモの新しい品種を開発し，生産することについて述べた次の文中の（ **ア** ），（ **イ** ）に「有性」または「無性」を書け。

〈鹿児島県〉

> 新しい品種を開発するときには，（ **ア** ）生殖を利用してさまざまな親の組み合わせから得られた多くの種子をまき，それぞれの個体の品質などを調べて選抜していく。開発した品種を生産するときには，（ **イ** ）生殖を利用する。

ア (　　　　　)　**イ** (　　　　　)

くわしく

植物の細胞に特徴的なつくりとしては，(1)のほかに，葉緑体と発達した液胞がある。

ヒント

ア～**ウ**の細胞の大きさに着目する。最も活発に細胞分裂が起こるのは，根の先端付近である。

くわしく

近年，遺伝子組換え技術の進歩により，すぐれた形質を現す品種を短期間で開発できるようになった。

(2) 無性生殖の例として適切なものを，次の**ア〜エ**から1つ選び，記号で答えよ。〈香川県・改〉

ア ホウセンカは，種子から新しい個体ができる。

イ メダカは，受精卵から新しい個体ができる。

ウ オランダイチゴは，茎の一部がのび，先端にできた葉や根が独立して新しい個体となる。

エ ヒキガエルは，おたまじゃくしが成長することで成体となる。

(　　)

よく出る

(3) エンドウのような有性生殖をする生物では，減数分裂をおこなうとき，対になっている遺伝子が分かれて別々の細胞に入る。これを何というか，法則名を書け。〈秋田県〉

(　　　　　　)

(4) エンドウの染色体の数は14である。エンドウの精細胞，卵細胞，受精後の受精卵の染色体の数の組み合わせとして適切なものを，右の**ア〜エ**から1つ選び，記号で答えよ。〈兵庫県〉

	精細胞	卵細胞	受精卵
ア	7	7	7
イ	7	7	14
ウ	14	14	14
エ	14	14	28

(　　)

よく出る

(5) 下の図は，カエルの受精卵が細胞分裂をくり返すようすを模式的に表したものである。**ア〜オ**を，**ア**を1番目として成長していく順番に並べ，記号で答えよ。〈福岡県〉

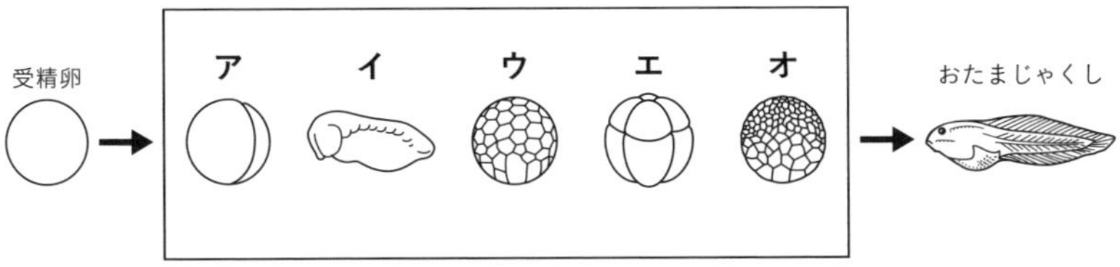

(　　→　　→　　→　　→　　)

よく出る

3 セキツイ動物の特徴について，次の文中の①，②に適切な語を書きなさい。〈岡山県・改〉

コウモリの翼，クジラの胸びれの骨格には，ヒトの手と腕にあたる部分がある。このように，形やはたらきが異なるが，基本的なつくりが同じ器官を（ ① ）といい，共通の祖先からそれぞれの生物が（ ② ）して生息環境に適応してきたことを表すものであると考えられている。

①(　　　　　　)　②(　　　　　　)

くわしく

生殖のための特別な細胞を生殖細胞という。

動物の生殖細胞
卵と精子

被子植物の生殖細胞
卵細胞と精細胞

くわしく

骨の数や位置が同じなので，起源が同じだと考えられている。

STEP 03 実戦問題

入試レベルの問題で力をつけよう。

目標時間 30分

➡ 解答は別冊 42 ページ

1 **表は，さまざまな生物の体細胞の染色体数を示している。次の各問いに答えなさい。**

〈市川高・改〉

生物名	染色体数
キイロショウジョウバエ	8
エンドウ	14
イネ	24
ネコ	38
ヒト	46
イヌ	78
サツマイモ	90
アメリカザリガニ	200

(1) 無性生殖によって生じる個体は，遺伝的に親と同じ性質をもつ。このような個体は何とよばれるか。次の**ア**～**エ**から1つ選び，記号で答えよ。

ア ゲノム　　**イ** クローン

ウ ES細胞　　**エ** iPS細胞

（　　）

(2) 生殖細胞について，誤っているのはどれか。次の**ア**～**エ**から1つ選び，記号で答えよ。

ア ヒトの生殖細胞は，精子と卵である。

イ ヒトの生殖細胞の染色体数は，23である。

ウ 生殖細胞が分裂して増殖することを，減数分裂とよぶ。

エ 生殖細胞中の染色体には，同じ大きさ・形のものはない。

（　　）

新傾向

(3) 染色体数について，正しいものはどれか。次の**ア**～**エ**から1つ選び，記号で答えよ。

ア すべての生物で体細胞の染色体数は偶数であり，生殖細胞では奇数である。

イ 生物の体が大きくなるほど，染色体数も増加する。

ウ セキツイ動物より無セキツイ動物のほうが，染色体数が少ない。

エ 体細胞分裂を何度もくり返しても，染色体数は変化しない。

（　　）

難問

(4) 染色体数が4の生物からつくられる生殖細胞の組み合わせは，図のように4通りになる。キイロショウジョウバエおよびエンドウからつくられる生殖細胞の染色体の組み合わせは，それぞれ何通りになるか。

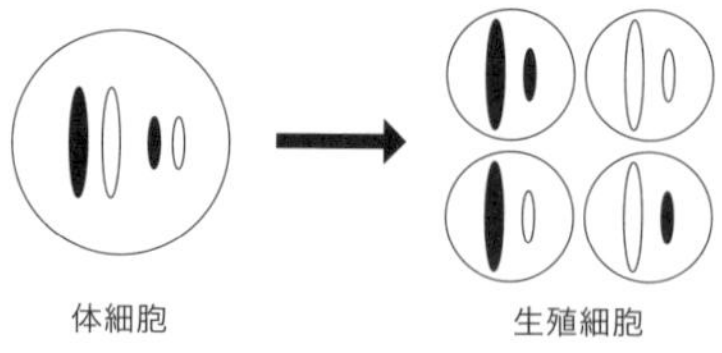

キイロショウジョウバエ（　　　）　エンドウ（　　　）

よく出る

2 次の観察について，あとの各問いに答えなさい。〈秋田県・改〉

【観察】図１のように，等間隔に印をつけたタマネギの根を水につけておいたところ，図２のように根の先端に近い部分がよくのびていた。そこで，図２のPの部分を切りとり，図３のように，うすい塩酸に入れて１分間あたためたあと，水の中で静かにすすいだ。そして，Pを染色してプレパラートをつくり，それをろ紙ではさんで押しつぶし，顕微鏡を用いて600倍で観察した。

図１

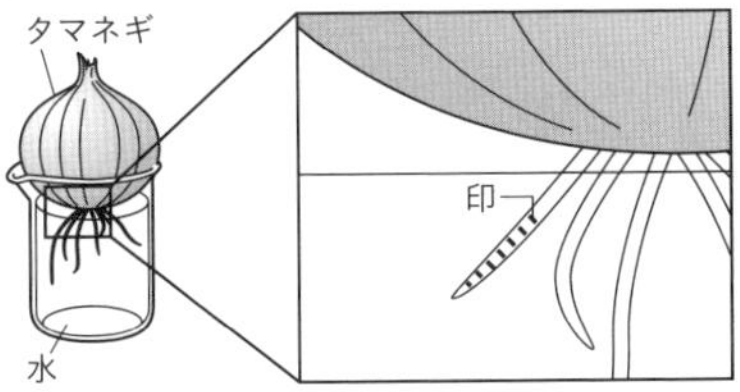

図２

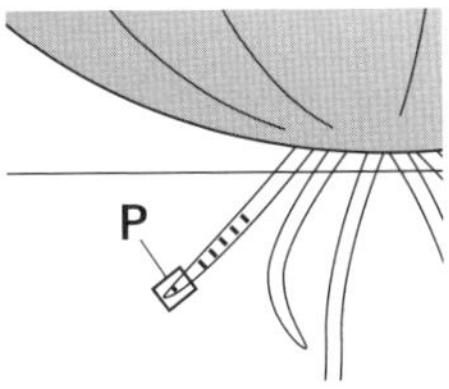

図３

(1) 次のうち，下線部のために用いるものはどれか。次のア〜エから１つ選び，記号で答えよ。

ア 石灰水　**イ** エタノール　**ウ** アンモニア水　**エ** 酢酸カーミン溶液

（　　）

(2) 図３のように，うすい塩酸で処理したのは細胞を観察しやすくするためであるが，この操作によってなぜ観察しやすくなるのか，その理由を簡潔に書け。

［　　　　］

(3) 図４は，Pを観察した結果をまとめたノートの一部である。

① Qを何というか，その名称を答えよ。

（　　）

② ア〜オを，アから始めて細胞分裂の順に並びかえ，記号で答えよ。

（　　）

図４

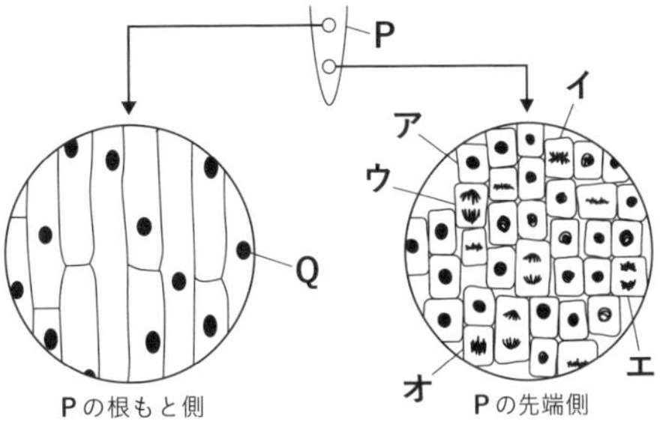

Qのような染色された丸いものが見られた。
また，先端側では細胞分裂がおこなわれていた。

③ Pの部分が成長する過程を，細胞の変化の模式図で表したものとして適切なものを，次のア〜エから１つ選び，記号で答えよ。

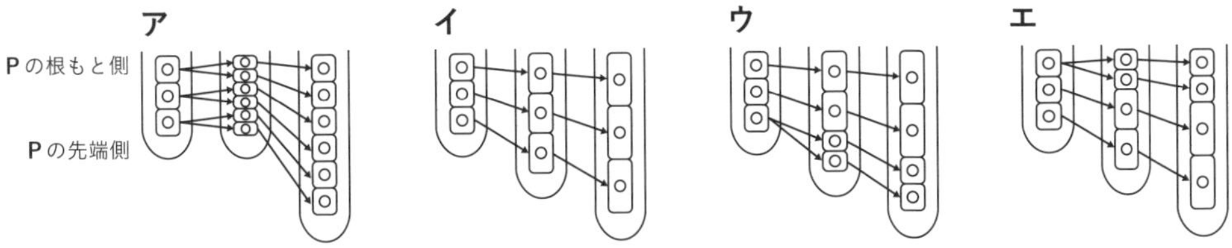

（　　）

3 遺伝に関する次の実験について，各問いに答えなさい。〈山梨県〉

遺伝について調べるため，次の実験をおこなった。ただし，エンドウの種子の形を伝える遺伝子のうち，丸い形質を **A**，しわの形質を **a** で表し，丸い種子をつくる純系のエンドウは **AA**，しわのある種子をつくる純系のエンドウは **aa** という遺伝子の組み合わせで表すものとする。

【実験Ⅰ】

図1のように，丸い種子をつくる純系のエンドウのめしべに，しわのある種子をつくる純系のエンドウの花粉をつけた（他家受粉）。できた種子はすべて丸い種子であった。

【実験Ⅱ】

図2のように，実験Ⅰでできた丸い種子をすべて育て，自家受粉させると，丸い種子としわのある種子ができた。

図1

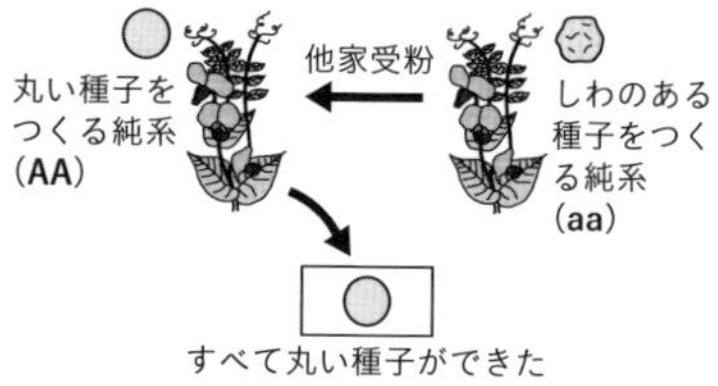

図2

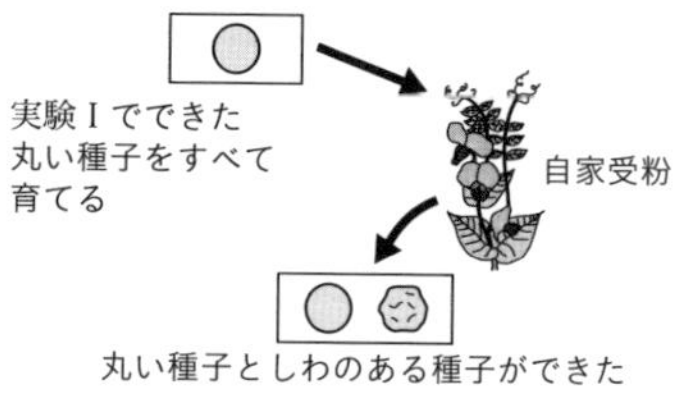

(1) エンドウの種子の形は，丸い種子としわのある種子のいずれかしか現れない。この丸としわのように，どちらか一方しか現れない形質どうしを何というか，その名称を答えよ。

（　　　　　）

よく出る

(2) 実験Ⅰ，実験Ⅱでできた種子の遺伝子の組み合わせとして，次の**ア**～**キ**から最も適当なものを1つずつ選び，記号でそれぞれ答えよ。

ア すべて AA　**イ** すべて Aa　**ウ** すべて aa　**エ** AA と Aa

オ AA と aa　**カ** Aa と aa　**キ** AA と Aa と aa

実験Ⅰ（　　）　実験Ⅱ（　　）

よく出る

(3) 実験Ⅱでできた種子の中で，しわのある種子は全体のおよそ何％になると考えられるか。次の**ア**～**オ**から最も適当なものを1つ選び，記号で答えよ。

ア 25%　**イ** 33%　**ウ** 50%　**エ** 66%　**オ** 75%　（　　）

難問

(4) 図3のように，実験Ⅱでできた種子の中で，しわのある種子をすべてとり除き，丸い種子だけをすべて育て，自家受粉させると，丸い種子としわのある種子ができた。このときできた丸い種子としわのある種子の数の比を，最も簡単な整数の比に表すとどのようになると考えられるか。次の**ア**～**オ**から最も適当なものを1つ選び，記号で答えよ。

ア 2：1　**イ** 3：1　**ウ** 4：1

エ 5：1　**オ** 6：1

（　　）

図3

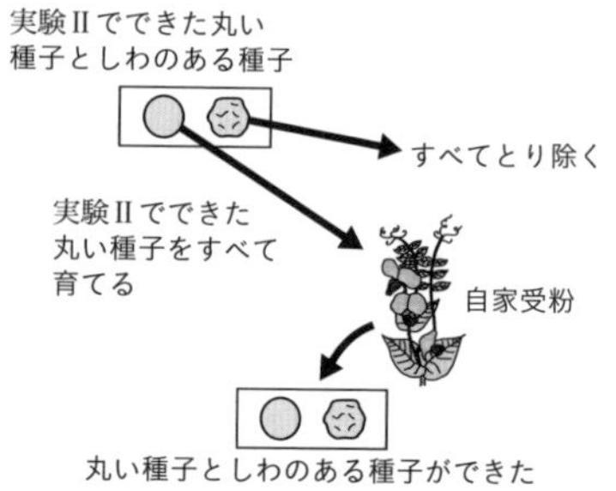

新傾向 (5) 現在では遺伝子の研究が進み，遺伝子の本体は染色体にふくまれるDNAだとわかっている。また，DNAの研究が進み，研究成果がわたしたちの日常生活や社会に関わるさまざまな分野で利用されている。これらの研究成果が，わたしたちの生活の中で利用されている例を具体的に1つ書け。

[　　　　　　　　　　　　　　　　　　　　]

4 遺伝に関して，次の各問いに答えなさい。〈函館ラ・サール高・改〉

マルバアサガオの花の色は，花を赤くする遺伝子**A**と花を白くする遺伝子**a**の1対の遺伝子のみで決まる。花が赤い純系**AA**（親）と花が白い純系**aa**（親）をかけ合わせて，得られた種子（子）を育てると，赤と白の中間である桃色の花がつき，赤色や白色の花はつかない。この遺伝では，対立形質をもつ純系の親をかけ合わせたとき，子に顕性の形質が現れるという規則性が成り立たず，このとき得られた桃色の花をつける個体は中間雑種とよばれている。

(1) 中間雑種の遺伝子はどのように表されるか。**A**,**a**を用いて表せ。

（　　　　　）

(2) 中間雑種（子）どうしをかけ合わせ，得られた種子（孫）を育てたとき，つける花の数の比を，「赤色：桃色：白色＝○：○：○」の形に合うように，最も簡単な整数比で表せ。

（　　　　　）

(3) 桃色の花と白色の花をかけ合わせて，得られた種子を育てたとき，つける花について正しく説明した文を，次の**ア**～**エ**から1つ選び，記号で答えよ。

ア すべてが桃色の花になる。
イ すべてがもとの桃色よりさらにうすい桃色の花になる。
ウ 花の数の比が，桃色：白色＝1：1になる。
エ 花の数の比が，桃色：白色＝3：1になる。

（　　）

難問 (4) すべての色の孫を自家受粉させ，得られた世代をさらに自家受粉させる。このように，自家受粉を何代もくり返したとき，つける花について正しく説明した文を，次の**ア**～**エ**から1つ選び，記号で答えよ。

ア 赤色の花の割合がふえ続け，白色の花の割合が減り続ける。
イ 赤色の花，白色の花の割合がふえ続け，桃色の花の割合が減り続ける。
ウ 孫からあとの世代では，花の色の割合は変化しない。
エ 赤色：桃色：白色＝1：1：1に近づいていく。

（　　）

7 生物

重要度 ★★★

自然界の生物と人間

STEP01 要点まとめ

➡解答は別冊 43 ページ

（　）にあてはまる語句を書いて，この章の内容を確認しよう。

1 生物どうしのつながり

POINT

1 食物によるつながり

- 生物どうしの「食べる，食べられる」という関係のつながりを 01（　　　　）という。
- 02（　　　　）…食物連鎖の関係が網の目のようにつながっていること。

実際の生態系の中では，複数の生物が複雑に関係し合っている。

2 生産者，消費者

- **生産者と消費者**…光合成で有機物をつくり出す生物［➡植物や植物プランクトンなど。］を 03（　　　　），ほかの生物から有機物をとり入れる動物［➡草食動物や肉食動物］を 04（　　　　）という。
- 食物連鎖における生物の数量関係…食物連鎖では，生産者である植物［➡食べられる生物］の数量が最も 05（　　　　），草食動物➡小形の肉食動物➡大形の肉食動物［➡食べる生物］の順に少なくなる。

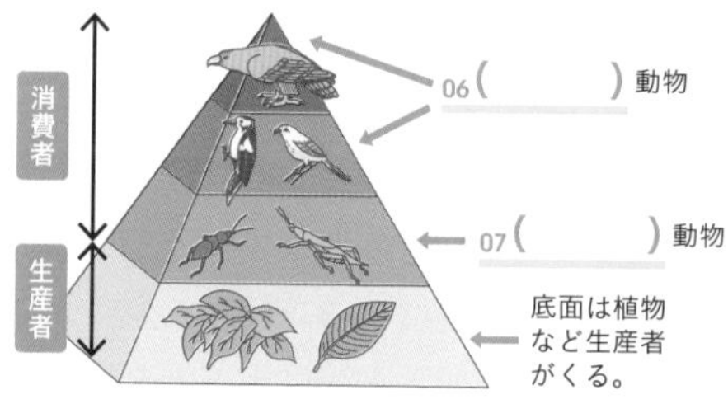

消費者
生産者
06（　　　）動物
07（　　　）動物
底面は植物など生産者がくる。

⬆食物連鎖における生物の数量関係

3 生物の数量のつり合い

- 生物の数量…自然界では，生産者や消費者が増減しながらも，08（　　　　）が保たれている。たとえば，植物が急にふえたとしても，それを食べる草食動物がふえ，さらに肉食動物がふえて，しだいにもとのつり合いにもどっていく。［➡ある生物がふえ続けることはない。］
- 人間の活動や大きな災害などで，つり合いがもどらなくなることもある。

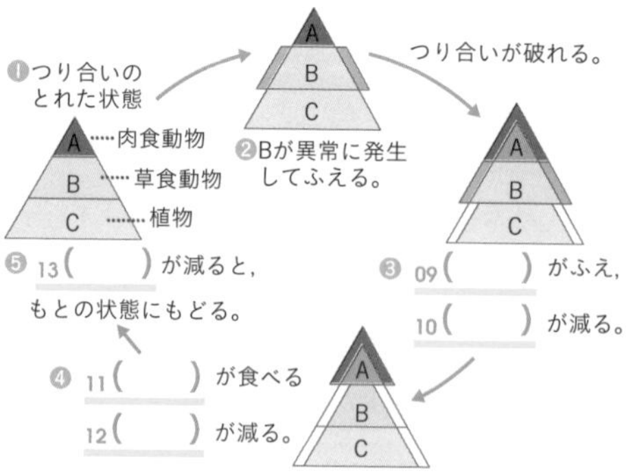

❶つり合いのとれた状態
A……肉食動物
B……草食動物
C……植物
つり合いが破れる。
❷Bが異常に発生してふえる。
❸ 09（　　）がふえ，10（　　）が減る。
❹ 11（　　）が食べる 12（　　）が減る。
❺ 13（　　）が減ると，もとの状態にもどる。

⬆生物の数量のつり合い

4 分解者

POINT

● **分解者**…キノコなどの 14(　　　　), 大腸菌などの 15(　　　　), ダンゴムシ, ミミズ, シデムシなどの小動物。

● 分解者のはたらき…生物の死がいや排出物などの 16(　　　　)を, 17(　　　　)[➡水や二酸化炭素など] にする。

分解者はほかの生物がつくり出した有機物を利用することから, 18(　　　　)でもある。

5 物質の循環

● 19(　　　　)の循環…有機物や二酸化炭素の形で循環する。

● 酸素の循環…植物の 20(　　　　)で出され, 生物の 21(　　　　)でとり入れられる。

POINT

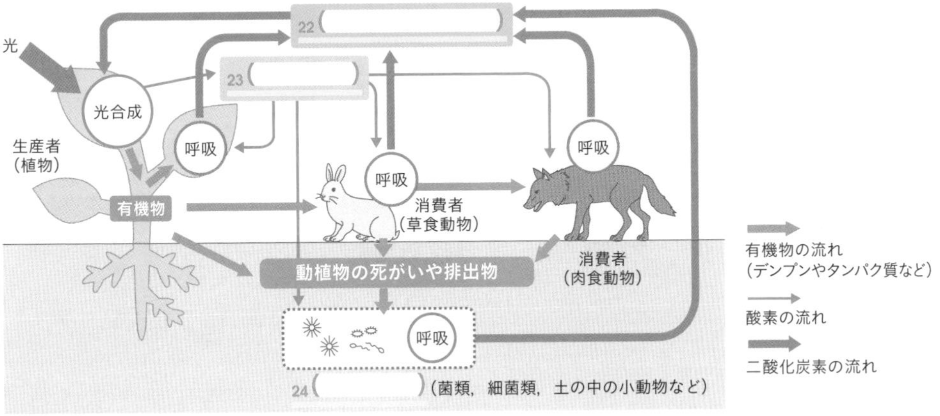

⬆物質の循環

2 自然環境と人間

1 ヒトの生活と環境汚染

● 大気の汚染…**酸性雨**[➡化石燃料の燃焼による硫黄酸化物, 窒素酸化物などが溶けこんだ雨], **光化学スモッグ**など。

● 25(　　　　)…地球の平均気温が高くなる現象。二酸化炭素[➡化石燃料の燃焼による。]などの温室効果ガスの増加などが原因といわれている。

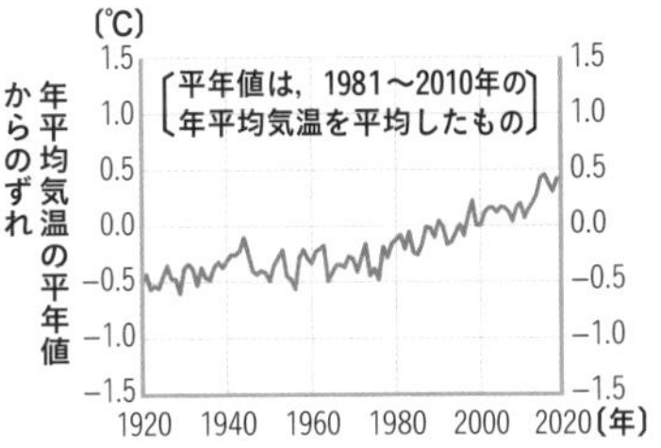

⬆地球の年平均気温の変化

● 水の汚染…水質の悪化。**赤潮**や**アオコ**の発生。

● 森林の減少…伐採がふえ, 空気中の 26(　　　　)の増加が心配されている。[➡開発などのため。]

2 自然の恩恵と災害

● 恩恵…豊富な水資源, 再生可能なエネルギー[➡地熱や風力], 温泉など。

● 災害…火山災害[➡噴火による溶岩流や火砕流], 地震災害[➡建物の倒壊, 土砂崩れ, 津波], 気象災害[➡台風の強風や大雨による災害, 高潮, 洪水, 土石流]など。

● 災害が起こると予想された地域を示した 27(　　　　)などがつくられている。

STEP 02 基本問題

➡ 解答は別冊 44 ページ

学習内容が身についたか，問題を解いてチェックしよう。

1 生物どうしのつながりに関して，次の各問いに答えなさい。

よく出る

(1) ある地域に生活するすべての生物と，それらの生物をとりまく水や土などの環境とを，1つのまとまりとしてとらえたものを何というか。〈茨城県〉

(　　　　　)

(2) 図1はある農地での食物連鎖を示しており，矢印は食べられる生物から食べる生物に向けてある。**A**～**C**にあてはまる生物として最も適当な組み合わせはどのようになるか。〈福島県〉

図1

A → B → C

	A	B	C
ア	カエル	ダンゴムシ	インゲンマメ
イ	ナナホシテントウ	アブラムシ	カマキリ
ウ	バッタ	モズ	イヌワシ
エ	コオロギ	ムクドリ	ウサギ

(　　　)

くわしく

食物連鎖は，地中・陸上・水中などのすべての生態系で見られる。また，それぞれの生態系において，食べられる生物よりそれを食べる生物のほうが個体数は少ない。

(3) 生態系に関する説明について，適当でないものを次の**ア**～**オ**から1つ選び，記号で答えよ。〈福井県・改〉

ア 生産者である植物は，自らがつくり出した有機物を用いて生命活動のエネルギーを得ている。

イ 有機物を無機物にまで分解する菌類や細菌類などの微生物は，消費者でもある。

ウ 自然界の生物全体では「食べる」「食べられる」の関係は複雑にからみ合っており，これを食物連鎖という。

エ 生物がおこなう光合成や呼吸により，炭素は有機物や無機物に形を変えて生態系を循環している。

オ 人間の活動によって日本から海外に運ばれ，現地で外来生物（外来種）となっている生物がいる。

(　　　)

ヒント

生産者
光のエネルギーを使って，無機物から有機物をつくり出す，植物や植物プランクトンなどをさす。
消費者
生産者がつくり出した有機物を食べる草食動物や，草食動物を食べる肉食動物などをさす。
分解者
植物や動物の死がいなどの有機物を，無機物に分解する過程に関わる微生物などをさす。

よく出る

(4) 生態系における分解者のうち，菌類の組み合わせとして適切なものを，次の**ア**～**エ**から1つ選び，記号で答えよ。〈山形県〉

ア カビ，酵母　　**イ** カビ，大腸菌

ウ 乳酸菌，酵母　　**エ** 乳酸菌，大腸菌

(　　　)

ヒント

菌類
体は菌糸でできており，胞子によってふえるものが多い。
細菌類
非常に小さい単細胞生物で，分裂によってふえる。

よく出る

(5) 図2は，ある生態系において，生産者である植物，その植物を食べる草食動物と，その草食動物を食べる肉食動物の数量の関係を模式的に表したものである。

図2

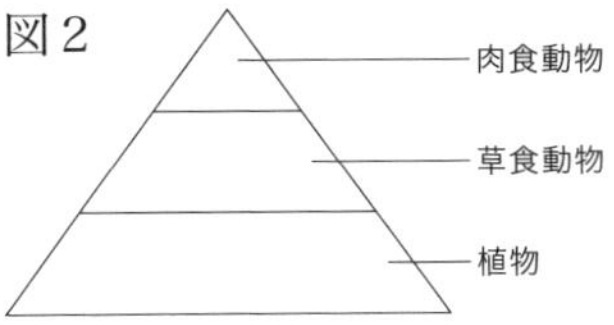

図のつり合いのとれた状態から肉食動物の数量が減ったとき，その後，もとのつり合いのとれた状態にもどるまでどのような変化が起こると考えられるか。次の**a**～**d**の変化が起こる順番として適当なものを，下の**ア**～**エ**から1つ選び，記号で答えよ。〈神奈川県〉

a　草食動物がふえる。
b　植物が減るとともに，肉食動物がふえる。
c　肉食動物が減るとともに，植物がふえる。
d　草食動物が減る。

ア　d→b→a→c　　**イ**　a→c→d→b
ウ　a→b→d→c　　**エ**　d→c→a→b

(　　)

(6) 図3は，自然界における炭素の循環を模式的に表したもので，図中の矢印は炭素の流れを示している。このうち，矢印**a**は植物のあるはたらきによる流れを，矢印**b**～**d**は生物の死がいや排出物を通した流れを示したものである。あるはたらきを何というか，その名称を答えよ。〈青森県〉

図3

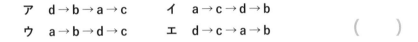

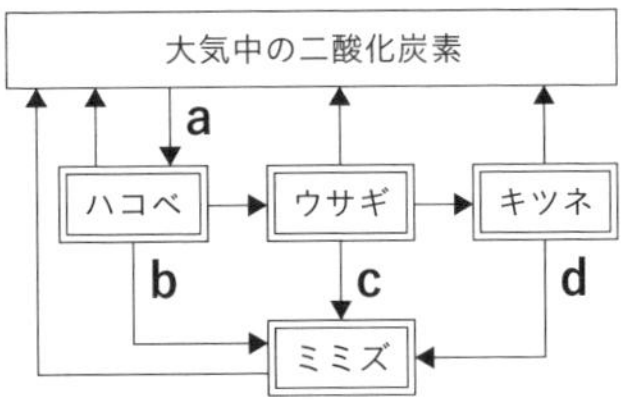

(　　)

2 自然環境と人間に関して，次の各問いに答えなさい。

(1) 地下のマグマがもつエネルギーでつくられた高温・高圧の水蒸気を利用する発電を何というか，書け。〈岐阜県〉

(　　)

よく出る

(2) 次の文で説明される地図を何というか。〈長崎県〉

自治体などが作成する地図で，その地域で起こりうる自然災害について，予測される被害の範囲やその程度が記載してある。また，この地図には避難場所や避難経路など，その地域に合わせた内容が示されているものもある。

(　　)

ヒント
まず，肉食動物に食べられる草食動物の個体数がどのように変化するか考える。

くわしく
地下から噴出する蒸気でタービンを回して発電する。天候や時間帯によって発電量は左右されないという利点をもつが，設置可能な場所が少ないという欠点をもつ。

STEP 03 実戦問題

入試レベルの問題で力をつけよう。

目標時間 20分

➡ 解答は別冊 44 ページ

1 **図は，生態系での炭素のおもな移動を模式的に示したものである。生物と環境に関して，次の各問いに答えなさい。** 〈市川高・改〉

よく出る

(1) 図の**A**～**C**は，はたらきや役割が異なる生物群を表す。それぞれ何とよばれるか。すべて漢字３字で答えよ。

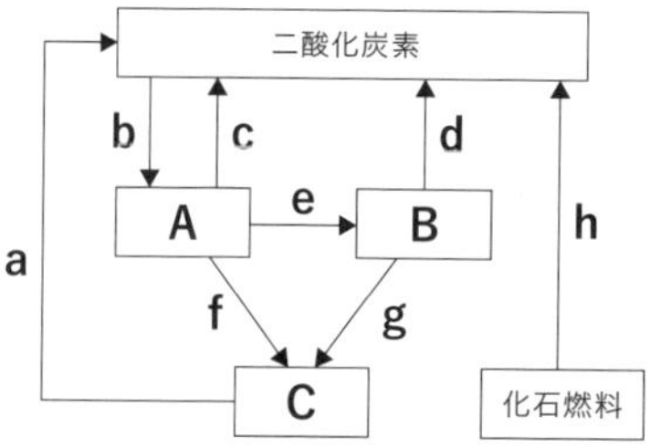

A（　　　　）
B（　　　　）
C（　　　　）

(2) 図の炭素の移動に関して，次の①・②にあてはまるものは，それぞれどれか。次の**ア**～**ク**から１つずつ選び，記号で答えよ。

① 光合成による炭素の移動

② 有機物としての炭素の移動

ア a　**イ** b　**ウ** c　**エ** d
オ a・c・d　**カ** b・c・d　**キ** d・e・g　**ク** e・f・g

①（　　）　②（　　）

(3) 近年，人類による化石燃料の燃焼（図中の**h**）が増加し，大気中の二酸化炭素が増加しているが，**h**が起こる以前には，大気中の二酸化炭素はほぼ一定に保たれていた時代もあった。この時代の炭素の移動量として成り立っていた関係はどれか。次の**ア**～**エ**から１つ選び，記号で答えよ。ただし，図の各矢印による炭素の移動量をその矢印の記号で表すものとする。

ア a＝b　**イ** b＝c　**ウ** b＝c＋d　**エ** b＝a＋c＋d

（　　）

新傾向

(4) 千葉県全体では図の**h**による１年間の炭素移動量が 2.0×10^{7} t である。植林した温帯の成長過程にある森林では，１年間の**b**の量は 22 t/ha，**c**の量は 12 t/ha である。その他の量は無視できるとすると，千葉県の化石燃料の燃焼にともなう二酸化炭素の増加を防ぐためには，植林した森林が何 ha 必要か。次の**ア**～**エ**から１つ選び，記号で答えよ。

ア 1.8×10^{5}　**イ** 3.4×10^{5}　**ウ** 2.0×10^{6}　**エ** 4.5×10^{7}

（　　）

2 **琵琶湖（びわこ）の微生物のはたらきを調べるために，次の実験を行った。あとの各問いに答えなさい。**〈滋賀県・改〉

【実験】

① 琵琶湖から採取してきた泥に水を加え，よくかき混ぜたあと，図1のように布でこし，ろ液をつくる。

② 図2のように，三角フラスコ**A**には①のろ液を入れ，三角フラスコ**B**には三角フラスコ**A**と同量のろ液を沸騰させ冷ましたものを入れる。三角フラスコ**A**，**B**に，同量のうすいデンプン溶液を入れ，三角フラスコ内の二酸化炭素の割合を気体検知管で調べる。透明なフィルムでふたをし，暗い場所に置く。

③ 1週間後，三角フラスコ**A**，**B**内の二酸化炭素の割合を，気体検知管で調べる。

④ その後，三角フラスコ**A**，**B**の液に，ヨウ素液を加えて色の変化を調べる。

図1

図2

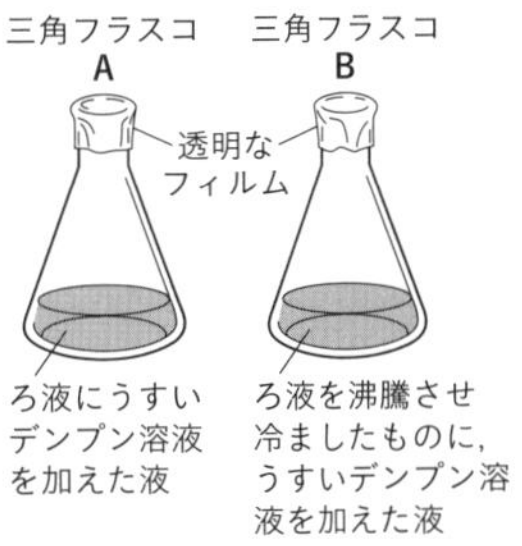

【結果】

次の表は，実験の結果をまとめたものである。

三角フラスコ	②での**A**，**B**	1週間後の**A**	1週間後の**B**
二酸化炭素の体積の割合〔%〕	0.05	1.2	（ **ア** ）
ヨウ素液を加えた結果		変化なし	青紫色に変化した

また，琵琶湖の生物どうしの食べる・食べられるの関係を模式的に表すと，図3のようになった。図中の矢印は，食べられる生物から食べる生物に向かってつけてある。

図3

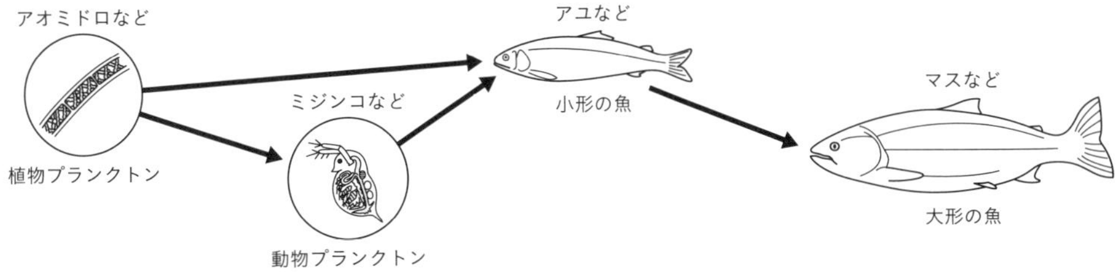

(1) 表の（ **ア** ）にあてはまると考えられる数値として適当なものを，次の**ア**～**エ**から1つ選び，記号で答えよ。

ア 0.05　**イ** 0.5　**ウ** 1.0　**エ** 1.2

（　　）

よく出る

(2) 琵琶湖の微生物はどのようなはたらきをしていると考えられるか。実験の結果と図3を参考にしながら，「有機物」と「呼吸」という2語を使って書け。

[　　　　]

地学編

1 地学

重要度 ★★★

大地の変化①

STEP01 要点まとめ

➡ 解答は別冊 45 ページ

（　　）にあてはまる語句を書いて，この章の内容を確認しよう。

1 地震と揺れ

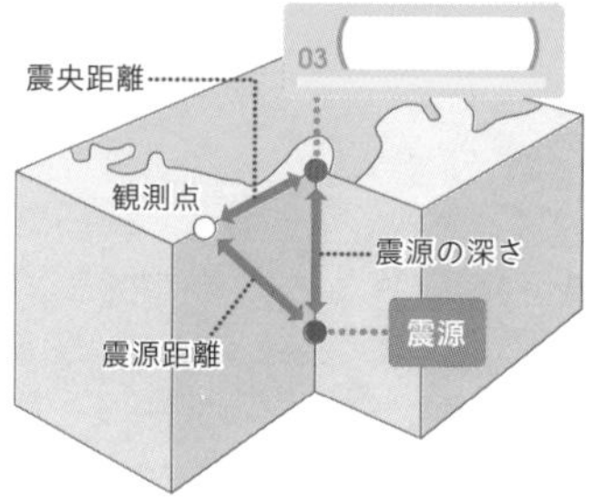

⬆地震に関する名称

1 地震の揺れ方

- 地震の起こる場所
  - 01（　　）…地下で地震が発生した場所。
  - **震央**…02（　　）の真上の地表の地点。
- 地震の波の伝わり方…04（　　）状に伝わる。

POINT

- 地震の揺れ
  - 05（　　）…はじめに起こる小さな揺れ。
    ➡ 06（　　）**波**［➡速さが速い］によって起こる。
  - 07（　　）…あとからくる大きな揺れ。
    ➡ 08（　　）**波**［➡速さが遅い］が届くと起こる。
  - 09（　　）**時間**…**初期微動**が続く時間。
    ➡**震源距離**に 10（　　）する。

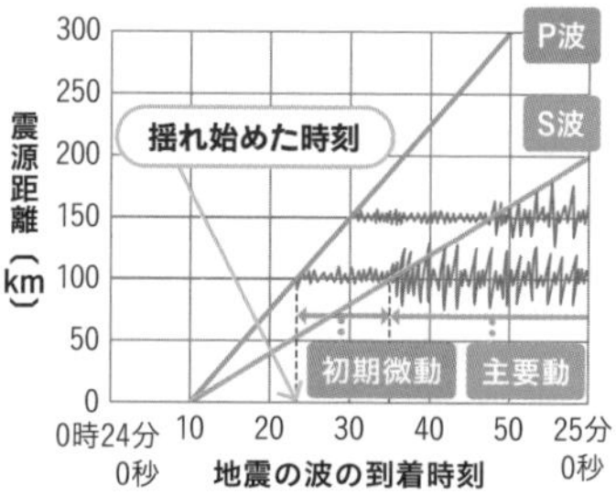

⬆地震の波の到着時刻と震源距離の関係

2 地震の規模

- 11（　　）…ある地点での地震の揺れの大きさ。
  ➡場所によって異なる値になる。
- 12（　　）…地震の規模（エネルギーの大きさ）の大小を表す。
  ➡ 1 つの地震に 1 つの値が決まる。

3 地震による災害

- 地震により，建物の倒壊，火災，地すべりやがけくずれなどが起こることがある。
- 13（　　）…地震により，海底の地形が急激に変わって発生する波のこと。
  ➡沿岸部に大きな被害をもたらすことがある。
- 14（　　）**現象**…埋め立て地や河川沿いの砂地などで，急に土地が軟弱になる現象。
  ➡建物が埋もれたり，地面から水が噴き出したりする。

2 火山と火成岩

1 火山の活動

● 火山の噴火…地下のマグマが地表付近に上昇し，マグマにふくまれるガスが地表の岩石などをふき飛ばす現象。

・15(　　　　)…地球内部の熱によって，地下の岩石がとけたもの。［➡マグマが地表に流れ出たものを溶岩という。］

・16(　　　　)…**溶岩**，**火山灰**，**火山れき**，**火山弾**，**軽石**，**火山ガス**などの総称。

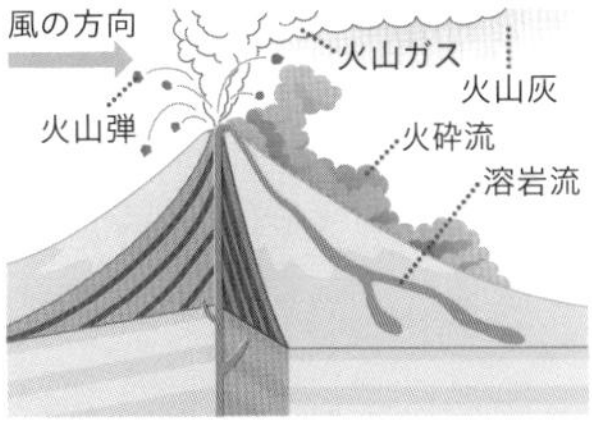

➊火山噴出物

2 マグマの性質と火山の形

火山の形	たて状火山 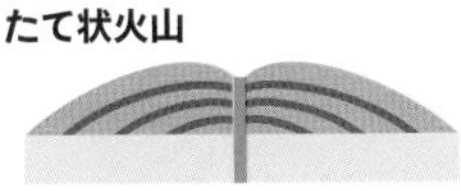	成層火山 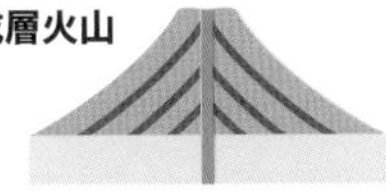	溶岩ドーム 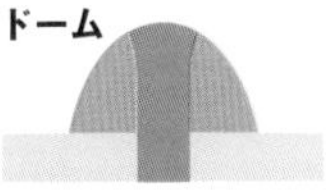
マグマのねばりけ	17(　　　)	←→	18(　　　)
噴火のようす	19(　　　)	←→	20(　　　)
溶岩や火山灰の色	黒っぽい	←→	白っぽい

3 火成岩

POINT

● **火成岩**…マグマが冷え固まってできた岩石。

・21(　　　　)…マグマが地表や地表付近で急に冷え固まってできる。

・22(　　　　)…マグマが地下深くでゆっくり冷え固まってできる。

● 23(　　　)…岩石をつくっている粒。
火成岩をつくっている鉱物はおもに6種類あり，次のように分類される。

・**無色鉱物**…セキエイ，チョウ石

・**有色鉱物**…クロウンモ，カクセン石，キ石，カンラン石

・火成岩の色…有色鉱物が多いと岩石は黒っぽく，無色鉱物が多いと白っぽくなる。

火山岩	玄武岩	安山岩	流紋岩
深成岩	斑れい岩	せん緑岩	花こう岩
色	黒っぽい ←→ 白っぽい		

➊火成岩の種類

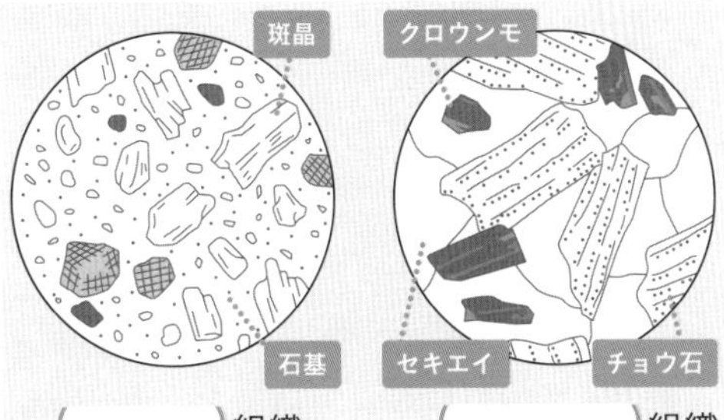

24(　　　)組織 …火山岩に見られるつくり
25(　　　)組織 …深成岩に見られるつくり

➊火成岩のつくり

4 火山による災害

● **火砕流**…高温の火山ガス，溶岩，火山灰などが山の斜面を流れ下る，最も危険な火山現象。

● **溶岩流**…溶岩が火山の斜面を流れ下ること。家屋や森林の火災などを引き起こす。

STEP 02 基本問題

➡ 解答は別冊 46 ページ

学習内容が身についたか，問題を解いてチェックしよう。

1 次の各問いに答えなさい。

(1) 現在，日本の気象庁は，地震による揺れの大きさを，最も小さいものを震度0，最も大きいものを震度7とし，震度（　①　）と震度（　②　）をそれぞれ強・弱に分けている。①，②にそれぞれあてはまる適当な数を答えよ。〈愛媛県〉

①（　　　）　②（　　　）

(2) 震源の真上の地表の点を何というか。

（　　　）

2 地震について，次の各問いに答えなさい。〈愛媛県・改〉

表1は，地震 **X** について，地点 **A**〜**D** のP波の到達時刻，S波の到達時刻，震源からの距離をまとめたものである。

表1

地点	P波の到達時刻	S波の到達時刻	震源からの距離
A	9時25分12秒	9時25分15秒	36.0 km
B	9時25分14秒	9時25分18秒	48.0 km
C	9時25分20秒	9時25分27秒	84.0 km
D	9時25分22秒	9時25分30秒	96.0 km

(1) 次の文の①，②の（　　）から，それぞれ適当なものを1つずつ選び，記号で答えよ。

> マグニチュード7の地震のエネルギーは，マグニチュード6の地震のエネルギーの①（**ア**　約1.2倍　　**イ**　約32倍）である。また，別の日に起こったマグニチュード7の地震とマグニチュード6の地震が，それぞれ同じ地点において同じ震度で観測されたとき，②（**ウ**　マグニチュード7　　**エ**　マグニチュード6）の地震のほうが，震源までの距離が近いと考えられる。

①（　　　）②（　　　）

くわしく

P波による揺れを初期微動，S波による揺れを主要動という。

用語解説

マグニチュード
地震の規模を表す。

震度
ある地点での地震による揺れの大きさを表す。

よく出る

(2) 表1をもとに，地震 **X** における，震源からの距離と初期微動継続時間との関係を表すグラフを右に書け。

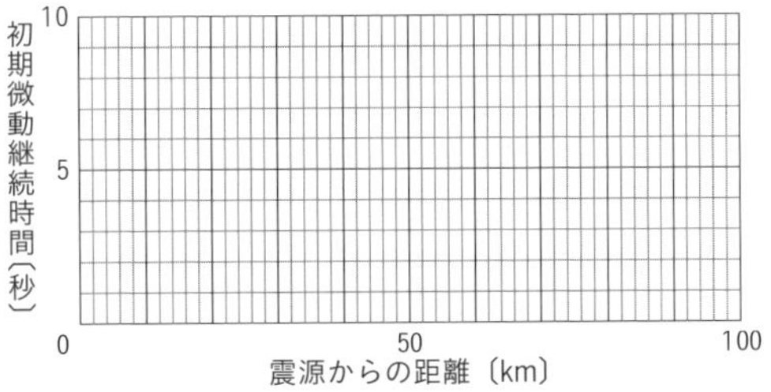

(3) 地震 **X** において，ある地点での初期微動継続時間は6秒であった。その地点での主要動の開始時刻を答えよ。

(　　　　　　　　　　)

3 火山に関する次の文を読んで，各問いに答えなさい。〈福岡県・改〉

> 白っぽい色の火山灰は，雲仙普賢岳や昭和新山などで見られる。このような火山では，マグマの（　①　）ので，火山の形は②（**A**　傾斜のゆるやかな形　**B**　おわんをふせたような形）になることが多い。

よく出る

(1) 文中の①に入るマグマの性質を簡潔に書け。

(　　　　　　　　　　)

(2) 文中の②の（　　）内から，適切なものを1つ選び，記号で答えよ。

(　　)

4 次の各問いに答えなさい。〈群馬県・改〉

右の表は，岩石 **A**，**B** を，ルーペを使って観察し，その結果をまとめたものである。

岩石	A	B
スケッチ		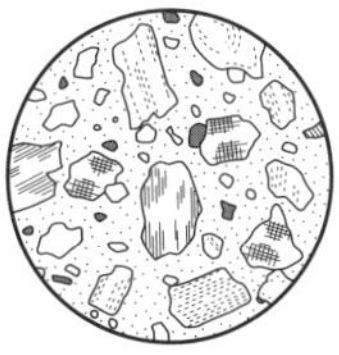
気づいたこと	全体的に黒っぽく，大きな鉱物どうしが組み合わさっている。	全体的に白っぽく，石基や斑晶が見られる。

(1) 表中の岩石 **A** について，この岩石のつくりを何というか，答えよ。

(　　　　　　　　)

(2) 岩石 **B** は何か。正しいものを次の **ア**～**エ** から1つ選び，記号で答えよ。

ア　玄武岩　　**イ**　せん緑岩　　**ウ**　流紋岩　　**エ**　花こう岩

(　　　　)

ヒント

表1における地点A，Bの情報を見比べると，S波が12.0 km進むのに3秒かかっていたことがわかる。

くわしく

問題文中の雲仙普賢岳は1991年に大きな噴火を起こした。その際，高温の火山ガスや溶岩の破片，火山灰が山の斜面を流れ下る火砕流が発生し，周囲に大きな被害が出た。

ヒント

火山岩…玄武岩，安山岩，流紋岩
深成岩…斑れい岩，せん緑岩，花こう岩

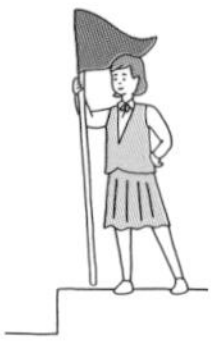

STEP 03 実戦問題

目標時間 10分

入試レベルの問題で力をつけよう。

➡ 解答は別冊 46 ページ

1 地震について，次の各問いに答えなさい。〈栃木県〉

図1は，ある年の1か月間に日本付近で発生した地震のうち，マグニチュードが2以上のものの震源の位置を地図上に示したものである。震源の深さによって印の濃さと形を変え，マグニチュードが大きいものほど印を大きくして表している。

図1　「気象庁震源カタログ」より作成

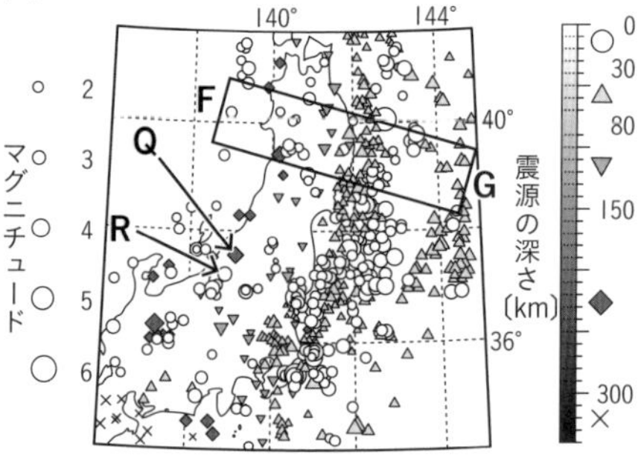

よく出る

(1) 図1の領域F－Gにおける断面での震源の分布のようすを「・」印で模式的に表したものとして適当なものを，次のア～エから1つ選び，記号で答えよ。

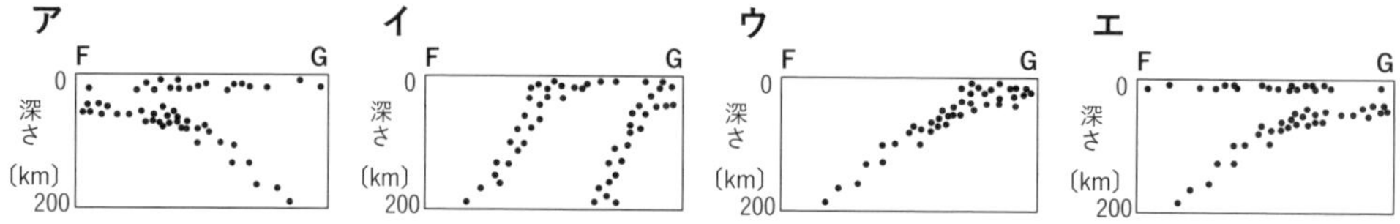

（　　）

(2) 図1の震源Qで発生した地震と，震源Rで発生した地震とは，震央が近く，マグニチュードはほぼ等しいが，観測された揺れは大きく異なった。どちらの震源で発生した地震のほうが，震央付近での震度が大きかったと考えられるか，理由をふくめて簡潔に答えよ。

［　　　　　　　　　　　　　　　　　　　　］

新傾向

(3) ある地震が発生し，図2の「・」印のA，B，C各地点で揺れを観測した。下の表は，各地点に地震の波が到達した時刻と，そこから推定される震源からの距離をまとめたものである。
この地震の震央として適当なのは，「×」印のア，イ，ウ，エのうちどれか。また，その震源の深さは何kmか。ただし，地震の波は直進し，地表も地下も一定の速さで伝わるものとする。

図2

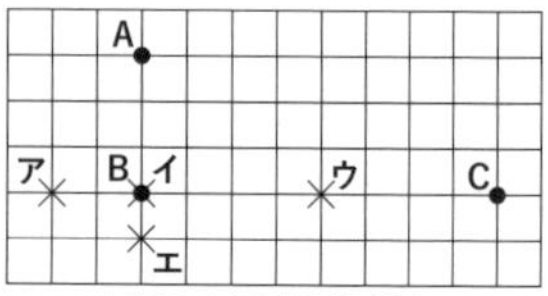

方眼の1目盛りは10 km

	P波到達時刻	S波到達時刻	震源からの距離
A	5時20分47.7秒	5時20分52.5秒	50 km
B	5時20分46.2秒	5時20分50.0秒	40 km
C	5時20分53.7秒	5時21分02.3秒	89 km

震央（　　）　震源の深さ（　　　　）

2 溶岩と火山灰について，次の各問いに答えなさい。〈筑波大附属高〉

Mさんは2つの火山を調査し，一方の火山からは溶岩**A**を，もう一方の火山からは火山灰**B**を採集した。溶岩**A**は，ガラス板につけてうすくけずり，顕微鏡で観察した。火山灰**B**は，水洗いしたあと乾燥させ，双眼実体顕微鏡で観察した。図1は，それぞれの顕微鏡による観察結果のスケッチである。下の表はそれぞれの標本にふくまれる鉱物の含有量である。また，図2は火成岩の鉱物組成を表している。

図1

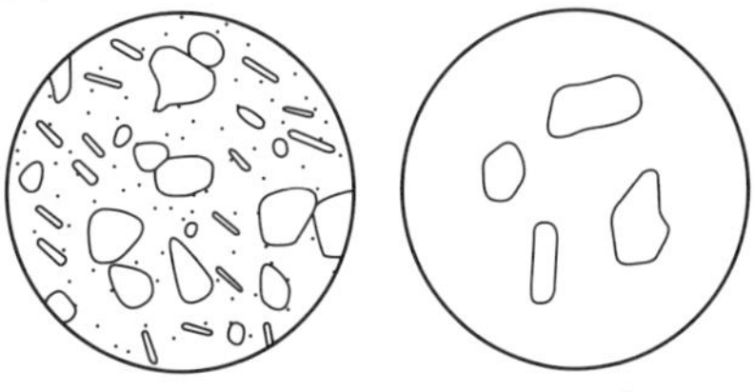

	溶岩A〔%〕	火山灰B〔%〕
セキエイ	0	27
カリチョウ石	0	27
斜チョウ石	60	32
クロウンモ	0	6
カクセン石	8	0
キ石	21	0
カンラン石	6	0
その他	5	8

図2

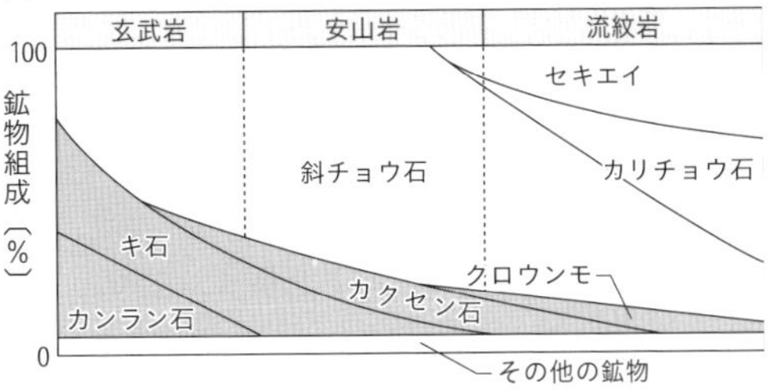

(1) 溶岩**A**の表面を観察すると，直径1 mm程度の小さな穴が，たくさん見られた。この穴はどのようにしてできたものかを簡潔に説明せよ。

［　　　　　　　　　　］

よく出る

(2) 火山灰**B**のもととなったマグマが，噴出せずに地下の深いマグマだまりで冷えて固まったとしたら，何という岩石になったと考えられるか。岩石名を答えよ。

（　　　　）

(3) 溶岩**A**と火山灰**B**はどのようなマグマから，どのように噴出したものと推定できるか。適切なものを，次の**ア**〜**エ**から1つずつ選び，記号で答えよ。

ア マグマの粘性が低く，溶岩を流出するような噴火。
イ マグマの粘性が低く，溶岩そのものが盛り上がるような噴火。
ウ マグマの粘性が高く，溶岩を流出するような噴火。
エ マグマの粘性が高く，溶岩そのものが盛り上がるような噴火。

溶岩**A**（　　）　火山灰**B**（　　）

2 地学

重要度 ★★★

大地の変化②

STEP01 要点まとめ

➡解答は別冊 48 ページ

(　　)にあてはまる語句を書いて，この章の内容を確認しよう。

1 水のはたらきと地表の変化

● 01(　　　　)…水や温度変化によって，岩石が表面からくずれていく現象。

● 02(　　　　)…流水のはたらきなどによって，大地がけずられる現象。

● 03(　　　　)…けずられた土砂が流水によって運ばれること。

● 04(　　　　)…川下や海底にれき・砂・泥(どろ)などが積もること。

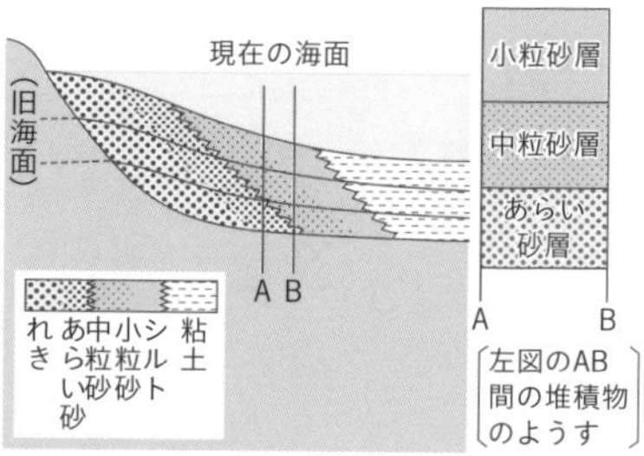

⬆地層の堆積のようす

● 地層のでき方…流水により運搬(うんぱん)されたれき・砂・泥などが海や湖の底に堆積(たいせき)し，地層となる。

POINT ➡河口や海岸に近いほど 05(　　　　)粒(つぶ)が，海岸から離(はな)れるほど 06(　　　　)粒が堆積する。[➡粒の大きいものほどはやく沈むため。]

2 地層の特徴

● **地層**…れき，砂，泥，火山灰(かざんばい)などが層となって積み重なったもの。1つの層の中では粒の大きさはそろっていることが多い。

➡ふつう，下の層ほど時代は 07(　　　　)。

● 08(　　　　)…地層の重なり方や層の特徴(とくちょう)を柱状に表したもの。[➡離れた地層の比較に便利。]

● 09(　　　　)…離れた地層を比較する目印となる層。[➡広い範囲に積もった火山灰の層など。]

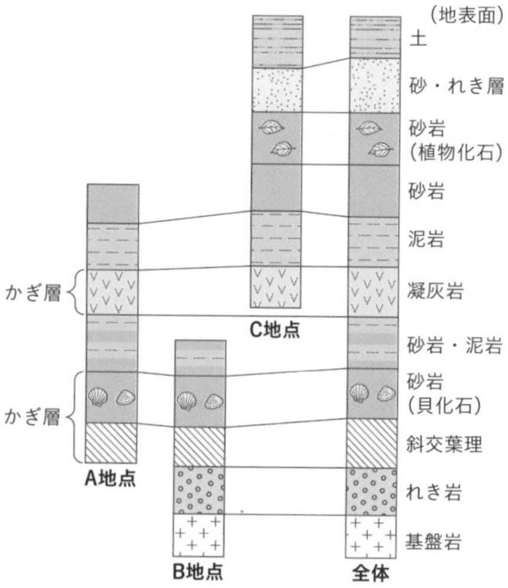

⬆柱状図

3 地層と堆積岩

● 10(　　　　)…海底や湖底などに堆積したれき・砂・泥などが長い間に押し固められてできた固い岩石。化石をふくむことがある。

● 川の水のはたらきでできた堆積岩(たいせきがん)…丸みを帯びている。粒の 11(　　　　)によって分けられる。

・12(　　　　　)…おもにれきが固まってできた岩石。粒は直径 2 mm 以上。

・13(　　　　　)…おもに砂が固まってできた岩石。粒は直径 $\frac{1}{16}$ ～ 2 mm。

・14(　　　　　)…泥や粘土が固まってできた岩石。粒は直径 $\frac{1}{16}$ mm 以下。

● 15(　　　　　)…火山灰が固まってできた岩石。〔➡軽石などを多くふくむ〕 粒は角ばっている。

● **石灰岩**…石灰質の殻をもつ生物の死がいが固まってできた岩石。

➡うすい塩酸をかけると 16(　　　　　　　　)が発生する。

● 17(　　　　　　)…ケイ酸質の殻をもつ生物の死がいが固まってできた岩石。

➡うすい塩酸をかけても泡（二酸化炭素）は発生しない。非常にかたい。

4 大地の変動

● 地層の変形

・18(　　　　　)…陸地が上昇すること。

・19(　　　　　)…陸地が下降すること。

・20(　　　　　)…地層に大きな力が加わり，上下または左右にずれたもの。

・21(　　　　　)…今後も活動して地震を起こす可能性のある断層。

・22(　　　　　)…地層が横からの大きな力を受け，波打つように曲げられたもの。

● 23(　　　　　)…地球の表面をおおう，厚さ 100km程度の岩石の層。**海嶺**からわき出したマグマが，両側に広がりながら冷え固まってできる。少しずつ移動する。

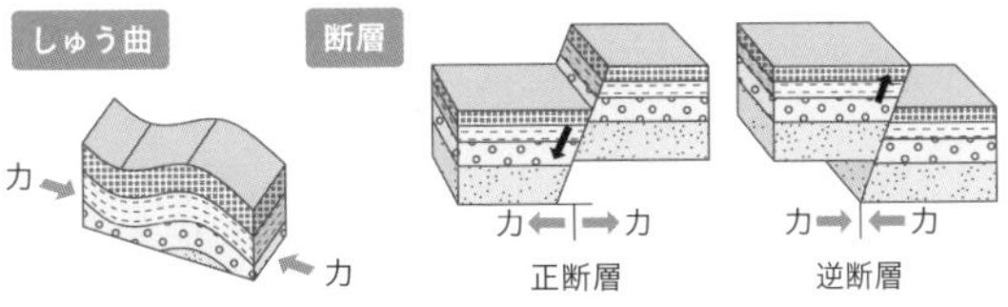

⬆しゅう曲と断層

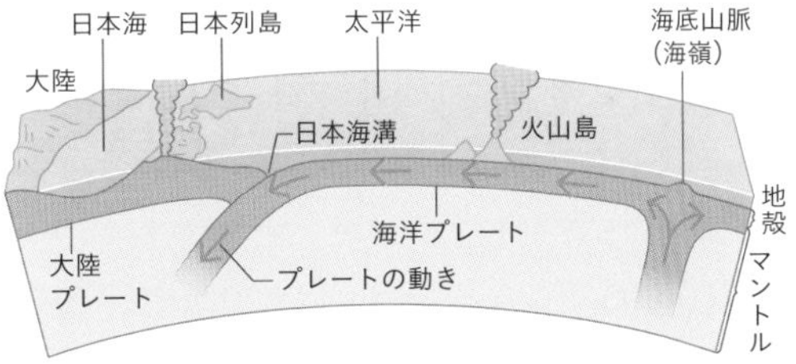

⬆プレートの移動（日本付近）

5 地層と化石

● 24(　　　　　　)…地層が堆積した当時の環境を知る手がかりになる化石。

➡限られた環境でのみ生活していた生物の化石が適している。

・サンゴ…あたたかく浅い海　　・アサリ・カキ…岸に近い浅い海

・シジミ…淡水と海水の混じる河口付近や湖　　・ブナ・シイ…温帯で，やや寒冷な地域

● 25(　　　　　　)…地層が堆積した時代を知る手がかりになる化石。

➡生存期間が短く，26(　　　　　)範囲に数多く生きていた生物の化石が適している。

・古生代…サンヨウチュウ，フズリナ

・中生代…アンモナイト，恐竜のなかま

・新生代…ビカリア，ナウマンゾウ

STEP 02 基本問題

➡ 解答は別冊 48 ページ

学習内容が身についたか，問題を解いてチェックしよう。

1 次の文を読んで，各問いに答えなさい。〈茨城県・改〉

図は，ある地域の4つの地点Ⅰ，Ⅱ，Ⅲ，Ⅳにおけるボーリング調査をしたときの結果を表した柱状図である。縦軸の目盛りは地表からの深さを表している。また，地点Ⅰ～Ⅳは標高がすべて同じであり，一直線上に等間隔で，地点Ⅰ，地点Ⅱ，地点Ⅲ，地点Ⅳの順に並んでいるものとする。ただし，この地域には，断層やしゅう曲，地層の上下の逆転はなく，地層が一定の方向に傾いて広がっている。

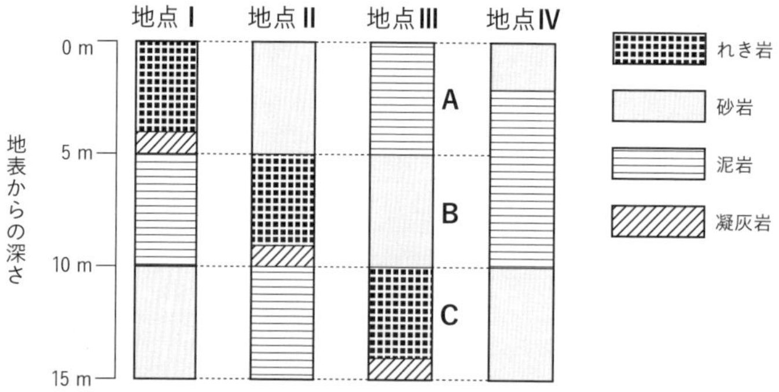

よく出る

(1) 図の凝灰岩のように，遠く離れた地層が同時代にできたことを調べる際のよい目印となる地層を何というか，その名称を答えよ。

(　　　　　　　　)

(2) 地点Ⅰ～Ⅳをふくむ地域の地層が堆積した環境について，次の①，②の問いに答えよ。

① れき，砂，泥のうち，河口から最も離れた海底に堆積するものはどれか，答えよ。　(　　　　)

② 地点ⅢのA，B，Cが堆積した期間に，この地域の海の深さはどのように変化したと考えられるか。図の地層の重なり方に注目して書け。なお，A～Cは海底でつくられたことがわかっている。

[　　　　　　　　　　　　　　　　　　　　　　　　]

よく出る

(3) 地点Ⅳを調べたとき，凝灰岩がある深さとして適当なものを，次のア～エから1つ選び，記号で答えよ。

ア　19～20 m　　**イ**　24～25 m　　**ウ**　29～30 m　　**エ**　34～35 m

(　　　)

くわしく

凝灰岩は火山の噴火による火山灰が堆積してできた。火山灰は短期間のうちに広範囲に堆積するため，地層の年代を推定する手がかりとなる。

ヒント

粒が大きいものは河口付近に堆積し，粒が小さいものは沖まで運ばれる。

2 次の各問いに答えなさい。

よく出る

(1) 地層をつくるれき，砂，泥などが長い年月の間に重みで圧縮され，固まってできた岩石を何というか，書け。

(　　　)

(2) れき岩，砂岩，泥岩を区別するのは岩石をつくる粒の何か，適当なものを次の**ア**～**エ**から1つ選び，記号で答えよ。〈秋田県・改〉

ア 色　**イ** 形　**ウ** かたさ　**エ** 大きさ

(　　)

3 大地の変動に関する，次の各問いに答えなさい。

(1) 次の文は，流水のはたらきによる谷のでき方について説明したものである。(①)，(②)にあてはまる適切な語をそれぞれ次の**ア**～**オ**から1つずつ選び，記号で答えよ。〈山口県・改〉

> 谷は，太陽の熱，気温の変化，風のはたらきによって（ ① ）してもろくなった岩石を，川の水の流れが（ ② ）してできる。

ア 隆起　**イ** 沈降　**ウ** 侵食　**エ** 風化　**オ** 堆積

①(　　)　②(　　)

(2) 右図は，大きな力がはたらき，波打つように曲げられた地層を示したものである。このような地層の曲がりを何というか，その名称を答えよ。〈島根県〉

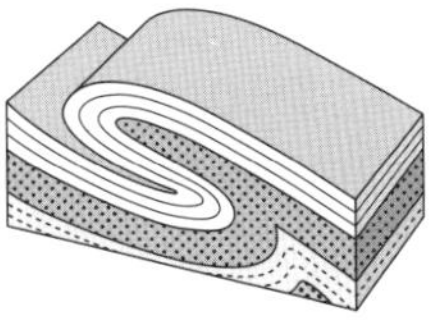

(　　　)

4 化石に関する，次の各問いに答えなさい。

よく出る

(1) 恐竜と同じ時代を生きていた生物の化石として，適当なものを次の**ア**～**エ**から1つ選び，記号で答えよ。〈岩手県・改〉

ア アンモナイト　**イ** サンヨウチュウ

ウ ナウマンゾウ　**エ** ビカリア

(　　)

よく出る

(2) 石灰岩の中にサンゴの化石が見られた。この石灰岩がふくまれる地層が堆積した当時，この地域はどのような環境であったと考えられるか，簡潔に書け。〈群馬県・改〉

[　　　　]

くわしく

流水のはたらきによってけずられてできたれきや砂や泥は，水の流れがゆるやかなところに堆積し，扇状地や三角州をつくることがある。

くわしく

(1)の恐竜のような化石を示準化石，(2)のサンゴのような化石を示相化石という。

STEP 03 実戦問題

入試レベルの問題で力をつけよう。

目標時間 15分

➡ 解答は別冊 49 ページ

1 次の各問いに答えなさい。〈山形県・改〉

次の文章は，山形県の大地の成り立ちについて調べたことをまとめたものである。

> 山形県の大地は，断層や①しゅう曲によって変形した地下構造になっている。山形県内には，②凝灰岩の地層が見られるところがある。また，凝灰岩は，建築用の石として用いられている。

(1) 下線部①について，しゅう曲のでき方を，力という語を用いて書け。

[　　　　　　　　　　　　　　　　　　　　]

よく出る

(2) 下線部②について，凝灰岩について述べたものとして適当なものを，次の**ア**～**エ**の中から1つ選び，記号で答えよ。

ア　火山灰などが堆積し固まってできたもので，塩酸をかけると泡が発生する。
イ　火山灰などが堆積し固まってできたもので，塩酸をかけても泡は発生しない。
ウ　貝殻やサンゴなどが堆積し固まってできたもので，塩酸をかけると泡が発生する。
エ　貝殻やサンゴなどが堆積し固まってできたもので，塩酸をかけても泡は発生しない。

(　　)

新傾向

(3) 平地で露頭のない場合，ボーリング試料をもとに地層の広がりを調べることができる。図1の**A**～**F**は，山形県内のある場所で調査をおこなった地点を示しており，図2は，図1の**A**～**F**におけるボーリング試料による柱状図である。図1，図2をもとに，この場所における地層の広がりを表す模式図として適切なものを，次の**ア**～**ウ**から1つ選び，記号で答えよ。

図1

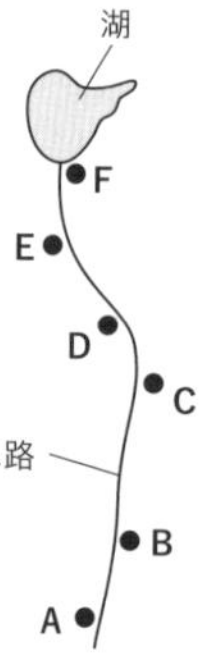

図2

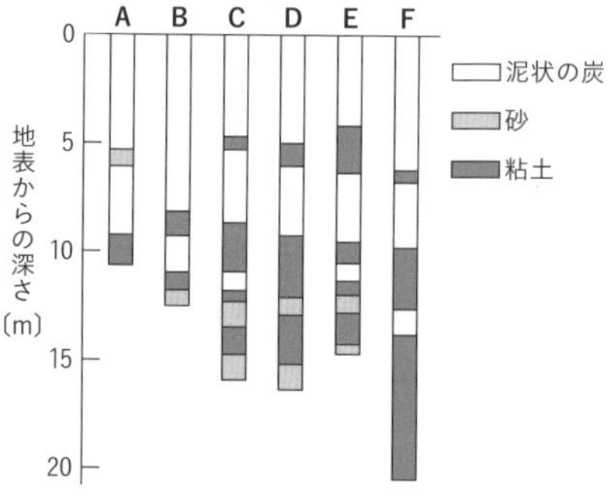

ア

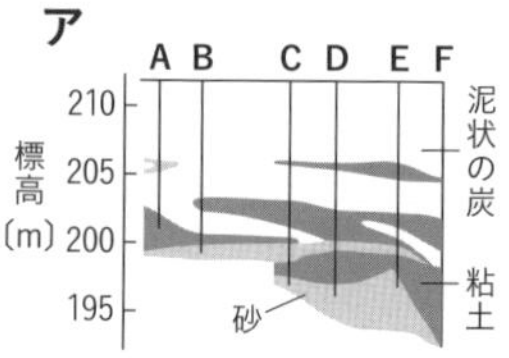

イ

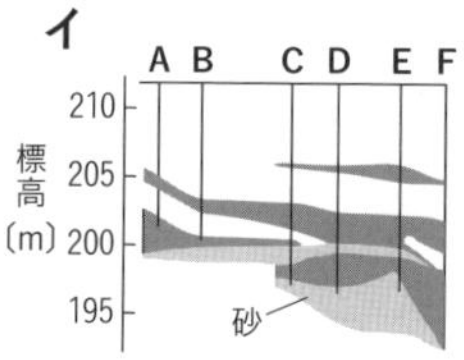

ウ

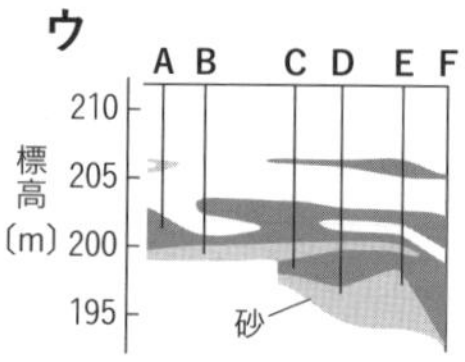

(　　)

2 次の文を読んで，各問いに答えなさい。〈富山県・改〉

図1の地図に示した **A**～**D** の4地点でボーリング調査をおこなった。図2は，**A**，**B**，**D** 地点で採取したボーリング試料を使って作成した柱状図である。この地域では，断層や地層の曲がりは見られず，地層は，南西の方角が低くなるように一定の角度で傾いている。また，各地点で見られる火山灰の層は同一のものである。なお，地図上で **A**～**D** の各地点を結んだ図形は正方形で，**B** 地点から見た **A** 地点は真北の方向にある。

図1

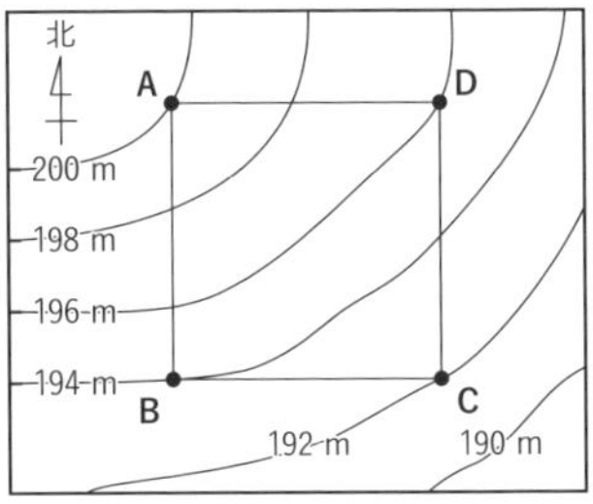

図2

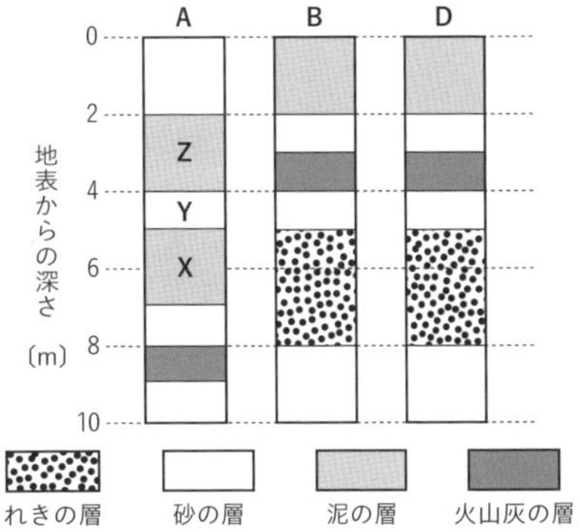

よく出る

(1) 図2の **Y** の層からビカリアの化石が見つかった。この地層が堆積した年代はいつごろと考えられるか。次の**ア**～**ウ**から適切なものを1つ選び，記号で答えよ。

ア 古生代　　**イ** 中生代　　**ウ** 新生代　　(　　)

(2) **X**，**Y**，**Z** の層が堆積する間，堆積場所の大地はどのように変化したと考えられるか。次の**ア**～**エ**から適切なものを1つ選び，記号で答えよ。ただし，この間，海水面の高さは変わらなかったものとする。

ア 隆起し続けた。　　**イ** 沈降し続けた。

ウ 隆起してから沈降した。　　**エ** 沈降してから隆起した。　　(　　)

(3) 次の文は，地層が南北方向と東西方向について，それぞれ南，西が低くなるように傾いていることを説明したものである。空欄（ **X** ）～（ **Z** ）に適切な数値を書け。

〈南北方向〉

A と **B** において，「火山灰の層の地表からの深さ」を比較すると，**A** は **B** よりも 5 m 深いが，「地表の標高」は **A** が **B** よりも 6 m 高いので，「火山灰の層の標高」は **A** が **B** よりも（ **X** ）m 高い。よって，地層は南が低くなるように傾いている。

〈東西方向〉

A と **D** において，「地表の標高」から「火山灰の層の地表からの深さ」を差し引くことで，それぞれの火山灰の層の標高を求めると，**A** が 191～192 m，**D** が（ **Y** ）～（ **Z** ）m となる。よって，地層は西が低くなるように傾いている。

X（　　）　**Y**（　　）　**Z**（　　）

難問

(4) **C** 地点でボーリング調査をすると，火山灰の層の地表からの深さは何 m から何 m か。

(　　)

3 地学

重要度 ★★★

変化する天気①

STEP01 要点まとめ

➡ 解答は別冊 50 ページ

(　　)にあてはまる語句を書いて，この章の内容を確認しよう。

1 大気中の水の変化

❶ 露点と湿度

● 01(　　　　　　)…空気 1 m³ 中にふくむことができる最大の水蒸気量。［➡単位は g/m³］

➡空気の温度が 02(　　　　)ほど大きい。

● 03(　　　　)…空気中にふくむ水蒸気量が飽和水蒸気量（ほうわすいじょうきりょう）と同じときの空気の温度。［➡単位は℃］

➡露点（ろてん）が高いほど，空気中にふくむ水蒸気量は 04(　　　　)。

POINT ●空気中にふくむ水蒸気量が一定で，空気の温度を下げていったとき［➡下図］

①温度が下がるほど飽和水蒸気量が小さくなるので，追加で空気中にふくむことができる水蒸気量が 05(　　　　)なっていく。

②露点より温度が 06(　　　　)と，ふくみきれなくなった水蒸気が水滴（すいてき）となって出てくる（**凝結**（ぎょうけつ））。

POINT ● 08(　　　　)…空気の湿（しめ）り気（け）の度合いを百分率で表したもの。［➡単位は%。］

$$\text{湿度（しつど）}(\%) = \frac{\text{空気 1 m}^3\text{中にふくむ水蒸気量 (g/m}^3\text{)}}{\text{その温度での}_{09}(\qquad)\text{水蒸気量 (g/m}^3\text{)}} \times 100$$

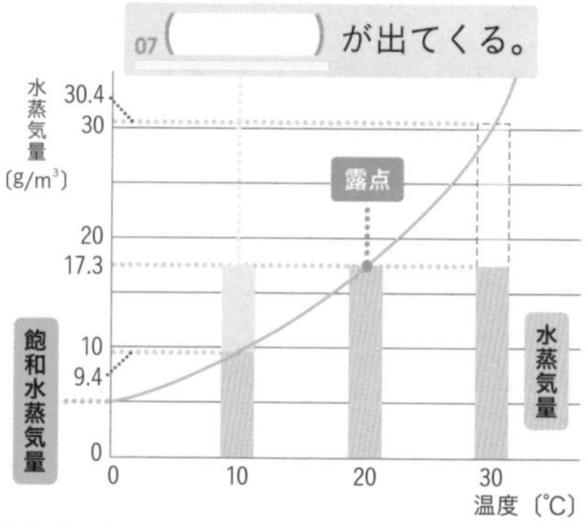

➊気温の変化と露点

❷ 雲と降水

POINT ●雲のでき方…空気は，上昇（じょうしょう）するとまわりの気圧（きあつ）が 10(　　　　)なるため膨張（ぼうちょう）し，温度が 11(　　　　)。空気の温度が 12(　　　　)より下がると，水蒸気が水滴や氷の粒（つぶ）となって雲が発生する。

➡雲は 13(　　　　　　)［➡上昇する空気の流れ］で支えられている。

● 14(　　　　　)…下降（かこう）する空気の流れのこと。

● **降水**…雨や雪などのこと。

➡**雲粒**［➡細かい水滴や氷の粒］が大きくなると，15(　　　　)気流では支えきれず，落下する。

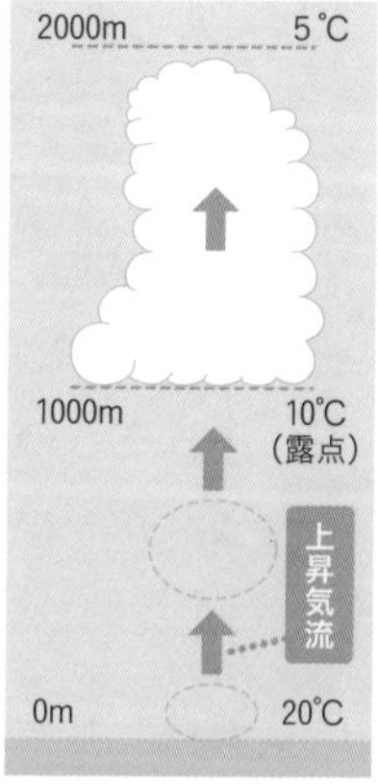

➊雲のでき方

2 大気の圧力と風

1 大気圧

POINT ●16(　　　　)…空気の重さによる**圧力**（あつりょく）〔➡面を押したときに単位面積あたりにかかる力〕のこと。**気圧**ともいう。上空になるほど 17(　　　　)なる。〔➡単位はヘクトパスカル（hPa）。1013hPa＝1気圧〕

➡風は，気圧が 18(　　　　)場所から低い場所にふく。

2 地球のあたたまり方と大気の動き（海風／陸風）

●19(　　　　)…海岸で，海から陸に向かう風。晴れた日の昼に，海上より陸上のほうが空気の温度が 20(　　　　)，陸上の気圧が低くなることでふく。

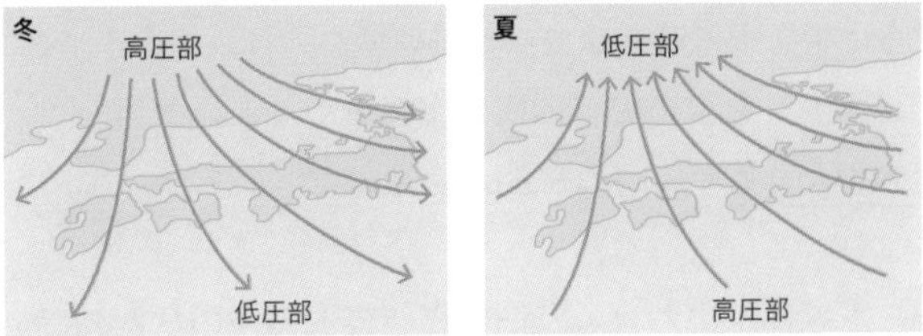

➊季節風

●21(　　　　)…海岸で，陸から海に向かう風。晴れた日の夜に，海上より陸上のほうが空気の温度が 22(　　　　)，陸上の気圧が高くなることでふく。

●23(　　　　)…季節に特徴的な風。陸は海よりもあたたまりやすく，冷めやすいことから生じる。日本列島では，24(　　　　)は大陸から海へ，25(　　　　)は海から大陸へふく。

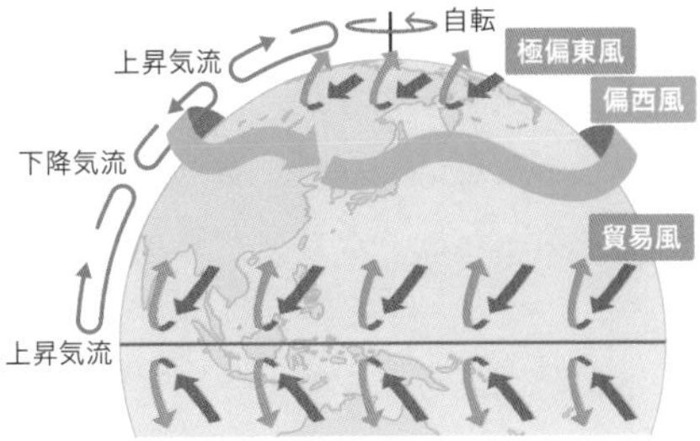

➊大気の循環

●大気の循環（じゅんかん）…地球上では，空気は極と赤道の間で単純に循環せず，亜熱帯に高圧部ができ，この高圧部から風がふき出している。緯度30°付近から赤道に向かってふく風を 26(　　　　)**風**，緯度30〜60°の付近でふく西よりの風を 27(　　　　)**風**という。

3 気圧と風

●28(　　　　)…天気図上で，気圧が等しいところを結んだ線。

➡等圧線（とうあつせん）の間隔（かんかく）が広いところ…風が 29(　　　　)。

➡等圧線の間隔がせまいところ…風が 30(　　　　)。

POINT ●31(　　　　)…まわりより気圧が高いところ。

➡中心付近では，一般に天気が 32(　　　　)。

POINT ●33(　　　　)…まわりより気圧が低いところ。

➡中心付近では，一般に天気が 34(　　　　)。

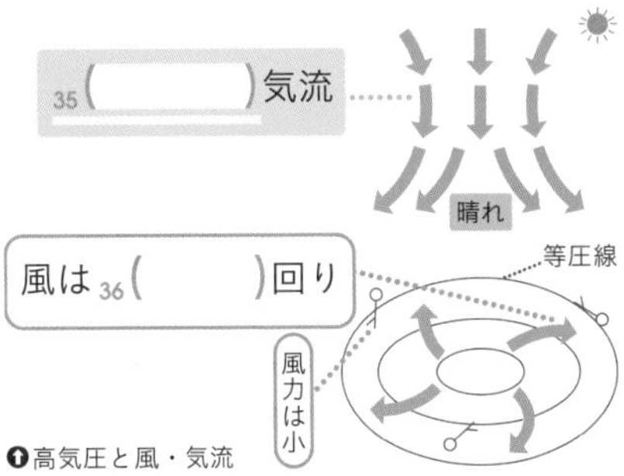

➊高気圧と風・気流

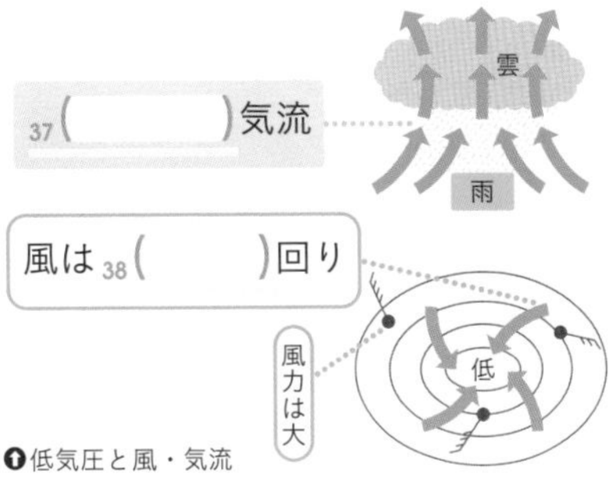

➊低気圧と風・気流

STEP 02 基本問題

➡ 解答は別冊 50 ページ

学習内容が身についたか，問題を解いてチェックしよう。

1 雲のでき方について調べるため，次の実験をおこなった。各問いに答えなさい。〈兵庫県・改〉

右の図のように，簡易真空容器にデジタル温度計と少し膨らませて口を閉じたゴム風船を入れた。さらに中を水で湿らせて，線香の煙を入れたあと，①ピストンを引いて容器内の空気をぬくと，②容器の中がくもり，ゴム風船が膨らんだ。

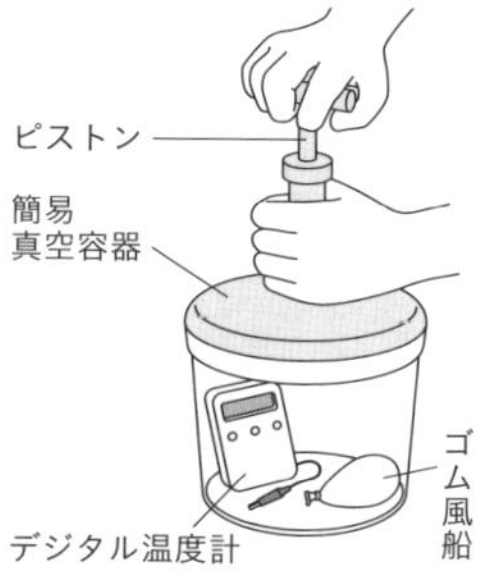

よく出る

(1) 下線部①における，簡易真空容器の中の状況について述べたものとして適切なものを，次の**ア〜エ**から1つ選び，記号で答えよ。

ア 気圧が高くなり，空気が収縮している。
イ 気圧が高くなり，空気が膨張している。
ウ 気圧が低くなり，空気が収縮している。
エ 気圧が低くなり，空気が膨張している。　（　　）

(2) 下線部②より，実際に雲ができたときと同じ状態を再現できたと考えられる。雲ができる理由について述べたものとして適切なものを，次の**ア〜エ**から1つ選び，記号で答えよ。

ア 露点よりも温度が低くなり，空気中の水蒸気が水滴となったから。
イ 露点よりも温度が低くなり，空気中の水滴が水蒸気となったから。
ウ 露点よりも温度が高くなり，空気中の水蒸気が水滴となったから。
エ 露点よりも温度が高くなり，空気中の水滴が水蒸気となったから。
（　　）

(3) 雲について説明した文として適切なものを，次の**ア〜エ**から1つ選び，記号で答えよ。

ア 空気が山の斜面に沿って下降するとき，雲ができやすい。
イ 太陽によって地表があたためられて上昇気流が起こると，雲ができやすい。
ウ まわりより気圧の低いところでは下降気流が起こるので，雲ができにくい。
エ あたたかい空気と冷たい空気が接する場所では，雲ができにくい。
（　　）

用語解説

気圧
大気の重さによる圧力のこと。標高の高いところほど気圧は低くなる。

くわしく

水蒸気をふくむ空気が，上空で露点以下まで冷やされて水滴となったものを雲という。一方，空気が地表付近で冷やされたものを霧という。

ヒント

あたたかい空気と冷たい空気がぶつかると，あたたかい空気のほうが軽いため，あたたかい空気が冷たい空気の上をはい上がるようにして上昇する。

2 次の各問いに答えなさい。

よく出る

(1) 右の図は，ある日の網走（あばしり）市の天気，風向，風力を表したものである。このときの網走市の天気，風向，風力を読みとり，それぞれ答えよ。〈静岡県・改〉

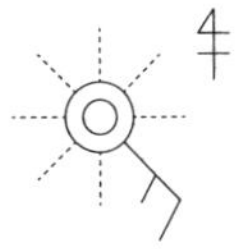

天気（　　　　　）　風向（　　　　　）　風力（　　　　　）

(2) 低気圧や高気圧について説明した文として正しいものを，次の**ア**～**エ**から１つ選び，記号で答えよ。〈茨城県・改〉

ア 低気圧の中心付近では，下降気流となっている。

イ 中緯度帯で発生し，前線を伴う低気圧は，熱帯低気圧とよばれる。

ウ 高気圧はまわりよりも気圧が高いところである。

エ 北半球の地表付近では，高気圧から反時計回りに風がふき出す。

（　　　）

3 露点について調べるため，次の実験をおこなった。各問いに答えなさい。〈沖縄県・改〉

ある日，理科室内で気温と湿度の測定をおこなったところ，気温が 34℃，湿度が 81% だった。くみ置きしていた室温と同じ 34℃の水を，金属製のコップに半分ほど入れ，下の図のように氷を入れた試験管でコップの中の水の温度を下げ，コップの表面に水滴がつき始めたときの水の温度をはかった。表は，各温度の飽和水蒸気量を示したものである。

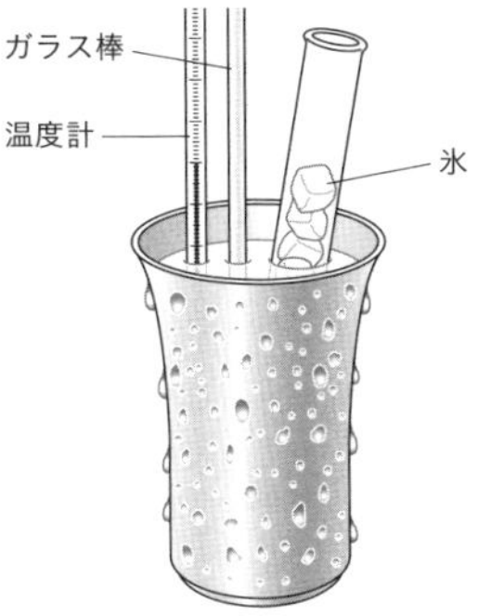

温度〔℃〕	飽和水蒸気量〔g /m^3〕	温度〔℃〕	飽和水蒸気量〔g /m^3〕
16	13.6	26	24.4
18	15.4	28	27.2
20	17.3	30	30.4
22	19.4	32	33.8
24	21.8	34	37.6

(1) コップの表面がくもって水滴がつき始めたときの水の温度はおよそ何℃か，表の数値を用いて整数で答えよ。ただし，コップの表面付近の空気の温度は，コップの中の水の温度と等しいものとする。

（　　　）

(2) 理科室内の温度を 22℃まで下げると 1 m^3 中で何 g の水滴ができるか，小数第 1 位を四捨五入して答えよ。（　　　）

ミス注意

風向とは，風のふいていく方向ではなく，風のふいてくる方向のことである。

用語解説

飽和水蒸気量
1 m^{3}の空気がふくむことのできる水蒸気の最大質量のこと。気温が高くなるほど飽和水蒸気量は大きくなる。

露点
水蒸気をふくむ空気の温度を下げていったときに，その空気の水蒸気量が飽和状態に達し，水蒸気が水滴になり始める温度のこと。

凝結
水蒸気をふくんだ空気が露点に達し，空気中にふくみきれなくなった水蒸気が水に変わる現象のこと。

STEP 03 実戦問題

入試レベルの問題で力をつけよう。

目標時間 25分

➡ 解答は別冊 51 ページ

1 次の文を読んで，各問いに答えなさい。〈奈良県〉

右の図のような加湿器を，閉めきった部屋に設置した。この加湿器は，水を細かい水滴にして空気中に放出する。放出された水が水蒸気に変わることで，部屋の湿度が上がる。

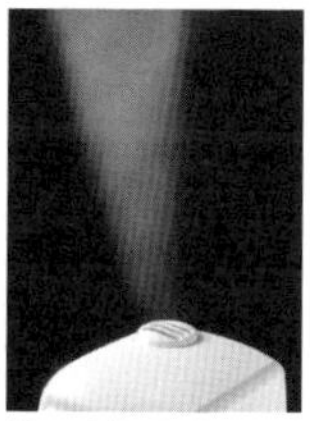

©bj_sozai／PIXTA（ピクスタ）

よく出る

(1) 次のア～エから，下線部の変化による現象を 1 つ選び，その記号を書け。

ア 金属製の容器に冷えた水を入れると表面がくもる。

イ 明け方に霧が発生する。

ウ 寒いところで，はく息が白くなる。

エ ぬれたタオルが乾く。

(　　)

(2) 厚生労働省の web ページには，インフルエンザの予防策の 1 つとして，部屋の湿度を 50～60% 程度に保つことが示されている。22℃に保たれた部屋の湿度が 45% のとき，この部屋の湿度を 60% にするためには，加湿器で何 g の水を空気中に放出すればよいか。その値を書け。ただし，22℃の空気の飽和水蒸気量は 19.4 g/m^3，部屋の容積は 100 m^3 とする。また，部屋の温度はつねに 22℃に保たれており，空気中への水の放出は加湿器からのみで，放出された水はすべて水蒸気に変わるものとする。

(　　)

2 地球上の水の循環に関する次の文を読んで，各問いに答えなさい。〈福島県・改〉

右図は水の循環を模式的に表したものである。大気中の水はおもに海からの蒸発によって供給されている。年間蒸発量は海で 425 兆 t，陸地で 71兆 t である。蒸発した水は上空で冷却され，水滴や氷の粒となり，雲ができる。雲の一部は，雨や雪となって陸地や海へもどる。年間降水量は海で 385兆 t，陸地で 111兆 t である。陸地に降った雪の一部は氷河となり，水の一部は蒸発して大気にもどるが，残りの雪や雨は河川などの流水となって（ ① ）兆 t が海に流れこんでいく。

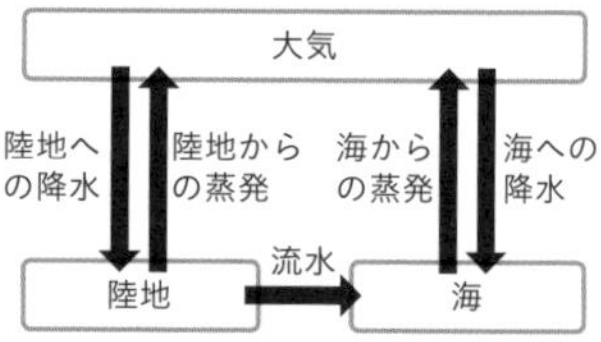

(1) 図のような地球の水の循環をもたらすおもなエネルギーは，何からもたらされているのか，書け。

(　　)

(2) 大気，海，陸地に存在している水の割合がそれぞれ長期にわたって変化しないものとして，① にあてはまる数値を書け。

(　　)

超難問

3 フェーン現象に関する次の文を読んで，各問いに答えなさい。〈青雲高・改〉

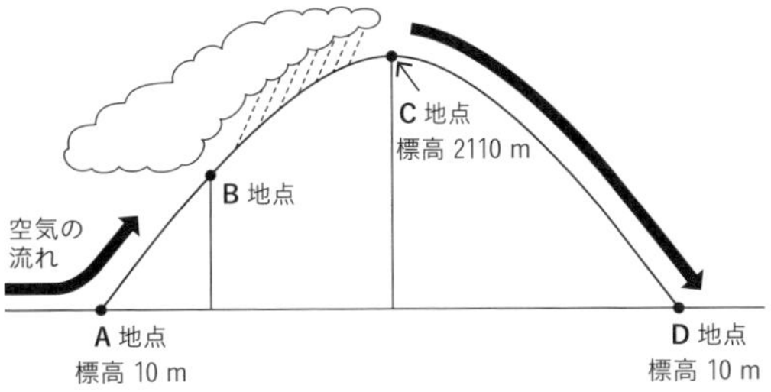

フェーン現象のしくみは，右に示した空気の流れを表す図を利用して，次のように説明できる。気温 30℃，湿度 76％の湿った空気が，風上側のふもとの **A** 地点（標高 10 m）で山に当たったとする。空気が山腹を上昇するとき，雲ができるまでは 100 m 上昇するごとに 1 ℃の割合で気温が下がる。**B** 地点で雲が発生し始めると，100 m 上昇するごとに 0.5℃の割合で気温が下がる。発生した雲は，山頂の **C** 地点（標高 2110 m）に到達するまでに雨を降らせる。山頂に到達したときに雲が消えると，山頂から風下側のふもとの **D** 地点（標高 10 m）へ下降するときは，100 m 下降するごとに 1 ℃の割合で気温が上がる。その結果，**D** 地点へ下降したときの気温は 30℃よりも高くなり，気温の上昇にともなって空気も乾燥する。

また，下の表は気温と飽和水蒸気量の関係を示したものである。この表を参考にして，次の(1)～(4)に答えよ。ただし，山頂に到達した空気は水蒸気で飽和していたものとする。

気温〔℃〕	飽和水蒸気量〔g /m^3〕	気温〔℃〕	飽和水蒸気量〔g /m^3〕	気温〔℃〕	飽和水蒸気量〔g /m^3〕
15	12.8	24	21.8	33	35.7
16	13.6	25	23.1	34	37.6
17	14.5	26	24.4	35	39.6
18	15.4	27	25.8	36	41.7
19	16.3	28	27.2	37	43.9
20	17.3	29	28.8	38	46.2
21	18.3	30	30.4	39	48.6
22	19.4	31	32.1	40	51.1
23	20.6	32	33.8	41	53.7

(1) **B** 地点の標高は何 m と考えられるか。 (　　　)

(2) 空気が **C** 地点に到達したときの気温は何℃と考えられるか。 (　　　)

(3) 空気が **D** 地点へ下降したときの気温は何℃と考えられるか。 (　　　)

(4) 空気が **D** 地点へ下降したときの湿度は何％と考えられるか。割り切れない場合は，四捨五入して小数第 1 位まで答えよ。 (　　　)

重要度 ★★★

4 地学

変化する天気②

STEP01 要点まとめ

➡ 解答は別冊 52 ページ

(　　)にあてはまる語句を書いて，この章の内容を確認しよう。

1 天気の変化

1 天気図と気圧配置

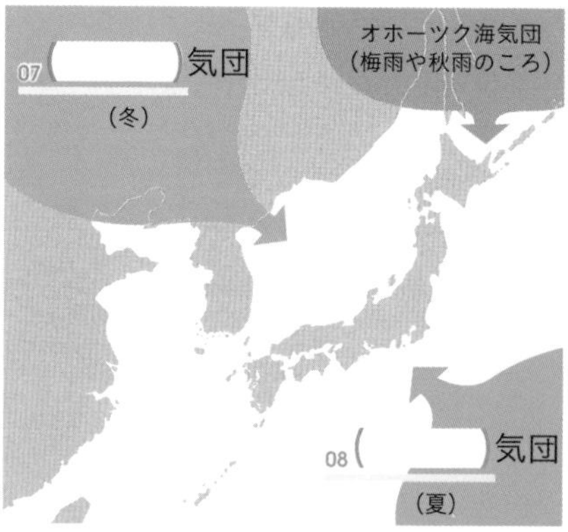

⬆日本付近のおもな気団

● 01(　　　　)…**高気圧**や**低気圧**の位置，**等圧線**のようす，各地点の**天気**や**風向**，**風力**などが記入された地図。

POINT ● 02(　　　　)…性質が一様な空気のかたまり。あたたかい気団を 03(　　　　)，冷たい気団を 04(　　　　)という。

➡暖気団と寒気団が接するところにできる境界面を 05(　　　　)といい，前線面と地面が交わる線を 06(　　　　)という。

2 前線と天気

POINT ● 09(　　　　)**前線**…暖気が寒気の上にはい上がるように進む前線。

➡長時間，10(　　　　)範囲におだやかな雨が降る。通過後，風向は 11(　　　)寄りに変化し，気温が上がる。

POINT ● 12(　　　　)**前線**…寒気が暖気を押し上げながら進む前線。

➡ 13(　　　)時間，せまい範囲に強い雨が降る。通過後，風向は北寄りに変化，気温が 14(　　　　)。

● 15(　　　　)**前線**…寒気と暖気の勢力がほぼ同じで，ほとんど動かず停滞している前線。梅雨前線や秋雨前線など。

● 16(　　　　)**前線**…温暖前線より寒冷前線のほうが速く進むため，寒冷前線が温暖前線に追いついてできる前線。

温暖前線	寒冷前線	停滞前線	閉そく前線
		17(　　　　)	18(　　　　)

● 19(　　　　)**低気圧**…日本などの中緯度帯で発生する低気圧。寒気と暖気の境界にできる。北半球では 20(　　　)側に寒気，南側に 21(　　　　)がある。

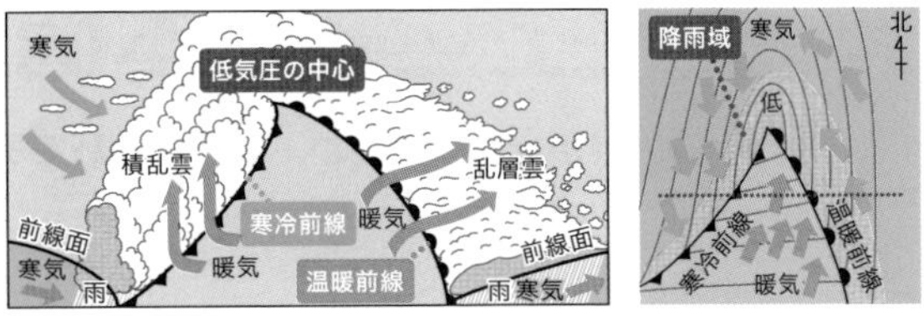

温帯低気圧の構造

3 日本の四季

POINT
● 冬の天気…22(　　　　　)の**季節風**がふく。日本海側はくもりや雪，太平洋側は乾燥した晴れの日が多い。天気図では，23(　　　　　　)の気圧配置で，等圧線が 24(　　　)にのびている。

● 夏の天気…25(　　　　　)の季節風がふく。蒸し暑い日が多い。天気図では，26(　　　　　　)の気圧配置をしている。

● 春や秋の天気…**偏西風**によって，27(　　　　　)と移動性高気圧が西から東へ交互に通過するため，天気も西から東へ周期的に変わることが多い。

● 28(　　　　)…中緯度帯の上空で，西から東へふいている風。

● 29(　　　　)…東西に長くのびた停滞前線（梅雨前線）ができるので，雨の日が多い。

● 30(　　　　)…熱帯地方の北太平洋上で発生した**熱帯低気圧**が発達して，最大風速が 17.2 m/s をこえたもの。［➡夏から秋にかけて，日本に近づくことが多い。］

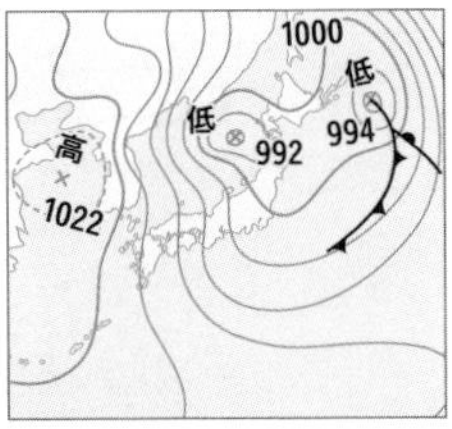

冬の天気図

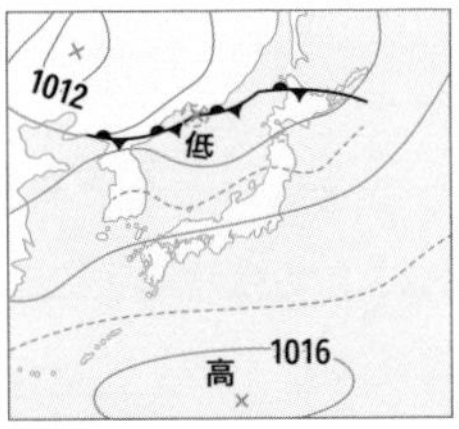

夏の天気図

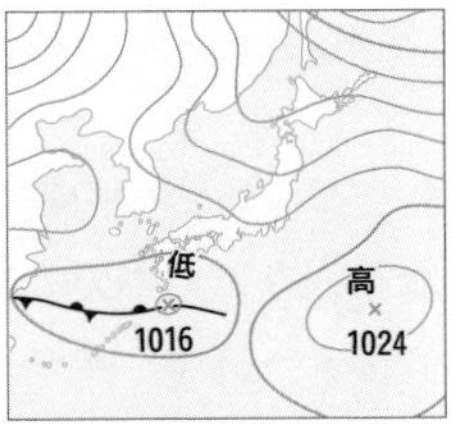

春や秋の天気図

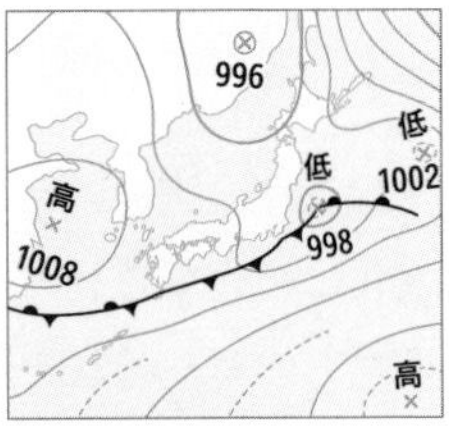

梅雨の時期の天気図

2 気象現象による恵みと災害

● 雨や雪の利用…雨は，農業や工業用水，生活用水，31(　　　　　)発電などに利用されている。雪は，冷房や野菜の貯蔵，酒造りなどに利用されている。

● 雨による災害…集中豪雨（大雨）によって，土砂災害や河川の 32(　　　　　)が起こることがある。

● 災害への備え…33(　　　　　)は水の量がふえたときに，一時的に水をためておける池であり，河川の氾濫を防ぐための備えである。また，ダムや堤防なども，洪水による河川の氾濫を防ぐための備えである。

遊水池

1 大地の変化① 2 大地の変化② 3 変化する天気① 4 変化する天気② 5 地球と宇宙① 6 地球と宇宙②

STEP 02 基本問題

➡ 解答は別冊 53 ページ

学習内容が身についたか，問題を解いてチェックしよう。

1 寒冷前線付近の空気のようすを調べるため，次の実験をおこなった。各問いに答えなさい。〈高知県・改〉

【実験】 図1のような真ん中を仕切り板で区切った水槽を用意し，仕切り板の左右の空間に温度の異なる空気C，空気Dをそれぞれ入れ，空気Cの入った空間には線香の煙を満たした。その後，仕切り板をゆっくり上へずらし，空気の動きを観察した。

【結果】 図2のように，空気Cが空気Dの下にもぐりこむように進み，あで示した空気Cと空気Dの境の面ができた。

図1

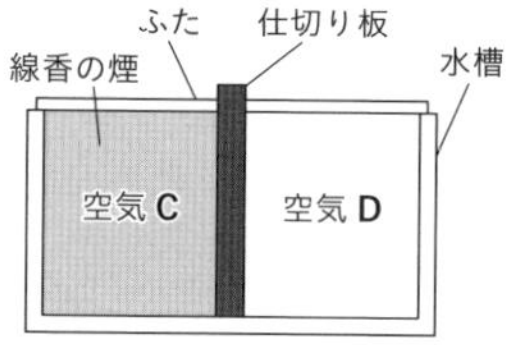

図2

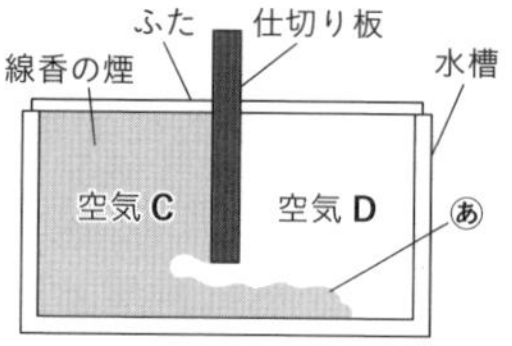

よく出る (1) 図2のあで示した空気Cと空気Dの境の面を何というか，書け。

（　　　　）

よく出る (2) 次の文は，実験の結果をもとに，寒冷前線付近の空気のようすと天気の変化について述べたものである。文中の①，②にあてはまる語として適切なものを，それぞれ1つずつ選び，記号で答えよ。

> 実験では，空気Cの温度が空気Dの温度より①（ア．高い　イ．低い）ために，空気Cは空気Dの下にもぐりこみ，空気Dは上へ押し上げられた。これと同じように，寒冷前線付近でも空気が急激に押し上げられる。このことにより，②（ア．積乱雲　イ．乱層雲）が発達するため，寒冷前線付近では雨が降ることが多い。

①（　　　）②（　　　）

2 次の各問いに答えなさい。〈兵庫県・改〉

図1は，日本のある地点Xに中心がある温帯低気圧のつくりを模式的に表したものである。

図1

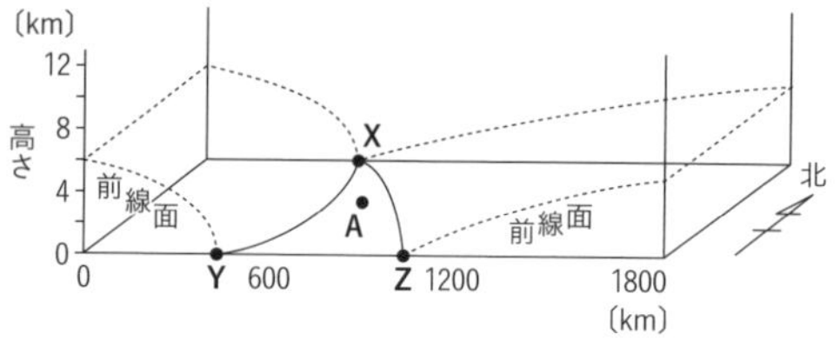

くわしく

温暖前線付近では，あたたかい空気がゆるやかに上昇していくため，乱層雲や高層雲といった層状の雲ができる。一方，寒冷前線付近では，あたたかい空気が寒気によって急激に押し上げられるため，積乱雲などの雲が垂直方向に発達する。

(1) X—Y，X—Zは，前線を表している。X—Yが表す前線は何か，答えよ。　(　　　　　)

(2) このあと地点Aを前線が通過したときの，地点Aの気象の変化を説明した文として適切なものを，次の**ア～エ**から1つ選び，記号で答えよ。

ア　気温が下がり，北寄りの風がふく。
イ　気温が下がり，南寄りの風がふく。
ウ　気温が上がり，強いにわか雨が降る。
エ　気温が上がり，弱い雨が降る。　(　　)

3 次の各問いに答えなさい。

よく出る

(1) 図1～図3は，日本の季節に見られる特徴的な天気図である。図1～図3はそれぞれどの季節のものか。適切なものを次の表の**ア～カ**から1つ選び，記号で答えよ。〈沖縄県〉

図1

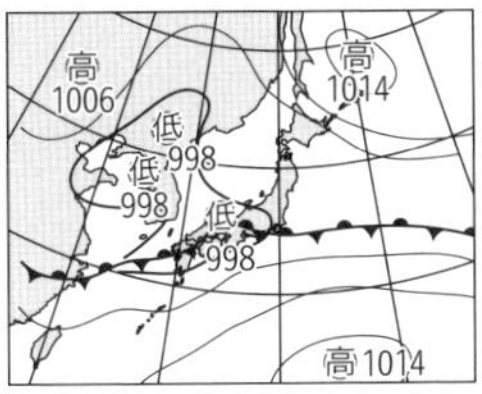

図2

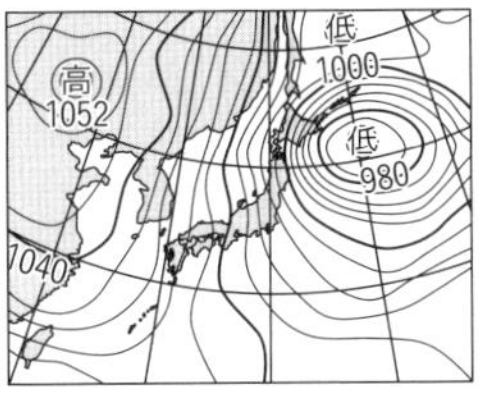

図3

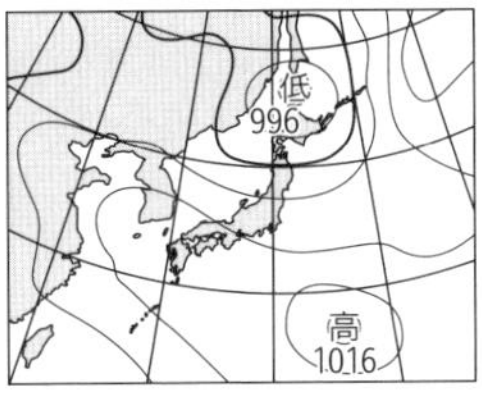

	図1	図2	図3		図1	図2	図3
ア	春	夏	梅雨	**イ**	冬	秋	春
ウ	梅雨	冬	夏	**エ**	春	冬	梅雨
オ	冬	秋	夏	**カ**	梅雨	夏	冬

(　　)

(2) 次の□内の文は，冬の日本付近の気圧配置や気象について述べたものである。①～③にあてはまる語の正しい組み合わせはどれか。適切なものを次の**ア～エ**から1つ選び，記号で答えよ。〈栃木県〉

> 冬の日本付近では，大陸のほうが海洋より温度が（　①　）ので，大陸上に（　②　）が発達し，海洋上の（　③　）に向かって強い季節風がふく。

ア　①　高い　②　高気圧　③　低気圧
イ　①　高い　②　低気圧　③　高気圧
ウ　①　低い　②　高気圧　③　低気圧
エ　①　低い　②　低気圧　③　高気圧　(　　)

用語解説

温帯低気圧
中緯度帯で主に発生する，あたたかい空気と冷たい空気が接する地域にできる，前線をともなう低気圧のこと。

熱帯低気圧
熱帯地方で発生する，海面から蒸発したあたたかい水蒸気が上昇することで生まれる低気圧のこと。前線をともなわない。

くわしく
図2のように，ユーラシア大陸側に高気圧，太平洋側に低気圧が発達している状態のことを一般に，「西高東低の気圧配置」とよぶ。

STEP 03 実戦問題

入試レベルの問題で力をつけよう。

目標時間 20分

➡ 解答は別冊 54 ページ

1 **A，B，C は大阪湾の海岸付近で風の観察をした記録の一部である。次の文を読んで，各問いに答えなさい。**〈大阪教育大附高（池田）・改〉

A 晴れた日の昼と夜では，風のふく向きが逆になることが多い。
B 夏と冬では風のふく向きが異なる。
C 前線をともなった低気圧が通過するときは，晴れてあたたかい日であっても，急に雲がふえて雨が降り出し，風向きが変わって寒くなることがあった。

(1) 次の文は，記録 **A** の現象について説明したものである。下線部が正しい場合は○を，正しくない場合には正しい語を記入せよ。

> 昼は陸上の気温が海上より**ア** 低くなり，陸上に**イ** 上昇気流ができて気圧が**ウ** 高くなる。そのため，**エ** 陸から海に向かう向きの風がふく日が多い。

ア（　　　）　**イ**（　　　）　**ウ**（　　　）　**エ**（　　　）

(2) 記録 **B** で風の向きが異なるのは，日本周辺にふく季節風が影響している。日本周辺の夏の季節風の向きとして正しいものを，次の**ア**～**エ**から 1 つ選び，記号で答えよ。
ア 北東　**イ** 北西　**ウ** 南東　**エ** 南西　（　　）

(3) 記録 **C** で，低気圧が通過したのは風の観察をしていた場所の北側か南側か，答えよ。
（　　　）

(4) 記録 **C** で，風向きはどの向きに変わったか。正しいものを次の**ア**，**イ**から 1 つ選び，記号で答えよ。
ア 北寄りの風　**イ** 南寄りの風　（　　）

2 **次の文を読んで，各問いに答えなさい。**〈清風南海高・改〉

台風は，①（**a** 温帯　**b** 熱帯）地方の海上で発生した低気圧のうち，中心付近の最大風速が②（**a** 秒速　**b** 分速）約 17m 以上にまで発達したものを指す。台風の中心に向かって強い風がふきこんで激しい上昇気流が生じるため，台風は③（**a** 水平　**b** 鉛直）方向に発達した④（**a** 積乱雲　**b** 乱層雲）をともなう。天気図では，台風は前線を⑤（**a** ともない　**b** ともなわず），間隔が⑥（**a** せまく　**b** 広く）なったほぼ同心円状の等圧線で表される。
8 月から 9 月にかけて日本に近づく台風は，最初は⑦（**a** 北東　**b** 北西）に向かって進み，その後（　A　）風の影響を受けて，（　B　）気団のふちにそって⑧（a　北東　　b　北西）に進む傾向がある。台風が，日本列島（本州）を北上するときは，速度を⑨（a　落とす　　b　増す）傾向にある。

台風が，日本列島に接近したり上陸したりすると，強い雨や風をもたらすことが多く，しばしば気象災害を引き起こす。図1は，気象衛星「ひまわり」から送られてきたある台風の画像である。

図1

提供　気象庁

(1)　問題文中の①〜⑨の（　）にあてはまる語を記号で答えよ。

①（　　　）　②（　　　）　③（　　　）　④（　　　）　⑤（　　　）
⑥（　　　）　⑦（　　　）　⑧（　　　）　⑨（　　　）

(2)　問題文中の（　A　）には漢字2文字，（　B　）には漢字3文字で，適切な語を入れよ。

A（　　　　）　B（　　　　）

(3)　図1の台風には「台風の目」が見られる。台風の目について正しいものを，次のア〜エから1つ選び，記号で答えよ。

ア　上昇気流が起こり，雲が多い。　　**イ**　上昇気流が起こり，雲が少ない。
ウ　下降気流が起こり，雲が多い。　　**エ**　下降気流が起こり，雲が少ない。

（　　　）

難問

(4)　図2は，ある日，台風が一定方向に直進したとき，ある地点Xにおける気圧の変化を示している。3時ごろには雨風が強くなってきた。次の**ア**〜**カ**は，この日の地点Xにおける3時〜18時までの3時間ごとの風向，風力，天気を表している。ただし，地点Xは周囲の地形の影響を受けない場所であるとする。

図2

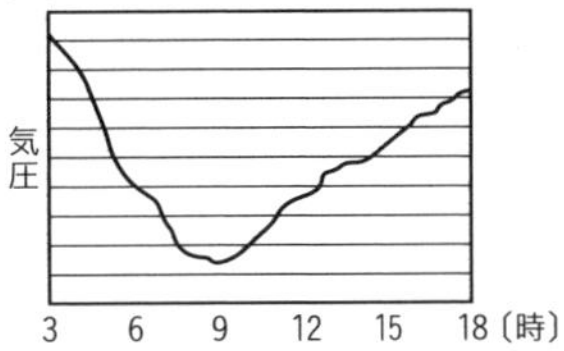

ア	北北西の風	風力7	雨	**イ**	東の風	風力4	雨
ウ	北北東の風	風力9	雨	**エ**	西北西の風	風力4	くもり
オ	西の風	風力3	くもり	**カ**	北東の風	風力6	雨

①この日の地点Xにおける9時および18時の天候を，それぞれ上の**ア**〜**カ**から1つずつ選び，記号で答えよ。　9時（　　　）　18時（　　　）

②地点Xの位置を★としたとき，台風の中心の進路として正しいものを，下の図の**ア**〜**ク**から1つ選び，記号で答えよ。

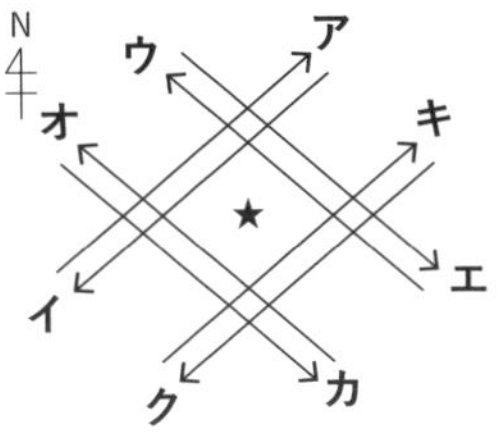

（　　　）

重要度 ★★★

5 地学 地球と宇宙①

STEP01 要点まとめ

➡ 解答は別冊 55 ページ

(　　)にあてはまる語句を書いて，この章の内容を確認しよう。

1 地球・月・太陽

1 地球・月・太陽の形と大きさ

● **地球**…ほぼ 01(　　　　)形の天体。大気でおおわれ，大量の水がある。直径は約 1.3 万km。

● **月**…地球のまわりを回る球形の天体［➡衛星］で，水も大気もない。地球からの距離（きょり）は約 38 万 km。直径は地球のほぼ$\frac{1}{4}$。太陽の光を反射して光っている。

POINT ➡地球との位置関係によって満ち欠けして見える。

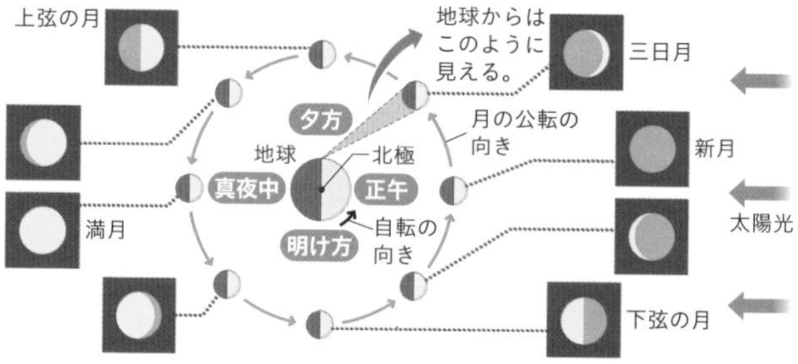

⬆月の満ち欠け

・02(　　　　　　)…月の表面に見られる大小の円形のくぼ地。

● **太陽**…高温［➡表面は約 6000℃］のガスでできた天体。自ら光を出している天体である 03(　　　　)の１つ。

● 04(　　　　　)…太陽の表面に見られる黒い点。黒く見えるのは，まわりよりも温度が 05(　　　　　)［➡約 4000℃］，暗いため。

➡黒点（こくてん）の形と位置の変化から，太陽が 06(　　　　)形で，自転（じてん）していることがわかる。

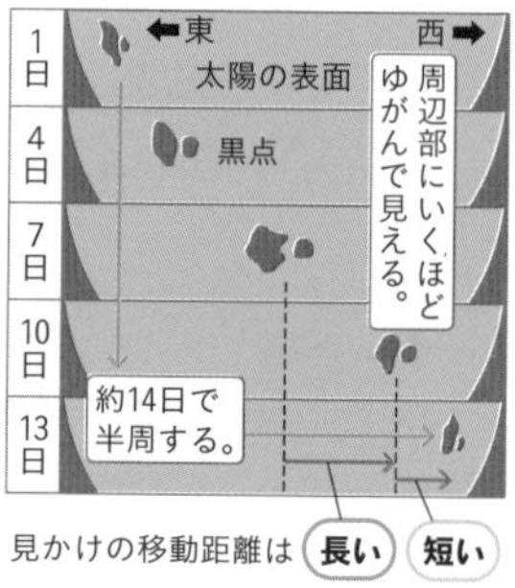

⬆黒点の動き

2 日食と月食

● 07(　　　　　)…太陽，月，地球の順に一直線上に並び，太陽が欠けて見える。

● 08(　　　　　)…太陽，地球，月の順に一直線上に並び，月が欠けて見える。

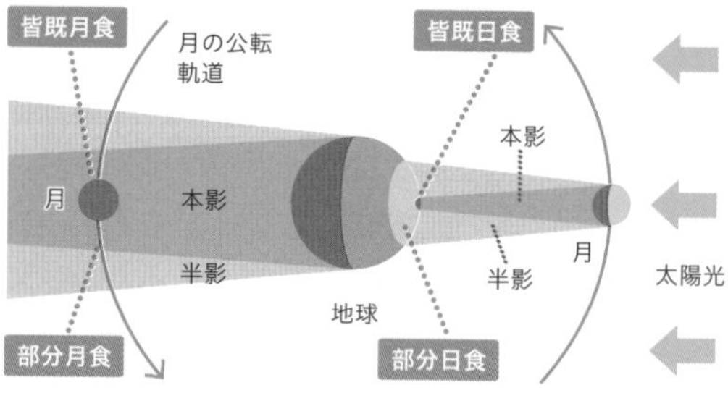

⬆日食と月食が起こるしくみ

2 地球と太陽の運動

1 地球の自転と天体の日周運動

● 09(　　　　)…天体そのものが，軸（じく）を中心に回転すること。

POINT ➡地球は，1時間に約 10(　　　)°の割合で 11(　　　から　　　)へ自転している。

● 天体の 12(　　　　　)…星や太陽が，1時間に15°の割合で 13(　　　から　　　)へ動いて見える。［➡地球が自転しているために起こる見かけの動き。］

● 南中（なんちゅう）と南中高度（なんちゅうこうど）…天体が子午線（しごせん）を通過する瞬間（しゅんかん）を 14(　　　　)といい，そのときの天体の高度を南中高度という。

➡ 15(　　　　　)…天頂［➡観測者の真上］を通って南北を結んだ天球上の線。

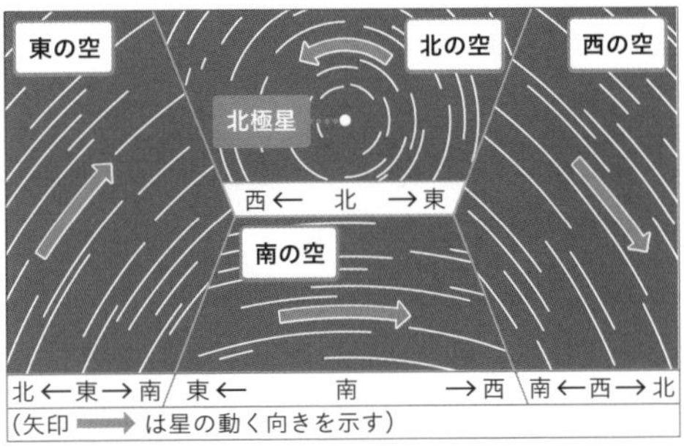

⬆星の日周運動

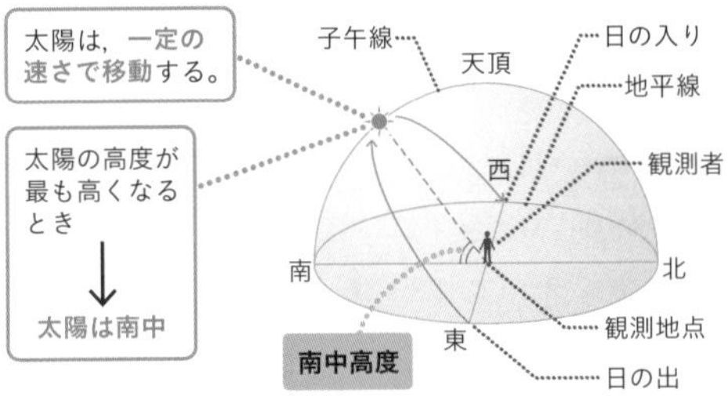

⬆太陽の日周運動

2 地球の公転と天体の年周運動

● 16(　　　　)…天体がほかの天体のまわりを回転すること。

POINT ➡地球は自転しながら，1年間に 17(　　　)回，太陽のまわりを公転（こうてん）している。

➡ 1か月に約30°。［➡ 360［°］÷ 12［か月］］

● 天体の 18(　　　　　)…星は，東から西へ1か月に約30°ずつ動き，1年で360°まわってもとの位置にもどるように見える。

［➡地球が公転しているために起こる見かけの動き。］

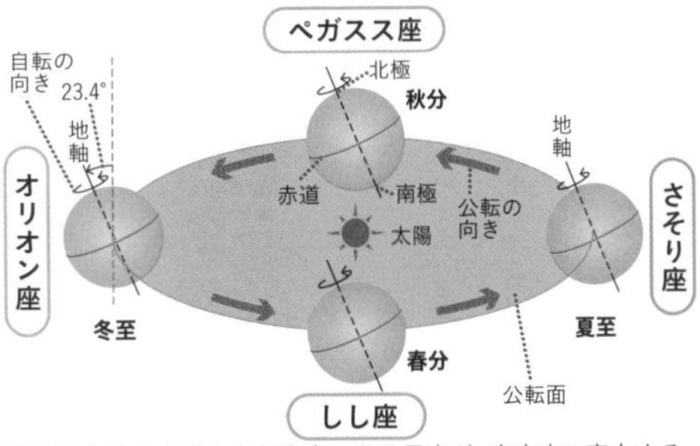

地球から見て太陽と反対方向にある星座が，真夜中に南中する。

⬆地球の公転と星座の移り変わり

3 季節の変化

● 季節の変化の原因…地球が地軸を 19(　　　)°傾（かたむ）けたまま 20(　　　　)するため。

➡ 1年で昼の長さや太陽の南中高度が変わる。

➡昼の長さは夏至が最も 21(　　　　)。

太陽の南中高度は夏至が最も 22(　　　　)。

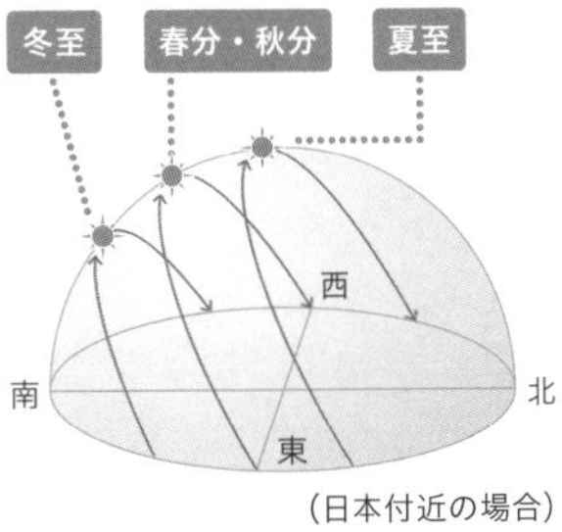

⬆季節による太陽の通り道の変化

夏至	春分／秋分	冬至
90°－(35°－23.4°)＝78.4°	90°－35°＝55°	90°－(35°＋23.4°)＝31.6°

⬆南中高度の求め方（日本（北緯35°）の場合）

STEP 02 基本問題

➡ 解答は別冊 55 ページ

学習内容が身についたか，問題を解いてチェックしよう。

1 次の各問いに答えなさい。

(1) 図１のような透明半球を用いて，１時間ごとの太陽の動きを透明半球上にフェルトペンで記録する実験をおこなった。〈香川県・改〉

図１

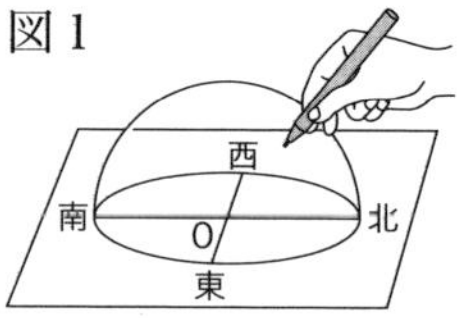

よく出る

①太陽の位置を透明半球上に記録するとき，フェルトペンの先の影が，どの位置にくるようにすればよいか。簡潔に書け。

[　　　　　　　　　　　　　　　　　　　　　　　　]

②冬至の日に，本州のある地点で太陽の動きを観察すると，透明半球上の動いた道すじはどのようになると考えられるか。適切なものを次の**ア**～**オ**から１つ選び，記号で答えよ。

ア

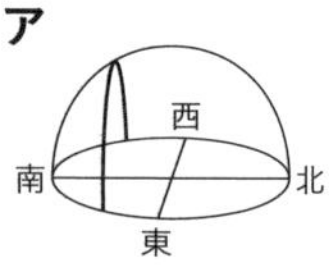

イ

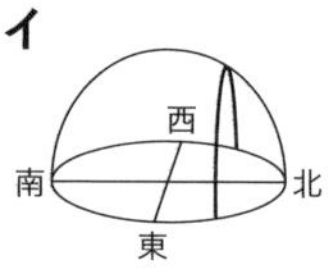

ウ

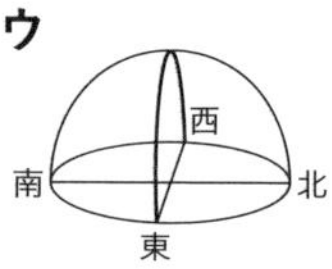

エ

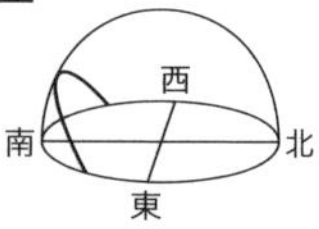

オ

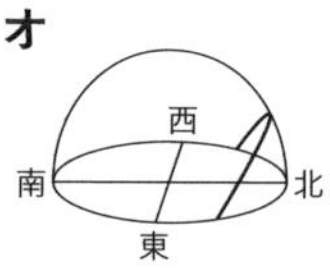

(　　)

(2) 図２は，太陽のまわりを地球が公転するようすを表した模式図である。季節の変化と太陽からの光の当たり方についてまとめた次の文の①～③にあてはまるものを記号で答えよ。〈山形県・改〉

図２

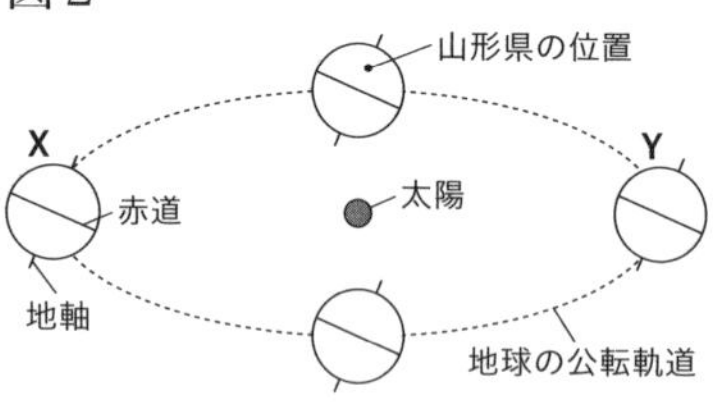

> 図２において，地球が①（**ア**　X　　**イ**　Y）の位置にあるとき，山形県での季節は冬である。夏の晴れた日と冬の晴れた日を比べると，夏より冬の気温が低くなるのは，太陽の高度が②（**ア**　高く　　**イ**　低く）なり，同じ面積に当たる光の量が③（**ア**　多く　　**イ**　少なく）なるからである。

①(　　)　②(　　)　③(　　)

くわしく

図１のような，見かけの天井を表す装置を天球という。また，天球の頂点と南北を結ぶ線を子午線という。

ヒント

春分・秋分の日には太陽は真東からのぼり真西に沈む。夏至のころは日の出・日の入りのどちらも北寄りになり，冬至のころはどちらも南寄りになる。

くわしく

地軸が傾いているため，季節ごとに地表への太陽光の当たり方が変化し，四季が生じる。春分・夏至・秋分・冬至の日の太陽の南中高度は，観測地の緯度を$x°$，地軸の傾きを23.4°とすると，それぞれ以下の式で求めることができる。

春分・秋分の日の南中高度 (a)

$a=90-x$

夏至の日の南中高度 (b)

$b=90-(x-23.4)$

冬至の日の南中高度 (c)

$c=90-(x+23.4)$

(3) 図3は，太陽のまわりを公転している地球のようすと，おもな星座およびその位置関係を模式的に表したものである。日本の春分，夏至，秋分，冬至のときに，地球は図3のいずれかの位置にあるとする。日本の夏至の日，日本で真夜中に南中する星座は，次のどれか。〈長崎県〉

図3

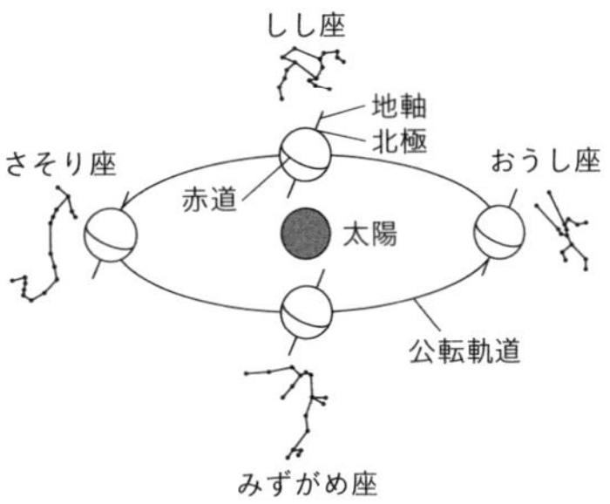

ア みずがめ座　**イ** さそり座　**ウ** しし座　**エ** おうし座

(　　)

ヒント
夏至の日の地球が図のどれにあてはまるかまず考える。また，日本が真夜中をむかえるのは，地球の自転によって太陽の反対側にくるときである。

2 次の各問いに答えなさい。

(1) 図1は，日本のある場所で1週間同じ時刻に観察した月の形と位置を表したものである。日がたつにつれて，月が形を変えながら移動していくようすが見られた。図2は，地球の北極側から見た，地球のまわりを動く月の軌道と，太陽の光を模式的に表したものである。図1の**A**のように月が見えたとき，図2の月の位置として適当なものを，図の**ア**〜**エ**から1つ選び，記号で答えよ。また，同じ時刻に見える月の位置は，日がたつにつれて図1の**X**，**Y**どちらの方角に移動したか。〈長崎県・改〉

図1

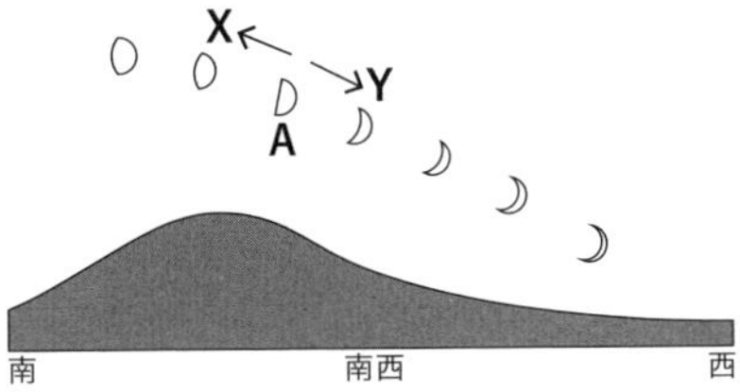

図2

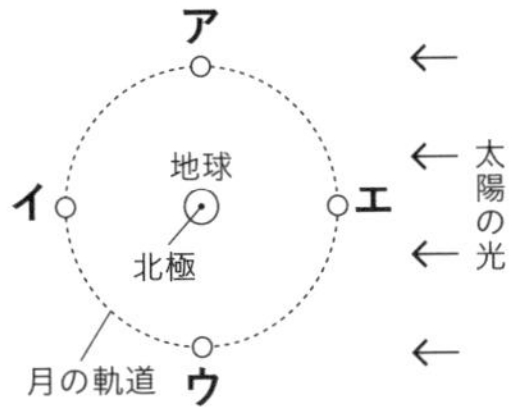

月の位置 (　　)　移動する方角 (　　)

ヒント
観測地から見て月の右側が光って見えていることに着目する。

よく出る

(2) 図3は，12月1日の午後9時に日本のある地点で太郎さんが観察した恒星**X**と北極星の位置を，それぞれ示したものである。また，太郎さんは，この日の3時間後にも恒星**X**を観察した。3時間後に観察した恒星**X**の位置として正しいものを，図4の**ア**〜**エ**から1つ選び，記号で答えよ。〈香川県・改〉

図3

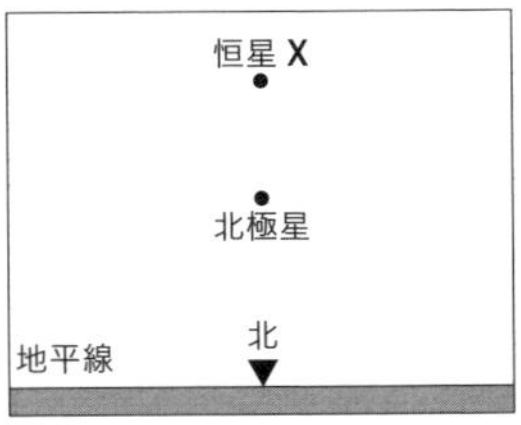

図4

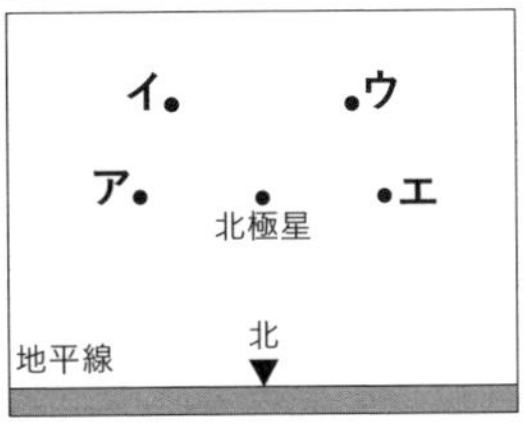

(　　)

ヒント
地球は，24時間かけて1回（360°）自転する。地球の自転による天体の見かけの動きを天体の日周運動という。

STEP 03 実戦問題

入試レベルの問題で力をつけよう。

目標時間 35分

➡ 解答は別冊 56 ページ

1 **次の文を読んで，各問いに答えなさい。**〈神奈川県・改〉

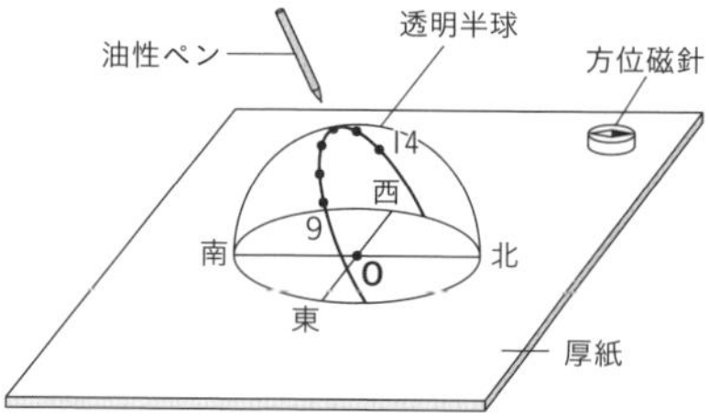

【観察】 K さんは，夏至の日に，日本国内のある都市の地点 **X** で太陽の動きの観察をおこなった。右の図のように，9 時から 14 時まで 1 時間おきに，透明半球の球面上に油性ペンで太陽の位置を記録した。さらに，その記録した点をなめらかな線で結び，厚紙と交わるまで延長した。また，この日の太陽の南中高度をはかったところ 70.3° であった。

(1) K さんは，観察した日の地点 **X** における太陽の南中時刻と，地点 **X** と同じ緯度の地点 **Y** における太陽の南中時刻を調べた。その結果，地点 **X** の南中時刻は，地点 **Y** に比べて 10 分遅いことがわかった。この日の，地点 **X** と地点 **Y** における日の出と日の入りについて説明したものとして適切なものを，次の**ア**～**エ**の中から 1 つ選び，記号で答えよ。

ア 日の入りの時刻は，地点 **Y** のほうが地点 **X** より 10 分早い。
イ 日の入りの時刻は，地点 **Y** と地点 **X** のどちらも同じ時刻である。
ウ 日の出の時刻は，地点 **Y** のほうが地点 **X** より 10 分遅い。
エ 日の出から日の入りまでの時間は，地点 **Y** のほうが地点 **X** より 10 分短い。

(　　)

(2) 観察ではかった太陽の南中高度から，K さんが観察をおこなった地点 **X** の緯度を求めよ。

(　　　)

新傾向

(3) 地軸の傾きが現在の 23.4° から変化した場合について述べた次の文の（ **a** ），（ **b** ）に適する語を，あとの**ア**～**ウ**から 1 つずつ選び，記号で答えよ。

> 地球の地軸の傾きは長い年月の間では変化することがある。以下では，地軸の傾きが 26.0° に変化したと仮定する。このとき，地点 **X** での夏至と冬至の日の太陽の南中高度の差は，現在と比べて（ **a** ）と考えられる。同様に，春分と秋分の日の太陽の南中高度の差は，現在と比べて（ **b** ）と考えられる。

ア 小さくなる　　**イ** 大きくなる　　**ウ** 変わらない

a（　　）　**b**（　　）

2 次の各問いに答えなさい。〈愛光高校・改〉

図1は，ある日の愛媛県松山市（北緯33.8°）で海抜0 mの地点における太陽の位置を，1時間ごとに油性ペンで透明半球に記録したものである。なお，矢印はその日の松山市における日の出，または日の入りの位置を表している。

図1

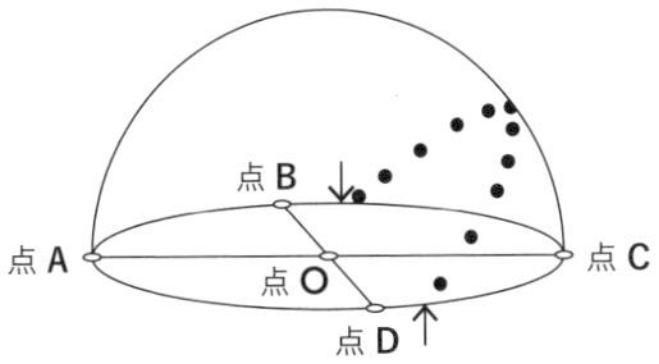

(1) 同じ日に，赤道，南アフリカのケープタウン（南緯34.1°），南極点付近で点Aが松山で記録したときと同じ方角となるように置いた透明半球に太陽の軌跡を記録したとすると，どのようになると考えられるか。おおよその軌跡を下の図中に直線でかきこめ。ただし，図は図1の透明半球を点D，点O，点Bが重なるように点Dから見た図である。なお，半球上に軌跡が記録できない場合は図中に大きく×を書け。

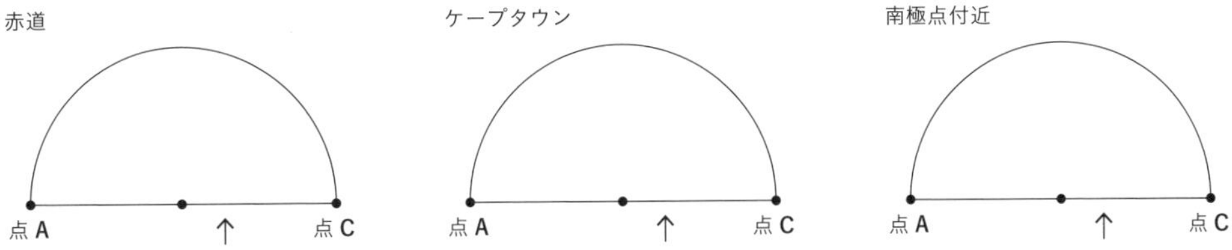

(2) この日の夕方，東の空にかに座が見られたとすると，地球はどの位置にあると考えられるか。図2を参考に次の**ア**～**エ**から1つ選び，記号で答えよ。

ア 地球Eと地球Fの間
イ 地球Fと地球Gの間
ウ 地球Gと地球Hの間
エ 地球Hと地球Eの間

図2

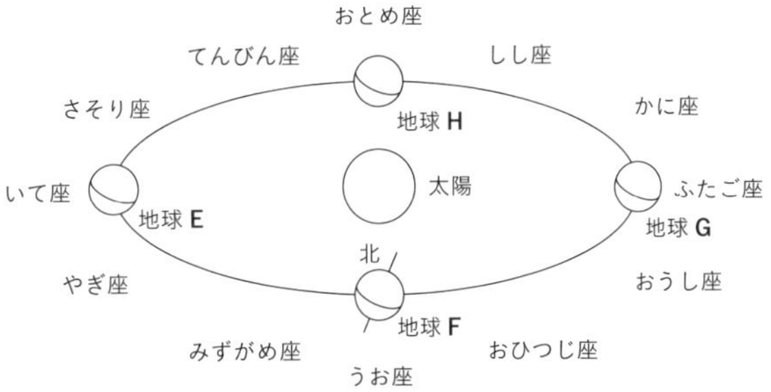

（　　）

よく出る

(3) 図2のうち，夏至の日から2か月後の夜中に見ることのできない星座を次の**ア**～**エ**から1つ選び，記号で答えよ。

ア さそり座　**イ** しし座　**ウ** おうし座　**エ** みずがめ座

（　　）

(4) 松山市の夏が暑い理由として誤ったものを，次の**ア**～**エ**からすべて選び，記号で答えよ。

ア 夏場のほうが冬場より太陽に照らされている時間が長いから。
イ 夏場のほうが冬場より太陽までの距離が短いから。
ウ 夏場のほうが冬場より太陽の光が真上付近から当たるから。
エ 夏場のほうが冬場より太陽表面の黒点が多いから。

（　　）

3 次の文を読んで，各問いに答えなさい。〈三重県・改〉

三重県のある地点で2018年5月22日午後9時ごろに月の観察をおこなったところ，南西の空に上弦の月が見えた。図は，地球と月の位置関係および太陽の光の向きを模式的に表したものである。

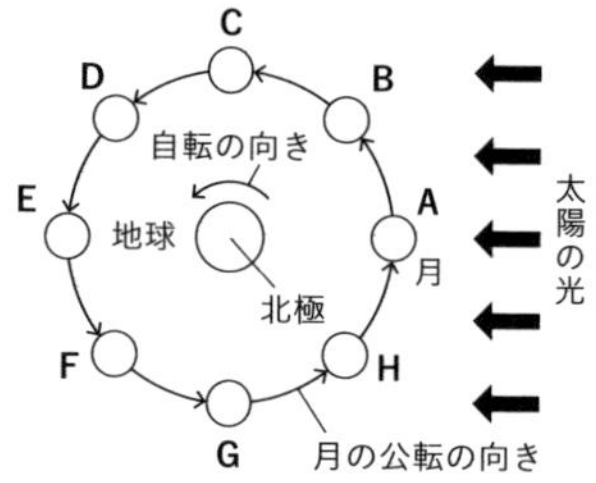

(1) 観察した日に，月はどの位置にあったと考えられるか。適当なものを図の**A**～**H**から１つ選び，記号で答えよ。　(　　)

よく出る

(2) 観察した日から１週間後の午後９時ごろ，同じ場所で月を観察すると，月はどの方位に見えるか，適当なものを次の**ア**～**オ**から１つ選び，記号で答えよ。

ア 東　**イ** 南東　**ウ** 南　**エ** 南西　**オ** 西　(　　)

(3) (2)のとき月はどのような形に見えるか。適当なものを次の**ア**～**オ**から１つ選び，記号で答えよ。

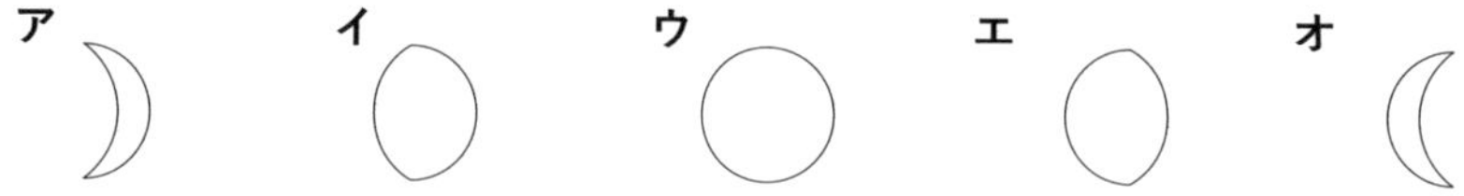

(　　)

4 次の各問いに答えなさい。〈静岡県・改〉

図は，静岡県内の東経138°，北緯35°の場所である年の３月１日午後８時に，南の空を肉眼で観察して，月と２つの恒星（ベテルギウスとシリウス）のようすをスケッチしたものである。

図

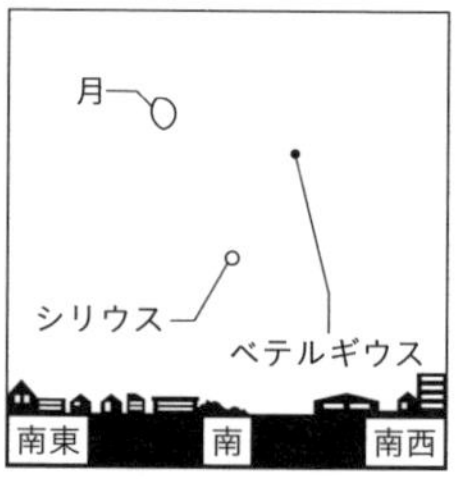

３月１日午後８時

(1) 図の南の空を観察してから４時間後に西の空を肉眼で観察した。このときの月と恒星の位置として適切なものを，次の**ア**～**エ**から１つ選び，記号で答えよ。

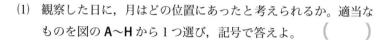

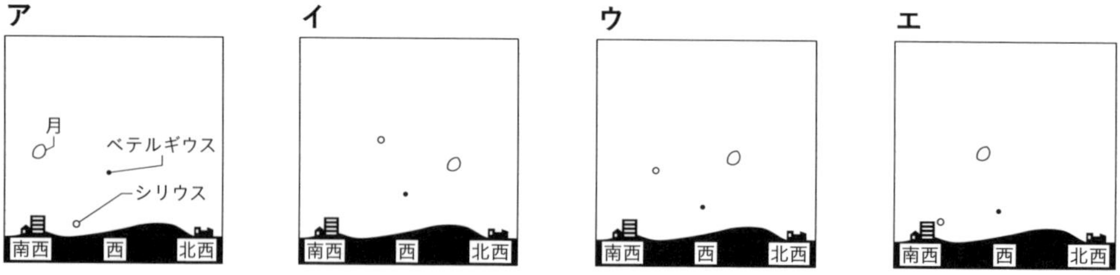

(　　)

難問

(2) 図の南の空を観察したとき，シリウスが見える高度は40°だった。図の南の空を観察した同じ日時に，南半球の東経138°，南緯35°の場所でシリウスを観察したときの，シリウスが見える方角（東・西・南・北の四方位）と高度を求めよ。

四方位（　　　）　高度（　　　）

5 太陽について調べるために，栃木県内で次の観測をおこなった。各問いに答えなさい。

〈栃木県・改〉

【観測Ⅰ】 7月8日の正午ごろ，望遠鏡に太陽投影板をとりつけ，接眼レンズと太陽投影板の距離を調節して，太陽の像と記録用紙の円の大きさを合わせ，ピントを合わせた。記録用紙に投影された黒点の位置や形をすばやくスケッチしたところ，図1のようになった。

【観測Ⅱ】 太陽の像と記録用紙の円の大きさを合わせてからしばらくすると，太陽の像は記録用紙の縁からずれていった。図2のように，太陽の像が記録用紙の円の外に完全に出るまでの時間を測定したところ，およそ2分であった。

図1
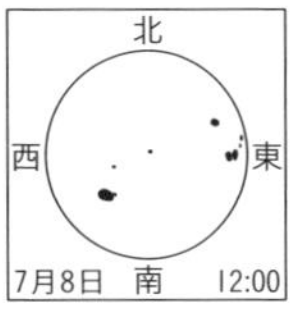

図2
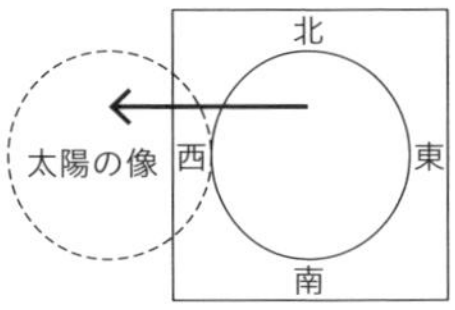

図3
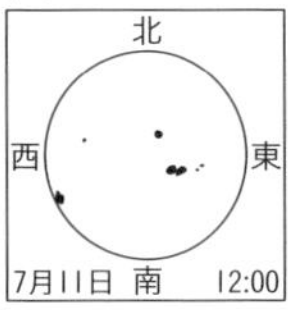

図4
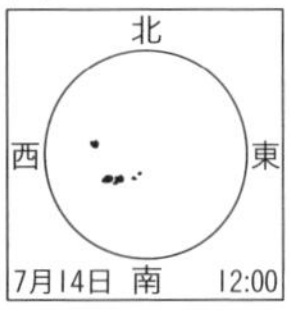

【観測Ⅲ】 観測Ⅰと同様の観測を7月11日と7月14日にもおこなった。図3，図4はそれぞれ，そのときのスケッチである。

(1) 太陽や，星座を形づくる星のように，自ら光を出す天体を何というか，答えよ。

（　　　）

(2) 黒点が黒く見える理由は，黒点の温度が周囲とは異なるからである。太陽の表面温度と，周囲と比べた黒点の温度のようすの組み合わせとして正しいものを，次の**ア〜エ**から1つ選び，記号で答えよ。

	太陽の表面温度	黒点の温度のようす
ア	約1600万℃	周囲と比べて高い
イ	約1600万℃	周囲と比べて低い
ウ	約6000℃	周囲と比べて高い
エ	約6000℃	周囲と比べて低い

（　　）

(3) 観測Ⅰと観測Ⅲの結果と考察について述べた次の文の①，②にあてはまる語を，それぞれ答えよ。

図1，図3，図4で黒点の位置や形に変化が見られた。このことは，太陽の形状が（　①　）であり，太陽が（　②　）していると考えることによって説明できる。

①（　　　）　②（　　　）

難問

(4) 右の図は地球と太陽の位置を模式的に表したものであり，図の中の角 x は地球から見た太陽の見かけの大きさを表すのに用いられる。観測Ⅱの結果から求めると，この角 x は何度となるか。ただし，観測Ⅱにおいて，太陽の像が記録用紙の円の外に完全に出るまでの時間をちょうど2分とする。

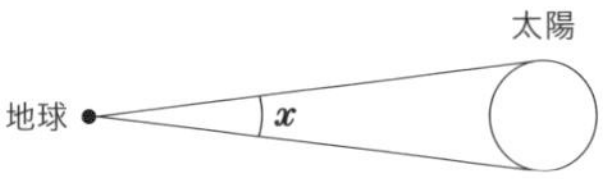

（　　　）

重要度 | ★★★

地球と宇宙②

STEP01 要点まとめ ➡解答は別冊 57 ページ

（　）にあてはまる語句を書いて，この章の内容を確認しよう。

1 太陽系と銀河系

● 01（　　　　　　　）…太陽のように，高温で自ら光を出している天体。[➡星座を形づくっている星など]

● 02（　　　　　　　）…地球のように恒星のまわりを公転している天体。[➡地球からは星座の間を移動しているように見える。]

　➡惑星は，自ら光を出さず，恒星の光を 03（　　　　　　）して光っている。

● 04（　　　　　　　）…太陽を中心とした惑星や衛星，すい星，小惑星などの天体の集まり。

● 05（　　　　　　　）…表面が岩石でできている惑星。平均密度が大きい。

　[➡水星，金星，地球，火星]

● 06（　　　　　　　）…表面が水素やヘリウムなどのガス（気体）でできている巨大な惑星。平均密度が小さい。[➡木星，土星，天王星，海王星]

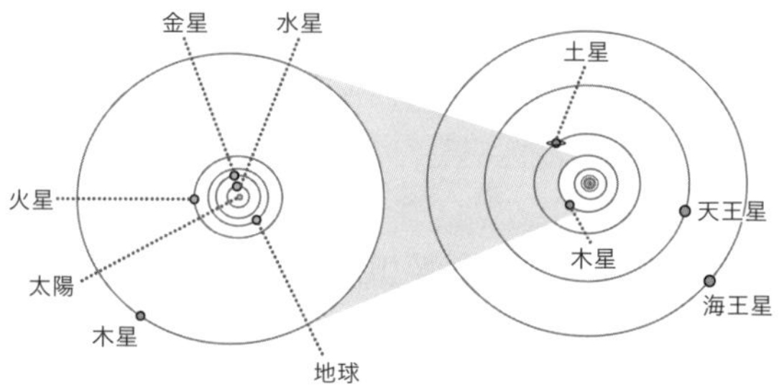

❶太陽系の惑星

● 07（　　　　　　　）…太陽系をふくむ約 2000 億個の恒星や星間物質 [➡宇宙にあるちりや星間ガス] の大集団。うずを巻いた凸レンズのような形をしている。

2 金星の見かけの動き

● 金星の見え方

　①夕方の 08（　　　）の空（よいの明星）か明け方の 09（　　　）の空（明けの明星）に見える。

　②真夜中に見えることはない。

　　➡地球の 10（　　　）側を公転するため。

　③満ち欠けして見え，見かけの大きさが大きく変化する。

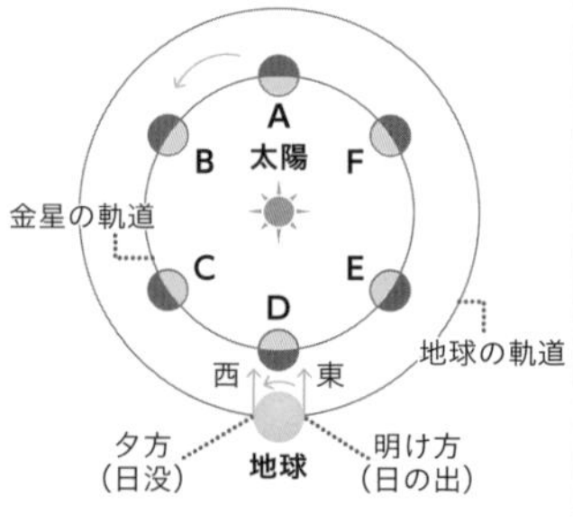

A	○	太陽と重なり見えない。
B	◐	夕方，西の空に見える。（よいの明星）
C	◐	
D	●	影になるので見えない。
E	◐	明け方，東の空に見える。（明けの明星）
F	◐	

❶金星の見え方

STEP 02 基本問題

➡ 解答は別冊 57 ページ

学習内容が身についたか，問題を解いてチェックしよう。

1 次の各問いに答えなさい。

(1) 惑星は大きさによって２つのグループに分けることができる。地球を代表とするグループに属する惑星のうち，地球以外の名称をすべて答えよ。

（　　　　　　　　　　）

(2) 太陽系の木星型惑星の説明として正しいものを，次の**ア～エ**から１つ選び，記号で答えよ。〈大阪府〉

ア　いずれの木星型惑星も，質量は地球より大きいが，平均密度は地球より小さい。

イ　いずれの木星型惑星も，大気のおもな成分は酸素である。

ウ　いずれの木星型惑星も，太陽系外縁天体である。

エ　木星型惑星のうち，環（リング）が存在するのは，土星だけである。

（　　）

ヒント
惑星は，その大きさと組成などから，地球型惑星と木星型惑星に分けられる。

2 次の各問いに答えなさい。〈京都府・改〉

午前５時ごろ，天体望遠鏡で金星を観測することができた。

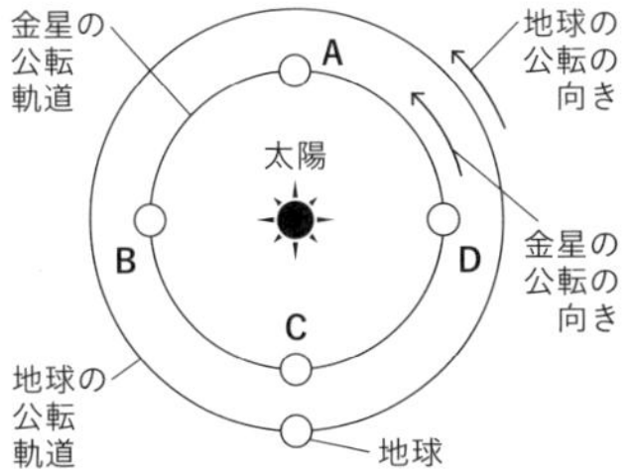

よく出る (1) 観察した金星の位置として適切なものを，図の**A～D**から１つ選び，記号で答えよ。（　　）

よく出る (2) (1)の位置の金星を観察したときの見え方として適切なものを，次の**ア～オ**から１つ選び，記号で答えよ。ただし，**ア～オ**は天体望遠鏡で観察した像の上下左右を，肉眼で観察したときの向きに直した金星の見え方を示したものとする。

ア　**イ**　**ウ**　**エ**　**オ**

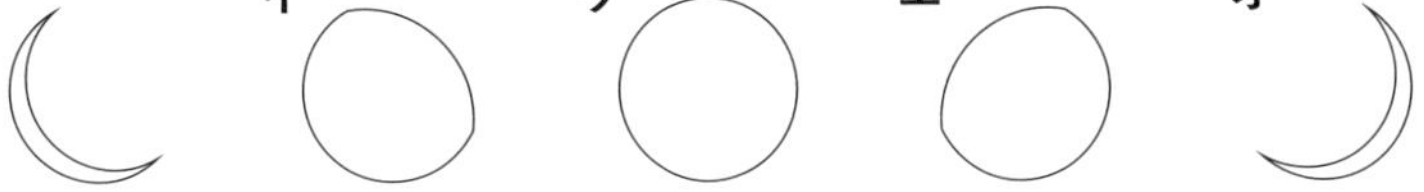

（　　）

ヒント
図中の地球において，午前５時ごろの地点はどこであるかまず考える。

STEP 03 実戦問題

入試レベルの問題で力をつけよう。

目標時間 20分

➡ 解答は別冊 58 ページ

1 次の文を読んで，各問いに答えなさい。〈石川県〉

図１

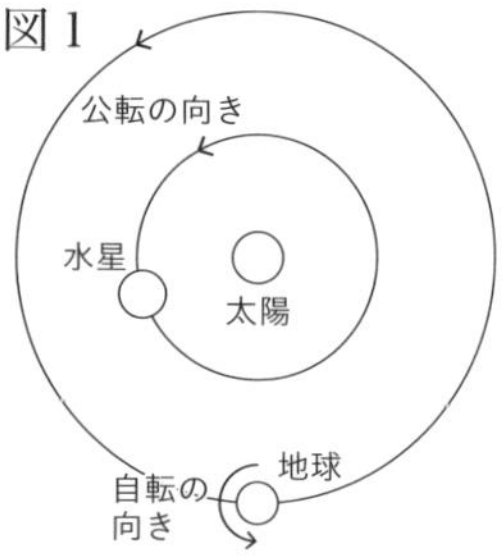

図１は，ある日の太陽，水星，地球の位置関係を模式的に表したものである。また，下の図２は，その日の 18 時 54 分と 19 時 48 分に日本国内の地点 **X** から観察した月の形と水星の位置を，模式的に表したものである。なお，この日，水星が月に隠れて見えない時間があった。

よく出る

(1) この日，地点 **X** では，水星と木星がほぼ同じ方向に見えた。水星と木星は，望遠鏡で観察すると，どのような形に見えると考えられるか。次の**ア**〜**オ**から最も適切なものをそれぞれ１つ選び，その記号を書け。ただし，選択肢の図の上下左右は，肉眼で観察したときの見え方に直してある。

ア　**イ**　**ウ**　**エ**　**オ**

水星（　　）　木星（　　）

(2) 図２の月が欠けて見えるのは，月食によるものではないと判断できる。そう判断できる理由を書け。

図２

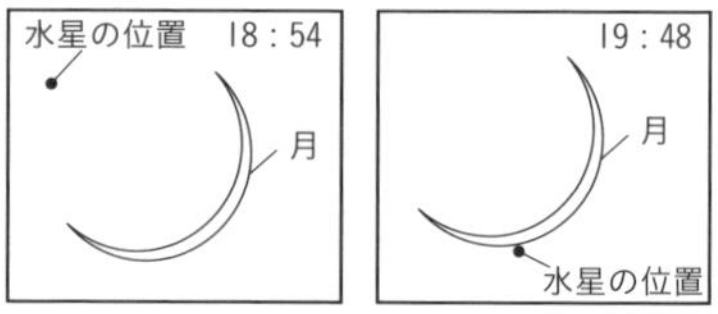

［　　　　　　　　　　］

難問

(3) 同じ日に日本国内の地点 **A**，**B** から月の形と水星の位置を観察した。表は，その結果をまとめたものの一部である。地点 **B** から観測した場合，水星がふたたび現れたときの位置は，図３の**ア**，**イ**のいずれか，記号で答えよ。また，そう判断した理由を書け。

	地点 **A**	地点 **B**
水星が月に隠れ始めた時刻	19：01	19：27
水星が再び現れた時刻	19：51	19：47

図３

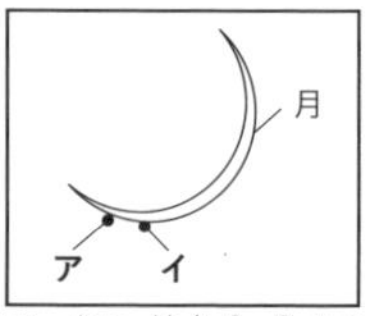

ア，**イ**は，地点 **A**，**B** から観察した場合の，水星が再び現れたときの位置のいずれかを表している。

記号（　　　）

理由［　　　　　　　　　　］

2 次の各問いに答えなさい。〈ラ・サール高・改〉

2017年8月中旬，夜8時に南の空を見上げたところ，白く光って見える土星と，赤く光って見えるさそり座のアンタレスを観測することができた。

よく出る

(1) 土星の特徴を説明したものとして，正しいものを次の**ア**～**オ**からすべて選び，記号で答えよ。

ア 天王星の外側を公転している。　**イ** 環をもつ唯一の惑星である。

ウ 密度は惑星の中で最小である。　**エ** 大気のほとんどはヘリウムである。

オ 太陽に近いほうから数えて6番目の惑星である。

(　　　　)

(2) 土星の環について説明した文として正しいものを次の**ア**～**エ**から1つ選び，記号で答えよ。

ア すきまのない1枚の岩石で構成されている。

イ 濃密なガスがとり巻いている。

ウ 細い金属のリングが幾重にもとり巻いている。

エ 無数の細かい氷や岩石などで構成されている。

(　　)

(3) 土星とアンタレスの2か月ごとの位置関係を表したのが右の図である。2017年2月から12月にかけて，アンタレスに対する土星の見かけの動きとして適当なものを，次の**ア**～**エ**から1つ選び，記号で答えよ。

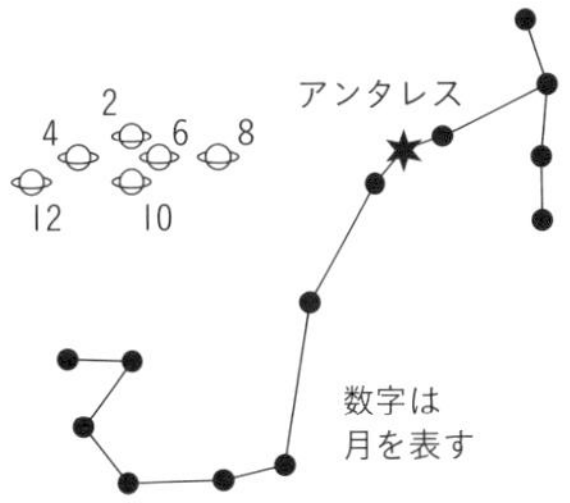

ア 東→西，西→東と位置を変えている。

イ 西→東，東→西と位置を変えている。

ウ 東→西，西→東，東→西と位置を変えている。

エ 西→東，東→西，西→東と位置を変えている。

(　　)

超難問

(4) 2017年4月から8月にかけての，地球の公転のようすを表しているものはどれか。正しいものを，次の**ア**～**エ**から1つ選び，記号で答えよ。

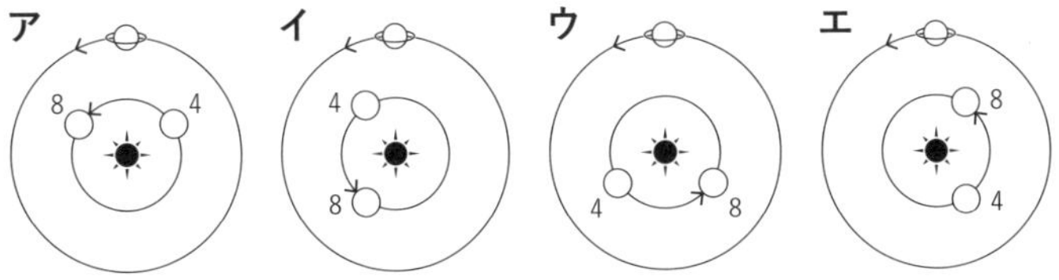

(　　)

(5) 10年後の2027年，土星が夜8時に南の空に見えるのは何月か。次の**ア**～**オ**から1つ選び，記号で答えよ。なお，土星の公転周期は30年である。

ア 2月　**イ** 4月　**ウ** 6月　**エ** 10月　**オ** 12月

(　　)

入試
予想問題

PERFECT COURSE EXAMINATION

入試予想問題①

本番さながらの予想問題にチャレンジしよう。➡ 解答は別冊 59 ページ

制限時間	得点
50分	点/100点

1 次の各問いに答えなさい。【各5点 (2)完答 合計15点】

(1) 右のグラフは，植物 A と植物 B にさまざまな強さの光を当てたときの，二酸化炭素の吸収量と排出量を模式的に示したものである。

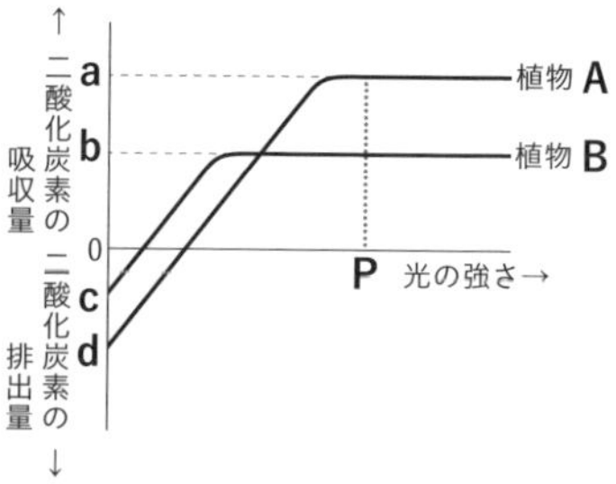

①植物 A に P の強さの光を当てたとき，植物 A は光合成によって二酸化炭素をどれだけ消費しているか。図中の a～d の文字を用いて表せ。ただし，a～d は正の数とする。

②グラフから，植物 B は植物 A と比べてどのような環境のところで生育していると考えられるか。簡潔に説明せよ。

(2) 図のように，摩擦のない曲面上の A 点に球を置いて自然にはなしたところ，球は曲面上を運動し，B 点から空中に飛び出した。飛び出したあと C を通過するときの高さとして正しいものを，図のア～ウから 1 つ選び，記号で答えよ。また，そうなる理由を，「C を通過するとき，」に続けて「運動エネルギー」ということばを用いて簡潔に説明せよ。

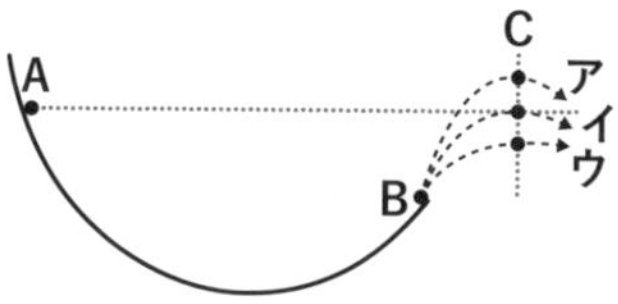

(1) ①	②
(2) 記号	理由　C を通過するとき，

2 次の文章を読んで，各問いに答えなさい。【各5点 (1)完答 合計15点】

ある日，理科室の乾湿計を測定したところ，右図のような値を示していた。また，表 1 は乾湿計用湿度表を，表 2 は気温と飽和水蒸気量の関係を表したものである。

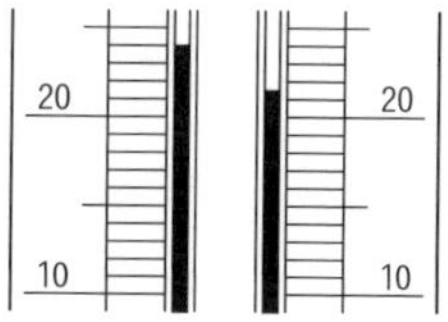

表 1

湿度表									
乾球	乾球と湿球との差								
	0.5	1.0	1.5	2.0	2.5	3.0	3.5	4.0	4.5
℃	%	%	%	%	%	%	%	%	%
25	96	92	88	84	80	76	72	68	65
24	96	91	87	83	79	75	71	68	64
23	96	91	87	83	79	75	71	67	63
22	95	91	87	82	78	74	70	66	62

(1) このときの乾湿計の湿球の示度は何℃か。また，理科室の湿度は何％か。

(2) このときの理科室の空気の露点は何℃か。表２から選んで答えよ。

(3) このあと，理科室の窓を開けて空気の入れ換えをしてから露点を測定したところ，(2)の値より低くなった。その原因として最も適切なものを，次の**ア**～**エ**から１つ選び，記号で答えよ。

ア 新しい空気の湿度が高かったから。

イ 新しい空気にふくまれている水蒸気の量が多かったから。

ウ 新しい空気の湿度が低かったから。

エ 新しい空気にふくまれている水蒸気の量が少なかったから。

表２

気温〔℃〕	20	21	22	23	24
飽和水蒸気量〔g/m³〕	17.3	18.3	19.4	20.6	21.8
気温〔℃〕	25	26	27	28	29
飽和水蒸気量〔g/m³〕	23.1	24.4	25.8	27.2	28.8

(1) 湿球	湿度	(2)	(3)

3 次の実験について，各問いに答えなさい。【各５点 (3)それぞれ５点 合計 20 点】

右図のように，うすい塩酸 10 mL に BTB 溶液を加え，そこにうすい水酸化ナトリウム水溶液を２mL ずつ加えていき，そのたびにビーカーを揺り動かして水溶液をよく混ぜた。すると，うすい水酸化ナトリウム水溶液を６mL 加えたとき BTB 溶液の色が変化し，さらに２mL 加えて合計８mL 加えたとき，再び BTB 溶液の色が変化した。

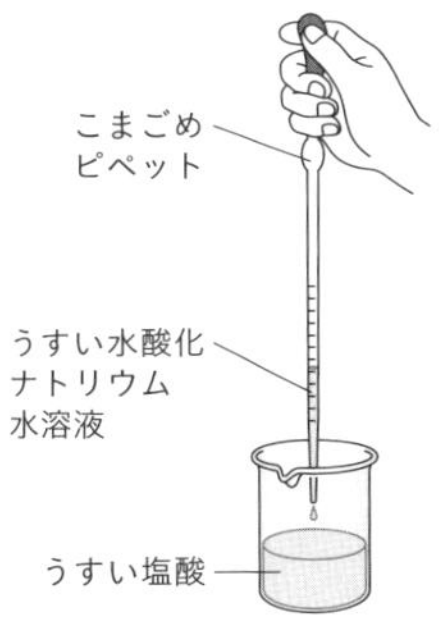

(1) この実験での BTB 溶液の色の変化を書け。

(2) BTB 溶液の色が変化したのは，ある反応が水溶液中で起きたためである。その反応を，実際に結合したイオンの化学式を用いた反応式で書け。

(3) うすい水酸化ナトリウム水溶液を加えていったときの，水溶液中の水素イオンの数，およびイオンの合計数の変化として正しいものを，次の**ア**～**オ**の中から１つずつ選び，記号で答えよ。ただし，縦軸のスケールは考えなくてよいものとする。

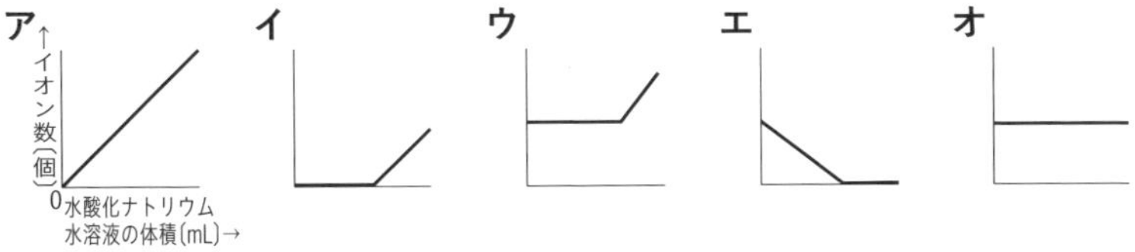

(1)　　　→　　　→	(2)
(3) 水素イオン	イオンの合計数

4 次の各問いに答えなさい。【各5点 (1)それぞれ5点 (3)①完答 合計30点】

(1) 図1は，ヒトの目のつくりを模式的に示したものである。**X**は，映った像の光の刺激を受けとる細胞のある組織，**Y**は，ひとみの大きさを変える組織である。それぞれの名称を答えよ。

図1

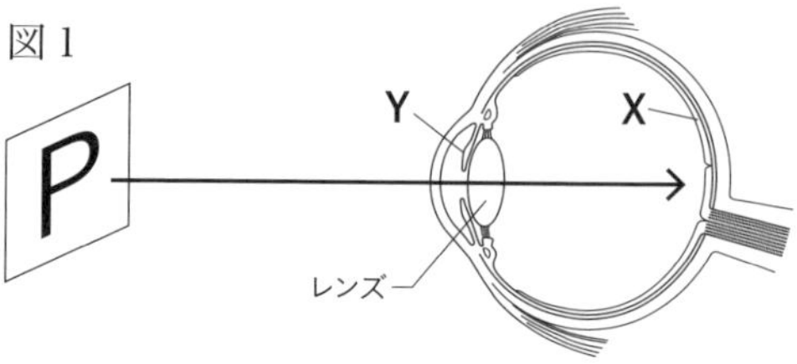

(2) 図1の**P**の文字が，**X**上に映っている図として正しいものを，次の**ア～エ**から1つ選び，記号で答えよ。ただし，図はレンズの側から**X**を見たものとする。

ア

イ

ウ

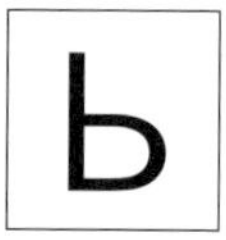

エ

(3) ヒトの目のレンズは，凸レンズと似た性質をもつ。

①図2のように，光源，凸レンズ，スクリーンを置いたとき，光源の鮮明な像がスクリーンに映った。凸レンズの位置はそのままにして，光源を左に移動したとき，鮮明な像を映すためには，スクリーンの位置を左右どちらへ動かせばよいか。また，そのときの像の大きさは，図2のときに比べどのように変化しているか。

図2

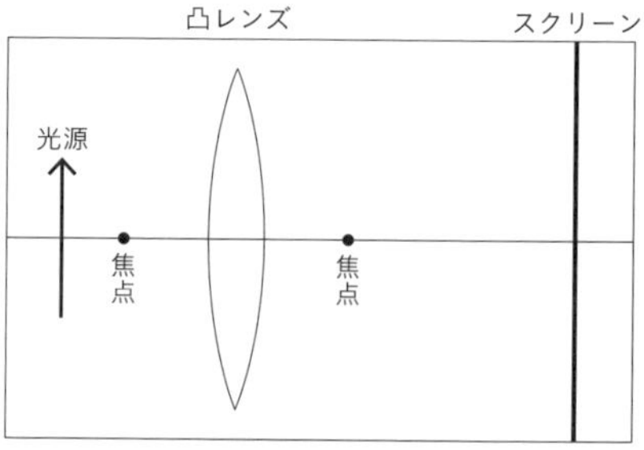

②ヒトの目では，光源の位置が変わってもスクリーンにあたる**X**を動かすことはできない。では，ヒトの目では，どのようにして鮮明な像を**X**上に映るようにしているのか。「焦点」という語を用いて簡潔に説明せよ。

③図2の状態から凸レンズに厚みのあるおおいをしたところ，スクリーンに映っている像の一部が欠けて見えた。像の一部が欠けて見えるものを，次の**ア～エ**からすべて選び，記号で答えよ。ただし，答えが1つの場合もある。

ア

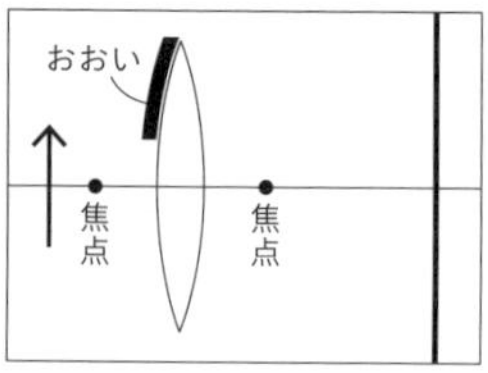

イ

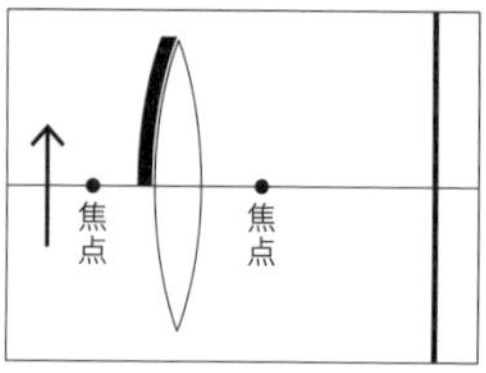

ウ

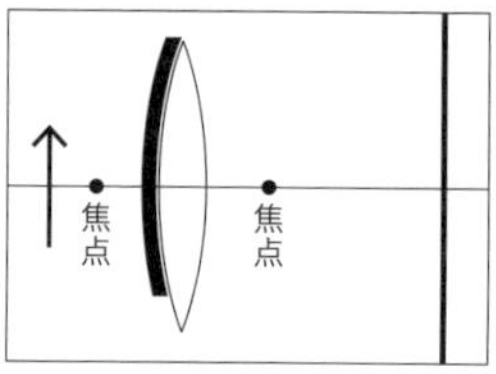

エ

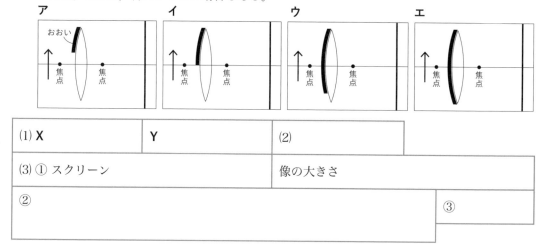

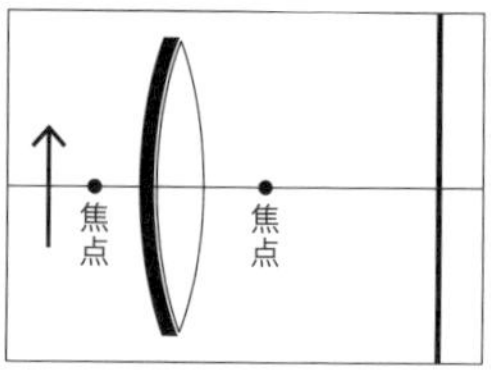

(1) **X**	**Y**	(2)
(3) ① スクリーン	像の大きさ	
②	③	

5 次の各問いに答えなさい。【各5点　合計20点】

(1) 図1は，地球の磁界を考えるために，地球の内部に棒磁石があると仮定した模式図である。このとき，北極側にある **X** の極と，磁界の向きとして正しいものを，次の **ア〜エ**から1つ選び，記号で答えよ。

ア　**X** はN極で，磁界は **a** の向きである。

イ　**X** はN極で，磁界は **b** の向きである。

ウ　**X** はS極で，磁界は **a** の向きである。

エ　**X** はS極で，磁界は **b** の向きである。

図1

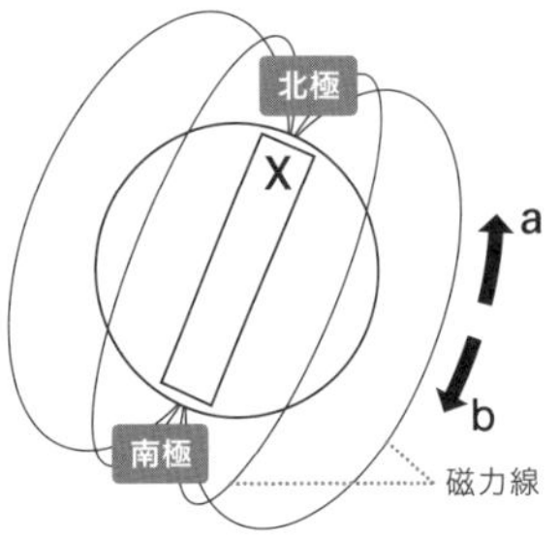

(2) 方位磁針のN極は，北極点（地図上の北）ではなく，2020年時点では北緯86.5°，東経163°付近にある北磁極という地点に引きつけられている。図2は，北極点（**A**）と北磁極（**B**）とを通る面で切断した地球の縦断面である。**C** は北緯23.4°の北回帰線上，**D** は北緯0°の赤道上の地点を示している。

図2

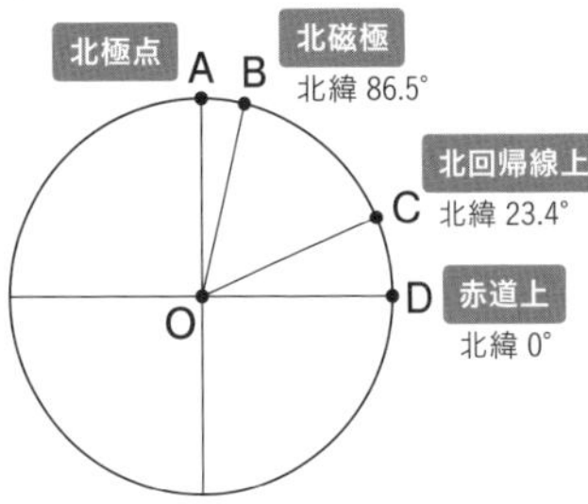

①地軸が公転面の垂線に対し23.4°傾いていることにより，夏至のころ真夜中も太陽が地平線の下に沈まない白夜とよばれる現象が見られる地域がある。白夜が見られるのは北緯何度より北の地点か。

②北緯86.5°上の北磁極での，夏至の日の太陽の動きとして正しいものを，次の**ア〜エ**から1つ選び，記号で答えよ。

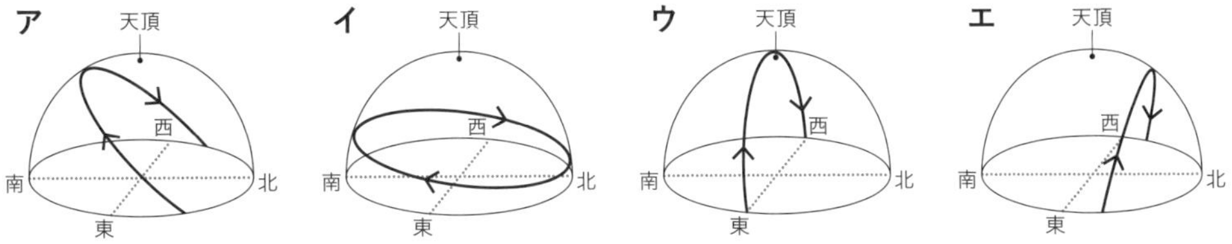

③北緯0°の赤道上で観察される天体の現象として誤っているものを，次の**ア〜オ**から2つ選び，記号で答えよ。

ア　太陽は1年中，地平線に対して垂直にのぼってくる。

イ　太陽ののぼる方位は，夏至の日が最も北寄りになる。

ウ　太陽の高度は，春分と秋分の日が1年のうちで最も高くなる。

エ　太陽は1年中，東からのぼったあと南の空を通過する。

オ　北極星は，北の地平線からおよそ23.4°の高度にある。

(1)	(2) ①	②	③

PERFECT COURSE EXAMINATION

入試予想問題②

本番さながらの予想問題にチャレンジしよう。➡ 解答は別冊 62 ページ

制限時間	得点
50分	点／100点

1 次の各問いに答えなさい。【各完答4点　合計8点】

(1) 試験管 A〜E に，うすい塩酸，食塩水，硫酸銅水溶液，うすい水酸化ナトリウム水溶液，うすい水酸化バリウム水溶液のいずれかを入れ，次のことを確かめた。

①Bの水溶液だけは青色で，ほかの水溶液は無色であった。

②各水溶液を少量とり出してフェノールフタレイン溶液を加えたところ，C と E の水溶液だけが赤色になった。

③各水溶液を少量とり出して BTB 溶液を加えたところ，A と B の水溶液だけが黄色になった。

④B と C の水溶液を少量とり出して混ぜ合わせたところ，白い沈殿が生じた。

⑤2つの試験管（X と Y とする）の水溶液を少量とり出して混ぜ合わせてできた混合液を加熱して水を蒸発させたところ，結晶が得られた。その結晶は，別のある試験管（Z とする）の水溶液を加熱して水を蒸発させたときに得られた結晶と同じ物質であった。

以上のことから，⑤で用いた試験管 X，Y，Z はそれぞれどの試験管だったのか，A〜E の記号で答えよ。

(2) 右図は，気象衛星がとらえたある日の雲画像である。このような雲画像が見られるのは，おもに春夏秋冬のどの季節か，漢字1文字で答えよ。また，このような雲画像が見られるときの気圧配置を何というか，漢字で書け。

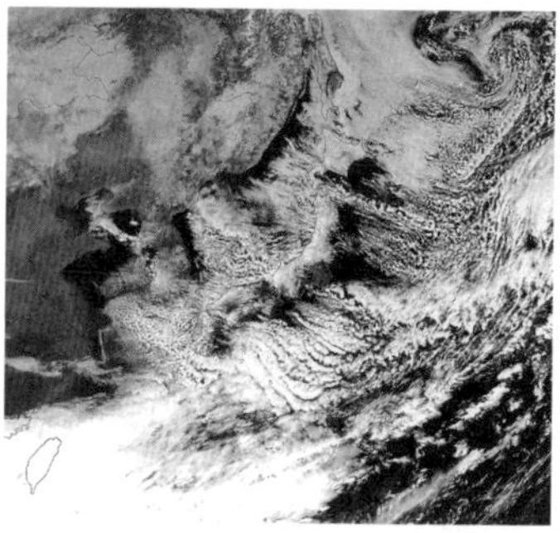
（提供：気象庁）

(1) X	Y	Z
(2) 季節	気圧配置	

2 次の文章を読んで，各問いに答えなさい。【各4点　(4)完答　合計20点】

右図のような回路をつくり，PQ 間にいつも 56 V の電圧を加えた。Ⅰ〜Ⅳはスイッチで，電熱線以外の部分には抵抗がないものとする。

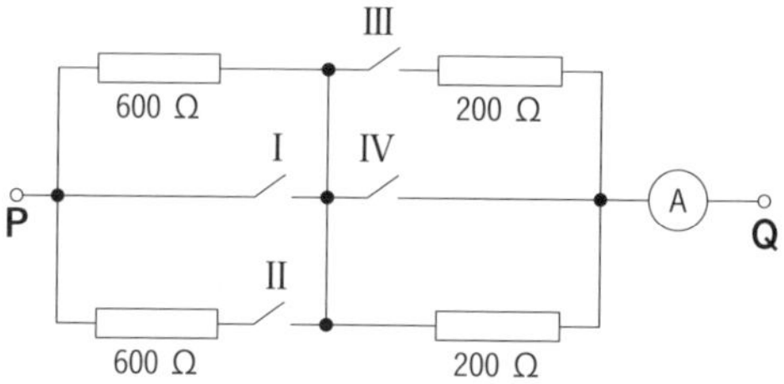

(1) 図の状態で電流計は何 mA を示しているか。

(2) スイッチⅠだけを入れたとき，電流計は何 mA を示すか。

(3) スイッチⅡだけを入れたとき，電流計は何 mA を示すか。

(4) 電流計の示す値が最大になるのは，どのスイッチを入れたときか。また，そのとき電流計は何 mA を示すか。複数のスイッチを同時に入れてもかまわない。ただし，回路内の抵抗を 0 にしてはならない。

(5) スイッチⅠ～Ⅳを組み合わせることで，**PQ** 間の抵抗を，100 Ω，200 Ω，300 Ω，400 Ω，500 Ω，600 Ω，700 Ω，800 Ω，900 Ωにしたい。このうち，実現できない抵抗の大きさはどれか。すべて書け。ただし，すべて実現できるときは，0 とせよ。

(1)	(2)	(3)
(4) スイッチ	電流計	(5)

3 次の文章を読んで，各問いに答えなさい。【各 4 点 (1)完答 合計 20 点】

右の表は，ある地震が発生したときの 3 つの観測地点での初期微動と主要動が始まった時刻をまとめたものである。ただし，地震による波は一定の速さで直進するものとする。

観測地点	震源からの距離〔km〕	初期微動開始時刻	主要動開始時刻
A	36	16時28分14秒	16時28分18秒
B	108	16時28分26秒	16時28分38秒
C	**X**	16時28分23秒	16時28分33秒

(1) この地震の P 波と S 波の速さは，それぞれ何 km/s か。

(2) 観測地点 **C** の震源からの距離 **X** は何 km か。

(3) 表の結果をもとに，縮尺 10 万分の 1 の地図で震央を見つけ，地図上の観測地点 **A** から震央までの距離を測定すると，19.9 cm であった。
①観測地点 **A** から震央までの実際の距離は何 km か。
②この地震の震源の深さは，およそ何 km か，整数で答えよ。

(4) この地震のマグニチュードは 4.2 だった。マグニチュード 7.2 の地震で放出されたエネルギーは，この地震のおよそ何倍か。次の**ア**～**ウ**から 1 つ選び，記号で答えよ。
ア 2000 倍　**イ** 15000 倍　**ウ** 32000 倍

(1) P 波	S 波	(2)
(3) ①	②	(4)

4 図は，がけで見られた地層をスケッチしたものである。次の各問いに答えなさい。

【各4点　合計24点】

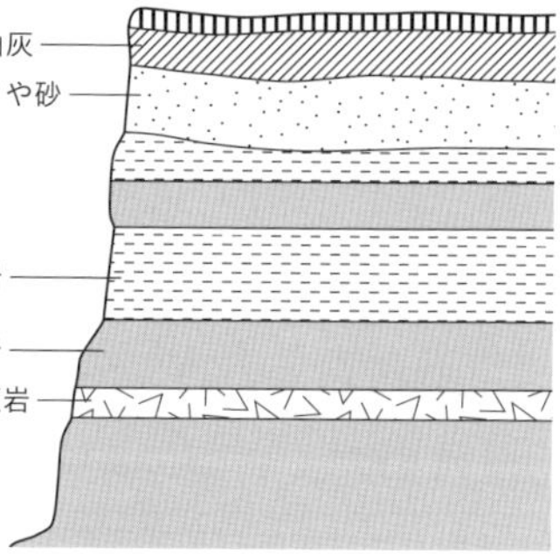

(1) Aの火山灰の層を採取し，きれいに水洗いをして双眼実体顕微鏡で観察したところ，無色透明でガラスの破片のような鉱物が多くふくまれていた。

①この鉱物は何か。その名称を書け。

②火山灰にふくまれている鉱物からわかる，この火山灰を噴出した火山についての説明として正しいものを，次の**ア**～**エ**から1つ選び，記号で答えよ。

ア　噴出したマグマのねばりけが強く，おわんをふせたような形の火山になる。

イ　噴出したマグマのねばりけが強く，なだらかな傾斜をした火山になる。

ウ　噴出したマグマのねばりけが弱く，おわんをふせたような形の火山になる。

エ　噴出したマグマのねばりけが弱く，なだらかな傾斜をした火山になる。

(2) Bの泥岩とCの砂岩を区別する観点として正しいものを，次の**ア**～**エ**から1つ選び，記号で答えよ。

ア　岩石を構成している鉱物の種類　　**イ**　岩石を構成している粒の大きさ

ウ　岩石を構成している粒の重さ　　**エ**　岩石を構成している鉱物による組織

(3) Dの石灰岩を採取し，細かくくだいてからさまざまな質量に分けて，一定濃度のうすい塩酸10.0 gと反応させると，気体がさかんに発生した。反応後，試験管に残った物質の質量を測定したところ，上の表のような結果になった。ただし，石灰岩はすべて炭酸カルシウムからできているものとする。

うすい塩酸〔g〕	10.0	10.0	10.0	10.0	10.0	10.0
石灰岩〔g〕	0.5	1.0	1.5	2.0	2.5	3.0
残った物質の質量〔g〕	10.3	10.6	10.9	11.2	11.7	12.2

①炭酸カルシウムとうすい塩酸との反応を化学反応式で書け。

②実験で用いたうすい塩酸10.0 gと石灰岩が過不足なく反応したとき，発生した二酸化炭素の質量は何gか。

③実験で用いた塩酸の2倍の濃度の塩酸10.0 gに石灰岩を3.5 g加えたとき，発生する二酸化炭素の質量は何gか。

(1) ①	②	(2)

(3) ①	②	③

5 次の文章を読んで，各問いに答えなさい。【(1)各3点　他各4点　(2)②完答　合計28点】

エンドウの花や葉のつくりを観察したところ，花は図1のようなつくりをしており，葉は網目状の葉脈になっていた。また，図2はエンドウの果実をスケッチしたもので，種子を包んでいるものは，一般的にさやとよばれている。

図1

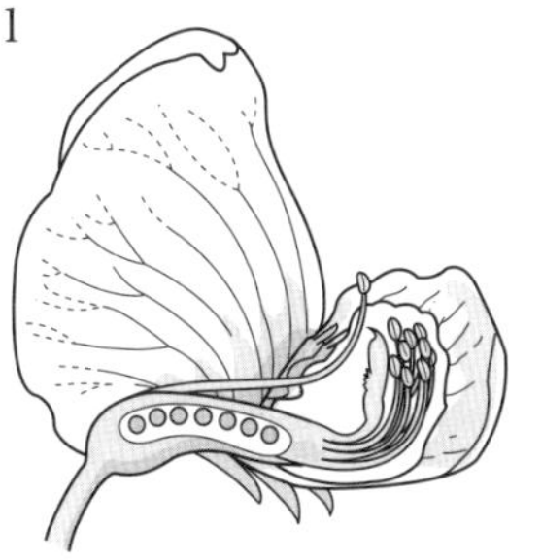

図2

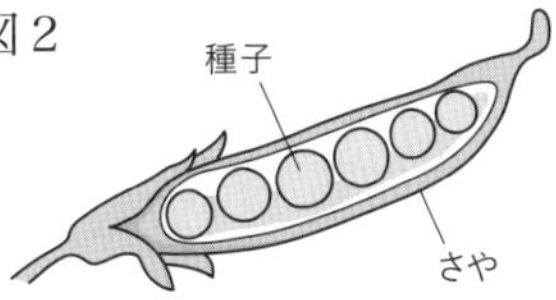

(1) エンドウの花や葉のつくりからわかる，エンドウの特徴を説明した次の文の空欄に入る適切な語を書け。
エンドウは胚珠が［　**ア**　］に包まれているので［　**イ**　］植物のなかまである。また，葉脈が網目状になっていたことと，花弁がばらばらになることから，［　**ウ**　］類の中の［　**エ**　］類であることがわかる。

エンドウのさやには，緑色のものと黄色のものとがあり，その2つは対立形質であることがわかっている。これらの純系のエンドウを使って次の実験をおこなった。

【実験Ⅰ】 緑色のさやをつける純系のエンドウ**A**のめしべに，黄色のさやをつける純系のエンドウ**B**の花粉をつけたところ，すべて緑色のさやをつけた。

【実験Ⅱ】 実験Ⅰで得られた種子を育てて自家受粉させたところ，すべて緑色のさやをつけた。

【実験Ⅲ】 実験Ⅱで得られた種子を育てて自家受粉させたところ，緑色のさやと黄色のさやをつけたものの割合が，緑色：黄色＝3：1になった。

【実験Ⅳ】 黄色のさやをつける純系のエンドウ**B**のめしべに，緑色のさやをつける純系のエンドウ**A**の花粉をつけたところ，すべて黄色のさやをつけた。

【実験Ⅴ】 実験Ⅳで得られた種子を育てて自家受粉させたところ，［　　　　　　］。

(2) これらの実験について，次の問いに答えよ。
①さやを緑色にする形質と黄色にする形質は，どちらが顕性か。
②さやを緑色にする遺伝子をG，さやを黄色にする遺伝子をYとすると，実験Ⅰでついた緑色のさやと，実験Ⅳでついた黄色のさやのもつ遺伝子を，それぞれG，Yを用いて表せ。
③実験Ⅴの［　　　］にあてはまる説明を簡潔に書け。
④ GYの遺伝子をもつエンドウのめしべに，YYの遺伝子をもつエンドウの花粉をつけたとき，どのようなさやがつくか。簡潔に書け。

<table>
<tr><td>(1) ア</td><td>イ</td><td>ウ</td><td>エ</td><td>(2) ①</td></tr>
<tr><td>② 実験Ⅰ</td><td>実験Ⅳ</td><td colspan="3">③</td></tr>
<tr><td colspan="5">④</td></tr>
</table>

編集協力	㈱プラウ21，㈱バンティアン，須郷和恵，木村紳一，斎藤貞夫，甲野藤文宏，東正通，益永高之，大木晴夏，㈱ダブルウイング
カバーデザイン	寄藤文平＋古屋郁美［文平銀座］
カバーイラスト	寄藤文平［文平銀座］
本文デザイン	武本勝利，峠之内綾［ライカンスロープデザインラボ］
図版	㈱アート工房，㈲ケイデザイン，㈱日本グラフィックス
写真提供	写真そばに記載，無印：編集部
DTP	㈱明昌堂　データ管理コード：22-2031-2056（CC19）

この本は下記のように環境に配慮して製作しました。
●製版フィルムを使用しない CTP 方式で印刷しました。●環境に配慮してつくられた紙を使用しています。

学研 パーフェクトコース
わかるをつくる 中学理科問題集

学研
GAKKEN PERFECT COURSE
パーフェクトコース

わかるを
つくる

中学

理科問題集

解答と解説

SCIENCE

ANSWERS AND KEY POINTS

Gakken

物理編

1 物理 光と音

STEP01 要点まとめ

本冊8ページ

1
- **1** 01 反射　02 入射角
  03 反射角　04 等しい
  05 像　06 対称
- **2** 07 屈折　08 ＜
  09 全反射
- **3** 10 白色光

2
- **1** 11 実像
- **2** 12 小さい　13 同じ
  14 遠い　15 できない
  16 虚像

3
- **1** 17 振動
- **2** 18 振幅　19 多い

解説

07, 08　光が空気中から水中へ進むときは，屈折角は入射角よりも小さくなる。また，光が水中から空気中へ進むときは，屈折角は入射角よりも大きくなる。光の屈折の大きさは，物質によって異なる。

09　全反射の例としてよく取り上げられる光ファイバーは，コアとよばれる中心部分，クラッドとよばれるコアをおおう部分，それらをおおう被覆からできている。光はコアとクラッドの境界面で反射しながら進んでいく。

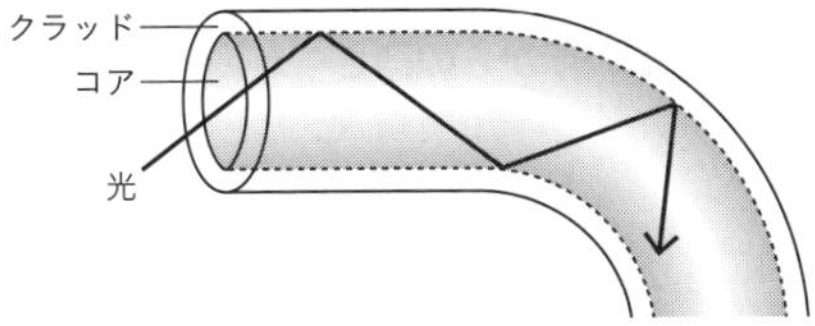

11　実像は物体と上下左右が逆向き。虚像は上下左右が同じ向き。

12〜16　凸レンズと物体の位置関係によって像の大きさと位置は変わる。物体の位置を凸レンズから離していくほど，像の大きさは小さくなり，像の位置は凸レンズに近くなっていく。反対に，物体の位置を凸レンズの焦点に近づけていくほど像は大きくなり，像の位置は凸レンズから遠くなっていく。物体が焦点の上にあるときは像はできない。また，物体が焦点の内側にあるとき，実像はできない。

16　虫眼鏡で見えているのは物体の虚像である。虚像は物体よりも大きく，向きは物体と同じ（正立）。

17　真空中では，音の振動を伝える物質が存在しないため，音が伝わらない。

STEP02 基本問題

本冊10ページ

1 (1) **イ，ウ**
(2) **エ**

解説

(1)　棒から出て鏡で反射して目に入る光は，鏡の面に対して線対称な位置にある点から出たように見える。そのため，各点の鏡の面に対して対称な点をとり，それらの点と点Aを結んだ線が鏡で反射した光が通る道すじとなる。この線が鏡と交われば，点Aから見ることができる。

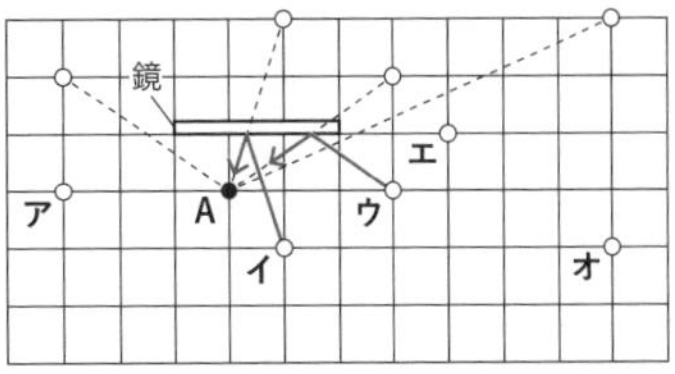

(2)　水中から空気中へ出た光は，下の図のように，水面に近づくように屈折する。そのため，**エ**の位置でコインを見ることができる。

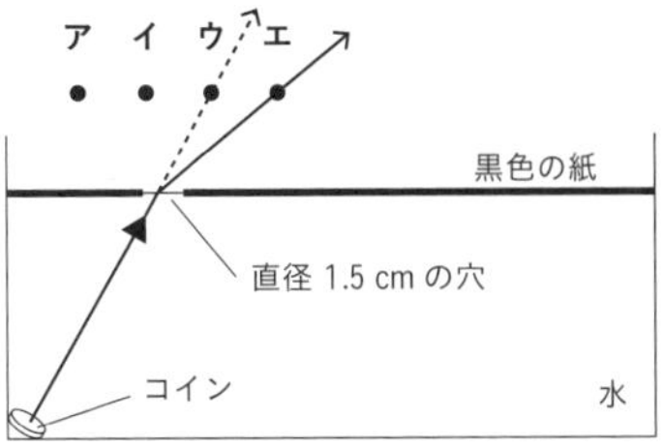

2 (1) **8 cm**
(2) **エ**

解説

(1)　スクリーンに映った実像と物体の大きさが等しくなるのは，下の図のように，物体を焦点距離の2倍の位置に置いた場合である。よって，凸レンズとスクリーンの距離は，焦点距離の2倍の8 cmとなる。

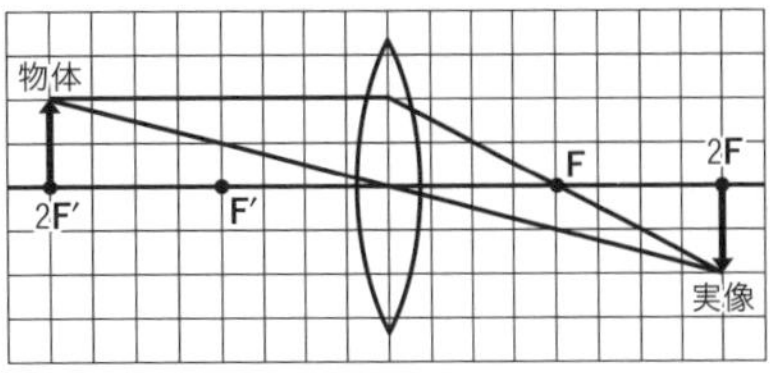

(2)　スクリーンに映る像は物体と上下左右が逆の実像となる。

3 (1) **400 Hz**
(2) **（例）PQ 間の長さを短くし，弦をはじく強さをより強くした。**

解説 ▼

(1) 振動数は，1秒間に音源が振動する回数のことなので，$\frac{1}{400}$秒で1回振動していることから，
$1 \times 400 = 400$〔Hz〕

(2) 図3では，図2より振動数がふえているので，音が高い。これより，**PQ** 間の弦の長さが短くなったことがわかる。また，振幅も大きくなっているので，音が大きくなっており，弦を強くはじいたことがわかる。

くわしく

◉弦の太さ・長さ・張り方と音の高低の関係

	高い音が出る	低い音が出る
長さ・張り方一定	細い弦	太い弦
太さ・張り方一定	短い弦	長い弦
太さ・長さ一定	強く張った弦	弱く張った弦

◉振動数と音の高低・振幅と音の大小の関係

・振動数が多いほど高い音が出る。
・振幅が大きいほど大きい音が出る。

STEP03 実戦問題

本冊12ページ

1 (1)

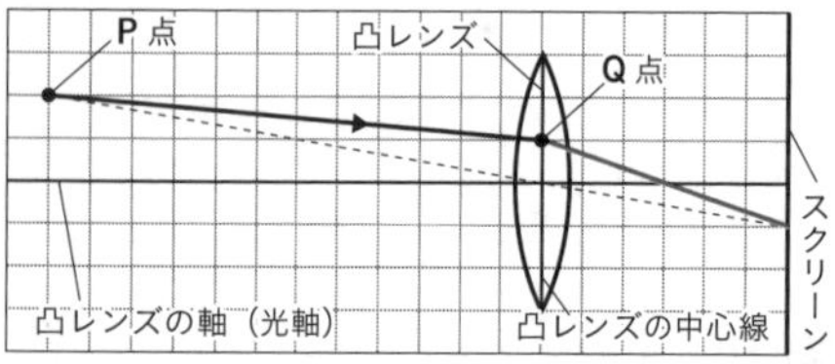

(2) **（例）凸レンズの軸に平行な光となって進み，広がらずに遠くまで届くため。**

(3) **長くなる**

解説 ▼

(1) 凸レンズの中心を通る光はそのまま直進する。そのため，まず **P** 点と凸レンズの中心を結んだ直線を引き，その直線とスクリーンが交わる点と **Q** 点を結ぶ。

(2) 下の図のように，焦点から出た光は凸レンズの軸と平行に進む。平行な光は広がらないので，遠くまで強い光が届く。

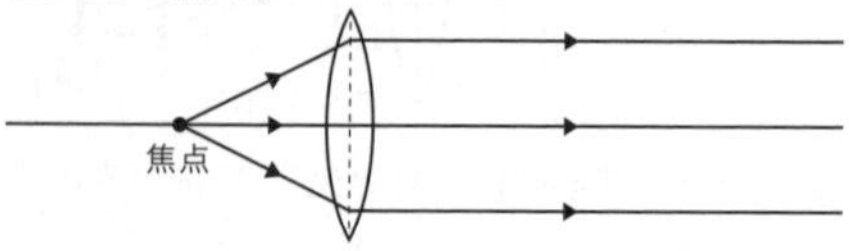

(3) 下の図のように，凸レンズを出た光が曲がりにくい場合の焦点距離は長くなる。

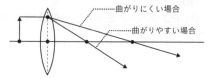

2 (1) **345 m/s**
(2) ① **ア**
② **イ**
(3) **4*d* m/s**

解説 ▼

(1) **b** は，**A** 地点から進んだ音が，壁に反射して **A** 地点に戻ってくるまでの時間なので，その距離は 20.0 m である。よって，音の速さは，
$20.0 \div 0.0580 = 344.8\cdots$より，345 m/s となる。

(2) 音が大きいほど振幅は大きくなる。
また，マイクロホンを校舎に近づけると，音の速さは変わらず，マイクロホンの位置から進んだ音が，壁に反射してマイクロホンの位置に戻ってくるまでの距離が短くなるため，かかる時間は短くなる。

(3) 拓也さんが聞く2台のメトロノームの音が一致するのは，拓也さんが持っているメトロノームの音が鳴る間隔と，博樹さんが持っているメトロノームの音が拓也さんに届くまでの時間が等しくなったときである。
メトロノームの音の鳴る間隔は，
$60 \div 240 = 0.25$〔s〕となるので，d は，0.25 秒間に音が進む距離となる。
よって，音の速さは $d \div 0.25 = 4d$〔m/s〕となる。

3 (1)

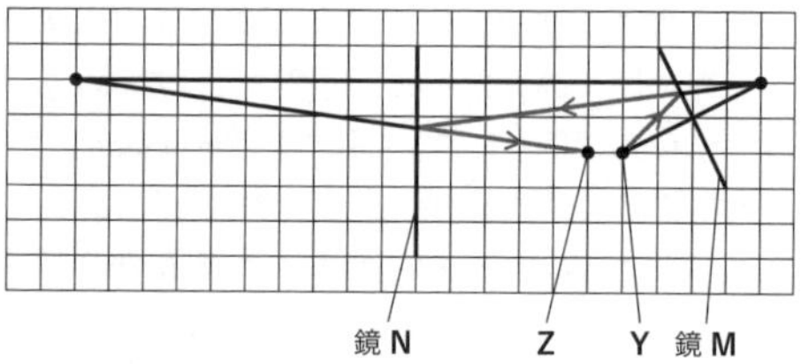

(2) **鏡の縦の長さ　96 cm**
鏡の下端の床からの高さ　51 cm

解説 ▼

(1) 下の図で，**P** は **Y** の像で，鏡 **M** に対して **Y** と線対称な点である。**Q** は **P** の像で，鏡 **N** に対して **P** と線対称な点である。**Z** で見る光は，**Q** から出たように見える。

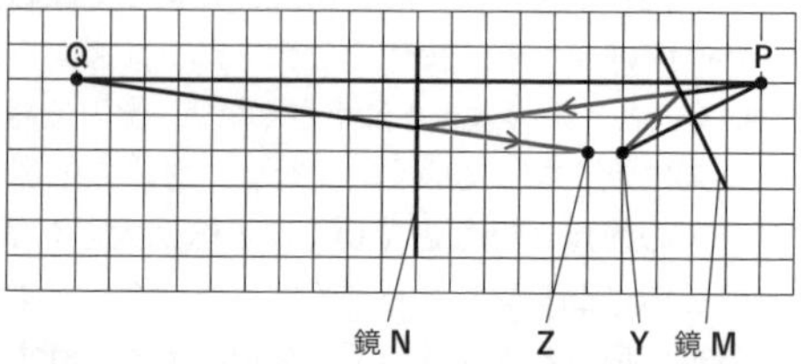

(2) 次のページの図で，**A′** は鏡に対して **A** と線対称な点で，**B′** は鏡に対して **B** と線対称な点である。
あかりさんが自分の頭の先が見え，妹が自分の足下まで見えるようにすれば，2人がそれぞれ自分の全身を見ることができる。

下の図から，あかりさんの目に自分の頭の先が映るためには，鏡の床からの高さは，154 − 7 = 147〔cm〕必要となる。また，妹の目に自分の足下が映るために必要な鏡の床からの高さは，102 ÷ 2 = 51〔cm〕になるので，鏡自体の縦の長さは，147 − 51 = 96〔cm〕あればよいことになる。

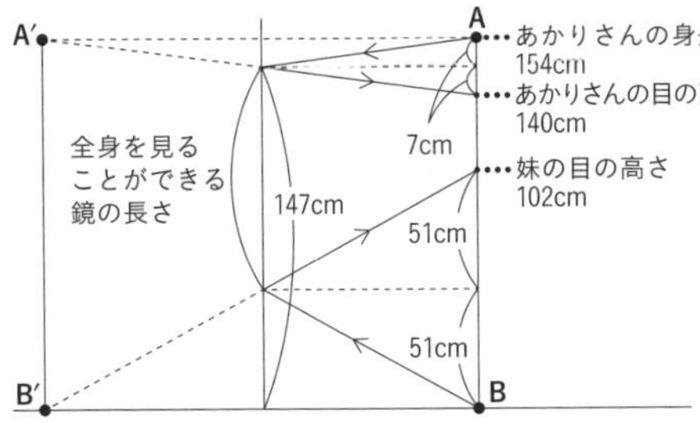

4 ⑴ **エ**
⑵ **カ**
⑶ ***a*　赤色**
***b*　青色**
⑷ **主虹　ア**
副虹　カ

解説▼

⑴ 光源から出た光が，水槽の底で反射するときは，入射角と反射角が等しい（反射の法則）ので，**ウ**か**エ**になる。また，光が水中から空気中に出るときは，水面に近づくように屈折するので，**エ**が正しい道すじとなる。

⑵ 図2から，赤→緑→青の順に屈折角が大きくなることがわかる。図3から，光が水滴に入るときの屈折角は大きい順に③→②→①となっているので，①は青，②は緑，③は赤となる。

⑶ 図3から，赤色の光のほうが青色の光よりも屈折角が大きいので，下の左の図のように，*a* は赤色の光のほうが青色の光よりも大きくなる。
同様に，青色の光のほうが赤色の光よりも屈折角が小さいので，下の右の図のように，*b* は青色の光のほうが赤色の光よりも大きくなる。

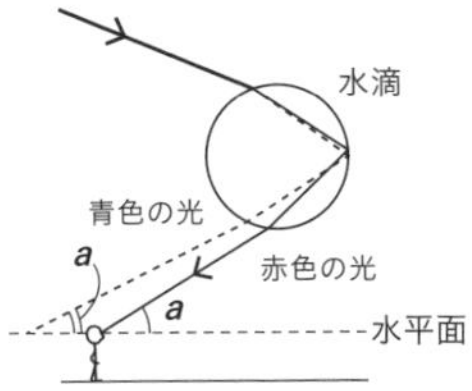

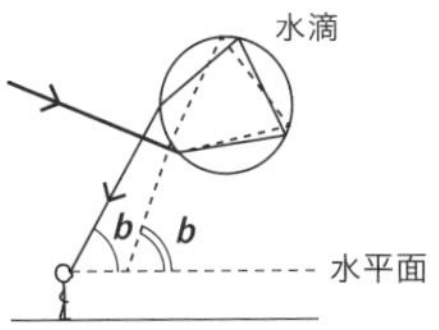

⑷ ③から，水平面から見上げたときに，上のほうに見える光ほど *a*，*b* の角度が大きい。よって，主虹の④は赤，⑥は青となる。同様に，副虹では，⑦が青，⑨が赤となる。

2 物理 力

STEP01 要点まとめ

本冊16ページ

1 01 **ニュートン**　02 **静止している**
03 **作用・反作用**
2 04 **比例**
3 05 **対角線**　06 **合成**
07 **分解**
4 08 **重力**　09 **深さ**
10 **上**

解説▼

02 物体にはたらく2力がつり合っているとき，下の3つの条件がすべて満たされている。
①2力の大きさが同じ。
②2力の向きが反対向き。
③2力は同一直線上にはたらく。

04 フックの法則は，「ばねののびは加えた力の大きさに比例する」という法則である。「ばねの長さ」ではない点に注意する。

07 斜面上の物体にはたらく重力は，斜面に平行な方向の分力と斜面に垂直な方向の分力に分解すると考えやすい。このとき，斜面に垂直な方向の分力は，垂直抗力とつり合っているので物体の運動に関係しない。

STEP02 基本問題

本冊17ページ

1 ⑴ **フックの法則**
⑵ **ウ**

解説▼

⑵ 水中の物体にはたらく水圧は，水と接している面に垂直に，水から物体の方向にはたらく。
右の図のように，水中にある物体の場合，上部の面 **A** には，下方向に水圧がかかる。下部の面 **B** には，上方向に水圧がかかる。面 **B** は面 **A** より深い位置にあるので，面 **B** にかかる水圧は面 **A** にかかる水圧より大きい。面 **C** と面 **D** には，それぞれ右方向，左方向からの水圧がかかる。深くなるほど水圧が大きくなるので，以上のことから，正しい図は**ウ**となる。

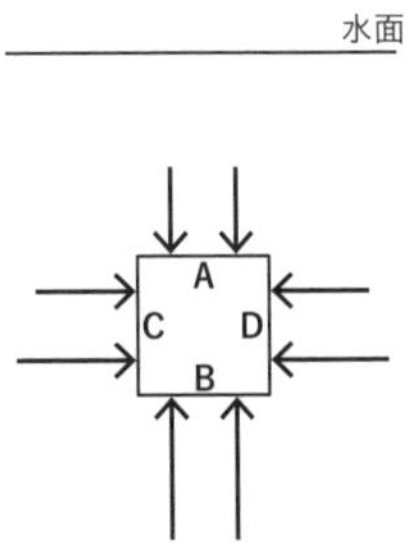

2 (1) **50 N**
(2) **ウ**

解説 ▼

(1) 板には 20 N，小球には 30 N の重力がはたらいているので，床が板から受ける力は，20 + 30 = 50〔N〕である。
地球上にあるすべての物体には，地球の中心に向かって重力がはたらいている。重力の大きさの単位はニュートン〔N〕で表し，質量が 100 g の物体にはたらく重力の大きさは，約1 N である。

(2) 板には，鉛直下向きに板の重力（20 N），小球が板を押す力（30 N），鉛直上向きに床の抗力（50 N）がはたらいているので，矢印の向きと長さから**ウ**となる。

STEP 03 実戦問題

本冊18ページ

1 (1) **32 cm**
(2) **4 N**
(3) **28 cm**
(4) **0.8 cm**

解説 ▼

(1) 図2において，ばねののびが 10 cm のところでグラフの傾きが変化していることから，ばねののびが 10 cm を超えるとばねとゴムひも両方の弾性の力がはたらくことがわかる。よって，ゴムひもの自然の長さは，22 + 10 = 32〔cm〕である。

(2) 図2から，ばねを 10 cm のばすのに 50 N の力が必要なので，12 cm のばすためには，50 × 12 ÷ 10 = 60〔N〕の力が必要となる。また，図2から，ばねが 12 cm のびたときのばねとゴムひもが引く力の和は 68 N なので，ゴムひもを 10 cm から 12 cm に2 cm のばすためには，68 − 60 = 8〔N〕の力がいることになる。よって，ゴムひもを1 cm のばすには，8 ÷ 2 = 4〔N〕の力が必要である。

(3) 図3から，ゴムひもは，50 − 32 = 18〔cm〕のびていることがわかる。すなわち，おもりには 4 × 18 = 72〔N〕の左向きの力がはたらいていることになる。
ここで，おもりが右向きに動き出すのは，ゴムひもがおもりを左向きに引く力とばねがおもりを右向きに引く力（x N）の合力が 68 N になったときなので，
(− 72)+(x)= 68 が成り立つ。よって，ばねがおもりを右向きに引く力は，x = 68 + 72 = 140〔N〕となる。
ばねを1 cm のばすために必要な力は，**(2)**より，50 ÷ 10 = 5〔N〕なので，ばねののびは，140 ÷ 5 = 28〔cm〕である。

(4) **(3)**と同様に，ゴムひもがおもりを左向きに引く力とばねがおもりを右向きに引く力（x N）の合力が 68 N になったときにおもりが左に動き出す。よって，
72 +(− x)= 68 が成り立つ。したがって，ばねがおもりを右向きに引く力の大きさは，
x = 72 − 68 = 4〔N〕である。ばねを1 cm のばすのに5 N 必要なので，ばねののびは，4 ÷ 5 = 0.8〔cm〕である。

2 (1) **0.7 N**
(2) **イ**
(3) **（例）浮力と重力の大きさが等しいから。**
(4) **3.6 N**

解説 ▼

(1) 「浮力＝空気中の重さ－水中での重さ」なので，
2.4 − 1.7 = 0.7〔N〕である。

(2) **ア**，**ウ**…重力の大きさは水中部分の体積に関係なく一定である。
エ…実験Ⅱ，Ⅲから，水中部分の体積が大きくなると浮力も大きくなることがわかる。
物体にはたらく浮力と体積の関係では，水中の物体にはたらく浮力の大きさは，物体の水中にある部分の体積と同じ体積の水にはたらく重力の大きさと等しい（アルキメデスの原理）。

(3) 物体が水に浮かんで静止しているのは，物体に下向きにはたらく重力と上向きにはたらく浮力がつり合っているためである。

(4) 容器の底面から4分の1までを水中に沈めているので，浮力は実験Ⅱと同じく 0.7 N である。また，容器にはたらく重力は 4.3 N なので，ばねばかりにかかる力は，4.3 − 0.7 = 3.6〔N〕である。

3 物理 運動とエネルギー

STEP01 要点まとめ

本冊20ページ

1
- **1** 01 距離　02 時間（移動時間）
- **2** 03 等速直線　04 時間（移動時間）
  05 慣性　06 0
  07 等速直線
- **3** 08 下　09 速さ
  10 自由落下　11 重力
  12 比例

2
- **1** 13 距離　14 変わらない
  15 W　16 時間
- **2** 17 エネルギー　18 J
  19 位置　20 高い
  21 運動　22 大きい
- **3** 23 和　24 一定
- **4** 25 一定

解説

03　等速直線運動の速さと時間の関係をグラフで表すと，右のようになる。

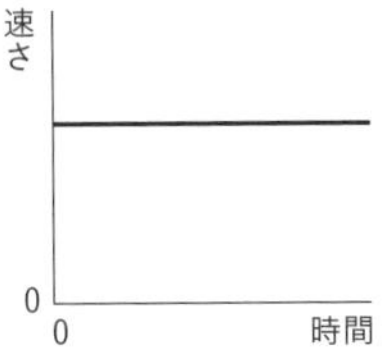

❶等速直線運動の速さと時間の関係

08　斜面上の物体にはたらく斜面に沿った下向きの力は，重力の斜面に平行な分力である。物体が斜面のどこにあっても，物体にはたらく重力の大きさは変わらないので，斜面の傾きが同じなら，物体には運動の向きに一定の大きさの力がはたらき続ける。物体にはたらく斜面に平行な分力は，斜面の傾きが大きくなるほど大きくなる。

10　自由落下は，「落下運動」「自由落下運動」ともいう。自由落下をしている物体にはつねに運動の向き（鉛直下向き）に一定の大きさの重力がはたらき続けるので，物体の速さは時間に比例して速くなる。

19〜22　位置エネルギーも運動エネルギーも，物体の質量が大きいほど大きくなる。

25　エネルギーの移り変わりの例として，白熱電球がある。白熱電球に入力した電気エネルギーは光エネルギーと熱エネルギーに変換される。白熱電球が電気エネルギーを熱エネルギーと光エネルギーだけに変換する場合，光エネルギーの量と熱エネルギーの量の和は，入力した電気エネルギーの量と同じになる。

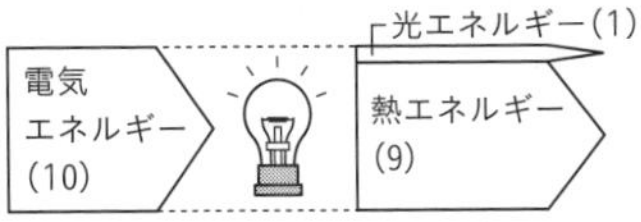

❶白熱電球でのエネルギーの保存

STEP02 基本問題

本冊22ページ

1 (1) **40 W**
(2) **30 km**

解説

(1) 物体に力を加えてその力の向きに移動させたとき，その物体に対して仕事をしたといい，仕事の大きさの単位はジュール〔J〕を用い，次の式で求められる。
仕事の大きさ〔J〕＝加えた力〔N〕×動いた距離〔m〕　また，1秒間あたりにする仕事を仕事率といい，仕事率の単位はワット〔W〕を用い，次の式で求められる。
仕事率〔W〕＝仕事〔J〕÷時間〔s〕
質量 10 kg の物体にはたらく重力の大きさは，10000〔g〕÷ 100 ＝ 100〔N〕なので，
仕事の大きさは，100 × 0.8 ＝ 80〔J〕となる。よって，2秒間における仕事率は，80 ÷ 2 ＝ 40〔W〕である。

(2) かかった時間は 12 分＝ 0.2 時間，平均の速さは 150 km/h なので，距離＝速さ×時間より，
150 × 0.2 ＝ 30〔km〕である。

2 (1) **仕事　0.36 J**
ひらがな　しごとのげんり
(2) **2 cm/s**

解説

(1) ばねばかりを引く力は 2.4 N，動いた距離は
15 cm ＝ 0.15 m なので，仕事の大きさは，
2.4 × 0.15 ＝ 0.36〔J〕である。
ある物体を一定の高さに引き上げるのに必要な仕事の大きさは，滑車などの道具を使っても使わなくても同じである。これを仕事の原理という。

(2) 実験Ⅱでは，動滑車を1個使っているので，物体を 15 cm 引き上げるためには，ばねばかりを 30 cm 引き上げなければならない。よって，仕事率が実験Ⅰと同じ場合，30 cm を 15 秒で引き上げることになり，そのときの速さは，30 ÷ 15 ＝ 2〔cm/s〕となる。

3 (1) **E**
(2) **ア**
(3) **力学的エネルギー**

解説

(1) 高い位置にある物体がもっているエネルギーを位置エネルギーといい，その大きさは，物体の高さと質量によって決まる。物体の位置が高いほど，また，物体の質量が大きいほど，その物体がもつ位置エネルギーは大きくなる。
点 B〜E のうち，小球の位置が最も高い点 E にきたときに位置エネルギーは最大になる。

(2) 運動している物体がもっているエネルギーを運動エネルギーといい，その大きさは，物体の質量と運動している速さによって決まる。速さが速いほど，また，質量が大きいほど，その物体がもつ運動エネルギーは大きくなる。
点 **A** と **E** では位置エネルギーが最大で，運動エネルギーは0である。点 **B** では，位置エネルギーは0になり，運動エネルギーが最大になることから，2つのエネルギーの変化を示すグラフは**ア**となる。

(3) 位置エネルギーと運動エネルギーの和を力学的エネルギーといい，摩擦や空気の抵抗がない場合，力学的エネルギーは一定である。これを力学的エネルギーの保存という。

STEP03 実戦問題

本冊24ページ

1 (1) **12.5 cm**
(2) **10 cm**
(3) **位置エネルギー　オ**
運動エネルギー　カ

解説▼

(1) 図2より，小球をはなした高さと木片の移動距離は比例関係にあることがわかる。
図2において，小球 **X** を 25.0 cm の高さからはなしたときの木片の移動距離は 10.0 cm になっているので，移動距離を 5.0 cm にするためには，25.0 ÷ 2 = 12.5〔cm〕の高さからはなせばよい。

(2) 図2より，小球 **X** を **B** の 15.0 cm の高さからはなしたときの木片の移動距離は 6.0 cm である。また，木片が 6.0 cm 移動したときの小球 **Y** をはなす高さは 10.0 cm であることがわかる。

(3) 小球 **X** がもっている位置エネルギーは，**A** の位置で最大，**E** で0となり，その後は変化しない。運動エネルギーは，**A** の位置で0，**E** で最大となり，その後は変化しない。また，位置エネルギーは小球の高さに比例するので，**A～E** 間は右下がりの直線となる。逆に運動エネルギーは，**A～E** 間は右上がりの直線となる。

2 (1)

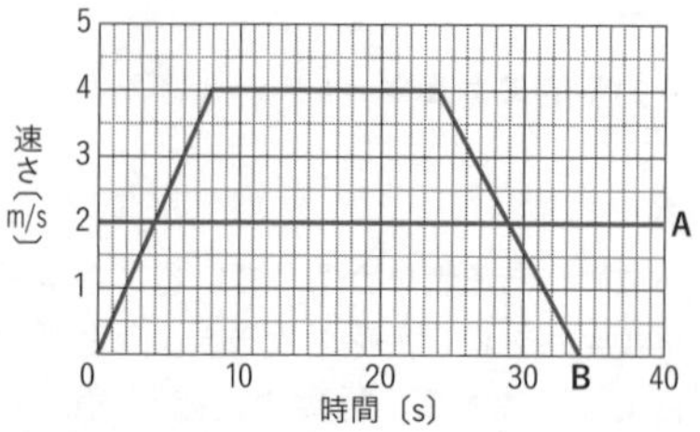

(2) **4秒後，29秒後**
(3) **4 m**
(4) **8秒後**
(5) **16秒後**

解説▼

(1) ボート **A** が 100 m の距離を進むのにかかる時間は，100 ÷ 2 = 50〔s〕なので，**S** を通過してから 40 秒後も **A** の速さは 2 m/s のまま進んでいる。よって，**A** のグラフは，速さ 2 m/s の横（時間）軸に平行な直線となる。ボート **B** は，はじめ **S** を出発してから 0.5 m/s^2 の加速度で加速して 4 m/s になるので，速さが 4m/s になるまでの時間は，4 ÷ 0.5 = 8〔s〕である。減速するときは，速さが 4 m/s から 0.4 m/s^2 の加速度で減速して 0 m/s になるので，速さが 0 m/s になるまでの時間は，4 ÷ 0.4 = 10〔s〕である。これらより，ボート **B** の速さの変化の概略をグラフで表すと下の図のようになる。

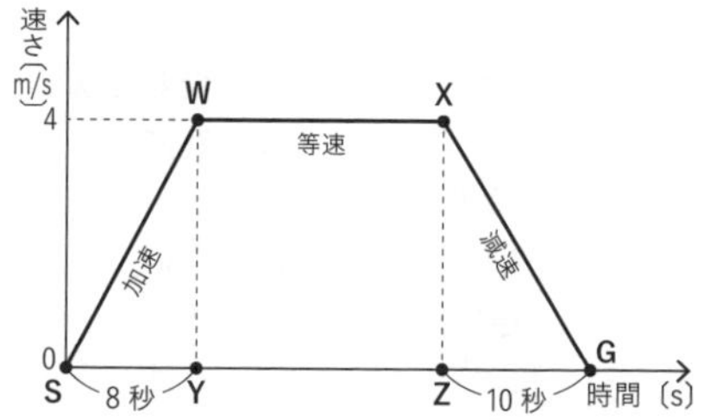

移動距離は「速さ－時間」のグラフの面積で表されることから，台形 **SWXG** の面積はボート **B** が進んだ距離（100 m）を示している。加速時および減速時にボート **B** が進む距離の合計は，△ **SWY** と△ **XZG** の面積の和より，8 × 4 ÷ 2 + 10 × 4 ÷ 2 = 36〔m〕。等速で進む距離は，長方形 **WYZX** の面積より，100 − 36 = 64〔m〕なので，**WX** の長さは，64 ÷ 4 = 16〔s〕となる。したがって，ボート **B** が **G** に着く時刻は，**S** を出発してから，8 + 16 + 10 = 34〔s〕後となる。
以上より，ボート **B** は0～8秒で加速し，8～24 秒で等速に進み，24～34 秒で減速する。

(2) ボート **B** がボート **A** と同じ速さになるのは，**(1)**の2つのグラフの交点なので，その交点の時間を読みとると，4秒後と 29 秒後の2回あることがわかる。

(3) ボート **A** と **B** が最初に同じ速さになるのは **S** を通過してから4秒後で，その間にボート **A** が進んだ距離は，2 × 4 = 8〔m〕，ボート **B** が進んだ距離は，4 × 2 ÷ 2 = 4〔m〕なので，ボート **A** と **B** が進んだ距離の差は，8 − 4 = 4〔m〕である。

(4) ボート **B** がボート **A** に追いつくのは，**A**，**B** のボートが進んだ距離が等しくなるときである。**S** を出発してから x 秒後に，**A**，**B** のボートが進んだ距離が等しくなったとすると，**A** が進んだ距離は $2x$ m である。**B** が進んだ距離は，上の図の色がついている部分なので，$x \times 0.5x \div 2 = 0.25x^2$〔m〕である。

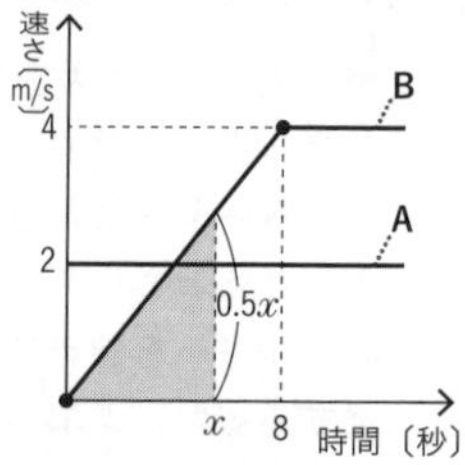

よって，$0.25x^2 = 2x$ が成り立つ。
これより，$x = 8$〔s〕となる。

(5) (**1**)より，ボート **B** が **G** に到着するのは 34 秒後である。ボート **A** が **G** を通過するのは 100 ÷ 2 = 50〔s〕後なので，ボート **A** が **G** を通過するのはボート **B** が **G** に到着してから，50—34 = 16〔s〕後となる。

3 (1) **600 J**
(2) **24 W**
(3) **150 N**
(4) **0.2 m**
(5) **75 N**
(6) **40 W**
(7) **25 N**
(8) **30 W**

解説 ▼

(1) 仕事の大きさ〔J〕＝加えた力〔N〕×動いた距離〔m〕より，300 × 2 = 600〔J〕

(2) 仕事率〔W〕＝仕事〔J〕÷時間〔s〕より，
600 ÷ 25 = 24〔W〕

(3) 物体をひも２本で支えているので，引く力は物体の重さの半分の 150 N となる。

(4) 仕事の大きさは(**1**)と変わらず 600 J。ひもを引く力は 150 N なので，ひもを引く距離は，600 ÷ 150 = 4〔m〕となる。４ m 引くのに 20 秒かかったので，１秒間に引いた距離は，4 ÷ 20 = 0.2〔m〕

(5) ４本のひもで支えているので，物体を引き上げるのに必要な力は物体の重さの４分の１になる。

(6) 仕事の大きさは 600 J，物体を引き上げるのにかかった時間は 15 秒なので，仕事率は，600 ÷ 15 = 40〔W〕。

(7) 下の図で，**P** 点にかかる力は，物体の重さの４分の１の，300 ÷ 4 = 75〔N〕である。また，輪軸の半径の比は１：３なので，人がひもを引く力は，**P** 点にかかる 75 N の３分の１となる。よって，75 ÷ 3 = 25〔N〕。

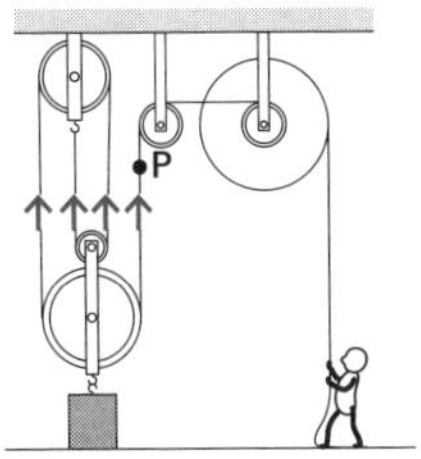

(8) (**7**)で，人がひもを引く長さは，2 × 4 × 3 = 24〔m〕なので，ひもを引く時間は 24 ÷ 1.2 = 20〔s〕。よって，仕事率は，600 ÷ 20 = 30〔W〕である。

くわしく

◉輪軸のひもを引く力とひもを引く長さの関係
下の図のように，輪軸の半径の比が１：２の場合，ひもを引く力は２分の１，ひもを引く長さは２倍必要となる。

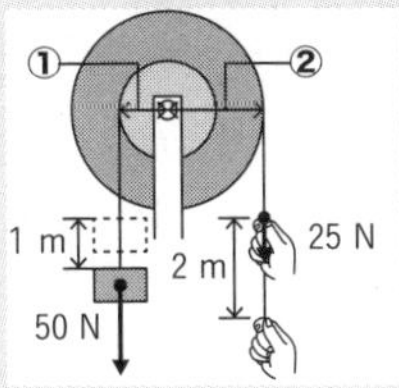

4 (1) **位置エネルギー**
(2) **0.86 m/s**
(3) **0.735 m/s**
(4) **台車の速さと時刻の関係　イ**
台車の移動距離と時刻の関係　エ
(5) **0.93 m**

解説 ▼

(1) 高い位置にある物体がもっているエネルギーを位置エネルギーという。

(2) １秒間に 60 回打点しているので，６打点打つのにかかる時間は，6 ÷ 60 = 0.1〔s〕である。**CD** 間の距離は 0.086 m なので，台車の平均の速さは，
0.086 ÷ 0.1 = 0.86〔m/s〕である。

(3) **AE** 間の距離は，
0.036 + 0.061 + 0.086 + 0.111 = 0.294〔m〕
かかった時間は 0.4 秒なので，平均の速さは，
0.294 ÷ 0.4 = 0.735〔m/s〕である。

(4) 一定の傾きをもつなめらかな斜面上にある台車には，重力により生じる一定の力が斜面下方向にはたらくので，台車は一定の割合で速さが増加し，その速さは時間に比例する。また，移動した距離は，時間の２乗に比例する。
これらのことから，台車の速さと時間の関係は右上がりの直線のグラフの**イ**，移動距離と時間の関係は，放物線の**エ**となる。

(5) 各区間における距離は，一定の割合で増加しており，0.061 − 0.036 = 0.025〔m〕ずつ増加している。よって，**E** の打点以降，0.50 秒後の打点までの 0.1 秒ごとの距離を調べると，次のようになる。
0.1 秒後…0.111 + 0.025
0.2 秒後…0.111 + 0.025 × 2
0.3 秒後…0.111 + 0.025 × 3
0.4 秒後…0.111 + 0.025 × 4
0.5 秒後…0.111 + 0.025 × 5
これを全部合わせると，
0.111 × 5 + 0.025 ×(1 + 2 + 3 + 4 + 5)= 0.93〔m〕
となる。

4 物理 電流と電圧

STEP01 要点まとめ

本冊28ページ

1

1
- 01 A　02 直列
- 03 並列　04 等しい
- 05 和　06 ＝
- 07 ＋

2
- 08 ボルト　09 並列
- 10 和　11 等しい
- 12 ＋　13 ＝

3
- 14 原点　15 比例
- 16 Ω　17 オームの法則
- 18 *I*　19 *V*
- 20 *RI*

4
- 21 和　22 小さい
- 23 ＋

2
- 24 W　25 電流
- 26 積　27 時間
- 28 電力量　29 4.2

解説

11　コンセントは，右の図のように，電源に並列につながっている。これは，コンセントを使う電気器具に加わる電圧が一定になるようにするためである。日本の家庭用のコンセントでは，電圧はふつう 100 V と決められており，電気器具も 100 V の電圧で動作するようにつくられている。

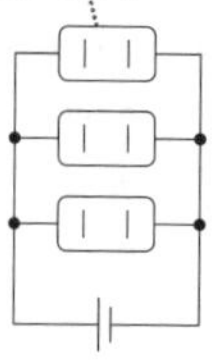

❶家庭用コンセントの模式図

17〜20　オームの法則の式から，以下のことがわかる。
①抵抗の大きさは，電圧の大きさに比例し，電流の大きさに反比例する。
②電流の大きさは，電圧の大きさに比例し，抵抗の大きさに反比例する。
③電圧の大きさは，電流の大きさと抵抗の大きさに比例する。

27　日常生活における電力量の単位には，ワット時（Wh）やキロワット時（kWh）が使われることが多い。消費電力が 12 W と書かれた照明を３時間使うと，電力量は 12〔W〕× 3〔h〕＝ 36〔Wh〕。電気料金は１ kWh あたりの料金で提示されているので，１ kWh（1000Wh）あたり 20 円だったとすると，20 × 36 ÷ 1000 ＝ 0.72 で 0.72 円程度，と計算しやすく便利である。

29　１ J は，１ g の水の温度を約 0.24℃上昇させるのに必要な熱量である。

STEP02 基本問題

本冊30ページ

1　⑴　二次電池
⑵　0.3 A

解説

⑴　マンガン乾電池は，使っていくにしたがい電圧が低下して再利用することはできない。このような電池を一次電池という。一次電池には，ほかにアルカリ乾電池，リチウム電池などがある。
一方，鉛蓄電池などは，充電すると電圧が回復してくり返し再利用することができる。このような電池を二次電池という。二次電池には，ほかにリチウムイオン電池，ニッケル水素電池などがある。

⑵　電池２個を直列につないだときの回路全体の電圧は，1.2 × 2 ＝ 2.4〔V〕になる。電流＝電圧÷抵抗より，2.4 ÷ 8.0 ＝ 0.3〔A〕となる。

2　⑴　①　50 Ω
②　0.18 W
⑵　①　50 mA
②　0.75 W

解説

⑴　①…電圧は 3.0 V，電流は 60 mA ＝ 0.06 A 流れているので，抵抗＝電圧÷電流より，
3.0 ÷ 0.06 ＝ 50〔Ω〕となる。
②…電力＝電圧×電流より，3.0 × 0.06 ＝ 0.18〔W〕。

⑵　①…抵抗器 **b** を流れる電流は，電流＝電圧÷抵抗より 3.0 ÷ 60 ＝ 0.05〔A〕＝ 50〔mA〕。図２の回路は直列回路なので，抵抗器 **c** に流れる電流も，同じく 50 mA となる。
②…図２の抵抗器 **b** と抵抗器 **c** を比べると，電流の大きさは等しく，電圧＝抵抗×電流なので，電圧は抵抗値の大きい抵抗器 **b** のほうが大きい。電力＝電圧×電流より，電力は抵抗器 **b** のほうが大きい。
図３の抵抗器 **b** と抵抗器 **c** を比べると，並列回路なので電圧の大きさは等しい。また，抵抗器 **b** を流れる電流は，3.0 ÷ 60 ＝ 0.05〔A〕，抵抗器 **c** を流れる電流は，3.0 ÷ 12 ＝ 0.25〔A〕となり，抵抗器 **c** のほうが大きいので，電力は抵抗器 **c** のほうが大きい。
図２の抵抗器 **b** の電力は，3.0 × 0.05 ＝ 0.15〔W〕
図３の抵抗器 **c** の電力は，3.0 × 0.25 ＝ 0.75〔W〕
以上より，消費する電力が最も大きいのは，図３の抵抗器 **c** である。

くわしく

◉直列回路と並列回路における電流と電圧の関係

回路の種類	直列回路 電流の通り道が1本の回路	並列回路 電流の通り道が2本以上に枝分かれしている回路
回路図	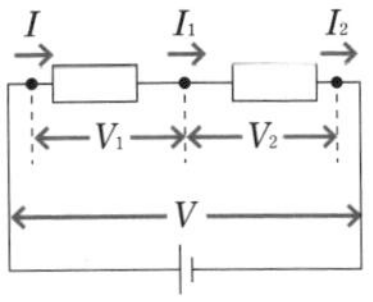	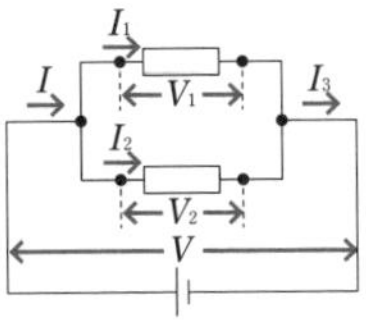
電流	どの部分でも流れる電流は等しい。 $I = I_1 = I_2$	各抵抗に流れる電流の和は，回路が分かれる前や合流したあとの電流と等しい。 $I = I_1 + I_2 = I_3$
電圧	各抵抗にかかる電圧の和は電源の電圧に等しい。 $V = V_1 + V_2$	各抵抗にかかる電圧は電源の電圧に等しい。 $V = V_1 = V_2$

3 (1) ① **熱**
② **7.8 kWh**
(2) **イ・ウ**

解説

(1) ①…白熱電球は電気エネルギーのうち約10%しか光エネルギーに変換されないが，LED電球では約30%前後が光エネルギーに変換される。
②…電力量〔Wh〕＝電力〔W〕×時間〔時〕より，30日間における白熱電球の電力量は，
60 × 5 × 30 = 9000〔Wh〕。
LED電球の電力量は，8 × 5 × 30 = 1200〔Wh〕
よって，9000 − 1200 = 7800〔Wh〕= 7.8〔kWh〕
減らすことができる。

(2) 電力＝電流×電圧より，各電気器具を流れる電流の大きさを求める。
ドライヤー…1100 ÷ 100 = 11〔A〕
テレビ………210 ÷ 100 = 2.1〔A〕
こたつ………600 ÷ 100 = 6〔A〕
掃除機………1200 ÷ 100 = 12〔A〕
パソコン……100 ÷ 100 = 1〔A〕
家庭内コンセントは並列回路になっているので，流れる電流は使用した電気器具を流れる電流の和となる。それが，15 Aを超えない組み合わせを選ぶと，**ア**は17 Aで不可，**イ**は14.1 Aで可，**ウ**は9.1 Aで可，**エ**は25.1 Aで不可，**オ**は19 Aで不可となる。

STEP 03 実戦問題

本冊32ページ

1 (1) **150 Ω**
(2)

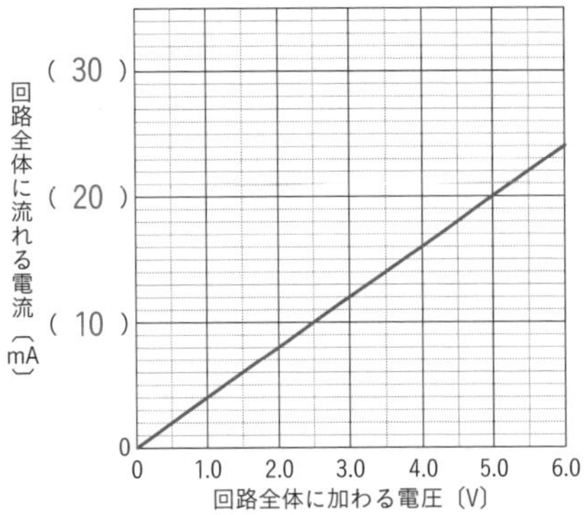

(3) **9倍**
(4) **イ**

解説

(1) グラフより，電熱線**P**に6.0 Vの電圧を加えると，40 mA = 0.04 Aの電流が流れることがわかる。よって，電熱線**P**の抵抗は，6.0 ÷ 0.04 = 150〔Ω〕となる。

(2) グラフより，電熱線**Q**に6.0 Vの電圧を加えると，60 mA = 0.06 Aの電流が流れることがわかる。よって，電熱線**Q**の抵抗は，6.0 ÷ 0.06 = 100〔Ω〕となる。図3の回路は直列回路なので，回路全体の抵抗は，150 + 100 = 250〔Ω〕となる。また，全体の電圧が6.0 Vのとき，回路を流れる電流は，6.0 ÷ 250 = 0.024〔A〕= 24〔mA〕となるので，グラフは，原点と（6.0，24）を通る直線となる。

(3) 図4の回路では，電熱線**P**と電熱線**Q**は並列なので，同じ大きさの電圧が加わり，電圧が2 Vから6 Vへ3倍になると流れる電流も3倍となる。
電力＝電圧×電流より，電圧が3倍，電流も3倍になるので，電力は3 × 3 = 9〔倍〕になる。
計算で求めると，電圧2 Vのとき，電熱線**Q**を流れる電流は，2 ÷ 100 = 0.02〔A〕なので，電力は，2 × 0.02 = 0.04〔W〕，電圧6 Vのとき，電熱線**Q**を流れる電流は，6 ÷ 100 = 0.06〔A〕なので，電力は，6 × 0.06 = 0.36〔W〕で9倍になっている。

(4) 図3は直列回路なので，全体の抵抗の大きさは図1よりも大きくなる。よって，回路全体を流れる電流は，図1より小さくなる。つまり，$x > y$…①
図4は並列回路なので，全体の抵抗の大きさは図1よりも小さくなる。よって，回路全体を流れる電流は，図1よりも大きくなる。つまり，$x < z$…②
よって，①，②より，$y < x < z$となる。

2 (1) **4 W**

(2) **接続方法　RにR_2とR_3を直列につなぐ。**

電流　2.3 A

(3)

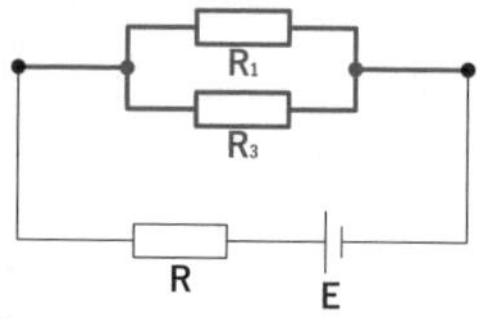

解説

(1) 電力＝電圧×電流＝（抵抗×電流）×電流

＝抵抗(1Ω)×（電流)^2

と表すことができる。Rの消費電力を最も小さくするためには，Rを流れる電流が最小になるようにすればよいので，R_1～R_3をすべて直列につなぐ。このとき，全体の抵抗は，1＋0.3＋0.5＋0.7＝2.5〔Ω〕なので，全体を流れる電流は，5÷2.5＝2〔A〕

よって，Rにかかる電圧は，1×2＝2〔V〕

よって，Rの消費電力は，2×2＝4〔W〕となる。

(2) 2.1 Aの電流が流れるときの回路全体の抵抗は，

5÷2.1＝2.38…〔Ω〕

2.4 Aの電流が流れるときの回路全体の抵抗は，

5÷2.4＝2.08…〔Ω〕

よって，回路全体の抵抗が2.08 Ω～2.38 Ωの範囲になるようなRおよび，R_1～R_3の組み合わせを考える。すると，R，R_2，R_3の3つを直列にした場合に，1＋0.5＋0.7＝2.2〔Ω〕で範囲内に入る。よって，Rに流れる電流は，5÷2.2＝2.27…より，2.3〔A〕。

(3) 4 Aの電流が流れるときの回路全体の抵抗は，5÷4＝1.25〔Ω〕。4.2 Aの電流が流れるときの回路全体の抵抗は，5÷4.2＝1.190…〔Ω〕。

よって，回路全体の抵抗が1.19 Ω～1.25 Ωの範囲になるようなRおよび，R_1～R_3の組み合わせを考えればよい。

R_1～R_3のいずれかをRに直列につなぐと，どの場合もこの範囲を超えてしまうため，いずれかを並列につなぐ必要がある。

回路全体の抵抗が上記の範囲になるのは，R_1とR_3を並列に接続したものにRを直列につないだ場合である。

$\frac{1}{R_1}+\frac{1}{R_3}=\frac{1}{0.3}+\frac{1}{0.7}=\frac{1}{0.21}$より，$R_1$と$R_3$を並列に接続したときの合成抵抗は0.21 Ωなので，このときの回路全体の抵抗は，1＋0.21＝1.21〔Ω〕となる。

3 (1) **ウ**

(2) **電流の大きさ　250 mA**

抵抗の大きさ　24 Ω

解説

(1) a，bは並列なので，どちらにも3.0 Vの電圧がかかっている。また，抵抗が同じなので，どちらにも同じ大きさの電流が流れる。その電流の大きさは，500÷2＝250〔mA〕＝0.25〔A〕なので，aの抵抗は，3.0÷0.25＝12〔Ω〕である。

(2) (1)より，aの抵抗は12 Ωなので，bを外したあと回路に流れる電流は，3.0÷12＝0.25〔A〕＝250〔mA〕である。

よって，回路に流れる電流は，bを外す前と比べて500－250＝250〔mA〕減少したことになる。

実験Ⅲで流れた電流は，250×1.5＝375〔mA〕となる。このうちaを流れる電流が250 mAなので，cを流れる電流は，375－250＝125〔mA〕＝0.125〔A〕である。

よって，cの抵抗は，3.0÷0.125＝24〔Ω〕である。

4 (1) **31.2℃**

(2) **ウ→ア→エ→イ**

(3) **ⅰ群　イ**

ⅱ群　キ

解説

(1) 結果から，60秒ごとに水温が1.4℃ずつ上がっていることがわかる。よって，420秒後の水温は，21.4＋(420÷60×1.4)＝21.4＋9.8＝31.2〔℃〕になる。

(2) 電熱線の発熱量〔J〕＝電力〔W〕×時間〔s〕で，時間は300秒で一定なので，電力が最も大きいものが水温が最も高くなる。

アで流れる電流は，20÷20＝1〔A〕なので，電力は，20×1＝20〔W〕。

イで流れる電流は，5÷20＝0.25〔A〕なので，電力は，5×0.25＝1.25〔W〕

ウで流れる電流は，20÷5＝4〔A〕なので，電力は，20×4＝80〔W〕。

エで流れる電流は，5÷5＝1〔A〕なので，電力は，5×1＝5〔W〕。

以上のことから，**ウ→ア→エ→イ**の順となる。

(3) 熱は高いほうから低いほうへ移動するので，水から銅製のコップへ移動し，さらに空気中へと伝わる。また，銅製のコップでは水から熱が出ていきやすいので，水温は発泡ポリスチレンのコップのときよりも低くなる。

5 物理 電流と磁界

STEP01 要点まとめ　本冊36ページ

1
1 01 磁力　02 磁界
03 N　04 極
05 磁力線　06 N
07 S　08 強い
2 09 同心円　10 右ねじ
11 直角（垂直）　12 大きく
13 電磁誘導　14 誘導電流

2
1 15 静電気　16 しりぞけ
17 引き　18 いない
19 −　20 ＋
2 21 放電　22 真空放電
23 電子　24 −
25 −　26 ＋
27 電子
3 28 放射線　29 シーベルト
30 放射能

3
31 一定　32 交流
33 周波数

解説

02 電磁石でも棒磁石と同じように磁界ができる。

04 棒磁石に鉄のクリップなどをつけるとき，極に近いところが最もよくつく。これは，棒磁石の磁界は，極に近いところほど強いからである。

09 1本の導線を同じ向きに何度も巻いたものがコイルである。コイル内の磁界については，コイルのもととなっている1本の導線に注目すると理解しやすい。

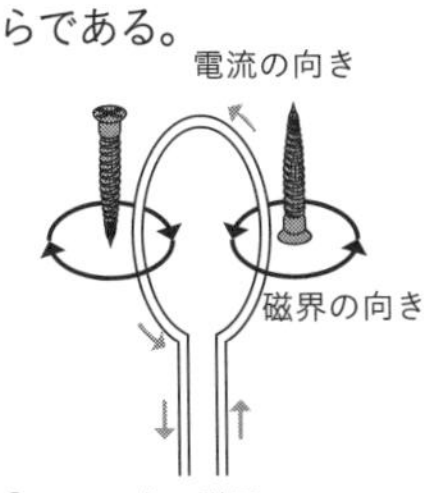

コイル内の磁界

14 誘導電流の大きさは，コイルの巻き数が多いほど，磁界の変化が大きいほど大きくなる。

21 雲と地面との間で起こる放電が落雷である。

28, 30 放射線を出す物質を放射性物質という。また，放射性物質のもつ，放射線を出す性質（能力）を放射能という。

29 宇宙や大気，岩石や食べ物など身のまわりのものからも，放射線は微弱に出ており，わたしたちは，1年間に数ミリシーベルトほどの放射線を浴びている。浴びた放射線の量が少なければ，多くの場合，きずついた細胞は回復するため人体への影響は大きくない。一度に多量に浴びてしまうと，細胞が回復できなくなり，危険である。

STEP02 基本問題　本冊38ページ

1 (1) エ
(2) 磁石を近づける。

解説

(1) 蛍光板を入れた真空放電管の電極に電圧をかけると真空放電が起こる。下の図の電極Aは−極で，電極Bが＋極である。−の電気を帯びた電子は−極からおされて右方向へ勢いよく飛び出す。この電子の流れは陰極線（電子線）とよばれ蛍光板を光らせる。

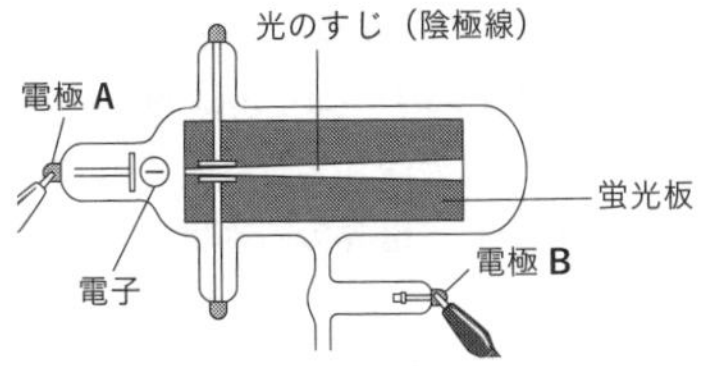

くわしく

◉陰極線の性質
① 陰極線は，−極から＋極へ直進する。
② 陰極線は，−の電気をもった電子の流れである。
③ 陰極線は，電圧を加えると曲がる。
④ 陰極線は，磁石を近づけると曲がる。

(2) 磁石を近づけると，陰極線は磁界から力を受けて曲がる。

くわしく

◉陰極線の曲がり方

電圧をかける

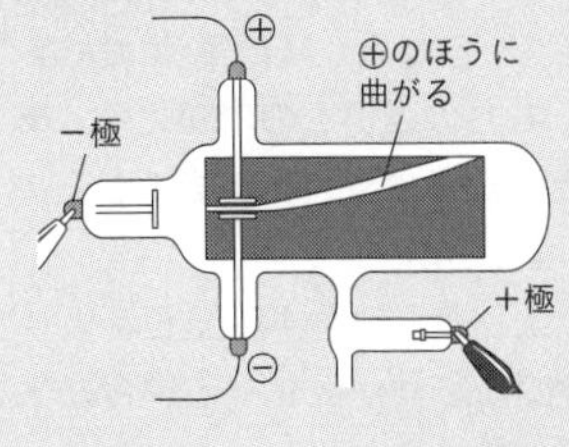

磁石を近づける

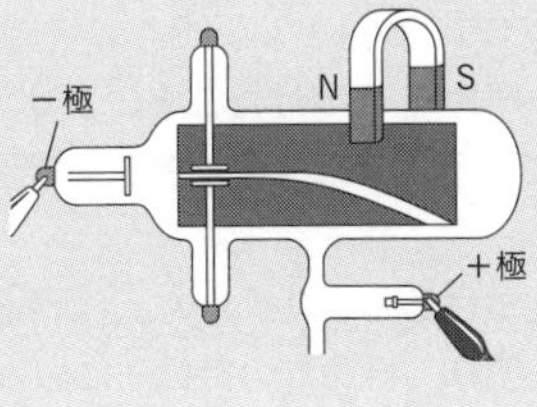

2 ⑴ **（例）コイルに流れる電流の向きを逆向きにする。／磁石のＮ極とＳ極を逆向きにする。**

⑵ **ア**

解説 ▼

⑴ 磁界の中でコイルに電流が流れると，コイルは力を受ける。コイルにはたらく力の向きは，電流の向きと磁界の向きによって決まる。
電流の向きだけを逆にすると力の向きが反対になり，コイルは反対の方向に動く。
磁石のＮ極とＳ極を逆にして磁界の向きだけを逆にしてもコイルは反対の方向に動く。
電流の向きと磁界の向きの両方を逆にした場合は，力の向きは最初と変わらず，コイルは同じ方向に動く。

⑵ 下の図のように，電流の向きを右ねじの進む向きと合わせると，電流がつくる磁界の向きは右ねじを回す向きになる。

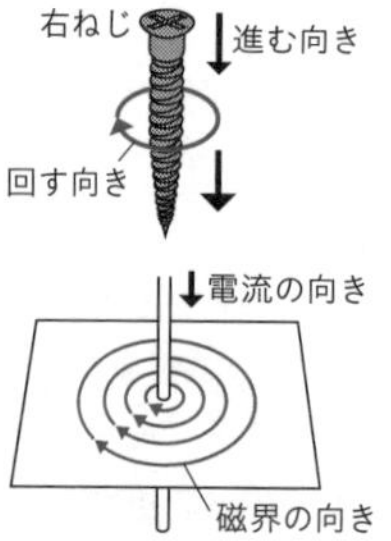

3 ⑴ **（例）コイルの巻き数を多くする。**
⑵ **エ**

解説 ▼

⑴ 誘導電流を大きくするには，次のような方法がある。
・コイルの巻き数を多くする。コイルの巻き数を2倍にすると，磁界の変化が同じでも，生じる電圧が2倍になるため，誘導電流は大きくなる。
・磁石を磁力の強いものにかえる。磁力の強い磁石の場合，磁界の変化も大きくなるので，誘導電流も大きくなる。
・磁石をより速く動かす。磁石をより速く動かすと，一定時間に磁界が変化する割合が大きくなるため，誘導電流も大きくなる。

⑵ Ｓ極を近づけると，Ｎ極を近づけたときとは逆向きに誘導電流が流れる。
②では，Ｎ極を近づけたことにより，コイルの上側がＮ極になるように電流が流れ，検流計の針が＋に振れた。
Ｓ極を近づけると，コイルの上側がＳ極になるように電流が流れ，検流計の針は－に振れる。
遠ざけた場合は，電流の向きと検流計の針が振れる向きが，それぞれ逆になる。

くわしく

●誘導電流の向きと大きさの関係

コイルに棒磁石を近づけたり，遠ざけたりすると誘導電流が流れる。この誘導電流は，棒磁石の動きによる磁界の変化を妨げるような方向に流れる。

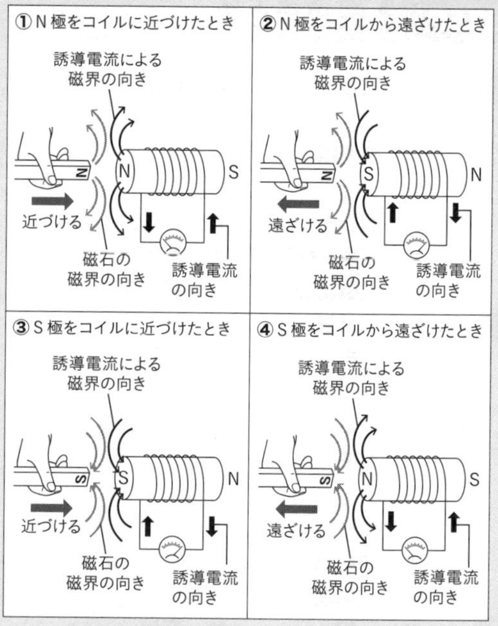

STEP03 実戦問題

本冊40ページ

1 ⑴ **カ**
⑵ **ウ**

解説 ▼

⑴ 発光ダイオードは1方向にしか電流を流さない性質があるので，**A**の発光ダイオードが光っているときは**B**の発光ダイオードは光っていない。よって，**A**と**B**の発光ダイオードは交互に光ることになり，**カ**の図のようになる。

⑵ カリウム，セシウム，ヨウ素などの放射線を出す能力をもった物質のことを放射性物質といい，放射線を出す能力のことを放射能という。放射線には，α（アルファ）線，β（ベータ）線，γ（ガンマ）線，Ｘ線などさまざまな種類があり，その種類によって性質も異なる。シーベルトは人が受ける放射線による影響の度合いを表す単位で，この数値が大きいほど，人体が受ける放射線の影響が大きいことを意味する。また，土や食品，水道水などにふくまれる放射性物質が放射線を出す能力（放射線の強さ）を表すときに使われる単位にベクレルがある。この数値が大きいほど，そこから多くの放射線が出ていることを意味する。

2 (1) ① **右向き**
② **エ**
(2) **ア**
(3) ① **－0.2 A**
② **右図**

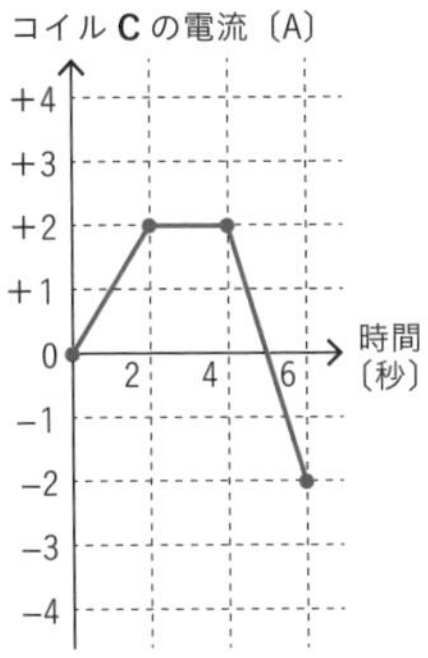

解説 ▼

(1) ①…コイル B の右端が N 極になるので，コイル A の左端の極は反発する N 極となり，誘導電流は，検流計の左から右に向かって流れることになる。
②…電圧の変化がないので磁界の変化も起きないため，誘導電流は流れない。

(2) 鉄心を入れることで，電磁誘導のはたらきが大きくなるため，針の振れは大きくなる。

(3) ①…P →コイル C → Q の向きの電流がふえると，抵抗器にはこれと反対の向きの電流が流れる。つまり，抵抗器に流れる電流はマイナスになる。抵抗器に流れる電流の大きさを y，コイル C に流れる電流の1秒あたりの変化量を x とすると，y は x に比例するため，$y = ax$ である。(a は比例定数)
ここで問題文より，$y = -1$ のとき，$x = 10 \div 4 = 2.5$ なので，$a \times 2.5 = -1$ より，$a = -0.4$ となる。
よって，$y = -0.4x$（…★）で，x が図5のように変化したとき，$x = 5 \div 10 = 0.5$
なので，$y = -0.4 \times 0.5 = -0.2$[A] となる。
②…〈0～2秒〉
コイル D に－0.4 A の電流が流れるときの，コイル C に流れる電流の1秒あたりの変化量を求める。★式より，$y = -0.4$ のとき，$x = 1$。すなわち，コイル D に－0.4 A の電流が流れるとき，コイル C に流れる電流は1秒あたり1 A ずつ増加している。
よって，コイル C に流れる電流は0～2秒で2 A 増加する。
〈2～4秒〉
コイル D に電流が流れないとき，コイル C に流れる電流が変化していない。
〈4～6秒〉
0～2秒のときと同様に考える。$y = 0.8$ のとき，$x = -2$。よって，コイル C に流れる電流は4～6秒で4 A 減少する。

6 物理 科学技術と人間

STEP01 要点まとめ

本冊42ページ

1 01 **化石燃料** 02 **ある**
03 **水力** 04 **火力**
05 **原子力** 06 **太陽光**
07 **風力** 08 **地熱**
09 **バイオマス**

2 10 **プラスチック**

解説 ▼

03, 06～09 水力発電で用いられる水の位置エネルギー，太陽光発電で用いられる太陽光の光エネルギー，風力発電で用いられる風の運動エネルギー，地熱発電で用いられる地下のマグマの熱エネルギーなどのように，将来にわたって利用できるエネルギーをまとめて，再生可能なエネルギーとよぶ。バイオマス発電で用いられる間伐材や家畜のふん尿などの有機物も，再生可能なエネルギー資源である。

10 プラスチックは，種類によって密度や燃え方などの性質にちがいがあり，日常生活のさまざまなものに利用されている。

STEP02 基本問題

本冊43ページ

1 ① **化学**
② **熱**
③ **運動**

解説 ▼

火力発電の燃料は，石油，石炭，天然ガスなどの化石燃料である。石油などは化学エネルギーをもっているが，ボイラー内で燃焼させることで化学エネルギーは熱エネルギーに変換され，水を加熱して水蒸気に変える。発生した水蒸気はタービンを回転させて，熱エネルギーは運動エネルギーに変換される。さらに，タービンとつながった発電機によって，この運動エネルギーは電気エネルギーに変換される。
水力発電は，高い位置にあるダムの水を落下させて，水車を回転させ，水車とつながった発電機で電気に変えられる。つまり，位置エネルギー→運動エネルギー→電気エネルギーの変換がおこなわれる。
原子力発電の燃料はウランなどの核燃料である。原子炉内でウランなどの核燃料を核分裂させて熱を発生させる。このとき，核エネルギーは熱エネルギーに変換される。この熱を使って発生させた水蒸気でタービンを回転させて，熱エネルギーが運動エネルギーに変換される。さらに，タービンとつながった発電機によって，この運動エネルギーは電気エネルギーに変換される。

2 ⑴ **（例）植物が光合成によって吸収**
⑵ **（例）バイオエタノールを加工したり利用したりする過程などで，化石燃料の燃焼による二酸化炭素が発生するため。**

解説
⑴ バイオマスとは，「動植物から生まれた，再利用可能な有機性の資源（石油などの化石燃料を除く）」のことである。バイオマスは持続的に利用でき，カーボンニュートラルという特徴がある。カーボンニュートラルとは，大気中の二酸化炭素濃度に影響を与えない性質のことである。バイオマスエネルギーを燃焼させれば二酸化炭素が排出されるが，バイオマスの元である植物が光合成でほぼ同じ量の二酸化炭素を吸収するので，地球規模での二酸化炭素のバランスを崩さないといわれている。
⑵ バイオマスを原料としてつくられたエネルギーをバイオマスエネルギーという。バイオマスエネルギーは，単に燃焼させるエネルギーだけでなく，バイオエタノールを発生させて車の燃料にしたり，プラスチック化して使用したりと幅広く利用できる資源である。しかし，バイオマスエネルギーを加工したり，利用する過程で二酸化炭素などを排出するので，二酸化炭素の削減につながるとは一概に言えない。

STEP03 実戦問題

本冊44ページ

1 ⑴ ① **ア**
② **ウ**
⑵ **18%**
⑶ **（例）ガソリンは燃焼すると二酸化炭素を生成するが，燃料電池は水を生成するだけなので，地球温暖化の原因とされている物質を排出するという影響が少ない。**

解説
⑴ 石油や石炭などの化石燃料は，一度使えばなくなってしまう再生不能なエネルギーである。これに対し，太陽光，風力，水力，バイオマスなどは太陽のエネルギーによって生み出されるエネルギーで，何度でもくり返し使うことができる再生可能なエネルギーである。長所としては，再生可能で，温室効果ガスの排出がほとんどなく，環境への影響が少ないという点があげられる。
太陽光発電の短所は，天気に左右されるため，発電効率が悪いことや，設備投資にコストがかかることである。風力発電の短所は，風量・風向によって出力が左右されることや，風車が回転するときに出る騒音や低周波などである。
⑵ 問題文より，地球が太陽から受ける熱量は地表面1 m^2 あたり 1000 W〔J/秒〕なので，面積 0.005 m^2 の太陽光電池が受ける熱量は，$1000 \times 0.005 = 5$〔W〕である。一方，模型モーターでは，4.5 V で 0.2 A の電流が流れているので，消費電力は，$4.5 \times 0.2 = 0.9$〔W〕である。よって，エネルギーの変換割合は，$0.9 \div 5 \times 100 = 18$〔%〕となる。
⑶ 燃料電池は，水素と酸素を化学反応させて，直接電気を発電する装置で，発電の際には水しか排出されず，二酸化炭素などの温室効果ガスを排出しない。燃料電池の燃料となる水素は，天然ガスやメタノールから生成するのが一般的で，酸素は，大気中からとり入れる。また，発電と同時に熱も発生するので，その熱を利用することでエネルギーの利用効率を高めることができる。

2 ⑴ **ア，オ，カ**
⑵ ① **ウ**
② **エ**

解説
⑴ プラスチックには，加熱するとやわらかくなり冷えると固くなるため，成形や加工がしやすいという性質がある。また，金属などと比べて軽いという特徴もある。ほとんどのプラスチックは石油からつくられるナフサを原料にしている有機物なので，燃やすと二酸化炭素を生じる。
ウは，PET，ポリ塩化ビニル，ポリスチレンは水に沈むので誤り。

3 ⑴ **6℃**
⑵ **ウ**
⑶ **名称　X線**
記号　ウ
⑷ **0.25g**

解説
⑴ 電力量〔J〕＝電力〔W〕×時間〔s〕より，発電所が1分間に供給する電力量Q〔J〕は，
$Q = 504000 \times 1000 \times 60$ で求められる。このすべてがプールの水の温度上昇に用いられるので，水温上昇を x℃とすると，以下が成り立つ。
$$504000 \times 1000 \times 60 = 1200 \div \frac{1}{1000} \times 1000 \times 4.2 \times x$$
これより，$x = 6$〔℃〕となる。

(2) ガンマ線は粒子ではなく電磁波なので，粒子が大きいアルファ線やベータ線と比べて物体を通り抜けやすい性質をもっている。

(3) レントゲン検査で用いられるのは，ガンマ線と同じく電磁波のX線である。

(4) 1600年たつと，1.00 gの半分の0.5 gになり，さらに1600年たった3200年後には，0.5 gの半分の0.25 gになる。

化学

1 化学 身のまわりの物質

STEP01 要点まとめ

本冊48ページ

1

1 01 物体 02 物質
03 質量 04 体積
05 同じ 06 小さい
07 大きい 08 1
09 混合物

2 10 炭素 11 無機物

3 12 金属 13 非金属

2

1 14 状態変化 15 質量
16 大きく 17 同じ（変化しない）

2 18 沸点 19 融点
20 一定

3 21 蒸留 22 沸点
23 高い

解説

05 密度は物質の種類によって決まっている。たとえば，鉄は7.87 g/cm^3，銅は8.96 g/cm^{3}である。そのため，体積と質量がわかれば，密度を求めることで物質を特定する手がかりにすることができる。

06，07 ものの浮き沈みは固体と液体だけでなく，液体と液体，気体と気体の組み合わせでも見ることができる。たとえば，家庭で使われる都市ガスの主成分であるメタンの密度は，空気の密度よりとても小さい。そのため，都市ガスは空気よりも上へ動く。ただし，液体どうし，気体どうしの場合は，物質の粒子が散らばる拡散という現象により，2つの物質は分離せず混ざることが多い。

12 鉄は磁石につくが，アルミニウムは磁石につかない。このように，磁石につくことは金属に共通する性質ではないことに注意。
身のまわりに金属の性質を利用しているものはたくさんある。たとえば，フライパンが金属でできているのは，金属の熱をよく伝える性質を利用しているためである。

15 状態変化では，物質をつくっている粒子の集まり方が変化するだけなので，状態変化の前後で物質の質量は変化しない。ただし，体積は変化するため密度は変化する。

18，19 水の沸点は100 ℃，融点は0 ℃と決められている。

21〜23 水の沸点は100 ℃，エタノールの沸点は78℃である。水とエタノールの混合物を加熱すると，沸点の低いエタノールが先に気体となって出ていく。

STEP 02 基本問題

本冊50ページ

1 (1) **純粋な物質**
(2) **ア，イ，エ**

解説 ▼

(1) 物質のうち，水や塩化ナトリウム，酸素のように1種類の物質だけでできているものを純粋な物質という。これに対し，空気（窒素や酸素などの混合気体）や食塩水（食塩＋水）のように2種類以上の物質が混ざっているものを混合物という。純粋な物質はさらに，1種類の元素からなる単体と，2種類以上の元素からなる化合物に分けられる。
(2) 金属は，次のような共通の性質をもつ。
① みがくと特有の光沢がある（金属光沢）。
② 電気をよく通す（電気伝導性）。
③ 熱をよく伝える（熱伝導性）。
④ のばしたり広げたりすることができる（延性・展性）。
磁石につくのは，鉄などの一部の金属のみで，そのほかのほとんどの金属は磁石にはつかないので注意。

2 (1) **237 g**
(2) **ウ**

解説 ▼

(1) 密度は単位体積（通常は1 cm^3）あたりの物質の質量を表す。設問文より，20 ℃におけるエタノールの密度は0.79 g/cm^3なので，300 cm^3のエタノールの質量は，0.79〔g/cm^3〕× 300〔cm^3〕＝ 237〔g〕と求められる。以下のように，密度を求める公式を変形して考えてもよい。

$$密度〔g/cm^3〕=\frac{質量〔g〕}{体積〔cm^3〕}$$

質量＝密度×体積＝ 0.79 × 300 ＝ 237〔g〕
(2) ポリエチレン片の密度（0.95 g/cm^3）は，水（1.00 g/cm^3）より小さく，エタノール（0.79 g/cm^3）より大きい。よって，水には浮くが，エタノールには沈むことになる。

3 (1) **状態変化**
(2) **イ，ウ**

解説 ▼

(1) 温度の変化によって，物質が，固体・液体・気体のいずれかにそのすがたを変えることを状態変化という。
(2) 融点は物質が固体から液体へ状態変化するときの温度，沸点は物質が液体から気体へ状態変化するときの温度である。このことから，物質の温度が，融点と沸点の間にある場合は，液体の状態になっている。表から，－ 10 ℃が融点と沸点の間にある物質を探すと，**イ**のエタノールと**ウ**の水銀の2つとなる。

4 (1) **D → A → C → B**
(2) **蒸留**

解説 ▼

(1) 沸点の異なる2種類の液体を図のような装置で加熱し，蒸気（気体）をとり出す操作（蒸留）では，より沸点の低い物質が先に出てくる。したがって，水（沸点 100 ℃）とエタノール（沸点 78 ℃）の混合物では，より沸点の低いエタノールが先に出てくる。
実験結果の表より，においが強く，よく燃える**A**や**D**には，エタノールが多くふくまれており，**B**には，水が多くふくまれていることがわかる。また，**C**は，エタノールと水の両方の性質が見られるため，**A**・**D**と，**B**の間で回収した液体と考えられる。設問文中の「加熱直後から」という記載より，沸騰までに時間がかかり，回収した液体の体積が少ない**D**が，最初に回収した液体とわかる。
(2) 液体を加熱して気体にし，これを冷やして再び液体としてとり出す操作を蒸留という。沸点のちがいを利用して，液体の混合物をそれぞれの物質に分けることができる。

STEP 03 実戦問題

本冊52ページ

1 (1) **ア，オ**
(2) **炭素**
(3) **エ**

解説 ▼

(1) 炭素をふくんでいない食塩と鉄は無機物である。砂糖，プラスチック，ロウは有機物となる。
(2) 炭素をふくむ物質を有機物という。有機物を燃やすと二酸化炭素が発生するのは，有機物中の炭素が空気中の酸素と結びつくためである。有機物の多くは水素もふくむため，加熱すると水素が酸素と結びついて水ができる。無機物は炭素をふくまないため，加熱しても二酸化炭素は発生しない。ただし，炭素そのものや，炭素をふくむ二酸化炭素や一酸化炭素は，例外的に無機物に分類されるので注意。
(3) 右図のように，原点と**A**，および**ア**～**エ**の点を結んだ直線を引く。

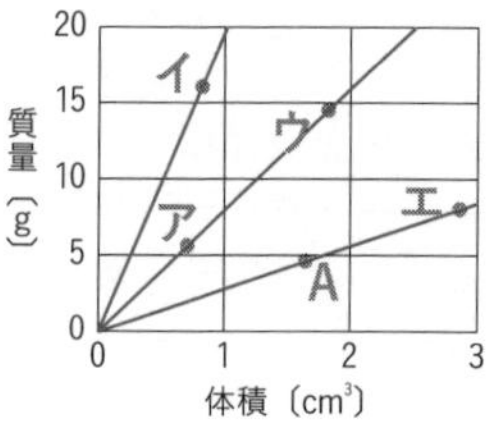

それぞれの直線の傾きは，$\frac{質量}{体積}$となるので密度を示している。つまり，同じ直線上にある物質は，密度（傾き）が等しいので同じ物質だといえる。よって，Aと同じ物質は**エ**である。同様に，**ア**と**ウ**は同じ物質と考えられる。
また，この直線の傾きが大きいほど，密度の大きい物質とわかる。（図中では，**イ**が最も密度が大きい。）

2 (1) **ア**
(2) **イ**
(3) **エ**

解説

(1) 固体Aの体積は，2.0×2.0×2.0＝8.0〔cm^3〕なので，密度は，$\frac{7.36〔g〕}{8.0〔cm^3〕}$＝0.92〔$g/cm^3$〕である。よって，Aと密度が等しい**ア**の氷となる。

(2) 液体Bに固体A（氷）を入れると，固体Aが沈んだことから，液体Bは固体A（氷，密度0.92 g/cm^3）より密度が小さい液体である。すると，エタノールか食用油が考えられる。実験Ⅰから，液体Bと液体Cについて，液体Cが液体Bより密度が大きく，混じり合う組み合わせであることがわかる。液体Bを食用油とすると，より密度の大きい液体Cは水，または食塩の飽和水溶液となるが，食用油は水（水溶液）とは混じり合わないため，設問文の条件を満たさない。したがって，液体Bはエタノールとわかる。

(3) 実験Ⅱから，2種類の液体は混じり合うことはなく，一方の液体が他方の液体より密度が大きいことがわかる。また，ポリスチレンのブロックが2種類の液体の間で浮かんだので，2種類の液体の密度は，ポリスチレンの密度1.06 g/cm^3より大きいものと小さいものの組み合わせとなる。これから，**ア**と**イ**の組み合わせは，ともにどちらの液体も密度が1.06 g/cm^3より小さいので適さない。**ウ**と**エ**のうち，**エ**の食用油と食塩の飽和水溶液は混じり合わないので**エ**が適する。**ウ**のエタノールと食塩の飽和水溶液は混じり合う。

3 (1) ① **沸点**
② **蒸留（分留）**
(2) **有機物**
(3) **イ，エ**

解説

(1) 沸点のちがいを利用して，混合物を加熱して出てきた気体を冷やし，再び液体としてとり出す操作のことを蒸留という。蒸留によって，複数の成分を順番に分けていく方法をとくに分留ともいう。原油を，ガソリンや灯油，石油ガスなどに分けるために蒸留（分留）が利用されている。

(2) 物質を燃焼させると発生する二酸化炭素は，物質にふくまれている炭素と酸素が結びついてできたものである。このように，炭素をふくむ物質を総称して有機物という。

(3) **イ**のポリエチレンのようなプラスチックや，**エ**のエタノールのようなアルコールは，炭素をふくむので有機物に分類される。**カ**の黒鉛のように，炭素そのものの場合は無機物に分類される。また，**ウ**の大理石（$CaCO_3$）や二酸化炭素のように，炭素をふくむが例外的に無機物に分類されるものもあるので注意。**ア**のアルミニウムのような金属や，**オ**のガラスは炭素をふくまない無機物である。

4 (1) **t_1の名称　融点　　t_2の名称　沸点**
t_1の温度　0 ℃　　t_2の温度　100 ℃
(2) **B〜C間　イ**
D〜E間　エ
(3) **B〜C間　融解**
D〜E間　沸騰
(4) **（例）加えられた熱が状態変化に使われるから。**
(5) **（例）より多くの熱を蓄えることができる。（17字）**

解説

(1) t_1は固体の氷が液体の水に変化するときの温度で融点といい，その温度は0 ℃である。t_2は液体の水が気体の水蒸気に変化するときの温度で沸点といい，その温度は100 ℃である。

(2) A〜B間は固体の氷の状態，Bで液体の水に変化し始め，B〜C間は固体の氷と液体の水が混じり合った状態である。Cで完全に液体の水に変化し，Dまでは液体の状態である。Dで液体の水が気体の水蒸気に変化し始め，D〜E間は液体の水と気体の水蒸気が混じり合った状態である。Eで完全に気体の水蒸気に変化し，E〜F間は気体の水蒸気の状態である。したがって，B〜C間は**イ**，D〜E間は**エ**である。

(3) 固体が融けて液体に変化することを融解という。また，液体の内部から気体になっている状態を沸騰という。

(4) 純粋な物質では，B〜C間のように融解している間や，D〜E間のように沸騰している間の温度は一定である。これは，加えられた熱が固体から液体，液体から気体への状態変化のために使われるからである。たとえば融解では，粒子どうしを結びつける力を弱くしたり，沸騰では，粒子どうしを結びつける力を切ったりするために，加えられた熱が使われる。

(5) C〜D間（液体の水の状態）のグラフの傾きは，A〜B間（氷の状態）やE〜F間（水蒸気の状態）の傾きより小さくなっている。これは，氷や水蒸気と比較して，液体の水のほうが，同じ熱を加えたときの温度変化が小さい（あたたまりにくい）ということを示している。つまり，液体の水は，氷や水蒸気と比べて，より多くの熱を蓄えることができるといえる。物質の温度を1 ℃上昇させるのに必要な熱量を熱容量といい，水では，液体の状態のほうが固体や気体より熱容量が大きいため，同じ質量の水でも1 ℃上げるために多くの熱量が必要となる。

5 (1) **ア**
(2) **エ**
(3) **ウ**
(4) **イ**

解説 ▼

(1)

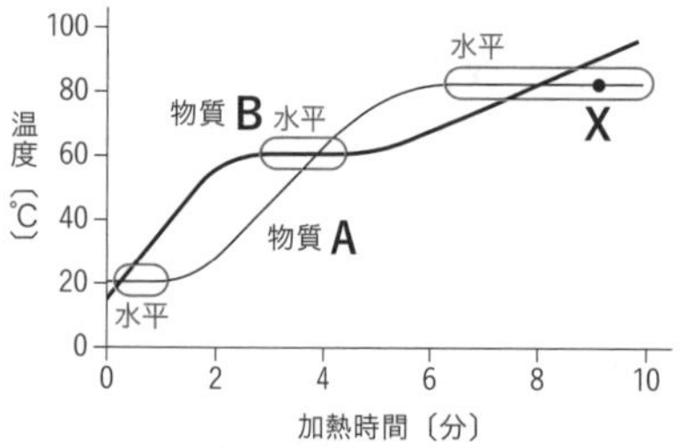

上図から，物質**A**は，グラフがほぼ水平になっている部分が2回あるので，0～2分の間の部分は固体から液体への状態変化，6分以降は液体から気体への状態変化が起こっていると考えられる。よって，0～2分の間は，物質**A**は状態変化をしており，加えた熱が状態変化に使われているため，温度が約20 ℃で変化していない。

(2) **X**点では，液体から気体への状態変化が起こっているので，液体と気体が混じり合っている状態である。

(3) 10分間の加熱後では，**(2)**より気体となった物質**A**は空気中へ出ていくので，試験管の中の物質**A**は液体である。約80 ℃の状態の液体を冷やすと，温度は下がり続け，融点付近で液体から固体への状態変化が起こるため，温度は変化しなくなる。図2より，物質**A**の融点は約20 ℃なので，80 ℃から20 ℃まで温度が下がり，20 ℃付近でグラフが水平になる**ウ**が正解となる。

(4) 物質**B**を加熱すると，図2から約60 ℃で状態変化が始まっていることがわかる。ただし，固体から液体，液体から気体のどちらの状態変化かはわからない。しかし，**(3)**の操作がおこなえたことから，10分間の加熱後の試験管の中には液体があったということがわかる。つまり，図2の物質**B**のグラフの水平な部分は，固体から液体への状態変化が起こっており，約80 ℃では，物質**B**はまだ沸騰していないので，物質**B**の沸点は80 ℃以上であると考えられる。

2 化学 気体と水溶液

STEP01 要点まとめ

本冊56ページ

1 **1** 01 **にくい** 02 **溶ける**
03 **刺激臭** 04 **アルカリ**
05 **小さい** 06 **水**
2 07 **水上置換** 08 **水**
09 **大きい** 10 **空気**
11 **小さい**

2 **1** 12 **溶液** 13 **溶質**
14 **溶媒** 15 **水溶液**
16 **110** 17 **同じ**
18 **和**
2 19 **溶液**

3 **1** 20 **溶解度** 21 **温度**
22 **飽和** 23 **飽和水溶液**
2 24 **再結晶**
3 25 **ろ過** 26 **大きい**

解説 ▼

07, 08, 10 水上置換法は，水と気体を置き換えて集めるので，空気と気体を置き換えて集める下方置換法や上方置換法と比べて，より混じりけのない気体を集めることができる。

16 溶質である食塩は溶媒である水に溶けて見えなくなるが，なくなっているわけではなく，目に見えない粒子に分かれて溶媒中に均一に散らばっている。溶液の質量＝溶質の質量＋溶媒の質量で求めることができ，食塩水の質量は，10 + 100 = 110〔g〕となる。

17 溶質の粒子は溶媒中に均一に散らばっているので，濃さはどこでも同じである。

19 質量パーセント濃度を求める式は，次のように表すこともできる。

$$\text{質量パーセント濃度〔\%〕} = \frac{\text{溶質の質量〔g〕}}{\text{溶質の質量〔g〕} + \text{溶媒の質量〔g〕}} \times 100$$

20, 21 溶解度は物質によって決まっている。溶解度は温度によって変わるが，その変化のしかたは，物質によって異なる。

24 再結晶には，溶液を冷却する方法や，溶媒を蒸発させる方法がある。温度による溶解度の差の大きい物質の再結晶には前者を，温度によって溶解度があまり変化しない物質の再結晶には後者を用いる。

26 ろ過の操作では，ろ紙の目よりも小さい粒はろ紙の目を通り抜け，ろ紙の目よりも大きい粒はろ紙上に残る。

STEP02 基本問題

本冊58ページ

1 (1) エ
(2) エ
(3) ア

解説

(1) **ア**の水素には，物質自身が燃える性質（可燃性）はあるが，物質を燃やすはたらき（助燃性）はない。物質を燃やすはたらきがあるのは酸素である。**イ**の塩素は無色ではなく，黄緑色である。**ウ**のアンモニアは，非常に水に溶けやすい気体である。

くわしく

◉**おもな気体の性質**

酸素	無色・無臭で，空気より重く，水に溶けにくい。助燃性がある。
水素	無色・無臭で，空気より軽く，水に溶けにくい。可燃性がある。
二酸化炭素	無色・無臭で，空気より重い。水に少し溶け，酸性を示す（炭酸水）。
アンモニア	無色で刺激臭がある。空気より軽く，水に非常によく溶け，アルカリ性を示す。
窒素	無色・無臭で，空気より少し軽く，空気中の体積の約78%を占める。水に溶けにくい。
塩素	黄緑色で刺激臭があり，空気より重く，水に溶けやすい。殺菌・漂白作用がある。
塩化水素	無色で刺激臭があり，空気より重い。水に溶けやすく，酸性を示す（塩酸）。

(2) 下方置換法で集める気体は，空気より密度が大きく（空気より重い），水に溶けやすい性質をもった気体である。塩化水素や二酸化硫黄，二酸化炭素などは，下方置換法で集めることができる。

(3) アンモニアがあることを確認するためには，アンモニアのにおいや，水への溶けやすさ，水溶液の性質（アルカリ性）などを調べればよい。赤色リトマス紙やフェノールフタレイン溶液を使用すると，水溶液のアルカリ性を確認することができる。

2 (1) **20%**
(2) ① **24 g**
② **イ　A**
理由　**イは20 ℃の水100 gに約36 gまで溶け，アは約12 gまでしか溶けない。よって，25 gが完全に溶ける物質Aがイとなる。**

解説

(1) $$\text{質量パーセント濃度〔\%〕} = \frac{\text{溶質の質量〔g〕}}{\text{溶質の質量〔g〕}+\text{溶媒の質量〔g〕}} \times 100$$

溶質（物質A）の質量は25 g，溶媒（水）の質量は100 gなので，$\frac{25}{25+100} \times 100 = 20$〔%〕となる。

(2) ①…グラフの縦軸の1目盛りは4 gである。**ア**のグラフから，40 ℃のときの100 gの水に溶ける質量（溶解度）を見ると24 gであることがわかる。
②…実験から，20 ℃の水100 gにAとBをそれぞれ25 g加えると，Bは溶け残りが出ていることをヒントに考える。グラフで20 ℃のときの溶解度を見ると，**ア**は約12 gまで，**イ**は約36 gまで溶けることがわかる。したがって，20 ℃の水100 gに25 gが完全に溶ける物質Aが**イ**にあてはまる。

3 (1) エ
(2) イ

解説

(1) **ア**はガラス棒をろうと（ろ紙）に当てていないのと，ろうとの足がビーカーの側面についていないので誤り。**イ**はガラス棒をろうと（ろ紙）に当てていないので誤り。**ウ**はろうとの足がビーカーの側面についていないので誤り。**エ**が正解となる。

(2) ろ紙に残った固体は，ろ紙の穴より大きいため穴を通過できずろ紙に残る。ろ液中の物質は，ろ紙の穴より小さいため，ろ紙を通過する。ろ液を蒸発させると，ろ液中に溶けていた物質を固体としてとり出すことができる。

STEP03 実戦問題

本冊60ページ

1 (1) エ
(2) ア
(3) ①
(4) ① ウ
② ア
③ ア
④ イ

解説

(1) 水酸化カルシウムと硫酸アンモニウムの混合物を加熱すると，硫酸カルシウムと水，アンモニアが生成される。このとき起こる反応の化学反応式は下記。

$$Ca(OH)_2 + (NH_4)_2SO_4 \rightarrow CaSO_4 + 2H_2O + 2NH_3$$

アンモニアはほかに，塩化アンモニウムと水酸化カルシウムの混合物を加熱したり，アンモニア水を加熱したりすることで発生する。
◉塩化アンモニウムと水酸化カルシウムの反応

$$2NH_4Cl + Ca(OH)_2 \rightarrow CaCl_2 + 2H_2O + 2NH_3$$

くわしく

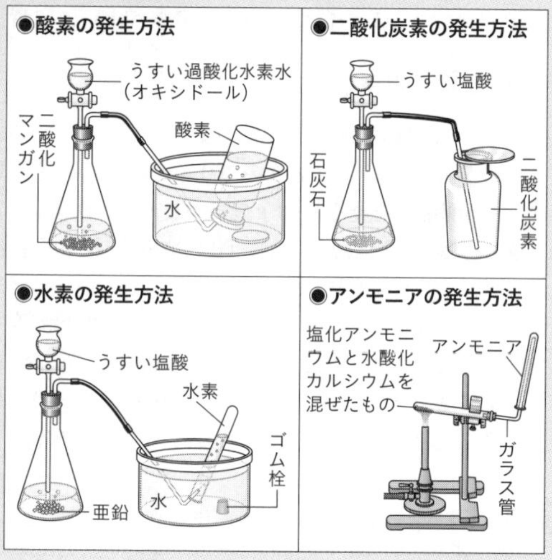

(2) アンモニアは，水に非常に溶けやすく，空気より軽いので，**ア**の上方置換法で集める。

(3) ①では水素が発生する。水素は空気より軽いので上方置換法でも集めることができる。②と③では二酸化炭素が発生し，空気より重いので上方置換法は使えない。④では，酸素が発生し，酸素は空気より重いので上方置換法は使えない。

(4) **ア**は二酸化炭素の確認なので②と③にあてはまる。**イ**は酸素の確認なので④にあてはまる。**ウ**は水素の確認なので①にあてはまる。**エ**は水の確認なので①～④にはあてはまらない。**オ**はアルカリ性かどうかの確認なので①～④にはあてはまらない。

2 (1) **A　ウ**
B　イ
(2) **酸性**
(3) **（例）二酸化炭素の一部が水に溶け，ペットボトル内の圧力が下がり，大気圧によって外から押されたため。**
(4) **ウ，オ，カ，キ**
(5) **ウ，カ，キ**

解説▼

(1) 石灰水に二酸化炭素を通すと白くにごる。また，二酸化炭素が水に溶けると炭酸水となり酸性となるので，BTB 溶液を加えると黄色に変化する。

(2) BTB 溶液は，酸性で黄色，中性で緑色，アルカリ性で青色を示す。

(3) 二酸化炭素が水に溶けるため，ペットボトル内の気体の量が減り，圧力が下がる。そうすると，大気圧によって外側から押されるためペットボトルはへこんでしまう。

(4) 塩酸を加えると二酸化炭素が発生するものには，石灰石のほかに，貝殻，卵の殻，重そう（炭酸水素ナトリウム），大理石などがある。貝殻や卵の殻の主成分は石灰石と同じ炭酸カルシウムで，大理石は石灰岩（石灰石）が変成作用を受けたものである。亜鉛やアルミニウム，鉄，マグネシウムなどの金属に塩酸を加えると水素が発生する。また，うすい過酸化水素水を二酸化マンガンに加えると，二酸化マンガンが触媒としてはたらき，酸素が発生する。ジャガイモ，レバーも同様に，うすい過酸化水素水から酸素が発生する反応の触媒となる。

(5) (4)で選んだ，**ウ**，**オ**，**カ**，**キ**のうち，**オ**の重そう（炭酸水素ナトリウム）以外の３つには炭酸カルシウムがふくまれている。石灰水（水酸化カルシウムの水溶液）と二酸化炭素から炭酸カルシウムができる反応の化学反応式は下記。

$$Ca(OH)_2 + CO_2 \rightarrow CaCO_3 + H_2O$$

3 (1) **b**
(2) **エ**
(3) **39%**
(4) **ウ**

解説▼

(1) 水 10 g にミョウバン 3.0 g を溶かしたものは，水 100 g にミョウバン 30 g を溶かしたものと同じなので，これをもとに表を見る。20 ℃では溶け残ることから，20 ℃での表の値（溶解度）が 30 g より小さい **b** か **d** が考えられるが，60 ℃ではすべて溶けるので，**b** がミョウバンにあてはまる。

(2) 質量パーセント濃度は下記の式で求められる。

$$質量パーセント濃度〔\%〕 = \frac{溶質の質量〔g〕}{溶液の質量〔g〕} \times 100$$

ミョウバンがすべて水に溶けている状態では，温度を下げても溶質（ミョウバン）と溶液（ミョウバン＋水）の質量は変化しないので，質量パーセント濃度は変化しない。したがって，グラフは**エ**となる。さらに温度を下げて，溶けきれなくなったミョウバンが結晶として出てくると，水に溶けているミョウバンの量が減るので，溶質と溶液の質量が変化して，質量パーセント濃度は変化する（小さくなる）。

(3) 40 ℃の水 100 g には，硝酸カリウムが最大 64 g 溶けるので，硝酸カリウム飽和水溶液の質量パーセント濃度は，$\frac{64}{64 + 100} \times 100 = 39.0\cdots$ より，39%である。

(4) 10 g 蒸発させたので水の質量は 90 g になっている。20 ℃における硝酸カリウムの溶解度は 32 g なので，20 ℃の水 90 g に溶ける硝酸カリウムの最大量は，

$32 \times \frac{90}{100} = 28.8$〔g〕である。

もとの硝酸カリウム飽和水溶液には，硝酸カリウムは 64 g 溶けているため，結晶として出てくる硝酸カリウムは，$64 - 28.8 = 35.2$〔g〕となり，およそ 35 g の**ウ**となる。

4 (1) **E**
(2) **8.6 g**
(3) **8.1%**
(4) **A　0 g**
D　36 g
(5) **再結晶（法）**

解説

(1) 一般に気体は，温度が高くなるほど粒子の運動が激しくなり，溶液中から空気中に出ていきやすくなるため，溶解度が小さくなる。よって，温度が上がるほど溶ける量が減少している **E** が気体と考えられる。

(2) 40 ℃における物質 **A** の溶解度は 40 g，0 ℃における物質 **A** の溶解度は 28 g なので，40 ℃の水 100 g に溶けるだけ溶かしたあと，0 ℃まで冷やすと，$40 - 28 = 12$〔g〕が結晶として出てくる。つまり，140 g の飽和水溶液では 12 g が結晶として出てくるということである。
ここで，飽和水溶液の質量が 100 g のとき，結晶として出てくる物質 **A** の質量を x g とすると，
$140 : 12 = 100 : x$ となるので，
$x = \frac{12 \times 100}{140} = 8.57\cdots$より，8.6 g である。

(3) 80 ℃の水 100 g には，40 g の **A**，100 g の **D** の両方ともすべて溶ける。よって，20 ℃まで冷やすと，
A は，$40 - 34 = 6$〔g〕，**D** は，$100 - 32 = 68$〔g〕が結晶として出てくる。よって，合わせて
$6 + 68 = 74$〔g〕のうち，**A** は 6 g なので，割合は，
$\frac{6}{74} \times 100 = 8.10\cdots$より，8.1％である。

(4) **(3)**で得られた固体 **A** の 6 g，**D** の 68 g は，80 ℃の水 100 g にはすべて溶ける。これを 20 ℃まで冷やすと，**A** の溶解度は 34 g なので，結晶は出てこない。**D** の溶解度は 32 g なので，**D** は，$68 - 32 = 36$〔g〕が結晶として出てくる。

(5) 固体を一度水に溶かしてから再び結晶としてとり出す操作を再結晶という。溶解度は，温度や物質の種類によって決まっており，水溶液の温度を下げると，通常，固体の物質の溶解度は小さくなるので，溶けきれなくなった物質が結晶として出てくる。

3 化学 化学変化と原子・分子①

STEP01 要点まとめ

本冊64ページ

1
1
01 **原子**　02 **分子**
03 **元素**　04 **単体**
05 **化合物**
2
06 **化学式**　07 **化学反応式**
08 **等しく（同じに）**
09 **4**

2
1
10 **化学変化**
2
11 **2**
12 **Na_2CO_3**　13 **$2Ag_2O$**
14 **水素**　15 **O_2**
3
16 **CuS**　17 **酸素**
18 **酸化物**　19 **2CuO**
20 **酸化マグネシウム**　21 **燃焼**
4
22 **同時**　23 **2Cu**

解説

04 水素分子 H_2 は水素原子 H 2つからできている単体。酸素分子 O_2 は酸素原子 O 2つからできている単体。鉄 Fe は分子をつくらない単体である。

05 水 H_2O は，水素原子 H と酸素原子 O からなる分子をつくる化合物，塩化ナトリウム NaCl は，ナトリウム原子 Na と塩素原子 Cl からなる分子をつくらない化合物である。

07, 08 化学変化は，物質をつくっている原子の組み合わせが変化する反応なので，反応の前後で，原子の種類と数は変わらない。したがって，化学反応式の左辺と右辺の各原子の総数は等しくなる。

09 「$2H_2$」の頭についている「2」を係数といい，「H_2 が 2 個ある」ということを表している。したがって，右辺の H の数は $2 \times 2 = 4$ で 4 個である。

12 炭酸ナトリウム Na_2CO_3 は，炭酸水素ナトリウム $NaHCO_3$ よりも水によく溶け，強いアルカリ性を示す。

15 水素や酸素は空気中では分子の形で存在している。そのため，水の電気分解は $H_2O \rightarrow H_2 + O$ とはならない（O が原子 1 個で存在しない）点に注意する。

18 酸化銅や酸化鉄，酸化アルミニウムのように，名前に「酸化」とついている物質は酸化物である。

22 炭素で酸化銅を還元できるのは，炭素が銅よりも酸素と結びつきやすいからである。炭素は酸化銅から酸素をうばって酸化し，気体の二酸化炭素になる。一方，酸化銅は酸素をうばわれて還元され，銅になる。このように，酸化と還元は同時に起こる。

STEP02 基本問題

本冊66ページ

1 (1) **エ**
(2) **窒素**

解説 ▼

(1) 1種類の元素でできている物質を単体といい，2種類以上の元素でできている物質を化合物という。硫黄(S) は単体で，塩化ナトリウム（NaCl）や二酸化炭素（CO_2），エタノール（C_2H_5OH）は化合物である。
(2) N は窒素を表す原子の記号（元素記号）である。元素記号を使って，物質を表した式を化学式という。

くわしく

●おもな元素と元素記号

亜鉛	Zn	鉄	Fe	塩素	Cl
アルミニウム	Al	ナトリウム	Na	酸素	O
バリウム	Ba	マグネシウム	Mg	水素	H
カルシウム	Ca	銅	Cu	炭素	C
銀	Ag	硫黄	S	窒素	N

2 (1) **MgO**
(2) **燃焼**

解説 ▼

(1) 物質が酸素と結びつく化学変化を酸化といい，酸化によってできた物質を酸化物という。この実験では，マグネシウムと酸素が結びついて酸化マグネシウムができる。
$2Mg + O_2 \rightarrow 2MgO$
(2) 酸化の一種で，激しく熱や光を出しながら物質が酸素と結びつく化学変化を燃焼という。スチールウール（鉄）やマグネシウムを加熱すると酸素と結びつく反応や，ロウなどの有機物が燃える反応は燃焼の例である。

3 (1) ① **イ**
② **イ**
(2) $\mathbf{2NaHCO_3 \rightarrow CO_2 + Na_2CO_3 + H_2O}$

解説 ▼

(1) ①…フェノールフタレイン溶液は酸性や中性では無色だが，アルカリ性では赤色に変化する。
②…結果の表より，より濃い赤色になった固体 B のほうが，アルカリ性の性質が強いことがわかる。
(2) 炭酸水素ナトリウムを加熱すると，気体の二酸化炭素と固体の炭酸ナトリウムと，液体の水に分解する。

4 (1) **（例）水酸化ナトリウム水溶液は，水に比べ電気を通しやすいから。**
(2)

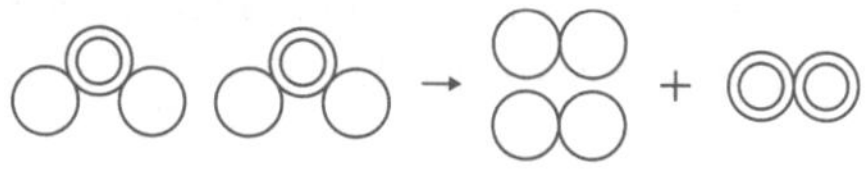

解説 ▼

(1) 純粋な水は電流が流れにくいので，電流を流れやすくするために水酸化ナトリウムを加える。
(2) 水を電気分解すると，陽極に酸素，陰極に水素が分かれて集まる。
$2H_2O \rightarrow 2H_2 + O_2$

くわしく

●水の電気分解

水はわずかに電離して，水素イオンと水酸化物イオンを生じる。
$H_2O \rightarrow H^+ + OH^-$
水酸化ナトリウムを加えたときの水の電気分解では，陰極と陽極でそれぞれ下記のような反応が起こる（水溶液中の H^+ の濃度が低いため，陰極では H^+ の代わりに水分子が電子 e^- を得て水素が発生する）。
発生する水素と酸素の体積比は2：1となる。

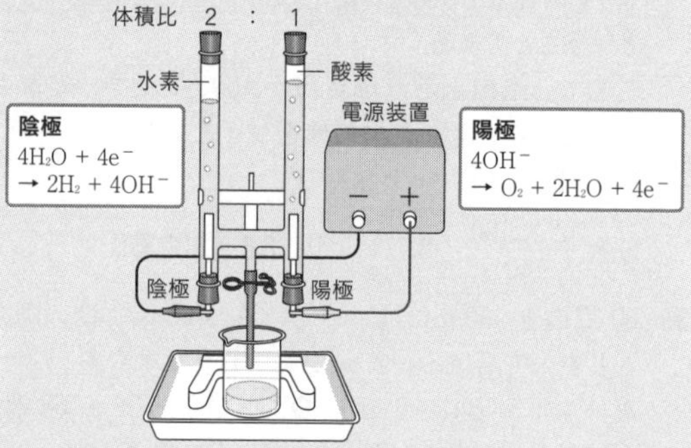

STEP03 実戦問題

本冊68ページ

1 (1) **還元**
(2) **ウ，エ，カ**
(3) ① **1**　② **2**　③ **1**　④ **2**
⑤ **2**　⑥ **13**　⑦ **8**　⑧ **10**

解説 ▼

(1) 酸化物から酸素がとり除かれる化学変化を還元という。
(2) **ア〜カ**の化学式は，**ア**…CO_2，**イ**…HCl，**ウ**…NaCl，**エ**…CuO，**オ**…N_2，**カ**…Ag となる。
金属は分子という単位では存在せず，原子が切れ目なく並んでいる。また，金属と塩素の化合物や，金属と酸素の化合物も複数の種類の原子が切れ目なく並んでおり，分子はつくらない。

(3) 化学反応式の左右の辺で各原子の数が等しくなるように，左右の辺の係数を順番に決めていく。酸素 O のように，同じ辺（右辺）の複数の物質にふくまれる原子の数は，ほかの原子の数をそろえてから考えると考えやすい。

◉メタンの燃焼の化学反応式

$CH_4 + O_2 \rightarrow CO_2 + H_2O$

（H を合わせる。）

$CH_4 + O_2 \rightarrow CO_2 + 2H_2O$

（O を合わせる。）

$CH_4 + 2O_2 \rightarrow CO_2 + 2H_2O$

◉ブタンの燃焼の化学反応式

$C_4H_{10} + O_2 \rightarrow CO_2 + H_2O$

（C を合わせる。）

$C_4H_{10} + O_2 \rightarrow 4CO_2 + H_2O$

（H を合わせる。）

$C_4H_{10} + O_2 \rightarrow 4CO_2 + 5H_2O$

（O を合わせる。）

$C_4H_{10} + 6.5O_2 \rightarrow 4CO_2 + 5H_2O$

（両辺を2倍する。）

$2C_4H_{10} + 13O_2 \rightarrow 8CO_2 + 10H_2O$

2 (1) **カ**
(2) **燃焼**
(3) **ウ**
(4) **カ**

解説

(1) まずはじめにガス調節ねじ **D** と空気調節ねじ **C** がしまっていることを確認してから，元栓 **A**，コック **B** の順に開ける。マッチに火をつけてから，ガス調節ねじ **D** を開けて点火し，炎の大きさを調節する。空気調節ねじ **C** を開けて，炎の色を調節する。火を消すときは，つけたときとは逆に，空気調節ねじ，ガス調節ねじ，コック，元栓の順にしめる。

(2) 酸化の一種で，激しく熱や光を出しながら物質が酸素と結びつく化学変化を燃焼という。

(3) マグネシウムの粉末をガスバーナーで加熱すると，強い光と熱を出して燃焼し，マグネシウムは酸素と結びついて，白色の酸化マグネシウムとなる。

(4) **ア**，**ウ**，**オ**は酸素の化学式が O となっているため誤り。**イ**は酸化マグネシウムの化学式が MgO_2 となっているため誤り。**エ**はマグネシウムの化学式が誤っている。

3 (1) **ア　電気**
　イ　熱
(2) $\mathbf{2Cu + O_2 \rightarrow 2CuO}$
(3) **ウ　還元**
　エ　酸化
(4) **0.45 g**

解説

(1) 金属には，電気をよく通す（電気伝導性），熱をよく伝える（熱伝導性）などの性質がある。

(2) 酸化銅 CuO は銅原子と酸素原子が1：1の割合で結びついた化合物である。

(3) **ウ**は，酸化銅から酸素がとり除かれる還元，**エ**は，水素と酸素が結びつく酸化である。

(4) ①の反応を化学反応式で表すと下記のようになる。

$CuO + H_2 \rightarrow Cu + H_2O$

よって，酸化銅 CuO 1個に対して，1分子の水 H_2O ができることがわかる。 CuO 全体の質量が 2.00 g で，銅原子と酸素原子の質量の比は4：1なので，CuO 2.00 g あたりの Cu の質量は，$2.00 \times \frac{4}{5} = 1.60$〔g〕，O の質量は，$2.00 \times \frac{1}{5} = 0.40$〔g〕である。

水素原子1個の質量は酸素原子1個の$\frac{1}{16}$なので，水にふくまれる酸素が 0.40〔g〕のときの水素の質量は，$0.40 \times \frac{1}{16} \times 2 = 0.05$〔g〕となる（水分子 H_2O 中には酸素原子 O 1個に対して，水素原子 H が2個ふくまれるため，2倍する)。よって，できた水の質量は，$0.40 + 0.05 = 0.45$〔g〕である。

4 (1) **（例）1種類の元素だけからできている物質。**
(2) $\mathbf{Fe + S \rightarrow FeS}$
(3) **記号　ア**
　理由　（例）発生する熱により，反応が続くため。
(4) **化学式　H_2S**
　記号　イ，エ，カ，ク

解説

(1) 1種類の元素でできている物質を単体といい，2種類以上の元素でできている物質を化合物という。

(2) 鉄と硫黄は1：1の割合で結びつき，硫化鉄 FeS ができる。

(3) 試験管の下部を加熱すると，下部では鉄と硫黄が結びつく反応が起きるが，融けた硫黄が底にたまるだけで反応が途中で終わってしまう。上部を加熱すれば，融けた硫黄は下方に流れていき反応が途中で止まることはない。

(4) 硫化鉄に塩酸を加えると，下記のような反応が起こり，硫化水素（H_2S）が発生する。

$FeS + 2HCl \rightarrow FeCl_2 + H_2S$

硫化水素は，火山ガスにふくまれる非常に有毒な気体で，空気より重く，卵が腐ったようなにおいがする。

5 (1) **エ**
(2) **イ→ア→キ→ウ**
(3) **エ，カ**
(4) **（例）二酸化炭素は塩酸よりも水に溶けやすく，ガラスびんにたまる量が少なくなるため。**

解説 ▼

(1) **ア**，**イ**，**ウ**は正しい。**イ**の反応では，吸熱反応が起こり，二酸化炭素が発生する。**エ**は，炭酸水素ナトリウムは，分子が集まってできている物質ではなく，イオンが結合してできている物質なので誤り。

(2) 炭酸水素ナトリウムを加熱すると下記の反応が起こり，二酸化炭素が発生する。

$$2NaHCO_3 \rightarrow Na_2CO_3 + H_2O + CO_2$$

この実験では，発生した二酸化炭素の体積の分，ガラスびん内のうすい塩酸がメスシリンダーへ移動する。反応前に，メスシリンダーの液面の高さをガラスびんの液面に合わせるのは，試験管からガラスびん内の圧力と，大気圧を等しくするためである。よって，反応後にメスシリンダーの目盛りを読む前にも，この操作（**キ**）は必要になる。また，試験管からガラスびんまでの密閉は保つ必要があるため，**オ**と**カ**は不適切，**エ**は，塩酸がメスシリンダーへ移動できないので不適切である。**イ**と**ア**は，反応の前後で温度を等しくするために，必要となる。

ア，**イ**，**ウ**，**キ**では，まず，ガスバーナーの火を止める。次に，試験管とガラスびんの間にある気体の温度が高いままなので，室内の気温と同じになるまでしばらく放置しておく。次に，メスシリンダーとガラスびんの中の液面の高さをそろえてからメスシリンダーの目盛りを読むという順番で操作する。反応の前後のメスシリンダーの目盛りの差が，発生した二酸化炭素の体積と等しくなる。

(3) この実験で発生した気体は二酸化炭素である。**ア**は水素，**イ**は酸素，**オ**は塩素の性質である。**ウ**と**エ**は，空気との重さを比較する内容で，二酸化炭素は空気より重いので，**ウ**は誤りで**エ**が正しい。**カ**は炭酸水素ナトリウムに塩酸を加えると，二酸化炭素が発生するので正しい。

(4) 二酸化炭素は塩酸よりも水に溶けやすいので，ガラスびん内の水に溶けて，ガラスびんの中にたまる量が減少してしまう。そのため，メスシリンダーへ移動する水の量はうすい塩酸のときよりも少なくなる。

4 化学 化学変化と原子・分子②

STEP01 要点まとめ

本冊72ページ

1 **1** 01 **変化しない** 02 **変化しない**
03 **組み合わせ**
2 04 **酸素** 05 **比例**
06 **一定** 07 **1**
08 **5**
2 09 **発熱反応** 10 **吸熱反応**

解説 ▼

02 気体が発生する反応では，密閉できない容器で反応させると発生した気体が空気中へ出ていくため，見かけ上の質量は小さくなるが，空気中へ出ていった気体の質量も合わせれば，化学変化の前後で質量の総和は変化しない。

07 銅と酸素が結びつくときの質量の割合は，銅：酸素＝4：1となる。したがって，銅と酸素が結びついてできる酸化銅の質量の割合は，4の銅に1の酸素が結びつくので4＋1＝5となる。

09 化学かいろでは，中にある鉄粉が空気中の酸素と結びつく（酸化する）ことによる発熱を利用している。

STEP02 基本問題

本冊73ページ

1 (1) **4回目**
(2) **3：2**

解説 ▼

(1) 1回目から4回目まで，物質の質量が少しずつ増加し，5回目は変化していないので，完全に酸化したのは4回目である。

(2) 物質の質量がふえたのは，結びついた酸素の質量が加わったからである。完全に反応したときの物質の質量が2.40 gなので，結びついた酸素の質量は，2.40 − 1.44 = 0.96〔g〕である。よって，マグネシウムの質量と結びついた酸素の質量の比は，1.44：0.96 = 144：96 = 3：2となる。

2 (1) **発熱反応**
(2) **ウ**

解説 ▼

(1) 熱が発生して温度が上がる化学変化を発熱反応，まわりから熱を吸収して温度が下がる化学変化を吸熱反応という。

(2) 鉄粉と活性炭を混ぜたものに食塩水を加えると，鉄が空気中の酸素と結びつく酸化が起こり，酸化鉄という物質ができる。そのときに熱が発生するため温度が上昇する。なお，活性炭と食塩水は，この発熱反応が進むのを助けるはたらきをしている。

STEP03 実戦問題　本冊74ページ

1 (1) $2Cu + O_2 \rightarrow 2CuO$
(2) **1.05 g**
(3) **0.036 g**
(4) **1.92 g**

解説 ▼

(1) 銅が酸素と結びつく酸化反応が起こり，酸化銅が生成される。
(2) 表2のA班の実験の結果から，加熱後の粉末の質量が3回目と4回目で同じ0.300 gで，1回目と2回目はそれより少ないことから，3回目と4回目はマグネシウムが酸素と完全に反応しており，1回目と2回目は，まだ反応していないマグネシウムがあると考えられる。よって，マグネシウム0.180 gに対して，酸化マグネシウムが0.300 gできるので，マグネシウム0.630 gに対してできる酸化マグネシウムをx gとすると，$0.180 : 0.300 = 0.630 : x$となり，

$x = \dfrac{0.300 \times 0.630}{0.180} = 1.05$〔g〕となる。

(3) (2)より，マグネシウム0.180 gが完全に反応してできる酸化マグネシウムが0.300 gであることから，このとき結びつく酸素の質量は，$0.300 - 0.180 = 0.120$〔g〕である。
2回目の時点で，マグネシウム0.180 gと結合した酸素の質量は，$0.276 - 0.180 = 0.096$〔g〕より，2回目の加熱でできている酸化マグネシウムの質量をx gとすると，$0.300 : 0.120 = x : 0.096$　となるので，

$x = \dfrac{0.300 \times 0.096}{0.120} = 0.240$〔g〕である。

これより，未反応のマグネシウムの質量は，$0.276 - 0.240 = 0.036$〔g〕となる。

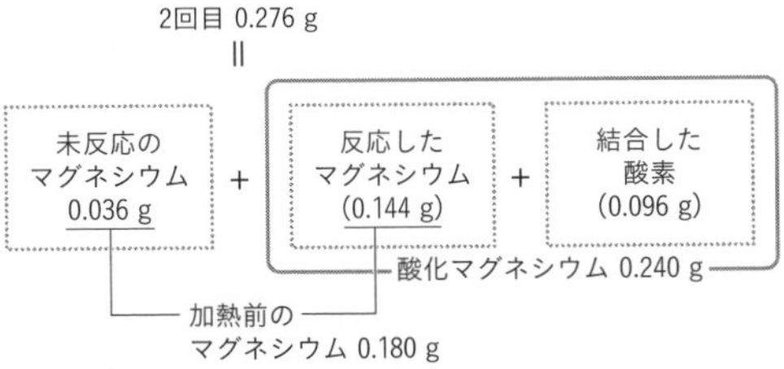

(4) (2)より，マグネシウムと酸化マグネシウムの質量の比は，$0.180 : 0.300 = 3 : 5$となる。
また，表1の4回目における，銅と加熱後の粉末の質量の比が，A班で，$0.180 : 0.225 = 4 : 5$になってい

ることから，完全に反応したときの銅と酸化銅の質量の比は，4：5と考えられる。混合物中にふくまれている銅の質量をx gとすると，マグネシウムの質量は，$(2.160 - x)$ gとなるので，

$\dfrac{5}{4}x + \dfrac{5}{3}(2.160 - x) = 2.800$が成り立つ。

これより，$x = 1.92$〔g〕。

2 (1) $NaHCO_3 + HCl \rightarrow NaCl + H_2O + CO_2$
(2) **炭酸水素ナトリウム　0.84 g**
　　二酸化炭素　0.44 g
(3) **30%**

解説 ▼

(1) 炭酸水素ナトリウムと塩酸を反応させると，塩化ナトリウムと水，二酸化炭素が生じる。
(2) B〜Eの反応後のビーカーの質量は，塩酸を入れたビーカーの質量と加えた炭酸水素ナトリウムの質量の和よりも少なくなっている。これは，反応によって生じた二酸化炭素が空気中へ出ていったためである。たとえばBでは，$60.00 + 0.21 - 60.10 = 0.11$〔g〕だけ反応前よりも減少していることになる。同じように，Cでは，0.33 g，Dでは，0.44 g，Eでは，0.44 gの二酸化炭素が空気中へ出ていったと考えられる。発生する二酸化炭素の質量は0.44 gから増加していないので，塩酸10 cm³がすべて反応すると0.44 gの二酸化炭素が発生することになる。

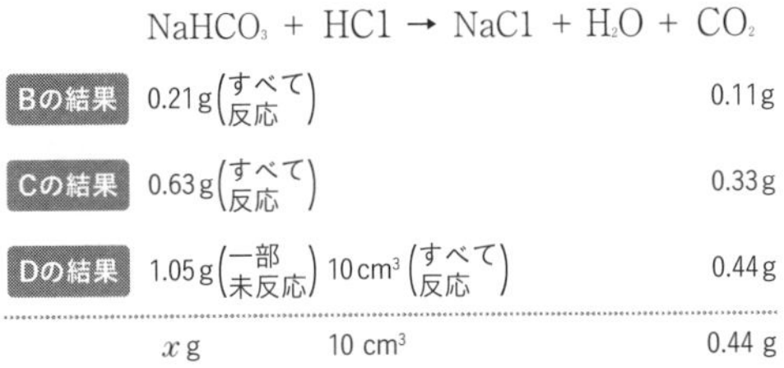

$$NaHCO_3 + HCl \rightarrow NaCl + H_2O + CO_2$$

Bの結果	0.21g（すべて反応）		0.11g
Cの結果	0.63g（すべて反応）		0.33g
Dの結果	1.05g（一部未反応）	10 cm³（すべて反応）	0.44g
	x g	10 cm³	0.44 g

塩酸10 cm³がすべて反応する炭酸水素ナトリウムの質量をx gとすると，$x : 0.44 = 0.21 : 0.11$が成り立つ。よって，$x = \dfrac{0.44 \times 0.21}{0.11} = 0.84$〔g〕である。

(3) 実験Ⅱで発生した二酸化炭素の質量は，$60.00 + 1.40 - 61.18 = 0.22$〔g〕である。
塩酸10 cm³と反応して，二酸化炭素が0.22 g発生するときの炭酸水素ナトリウムの質量をx gとすると，(2)より，$0.21 : 0.11 = x : 0.22$が成り立つので，

$x = \dfrac{0.21 \times 0.22}{0.11} = 0.42$〔g〕である。

よって，ベーキングパウダー1.40 gにふくまれている炭酸水素ナトリウムの割合は，

$\dfrac{0.42}{1.40} \times 100 = 30$〔%〕と求められる。

5 化学 化学変化とイオン

STEP01 要点まとめ

本冊76ページ

1 1 01 電解質　02 イオン
03 失い　04 −
05 電離
2 06 電気分解　07 塩素
08 銅
3 09 陽
2 1 10 化学変化　11 −
12 亜鉛　13 電子
14 銅（銅原子）
2 15 一次電池　16 充電
17 燃料電池
3 1 18 酸　19 H^+
20 アルカリ　21 OH^-
2 22 中和　23 打ち消し
24 塩　25 黄
26 緑　27 青

解説 ▼

07, 08　塩化銅は水溶液中で＋の電気を帯びた銅イオン Cu^{2+} と，−の電気を帯びた塩化物イオン Cl^- に電離する。

$CuCl_2 \rightarrow Cu^{2+} + 2Cl^-$

陽極の表面には，−の電気を帯びている Cl^- が引き寄せられる。2つの Cl^- が陽極に1個ずつ電子を渡して塩素分子 Cl_2 となり，気体の塩素として発生する。一方，陰極の表面には，＋の電気を帯びている Cu^{2+} が引き寄せられる。Cu^{2+} は陰極から電子を2個受けとり，銅原子 Cu となって陰極の表面に付着する。

11　イオンになりやすいほうの金属が電子を残して水溶液中に溶け出し，陽イオンになる。

16　二次電池のことを蓄電池，充電池ともいう。

17　燃料電池は，水素と酸素が結びつくときに発生する電気エネルギーをとり出す電池である。この化学変化では，あとに水しかできないため，環境に与える影響が少ないと考えられている。

22, 24　中和の反応では，酸の水素イオンとアルカリの水酸化物イオンが結びついて水ができ，酸の陰イオンとアルカリの陽イオンが結びついて塩ができる。

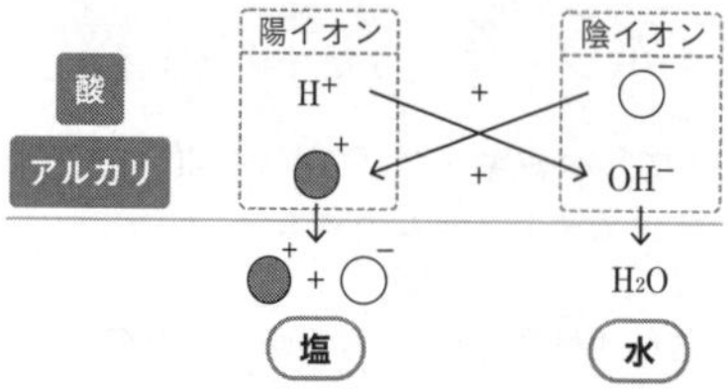

STEP02 基本問題

本冊78ページ

1 (1) ウ
(2) $CuCl_2 \rightarrow Cu^{2+} + 2Cl^-$

解説 ▼

(1) 原子が電子を失うと，原子全体として−の電気が少なくなり，＋の電気を帯びた陽イオンとなる。原子が電子を受けとると，原子全体として−の電気が多くなるため陰イオンとなる。

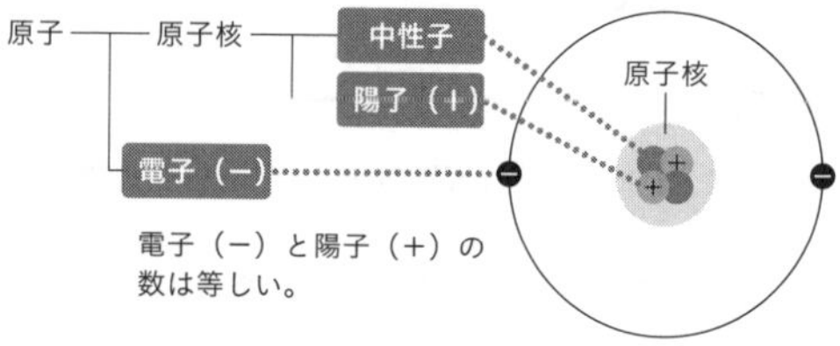

銅原子は，2個の電子を失って，＋の電気を帯びた銅イオンとなる。塩素原子は，電子を1個受けとり塩化物イオンとなる。

$Cu \rightarrow Cu^{2+} + 2e^-$

$Cl_2 + 2e^- \rightarrow 2Cl^-$　（e^- は電子）

(2) 塩化銅の電離のようすを，化学式で表すと，

$CuCl_2 \rightarrow Cu^{2+} + 2Cl^-$ となる。

銅は2価の陽イオン，塩素は1価の陰イオンを生じる。

くわしく

●おもな電離の式

塩化水素：$HCl \rightarrow H^+ + Cl^-$
塩化ナトリウム：$NaCl \rightarrow Na^+ + Cl^-$
塩化銅：$CuCl_2 \rightarrow Cu^{2+} + 2Cl^-$
水酸化ナトリウム：$NaOH \rightarrow Na^+ + OH^-$
水酸化カルシウム：$Ca(OH)_2 \rightarrow Ca^{2+} + 2OH^-$
水酸化バリウム：$Ba(OH)_2 \rightarrow Ba^{2+} + 2OH^-$
水酸化カリウム：$KOH \rightarrow K^+ + OH^-$
硫酸：$H_2SO_4 \rightarrow 2H^+ + SO_4^{2-}$
硫酸銅：$CuSO_4 \rightarrow Cu^{2+} + SO_4^{2-}$

2 (1) ① アルカリ
② 中
(2) $HCl + NaOH \rightarrow NaCl + H_2O$

解説 ▼

(1) BTB溶液は，酸性では黄色，中性では緑色，アルカリ性では青色を示す。塩酸は酸性，水酸化ナトリウム水溶液はアルカリ性で，2つの水溶液を混ぜると中和反応が起こる。

(2) 塩酸と水酸化ナトリウム水溶液が中和すると，塩化ナトリウムと水ができる。

くわしく

◉おもな中和の反応式

$HCl + NaOH \rightarrow NaCl + H_2O$

$2HCl + Ca(OH)_2 \rightarrow CaCl_2 + 2H_2O$

$H_2SO_4 + Ba(OH)_2 \rightarrow BaSO_4 + 2H_2O$

3 (1) ア

(2) エ

解説

(1) 亜鉛板と銅板の組み合わせを電極とした電池では，より電子を放出して陽イオンになりやすい亜鉛板が－極，銅板が＋極となる。電解質である塩酸は，水素イオン H^+ と塩化物イオン Cl^- に電離している。亜鉛板では，$Zn \rightarrow Zn^{2+} + 2e^-$（$e^-$ は電子）の反応が起こり，亜鉛原子が水溶液中に溶け出すとき，電子が放出される。放出された電子は亜鉛板→モーター→銅板と移動する。銅板では，水溶液中の2個の水素イオン H^+ が電子を受けとって水素分子 H_2 となり，銅板の電極付近から気体として発生する。銅板は電子を受け渡す役割をするのみで，銅板そのものは化学変化を起こさないため，亜鉛板のように表面がざらつくことにはならない。

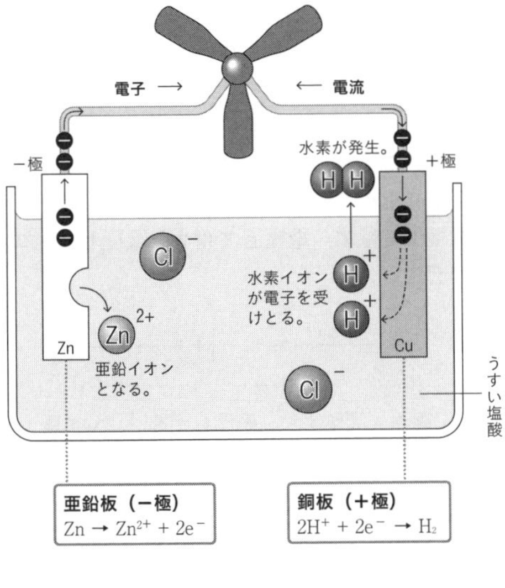

(2) 亜鉛は，水溶液中に溶け出すとき亜鉛イオンになるので，亜鉛イオンの数は増加していく。一方，塩化物イオンはこの反応には関係しないので変化しない。よってグラフは**エ**となる。なお，水素イオンは，電子を受けとって水素分子になるので減少していく。

STEP03 実戦問題

本冊80ページ

1 (1) **化学電池（電池）**

(2) ① **亜鉛**

② **あ**

③ **水素**

(3) Zn^{2+}

(4) **（例）前に使った水溶液が（金属板に）残らないようにするため。**

(5) **（例）電解質水溶液と2種類の金属板を使用すること。**

解説

(1) 電解質水溶液の中に，2種類の金属板を入れて電流をとり出せるようにした装置を化学電池という。

(2) 2種類の金属のうち，より電子を放出して陽イオンになりやすいほうが－極となる。亜鉛板と銅板の組み合わせでは，亜鉛板が－極となる（①）。亜鉛板では，$Zn \rightarrow Zn^{2+} + 2e^-$（$e^-$ は電子）の反応が起こり，電子が放出される。放出された電子は，亜鉛板→モーター→銅板と移動する（②）。＋極となる銅板では，水素イオンが電子を受けとって水素分子（H_2）となって，銅板の電極付近から発生する（③）。

(3) 亜鉛は2個の電子を放出して陽イオンの亜鉛イオンとなる。$Zn \rightarrow Zn^{2+} + 2e^-$

(4) そのまま使うと，前に使った水溶液が金属板に残ったままになっているかもしれないので，蒸留水できれいに洗い落とす。

(5) 化学電池では，2種類の金属のイオンへのなりやすさの差によって電圧が生じるため，2種類の金属板を使用する必要がある。片方が炭素棒でもよい。また，電流が流れるように，電解質の水溶液を使用しなければならない。電解質の水溶液としては，塩酸，レモンの汁，水酸化ナトリウム水溶液，アンモニア水，食塩水などがある。表から，電解質ではない砂糖水とエタノール水溶液では，電流が流れないことがわかる。

2 (1) ① **ウ**

② **ア**

(2) **20 cm³**

解説

(1) ①…マンガン乾電池は，使っていくとやがて電圧が低下してもとに戻らず，再利用することはできない。このような電池を一次電池といい，アルカリ乾電池やマンガン乾電池などがある。一方，リチウムイオン電池や鉛蓄電池などの，充電してくり返し使える電池を二次電池（蓄電池）という。

②…電池は，物質がもつ化学エネルギーを化学変化

によって電気エネルギーに変換する装置である。

(2) 表から，水素が 2 cm^3 使われたときには，酸素は 1 cm^3 使われており，水素が 12 cm^3 使われたときには，酸素は 6 cm^3 使われていることがわかる。よって，使われた水素の体積と酸素の体積の比は 2：1 になる。したがって，水素が 15 cm^3 残ったときには，使われた水素は 10 cm^3 なので，酸素はその半分の 5 cm^3 が使われたことになる。残った酸素は，
25 − 5 = 20〔cm^3〕となる。

3 (1) **2：3**
(2) **2.5%**
(3) **0.77 g**

解説 ▼

(1) 中和反応は，H^+ と OH^- が，$H^+ + OH^- \rightarrow H_2O$ という反応をし，H^+ と OH^- の数の比は 1：1 である。実験ⅠとⅢから，塩酸 10 cm^3 と中和した水酸化ナトリウム水溶液 **C** の体積の比は，4 : 6 = 2 : 3 なので，塩酸 **A** と **B** にふくまれている H^+ の数の比も 2：3 となる。

(2) 塩酸と水酸化ナトリウム水溶液のそれぞれの体積は，実験Ⅱの塩酸と水酸化ナトリウム水溶液のそれぞれの体積を2倍したものになっていることから，完全に中和して食塩水になっていることがわかる。よって，溶質は 1.6 g，溶液は，1.4〔g/cm^3〕× 45〔cm^3〕= 63〔g〕となるので，水溶液 **X** の質量パーセント濃度は，$\frac{1.6〔g〕}{63〔g〕} \times 100 = 2.53\cdots$ より，2.5% である。

(3) **(2)**より，塩酸 **A** 10 cm^3 と水酸化ナトリウム水溶液 **D** 12.5 cm^3 が中和してできる塩化ナトリウムは，
$\frac{1.6}{2} = 0.8$〔g〕である。また，塩酸 10 cm^3 と水酸化ナトリウム水溶液 12 cm^3 では，水酸化ナトリウムがすべて反応し，塩酸が一部残っている状態になっている。よって，中和によって生じる塩化ナトリウムの質量を x g とすると，
12.5 : 0.8 = 12 : x が成り立つ。
これから，$x = \frac{0.8 \times 12}{12.5} = 0.768$ より，0.77 g である。

4 (1) **ア**
(2) **a カ　b エ　c ア**
d イ　e ウ　f エ
(3) **オ**
(4) **ウ**

解説 ▼

(1) 図より，電源の＋極側とつながっている電極 **a**，**c**，**e** は陽極，電源の－極側とつながっている電極 **b**，**d**，**f** は陰極であることがわかる。
電極 **d** に赤色の物質（銅）が付着したことから，ビーカー**B** に入っているのは硫酸銅水溶液で，電極 **d** では，水溶液中の銅イオンが電子を受けとり，銅原子として析出していると考えられる。

(2) **(1)**より，ビーカー**B** には，硫酸イオンと銅イオンがあり，電極 **d**（陰極）では**イ**の反応が起こったとわかる。一方，電極 **c**（陽極）では，陰イオンが電子を放出すると考えられるが，設問文に硫酸イオン SO_4^{2-} は電子を放出しにくい性質があり，代わりに水分子が電子を放出して酸素が発生するとあることから，電極 **c** では**ア**の反応が起こったと考えられる。
水酸化ナトリウム水溶液が入ったビーカーには，水酸化物イオンとナトリウムイオンが，塩化ナトリウム水溶液が入ったビーカーには，塩化物イオンとナトリウムイオンが存在するが，設問文にあるようにナトリウムイオンではなく水分子が電子を受けとって水素が発生するという記載から，それぞれのビーカー内では，次の反応が起こると考えられる。
◉水酸化ナトリウム水溶液
陰極：$2H_2O + 2e^- \rightarrow H_2 + 2OH^-$（**エ**）
陽極：$4OH^- \rightarrow O_2 + 2H_2O + 4e^-$（**ウ**）
◉塩化ナトリウム水溶液
陰極：$2H_2O + 2e^- \rightarrow H_2 + 2OH^-$（**エ**）
陽極：$2Cl^- \rightarrow Cl_2 + 2e^-$（**カ**）
電極 **e**（陽極）では，**ウ**か**カ**のどちらかの反応が起こるが，電極 **c** と同じ体積の気体が発生するという記載から，2つの反応式中の電子 e^- の係数をそろえたときに，発生する気体の係数が**ア**と同じになる**ウ**があてはまるとわかる。したがって，電極 **e** では**ウ**，電極 **f** では**エ**，電極 **a** では**カ**，電極 **b** では**エ**の反応が起こる。

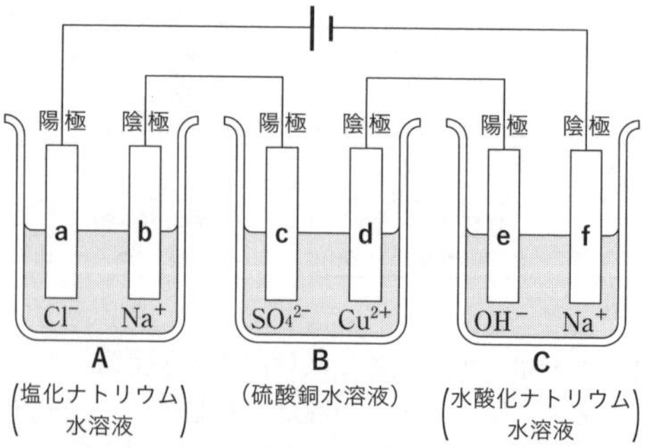

(3) 塩素を水に溶かすと塩素水になり，酸性を示す。BTB 溶液は酸性で黄色になるが，塩素の漂白作用によって徐々にうすくなっていく。

(4) 電極 **c** 付近では，水が電子を放出して，酸素を発生するとともに，H^+ が生じる（$2H_2O \rightarrow O_2 + 4H^+ + 4e^-$）ので，水溶液は酸性を示す。よって，リトマス紙は青色から赤色に変化する。

生物編

1 生物 身近な生物の観察

STEP01 要点まとめ

本冊86ページ

1 01 近づけ　02 観察するもの
03 顔

2 04 対物　05 接眼
06 対物　07 反射鏡
08 近づける　09 遠ざけ（離し）
10 せまく　11 暗く
12 接眼　13 反射鏡

3 14 緑　15 ミドリムシ
16 ミジンコ

解説

01 ルーペは目に近づけて持ち，動かさないようにする。

08，09 対物レンズとプレパラートを近づけながらピントを合わせると，対物レンズとプレパラートがぶつかって割れたり，傷ついたりすることがある。

10 高い倍率にすると視野がせまくなるので，まず低い倍率で観察するものを探してから，高い倍率のレンズに変える。対物レンズは高い倍率のものほど筒が長いので，プレパラートにぶつけないように注意する。

15 ミドリムシは自分で動くことができるが，光合成もおこなっている。

STEP02 基本問題

本冊87ページ

1 (1) イ
(2) イ

解説

(1) ルーペを使って観察する場合，ルーペをできるだけ目に近づけ，観察するものを前後に動かしてピントを合わせる。観察するものが動かせないときは，ルーペを目に近づけたまま顔を前後に動かしてピントを合わせる。

くわしく

ルーペを目に近づけて観察するのは，広い範囲を観察するためである。ルーペを目から離すと視野がせまくなり，観察できる範囲がせまくなる。

(2) **X**…低倍率のほうが視野が広く，観察したいものを探しやすいので，対物レンズを最も低倍率のものにする。

Y…横から見ながら，調節ねじを回し，対物レンズとプレパラートをできるだけ近づける。横から見ながら調節するのは，対物レンズとプレパラートがぶつからないようにするためである。

Z…接眼レンズをのぞきながら調節ねじを少しずつ回し，対物レンズとプレパラートを遠ざけながらピントを合わせる。

くわしく

対物レンズは倍率の高いほうが筒が長い。そのため，倍率が高いほどプレパラートとの距離は短くなる。これに対し，接眼レンズは倍率の高いほうが筒が短い。

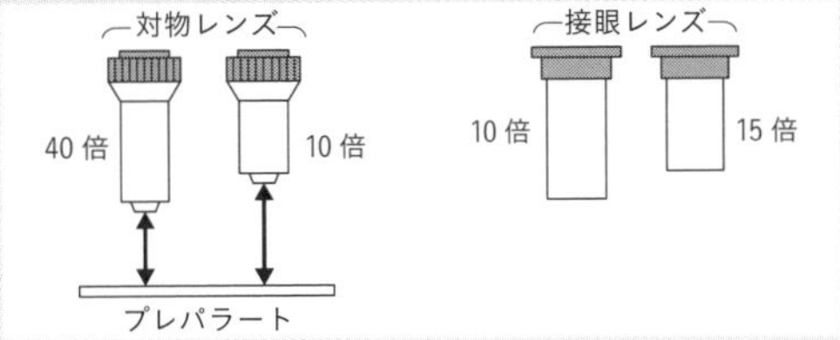

2 ア，ウ

解説

イのツバキは被子植物で，**エ**のナミウズムシと同様に複数の器官からなる多細胞生物である。

STEP03 実戦問題

本冊88ページ

1 (1) エ，オ
(2) **（例）スライドガラスとカバーガラスの間に空気の泡ができないため。**
(3) **（例）顕微鏡のしぼりを開いて光の量をふやす。**
(4) ① **10倍**
② **（例）マツの葉は厚く（下から光を当てても）光が透過しにくいので，（斜め上から光を当て，）反射光で観察するため。**
(5) ア

解説

(1) **ア**…（顕微鏡の倍率）＝(接眼レンズの倍率)×(対物レンズの倍率）なので，$5 \times 10 = 50$倍となる。

イ…低倍率のほうが視野が広く，観察したいものを探しやすいので，観察開始時は低倍率のものにする。

ウ…ピントは，横から見ながら，調節ねじを回して，対物レンズとプレパラートをできるだけ近づけたのち，接眼レンズをのぞきながら調節ねじを少しずつ回し，対物レンズとプレパラートを遠ざけながらピントを合わせる。

オ…10倍から40倍に拡大すると，長さが4倍に見えるので，面積は$4 \times 4 = 16$で16倍になる。

(2) 観察するためのプレパラートをつくる場合，カバーガラスをかけるときは，空気の泡（気泡）が入らないように注意しなければならない。

(3) 高倍率で観察すると，視野が暗くなるので，より光を集めやすい凹面鏡を用いる。視野が暗いので，顕微鏡に入ってくる光をふやすためにしぼりを開く。

(4) ① （顕微鏡の倍率）＝(接眼レンズの倍率)×(対物レンズの倍率）なので，7×(対物レンズの倍率)＝70より，対物レンズの倍率＝70÷7＝10〔倍〕

② プレパラートを用いた観察で，下から光を当てるのは，下から光を透過させて観察するためであるが，マツの葉には厚みがあり，光が透過しないため観察ができない。そのため，斜め上から光を当てて，その反射光で気孔を観察する。

(5) 顕微鏡では対物レンズによる上下左右が逆になった実像（①）が，接眼レンズで拡大された虚像（②）として見えている。そのため，顕微鏡の視野は，上下左右が逆になっている。視野の中で観察するものを動かそうとする向きと，プレパラートを動かす向きは逆になる。

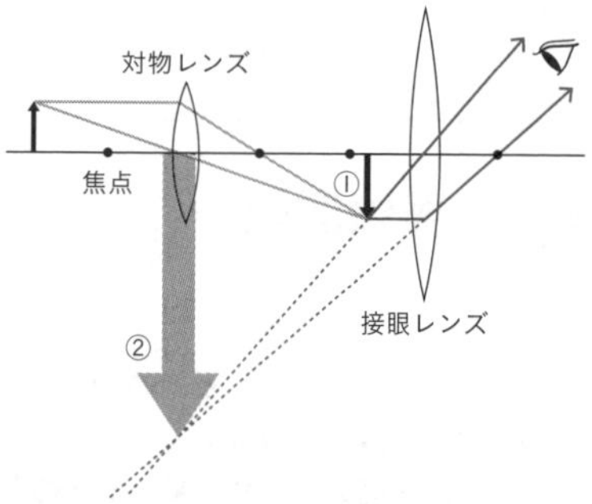

2 (1) **エ**

(2) **イ**

(3) a **キ**

b **ア**

c **オ**

解説 ▼

(2) ミジンコの体長は約1 mm，ミドリムシは約0.1 mm，ゾウリムシは約0.2～0.3 mmくらいの大きさである。

(3) ミジンコは，多細胞生物の動物プランクトンで，よく動き回る。ミドリムシは，葉緑体をもち光合成をおこなう（植物の性質）が，よく動き回る動物の性質ももっている。ゾウリムシは，単細胞生物の動物プランクトンである。

2 生物 植物の生活と多様性①

STEP01 要点まとめ

本冊90ページ

1 01 **双子葉類** 02 **単子葉類**
03 **合弁花類** 04 **種子**
05 **被子** 06 **裸子**

2 07 **地下茎** 08 **仮根**
09 **胞子** 10 **ある**
11 **ない**

3 12 **がく** 13 **めしべ**
14 **子房** 15 **胚珠**
16 **やく** 17 **花粉**
18 **果実** 19 **種子**

4 20 **胚珠** 21 **花粉のう**
22 **まつかさ**

解説 ▼

01, 02 被子植物は子葉の数により双子葉類と単子葉類に分けられ，茎の維管束，葉脈，根のようすなどにちがいがある。

04～06 種子をつくってふえる種子植物は，胚珠がむき出しでないか，むき出しであるかによって被子植物と裸子植物とに分けられる。

07 種子をつくらずに胞子でふえる植物にはシダ植物，コケ植物がある。シダ植物の茎は地下にあるものが多く，これを地下茎という。

08 コケ植物の根のように見える部分を仮根という。体を地面に固定するはたらきをするが，水分を吸収するはたらきはない。

10, 11 シダ植物には根・茎・葉の区別があり，種子植物と同じように維管束がある。コケ植物には根・茎・葉の区別はなく，維管束もない。

12, 13 被子植物の場合，どの花のつくりも次のような順になっている。

（外側） がく ― 花弁 ― おしべ ― めしべ （内側）

14～19 めしべのもとのふくらんだ部分を子房といい，中には胚珠がある。受粉すると子房は果実に，胚珠は種子になる。

20～22 マツは裸子植物で，マツの花は次のようになっている。

雌花	胚珠がむき出しで果実はできない。
雄花	花粉のうに花粉が入っている。（「のう」は「袋」の意味。）

マツやスギなどの花は雌花と雄花が同じ株についているが，イチョウやソテツなどは雌花のある雌株と

雄花のある雄株がある。

STEP02 基本問題

本冊92ページ

1 (1) **イ**
(2) **エ**

解説

(1) **ア**は雌花，**イ**は雄花，**ウ**は1年前の雌花，**エ**は2年前の雌花（まつかさ）である。

(2) 子葉が1枚の単子葉類の葉は平行脈，根はひげ根である。一方，子葉が2枚の双子葉類の葉は網目状（網状脈）で，根は主根と側根がある。

くわしく

◉双子葉類と単子葉類の比較

	双子葉類	単子葉類
芽ばえ	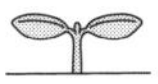 子葉が2枚	 子葉が1枚
根	 主根と側根	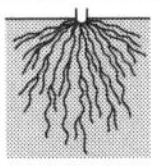 ひげ根
茎	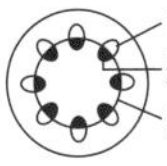 師管の束 道管の束 形成層 維管束は輪状。形成層がある。	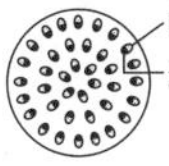 師管の束 道管の束 維管束は散在。形成層はない。
葉	 網状脈	 平行脈
例	サクラ，ホウセンカ，アブラナ	トウモロコシ，イネ，ユリ

2 (1) **がく**
(2) **B→A→C→D**

解説

(1) **A**はおしべ，**B**はめしべ，**C**は花弁である。

(2) 一般に，花のつくりは，下図のようにいちばん中心には**B**のめしべがあり，外側に向かって**A**のおしべ，**C**の花弁，**D**のがくと並んでいる。

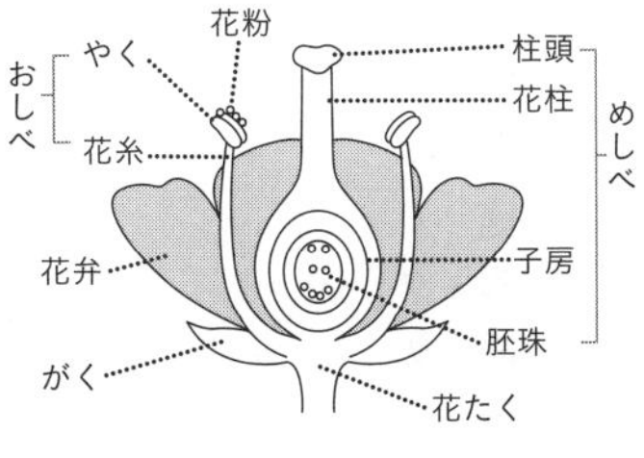

3 (1) **名称　胞子**
記号　エ
(2) **ホウセンカ　A**
イヌワラビ　D
(3) **（例）被子植物は，胚珠が子房の中にあり，裸子植物は，胚珠がむき出しになっている。**

解説

(1) **ア**，**イ**は種子植物，**ウ**は裸子植物の説明である。
イヌワラビはシダ植物に分類され，種子ではなく，胞子でふえる。胞子は，葉の裏にある胞子のうの中にある。地上に落ちた胞子は，水分を吸収してやがて発芽する。このため，日当たりの悪い湿った場所におもに生息している。根・茎・葉の区別があり，光合成をおこなう。
また，胞子でふえる植物にはコケ植物もあるが，コケ植物は根・茎・葉の区別がなく，維管束もない。

	シダ植物（イヌワラビ，ゼンマイ）	コケ植物（ゼニゴケ，スギゴケ）
ふえ方	胞子	胞子
光合成	おこなう。	おこなう。
葉・茎・根	区別がある。	区別がない。
維管束	ある。	ない。 水分は体の表面全体から吸収する。

(2) ホウセンカは，種子植物のうち，被子植物の双子葉類に分類される。イヌワラビは，種子をつくらないシダ植物である。

(3) 被子植物の胚珠は子房に包まれており，受粉後は，子房は果実，胚珠は種子となる。一方，マツなどの裸子植物には子房がなく，胚珠はむき出しになっている。

◉植物の分類

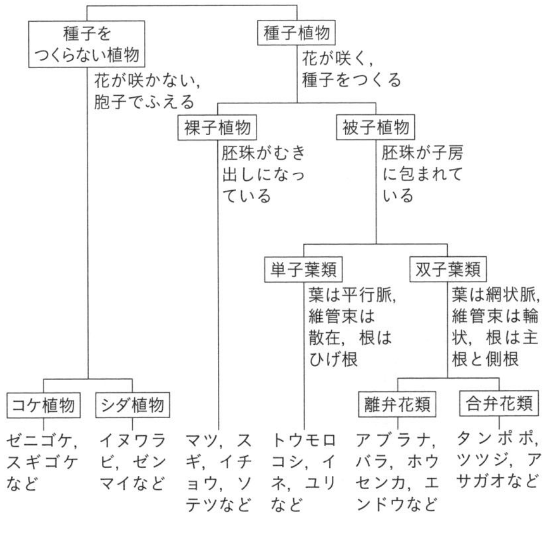

4 ⑴ **エ**

⑵ **観点Ⅰ　ウ**

観点Ⅱ　エ

解説 ▼

⑴ シイタケとアオカビは菌類，トビムシは節足動物に分類される。細菌類にはさまざまな病原菌や乳酸菌などがふくまれる。

⑵ 観点Ⅰはゼニゴケのコケ植物とそれ以外の植物とに分けるので，体全体で水を吸収するコケ植物とそれ以外である。観点Ⅱは，シダ植物・コケ植物とそれ以外の植物に分けるので，胚珠があるかないかである。

STEP03 実戦問題

本冊94ページ

1 ⑴ **（例）A・B・C・Dのグループは種子で子孫を残す。E・Fのグループは胞子で子孫を残す。**

⑵ **（例）子房がなく，胚珠がむき出しになっている。**

⑶ **ア**

解説 ▼

⑴ ①では種子をつくって子孫を残す種子植物と，胞子で子孫を残すシダ植物・コケ植物に分けられる。
シダ植物は胞子でふえ，種子植物とちがって花は咲かない。葉の裏の胞子のうで胞子がつくられる。地面に落ちた胞子から前葉体ができる。前葉体には精子をつくる部分と卵をつくる部分があり，精子は泳いで卵にたどり着き，受精がおこなわれる。受精には水が必要なので，シダ植物は湿った場所に生育していることが多い。受精後，若いシダができ，成長する。

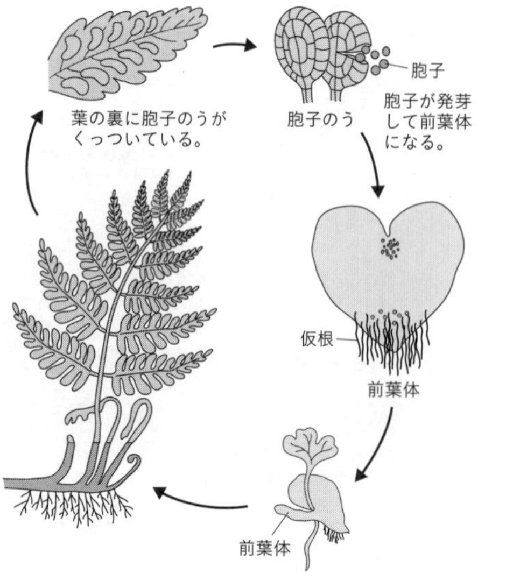

くわしく

コケ植物は，ゼニゴケのなかまとスギゴケのなかまとそのほかの3つに大きく分けられる。それぞれ，雄株と雌株のちがいがあり，胞子で子孫を残す。胞子は，雌株にできる胞子のうの中でつくられる。

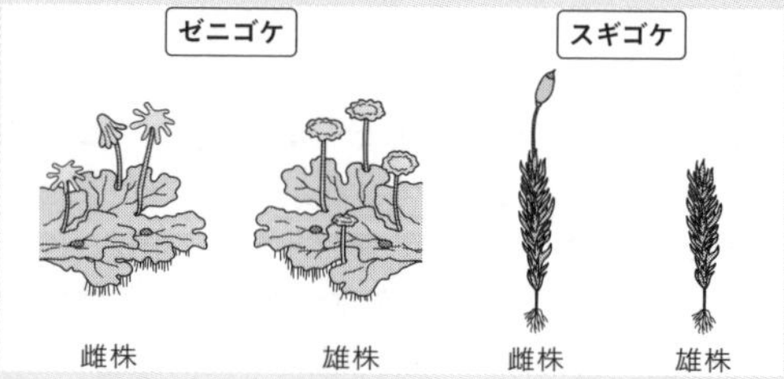

⑵ 種子植物のうち，被子植物は，胚珠が子房に包まれているが，裸子植物は，子房がなく，胚珠がむき出しになっている。

⑶ ユリやイネは単子葉類なので，グループAにもBにも入らない。
双子葉類は，花弁のつくりによって，アブラナのように花弁が1枚ずつ分かれている離弁花類と，アサガオのように花弁がくっついている合弁花類の2つに分類される。

・離弁花類…ナズナ・カタバミ・アブラナ・バラ・サクラ・エンドウ・ホウセンカなど。

・合弁花類…ヘチマ・タンポポ・アサガオ・ツツジ・キクなど。

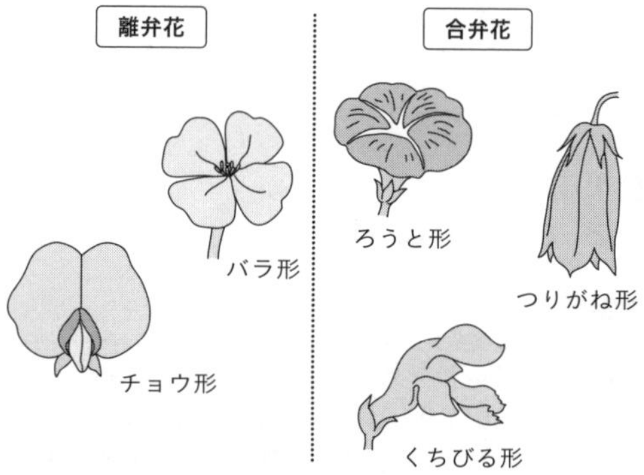

2 ⑴ **名称　B　図　サ**

⑵ **名称　I　図　エ**

⑶ **名称　G　図　キ**

⑷ **名称　C　図　シ**

⑸ **名称　J　図　ク**

⑹ **名称　A　図　ケ**

⑺ **名称　L　図　コ**

⑻ **名称　D　図　イ**

解説 ▼

⑴ 常緑針葉樹で，新年に門の飾りとする（門松）とい

うことからBのマツと判断する。マツの図はサである。

(2) 街路樹，葉が黄色の落葉高木，ギンナンからIのイチョウと判断する。イチョウの図は**エ**である。

(3) マングローブは，熱帯や亜熱帯地域の河口の塩分をふくんだ湿地に群落や森林を形成する常緑の高木や低木の総称である。Gのオヒルギやメヒルギなどが見られる。オヒルギの図は**キ**である。

(4) 屋久島産（屋久杉），秋田産（秋田杉）からCのスギと判断する。スギの図は**シ**である。

(5) 落葉広葉樹，白神山地の原生林（ブナの原生林）からJのブナと判断する。断面が三角のとがったドングリのような実を秋につける。ブナの図は**ク**である。

(6) ツクシからAのスギナと判断する。スギナは，春に地下茎からツクシという胞子茎を出して胞子を放出する。スギナの図は**ケ**である。

(7) 北海道の知床（しれとこ）で生産され，だしをとるのに使うということからLのコンブと判断する。コンブの図は**コ**である。

(8) 紅色の海藻からDのスサビノリと判断する。スサビノリは食用とされる海苔の一種である。図は**イ**である。なお，Eのソテツの図は**ウ**，Fのワカメの図は**カ**，Hのゼンマイの図は**ア**，Kのワラビの図は**オ**である。

くわしく

ワカメやヒジキ，ノリは水中で生活していて，ソウ類に分類される。ソウ類は，根・茎・葉の区別がない。コンブやワカメのように仮根で岩についているものがあるが，これは体を固定するためだけのものである。ソウ類は光合成によって栄養分をつくるが，植物とは区別されている。

3 生物 植物の生活と多様性②

STEP01 要点まとめ

本冊96ページ

1

1
- 01 葉脈　02 道管
- 03 師管　04 気体
- 05 気孔

2
- 06 光合成　07 葉緑体
- 08 水　09 デンプン
- 10 二酸化炭素　11 酸素
- 12 エタノール　13 ヨウ素液
- 14 青

3
- 15 酸素　16 二酸化炭素
- 17 白くにごる　18 光合成
- 19 二酸化炭素

4
- 20 蒸散　21 気孔
- 22 裏　23 吸い上げる
- 24 葉緑体

2

1
- 25 根毛　26 側根
- 27 側根　28 根毛

2
- 29 維管束　30 輪状
- 31 師管　32 道管

解説

07 光合成は葉の葉緑体でおこなわれる。葉緑体がない「ふ」の部分では，光合成はおこなわれない。

08, 09 植物は，二酸化炭素と水を原料にして，光のエネルギーを受け，デンプンと酸素をつくる。

12 エタノールにつけるのは，葉の緑色をぬいて，ヨウ素液での色の変化を見やすくするためである。

14 水草が光合成をおこない，BTB溶液にふくまれていた二酸化炭素を使ったので，BTB溶液が青色になる。

17〜19 植物はつねに呼吸により二酸化炭素を出している。明るい場所では光合成をおこなって二酸化炭素をとり入れるので，袋の中の二酸化炭素はふえない。

21, 22 気孔から水蒸気が出ていくことを蒸散という。気孔はふつう葉の裏側に多いので，葉の裏側にワセリンを塗ると，蒸散量が少なくなる。

25 根毛は根の表面積を大きくするほか，土の細かいすきまに入りこんで根を広げていく。

26 双子葉類の根は主根と側根からなり，単子葉類の根はひげ根になっている。

30 双子葉類の茎の維管束は輪状に並び，単子葉類の維管束は小さく，散在している。

31, 32 根から吸収した水や養分が通る道管が内側にあり，葉でつくられた栄養分が通る師管が外側にある。

STEP02 基本問題

本冊98ページ

1 (1) **イ**
(2) ① **蒸散**
② **吸水**

解説

(1) ホウセンカは，被子植物の双子葉類なので，茎の維管束は輪状に並んでいる。また，根は主根と側根がある。よって，正しい組み合わせは**イ**である。
根からとり入れられた水や，水に溶けた肥料分は，根の内部に移動し，道管に入る。道管は根から茎を通って葉の葉脈へとつながっている。光合成によってつくられた栄養分は師管を通って全身に運ばれる。道管の束と師管の束が集まった部分を維管束という。

(2) 葉の表皮にある，向かい合った三日月形の2つの細胞を孔辺細胞といい，孔辺細胞で囲まれたすきまを気孔という。根から吸収された水は，光合成などに使われるが，余分な水は，気孔から水蒸気となって大気中に放出される。これを蒸散という。気孔からは，水蒸気以外に酸素と二酸化炭素が出入りする。

くわしく

植物は水をとり入れないと生きていくことができない。植物が水を吸い上げることを吸水という。蒸散作用は，この吸水をさかんにする原動力となっている。

2 (1) **ア**
(2) **エ**
(3) ① **ウ**
② **オ**

解説

(1) 根から吸収された水は，道管を通って葉まで運ばれ，光合成に使われる。余分な水は，葉の気孔から気体（水蒸気）として放出される。

(2) **X**では，呼吸と光合成がおこなわれ，**Y**では，光合成はおこなわれず呼吸だけがおこなわれている。
ア…**Y**の二酸化炭素の減少の割合は，一定ではない。
イ…**X**，**Y**ともに呼吸はつねにおこなわれている。
ウ…呼吸で出した二酸化炭素よりも，光合成でとり入れた二酸化炭素のほうが多くなっている。

(3) ① **X**で呼吸によって出された二酸化炭素の割合は，**Y**で呼吸によって出された二酸化炭素の割合と等しいので，$1.15 - 0.80 = 0.35$〔%〕である。
② **X**で光合成でとり入れた二酸化炭素の割合を，x〔%〕とすると，$0.80 + 0.35 - x = 0.40$ が成り立つので，$x = 0.80 + 0.35 - 0.40 = 0.75$〔%〕である。

STEP03 実戦問題

本冊100ページ

1 (1) **植物　ツバキ**
理由　（例）うすく切るのにある程度のかたさと厚さがある被子植物だから。（29字）
(2) **（例）**
① **ツバキの葉をカミソリの刃を用いて5mm～1cm角くらいに切り，切りこみを入れたピスやニンジンの根にはさむ。**
② **葉をピスやニンジンごとうすく切り，その切片をシャーレの水に入れる。**
③ **②の切片をスライドガラスにのせ，水を1滴たらして，空気の泡が入らないようにカバーガラスをかける。**
④ **顕微鏡を使ってプレパラートを（100～）150倍くらいの倍率で観察する。**

解説

(1) 裸子植物のスギの葉はその形から切断しにくい。また，アサガオやサクラなどの葉は，うすくてやわらかいので切断しにくい。

(2) 葉をうすく切断するときに手を切らないように，市販のピス（支持材…発泡ポリスチレンやニワトコの芯）などを使ってもよいが，すぐ手に入るニンジンを使うとよい。葉の緑色と区別がしやすいこともある。

2 (1) **光合成**
(2) **葉緑体**
(3) **（例）葉は茎の先端でつくられるため，先端に近い方の葉が新しいから。**

解説

(1) 植物の葉は，光合成に必要な光が多くの葉に当たるようなつき方をしている。

(2) 光合成は，細胞内の葉緑体でおこなわれる。

(3) 葉は，茎の先端のほうで新しくつくられるので，先端の葉は小さい。そのため，下のほうの葉にも光が届くようになっている。

3 (1) **青紫色**　(2)

解説

(1) 光が当たっていた部分では葉緑体で光合成がおこなわれ，デンプンがつくられる。そのため，ヨウ素液につけると青紫色に変化する。「ふ」の部分には葉緑体がないので光合成はおこなわれない。

(2) 「ふ」以外の葉緑体のある部分で，アルミニウムはくでおおっていない，光が当たった部分を塗ればよい。

4 (1) ① **d**
② **a**
(2) **記号　ウ**
名称　道管
(3) ① **蒸散**
② **b**

解説 ▼

(1) ① 双子葉類の茎の維管束は輪の形に並んでいるので **d** となる。
② 双子葉類の根には，道管，師管が **a** のように並んでいる。

くわしく

◉双子葉類の根の道管と師管
道管は中心部に近い方にある。

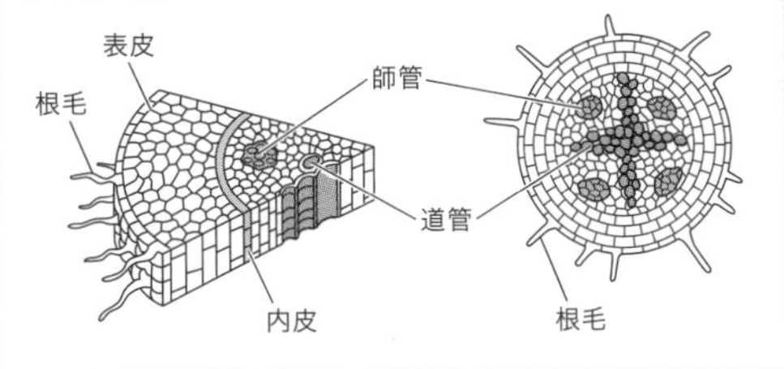

(2) 赤い色水は，道管を通って運ばれるので，道管の部分が赤く染まる。図1の **a** では，**ウ**が道管である。**エ**は師管である。
(3) ① 気孔から水が水蒸気となって大気中に放出される蒸散という現象である。
② 蒸散がおもに葉で起こることを確認したいので，図2の葉がついているものに加えて，図3の葉がないもの（**b**）を用意して比較すればよい。

4 生物 動物の生活と多様性①

STEP01 要点まとめ

本冊102ページ

1 01 **セキツイ**　02 **無セキツイ**
03 **胎生**　04 **ホニュウ**
05 **鳥**　06 **ハチュウ**
07 **両生**　08 **節足**
2 09 **変温動物**　10 **恒温動物**
11 **胎生**　12 **えら**
13 **肺**　14 **羽毛**
3 15 **外**　16 **軟体動物**

解説 ▼

03 親と似たすがたの子を産む胎生は，ホニュウ類の特徴。親が卵を産み，そこから子がかえるのは卵生。
05, 06 鳥類とハチュウ類は，肺で呼吸し，陸上に卵を産むという共通点があるが，鳥類は恒温動物，ハチュウ類は変温動物というちがいがある。
12 両生類は幼生と成体で呼吸のしかたが変わる。幼生はえら呼吸。成体は肺だけでは十分に呼吸できないので，肺呼吸とともに皮膚呼吸をおこなっている。
15 節足動物には体の外側に外骨格というかたい殻があり，その内側に筋肉がある。

STEP02 基本問題

本冊103ページ

1 (1) **記号　イ**
呼吸のしかた　（例）幼生はえらで呼吸，成体は肺と皮膚で呼吸をおこなう。
(2) **恒温動物**

解説 ▼

(1) 幼生のときは水中，成体は陸上で生活する動物は両生類である。**ア**のヤモリはハチュウ類，**ウ**のタコは軟体動物，**エ**のトカゲはハチュウ類である。**イ**のカエルが両生類である。
カエルの幼生はオタマジャクシで，水中で生活し呼吸はえらでおこなう。成体は陸上で生活し肺呼吸とともに皮膚呼吸もおこなう。
(2) 鳥類・ホニュウ類のように，環境の温度が変化しても体温がほとんど変わらない動物を恒温動物といい，体表の毛や羽毛が保温に役立っている。一方，魚類・両生類・ハチュウ類のように，環境の温度の変化に応じて体温も変化する動物を変温動物という。変温動物には冬眠するものが多い。

くわしく

ネコなどのホニュウ類，ニワトリなどの鳥類の体温は，環境の温度に関係なく一定に保たれている。そのほかのセキツイ動物や無セキツイ動物の体温は，環境の温度とともに変化する。

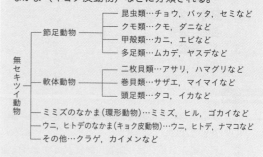

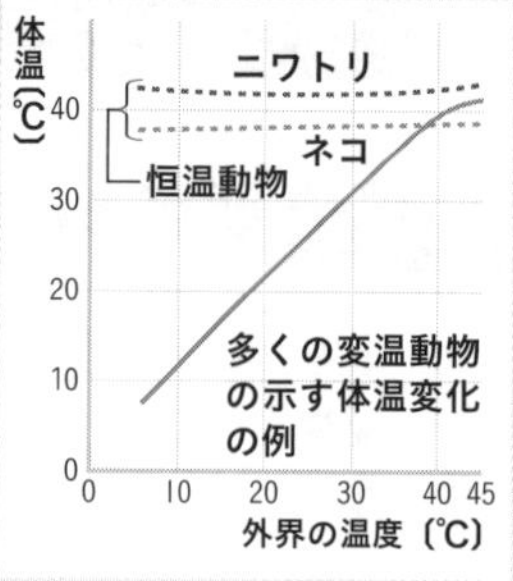

2 (1) **胎生（である。）**
(2) ① **外骨格**
② **ウ**

解説 ▼

(1) 一定の期間，子（胎児）を母親の体内である程度育ててから産むなかまのふやし方を胎生という。その間，母親から胎ばん，へそのおを通して栄養分や酸素が胎児に送られる。生まれた子は親の乳で育てられる。ホニュウ類だけが胎生である。

くわしく

◉セキツイ動物の特徴

	魚類	両生類	ハチュウ類	鳥類	ホニュウ類
体温	変温			恒温	
体表	うろこ	粘液でおおわれている	うろこ こうら	羽毛	毛
呼吸	えら	幼生…えら 成体…肺・皮膚	肺		
なかまのふやし方	卵生 水中に殻のない卵を産む		卵生 陸上に殻のある卵を産む		胎生
子の育て方	子は自分でえさをとる			親がえさをあたえる	乳で育てる
生活場所	水中	幼生…水中 成体…陸上（水辺）	おもに陸上	陸上（遊泳や潜水をするものもある）	
動物の例	マグロ サケ	イモリ サンショウウオ	ヤモリ トカゲ	ペンギン トビ	クジラ イルカ ネコ

(2) ① 無セキツイ動物で，体に節があり，外骨格というかたい殻でおおわれている動物を節足動物という。昆虫類，甲殻類，クモ類，多足類などが節足動物のなかまである。

② カブトムシは昆虫類，クモはクモ類，ミジンコは甲殻類である。
昆虫類の体は外骨格におおわれ，体は頭部・胸部・腹部に分かれる。あしは，3対で胸部から出ている。気門から空気をとり入れ，気管で呼吸する。

くわしく

背骨をもたない無セキツイ動物は，節足動物，軟体動物，ミミズのなかま（環形動物），ウニやヒトデのなかま（キョク皮動物）などに分類される。

無セキツイ動物
- 節足動物
  - 昆虫類…チョウ，バッタ，セミなど
  - クモ類…クモ，ダニなど
  - 甲殻類…カニ，エビなど
  - 多足類…ムカデ，ヤスデなど
- 軟体動物
  - 二枚貝類…アサリ，ハマグリなど
  - 巻貝類…サザエ，マイマイなど
  - 頭足類…タコ，イカなど
- ミミズのなかま（環形動物）…ミミズ，ヒル，ゴカイなど
- ウニ，ヒトデのなかま（キョク皮動物）…ウニ，ヒトデ，ナマコなど
- その他…クラゲ，カイメンなど

STEP03 実戦問題

本冊104ページ

1 (1) **オ**
(2) **④**
(3) **A**

解説 ▼

(1) Aはセキツイ動物，Fは無セキツイ動物である。Bはうろこか羽毛がある動物，Cは水中でえら呼吸をする動物，Dは胎生の動物，Eは鳥類とホニュウ類なので恒温動物となる。

(2) ①のイモリは両生類である。②のコウモリはホニュウ類である。③のイカは軟体動物，モルモットはホニュウ類である。⑤のシャチとカモノハシはホニュウ類，カエルは両生類である。⑥のイルカはホニュウ類，ミジンコは甲殻類である。⑦のエビは甲殻類，ミミズは環形動物である。⑧のムササビはホニュウ類である。以上のことから正しい組み合わせは④となる。

(3) オオサンショウウオは両生類である。よって，Aのセキツイ動物にあてはまる。

くわしく

◉卵を産むホニュウ類

カモノハシは，繁殖期に水辺の穴の中に巣をつくり，そこに2個程度の卵を産む。卵は親があたため，卵からかえった子は母親の乳を飲んで育つ。このように，子が乳を飲んで育つことから，カモノハシもホニュウ類のなかまとされている。

2 (1) **変態**
(2) **ウ**

解説

(1) 節足動物の多くで見られる。幼虫が成虫になるまでの間にさなぎとよばれる形態をとり，さなぎから脱皮して成虫になるような段階をふむものを完全変態という。完全変態するものには，チョウやハチ，ハエなどがいる。
一方，さなぎの時期を経ず，幼虫が直接成虫に変態することを不完全変態という。

(2) トンボのなかまであるアキアカネの幼虫（ヤゴ）は，水中でえら呼吸（直腸の中にえらがある）をおこない，成虫は気門から空気をとり入れ，気管で呼吸する。

3 (1) ① **ア，エ**
② **ウ，オ**
③ **イ，カ**
(2) **イ**
(3) **外とう膜**

解説

(1) アサリとタコは軟体動物，ウニはキョク皮動物，カニとミジンコは甲殻類，ミミズは環形動物である。よって，①の軟体動物は**ア**と**エ**，②の節足動物は**ウ**と**オ**，③は**イ**と**カ**になる。

(2) 昆虫類の気門は，空気をとり入れるところである。

(3) 貝やタコなどの軟体動物の内臓は外とう膜という筋肉でできた膜でおおわれている。

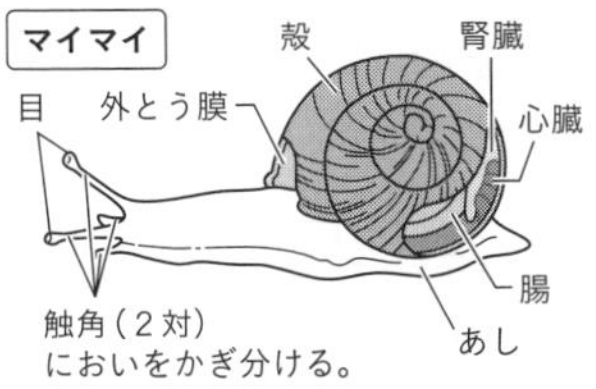

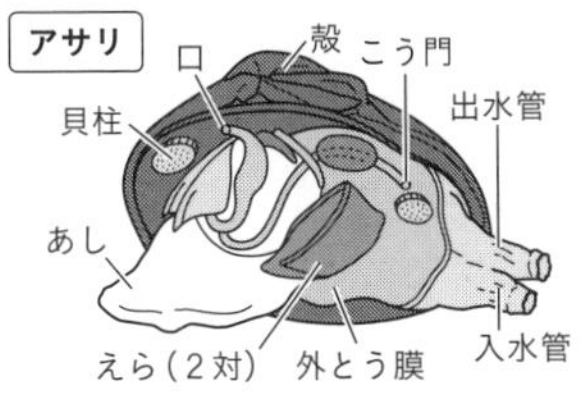

5 生物 動物の生活と多様性②

STEP01 要点まとめ

本冊106ページ

1 **1** 01 **消化** 02 **消化管**
03 **消化酵素** 04 **アミラーゼ**
05 **ブドウ糖** 06 **アミノ酸**
07 **モノグリセリド** 08 **柔毛**
09 **胆汁** 10 **リンパ管**
2 11 **肺胞** 12 **表面積**
13 **毛細血管**
3 14 **肝臓** 15 **尿素**
16 **腎臓** 17 **ぼうこう**
4 18 **酸素** 19 **白血球**
20 **血小板** 21 **組織液**
22 **肺循環** 23 **体循環**
24 **動脈** 25 **静脈**
26 **動脈血** 27 **静脈血**
28 **肺動脈** 29 **肺静脈**

2 **1** 30 **感覚器官** 31 **レンズ（水晶体）**
32 **網膜** 33 **視神経（感覚神経）**
34 **虹彩**
2 35 **中枢神経** 36 **感覚神経**
37 **運動神経** 38 **脳**
39 **せきずい** 40 **反射**
3 41 **筋肉**

解説

03 消化酵素は，消化液にふくまれており，決まった物質だけにはたらく。

05〜07 食物中の栄養分は，デンプン→ブドウ糖，タンパク質→アミノ酸，脂肪→脂肪酸とモノグリセリドのように，吸収されやすい物質に分解される。

12 気管支の先に多くの肺胞があることで，肺の表面積が大きくなって効率よく二酸化炭素を出し，酸素をとり入れることができる。

14 有害なアンモニアを害の少ない尿素に変えるのは肝臓であり，腎臓ではないことに注意。

28，29 体循環では動脈に動脈血，静脈に静脈血が流れているが，肺循環では肺動脈に静脈血が，肺静脈に動脈血が流れている。

40 意識して起こる運動は脳から命令が出るが，無意識に起こる反射では脳ではなく，せきずいから命令が出る。そのため，反射は反応が起こるまでの時間が短い。

STEP02 基本問題

本冊108ページ

1 (1) **ア**
　(2) **イ**

解説

(1) タンパク質が最初に分解されるのは胃である。胃液の中には，ペプシンという消化酵素がふくまれており，タンパク質を分解する。
デンプンは，だ液中のアミラーゼ，すい液中のアミラーゼ，小腸の壁にある消化酵素などによって，最終的にブドウ糖になる。タンパク質は，胃液中のペプシン，すい液中のトリプシン，小腸の壁にある消化酵素によって，最終的にアミノ酸になる。脂肪は胆汁の助けと，すい臓から出されるすい液中のリパーゼによって，脂肪酸とモノグリセリドに分解される。

栄養分	消化されてできるもの
デンプン	ブドウ糖
タンパク質	アミノ酸
脂肪	脂肪酸とモノグリセリド

(2) 胆汁は肝臓でつくられ，胆のうに一時的にたくわえられる。胆汁には消化酵素はふくまれていないが脂肪を細かい粒にして分解しやすくするはたらきがある。

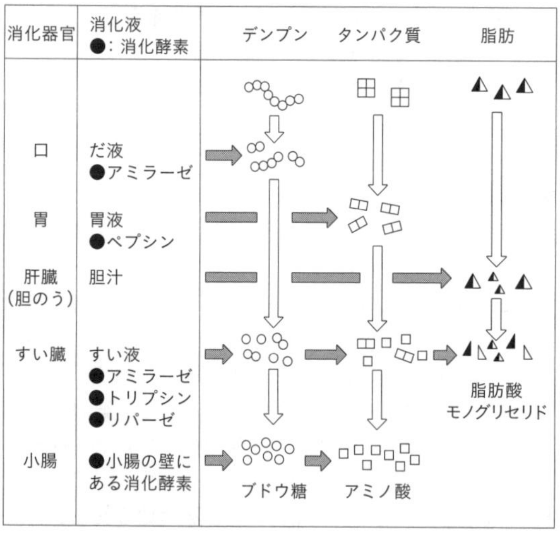

2 (1) **中枢神経**
　(2) **D→B→E**
　(3) **ウ**

解説

(1) 脳，せきずい，感覚神経，運動神経などをまとめて神経系という。このうち，脳・せきずいを中枢神経という。

くわしく

皮膚などの感覚器官で受けとった刺激は，感覚神経，せきずいを通って脳へ信号として伝えられ，脳で，熱い，冷たいなどと感じる。この刺激に対する反応の命令を脳が出し，せきずい，運動神経を通って筋肉に伝える。中枢神経から出て細かく枝分かれし，体のすみずみまでいきわたっている感覚神経や運動神経などを末しょう神経という。

(2) 熱いなべに手がふれ，思わず手を引っこめたという場合は，感覚器官（皮膚）→感覚神経→せきずい→運動神経→筋肉の順で信号が伝わる。このような反応を反射という。

信号の伝わり方		
	意識して起こす反応	感覚器官→感覚神経→ せきずい → 脳 筋　肉　←運動神経← せきずい ← 脳
	反射	感覚器官→感覚神経→ せきずい ……→ 脳 筋　肉　←運動神経← せきずい

(3) 筋肉は，縮むことはできるが，自らのびることはできない。2つの筋肉（下図のX，Y）の一方が縮むことで腕を動かす。このとき，もう一方の筋肉はゆるむ。腕を曲げるときは，Xの筋肉が縮んでYの筋肉がゆるむ。うでをのばすときは，Yの筋肉が縮んでXの筋肉がゆるむ。

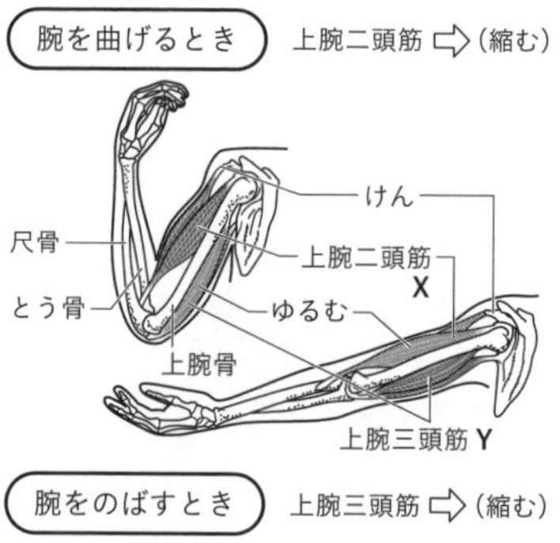

3 (1) **i群　ウ**
　　　ii群　キ
　(2) **エ**

解説

(1) 心臓は4つの部屋からできており，血液がもどってくる心房，血液を押し出す心室が交互に収縮することで血液の流れをつくり出す。左心室は全身に血液を送り出せるよう4つの部屋の中で最も厚い筋肉でできている。
心臓とつながる血管を流れる血液は，右心房→右心室→肺→左心房→左心室→全身→右心房という流れで循環している。

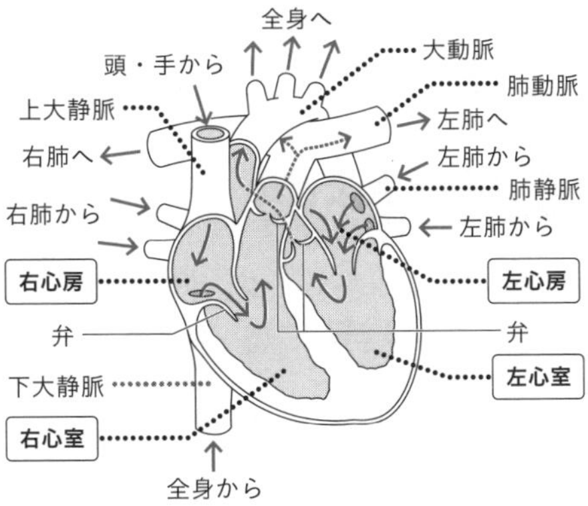

(2) **ア**…血液の固形成分は，赤血球，白血球，血小板である。

イ…酸素を運搬するのは，赤血球である。

ウ…体に侵入した細菌などを分解するのは，白血球である。

4 (1) **ア**

(2) **X　柔毛　　Y　肺胞**

解説▼

(1) 酸素の割合が最も小さい血液は心臓から肺へ向かう血液（①）である。また，尿素の割合が最も小さい血液は，腎臓から出ていく血液（③）である。

(2) 小腸の柔毛と肺の肺胞は，どちらも表面積を大きくして，養分や酸素を効率よくとり入れることができるしくみになっている。

STEP03 実戦問題

本冊110ページ

1 (1) **ウ**

(2) **A　③**

B　①，②，③，⑤

解説▼

(1) (Ⅰ)は①だけですんでいるので脂肪の消化である。(Ⅱ)は1種類の分子に分解されているのでブドウ糖からなる炭水化物（デンプン）の消化，(Ⅲ)はタンパク質の消化を示している。炭水化物，タンパク質は，まず少し小さな物質に分解され（②，③），最終的にブドウ糖，アミノ酸へと分解される（④，⑤）。

(2) Aは胃であり，タンパク質の消化だけがおこなわれるので③となる。Bは十二指腸を示している。十二指腸では，胆汁やすい液により①，すい液により②，③，⑤がおこなわれている。④は小腸の壁にある消化酵素によりおこなわれる。

2 (1) **ア　感覚器官**

イ　視神経

ウ　うずまき管

(2) ① **エ**

② **オ**

解説▼

(1) **ア**…外界の刺激を受けとる目や耳などの器官を感覚器官という。

イ…視神経が網膜上の光の刺激を脳へ伝える。

ウ…うずまき管の中にはリンパ液が入っており，うずまき管の中にある音の刺激を受けとる細胞（聴細胞）が，このリンパ液のゆれを音の刺激として受けとり，そこから，聴神経を通して信号を脳へ伝える。

くわしく

◉耳のつくり

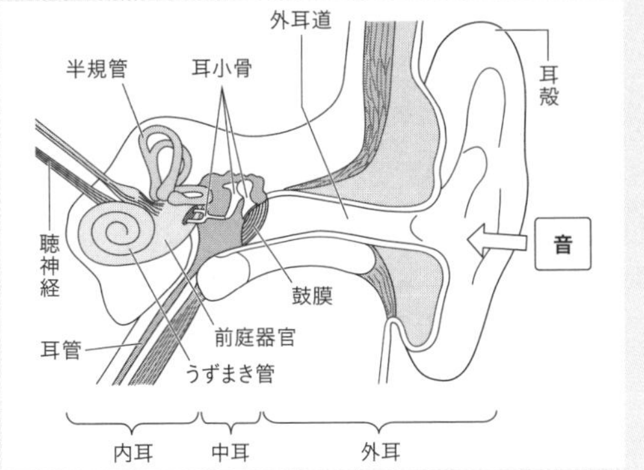

(2) ① 網膜上には，上下左右ともに逆向きに像が結ばれる。

② 光をより多くとり入れるために，ひとみは拡大するが，網膜上の像自体の大きさは変わらない。

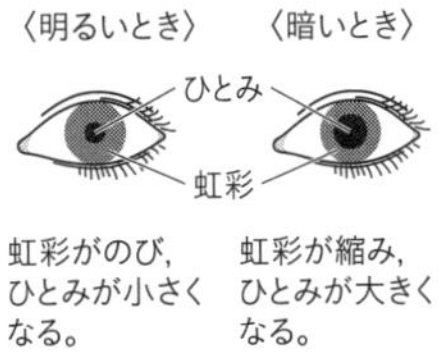

3 (1) **イ→ウ→エ→ア**

(2) **イ**

(3) **イ，オ**

(4) **1500 mL**

(5) **35 mL**

解説▼

(1) 肺から出た血液は，肺静脈→左心房→左心室→大動脈→全身→大静脈→右心房→右心室→肺動脈→肺と循環する。

(2) 肝臓に流れこむ血管は肝動脈と（肝）門脈の2つである。

(3) 肝臓は胆汁をつくったり，吸収した養分を一時たくわえたりするなどさまざまなはたらきをしている。

(4) 1分間に，大動脈からそのまま流れこむ量が，5000×0.1＝500〔mL〕，ほかの臓器を通ってくるのが，5000×0.2＝1000〔mL〕なので，合わせて 1500 mL が流れこむ。

(5) 1分間に肝臓に入ってくる血液に溶けている酸素は大動脈からそのまま流れこむ量が，5000×0.1×0.2（100mL 中に溶ける酸素の量の割合）×0.95＝95〔mL〕である。ほかの臓器を通ってくるのが，5000×0.2×0.2×0.6＝120〔mL〕で，計215〔mL〕である。また，1分間に肝臓から流れ出る血液に溶けている酸素は，1500×0.2×0.6＝180〔mL〕である。よって，1分間に使われた酸素は 215−180＝35〔mL〕である。

4 (1) ④
(2) ④
(3) ③
(4) ②
(5) ウ
(6) 反射
(7) イ

解説

(1) アは右心房から入ってきた血液が逆流しないようにBのように閉じている。イは肺へ血液を送り出すのでCのように開いている。ウは全身へ血液を送り出すのでCのように開いている。エは左心房から入ってきた血液が逆流しないようにBのように閉じている。

(2) 部位Ⅳの左心室は全身へ血液を送り出すので，最も筋肉が厚くなっている。

(3) 血管Xは肺動脈である。肺動脈には静脈血が流れている。①は毛細血管，②は大動脈，④は大静脈の内容である。

(4) ②の白血球は病原菌などの異物を分解するはたらきをする。

(5) 運動1では腕をのばすので，Bが収縮しAがゆるむ。運動2では腕を曲げるので，Aが収縮しBがゆるむ。

(7) 反射は無意識に起こるので，イがあてはまる。

5 (1) イ
(2) ウ
(3) エ

解説

(1) 網膜は像を結ぶはたらき，水晶体は光を屈折させるはたらき，毛様体は水晶体の厚みを調整するはたらき，前庭は耳にあり平衡感覚をつかさどるはたらきをする。

(2) 反射では，感覚神経から刺激を受けたせきずいが脳を介さず運動神経に命令を伝える。

(3) ろっ骨が上がるのは息を吸いこんだときである。

6 生物 生物の細胞と生殖

STEP01 要点まとめ

本冊114ページ

1
01 核　02 単細胞生物
03 多細胞生物　04 細胞壁
05 細胞分裂　06 染色体
07 両端（両極）　08 数がふえる
09 大きく

2 **1**
10 無性生殖　11 有性生殖
12 受精

2
13 遺伝　14 遺伝子
15 減数分裂　16 半分 $\left(\frac{1}{2}\right)$
17 受精卵　18 顕性（優性）
19 顕性（優性）　20 潜性（劣性）
21 分離　22 3：1
23 顕性（丸）　24 潜性（しわ）

3
25 進化　26 相同器官
27 ハチュウ類　28 シダ植物
29 陸上

解説

04 動物の細胞と植物の細胞の両方にあるものは，核，細胞膜。植物の細胞にだけあるものは，葉緑体，液胞，細胞壁である。

06 細胞分裂が始まる前に染色体が2倍になる。細胞分裂で染色体が2つに分かれるので，新しくできた細胞の染色体の数はもとの細胞の染色体の数と同じになっている。

10 無性生殖では子は親と同じ染色体を受けつぐので，親と同じ形質になる。

11 有性生殖では，子は両方の親から染色体を受けつぐので，子には親とちがう形質が現れることがある。

15 生殖細胞の染色体の数は，分裂前の細胞の染色体の数の半分になる。そのため，受精によってできた受精卵の染色体の数は親の細胞の染色体の数と同じになる。

19, 20 たとえば，代々丸い種子をつくるエンドウと代々しわのある種子をつくるエンドウをかけ合わせると，子の代はすべて丸い種子になる。このとき，丸い種子を顕性（の）形質，しわのある種子を潜性（の）形質という。

22 顕性の遺伝子をA，潜性の遺伝子をaと表すと，AAをもつ親とaaをもつ親をかけ合わせた子の遺伝子はAaとなる。孫の代は，次の表のように顕性の形質：潜性の形質が3：1で現れる。

子の代 Aa（上）／子の代 Aa（左）

	A	a
A	AA（顕性）	Aa（顕性）
a	Aa（顕性）	aa（潜性）

STEP02 基本問題

本冊116ページ

1 (1) **細胞壁**
(2) **A ア**
B ウ
C イ

解説 ▼

(1) 細胞とは，生物の体をつくっているたくさんの小さな部屋のようなもので，1つの細胞には核が1個あり，生命活動の中心となる。酢酸カーミン（溶）液などによく染まる。

- 細胞質…細胞内を満たしているもの。核と細胞壁以外をまとめて細胞質という。
- 細胞膜…細胞質の外側を包んでいる膜。
- 葉緑体…植物の細胞に見られる緑色の粒。光合成をするところ。
- 細胞壁…植物の細胞の細胞膜の外側にあるじょうぶな膜。
- 液胞…成長した植物の細胞に見られる液で満たされた袋。

(2) 先端部分の**C**は細胞分裂がさかんであり，小さな細胞が多く見られるので**イ**である。**A**は成長してもとの細胞と同じ大きさになっていると考えられるので**ア**，**B**が**ウ**である。

くわしく

根で細胞分裂がさかんな場所は先端近くの成長点とよばれる部分である。
先端の部分には根冠があり成長点を保護している。

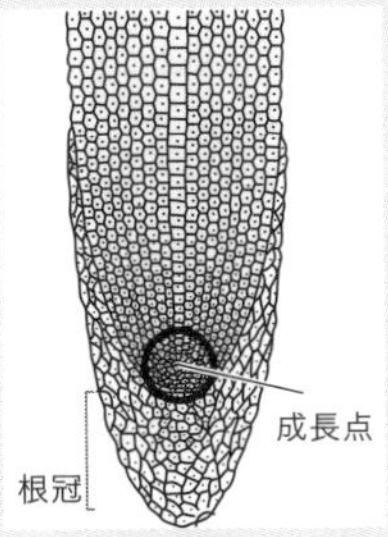

2 (1) **ア 有性**
イ 無性
(2) **ウ**
(3) **分離の法則**
(4) **イ**
(5) **ア→エ→ウ→オ→イ**

解説 ▼

(1) 雌と雄の生殖細胞がかかわる子孫のふやし方を有性生殖といい，雌と雄の関係によらない子孫のふやし方を無性生殖という。

(2) **ウ**は受精をしていないので無性生殖である。

くわしく

◉おもな無性生殖の方法

分裂	出芽	栄養生殖
体が2つに分かれてふえる。	体の一部がふくらみ，新しい個体ができる。	根，茎，葉の一部から新しい個体ができる。
アメーバ，ゾウリムシなど	出芽酵母，ヒドラなど	ヤマノイモ，ユキノシタなど

(3) 精細胞や卵細胞などの生殖細胞ができるときの特別な細胞分裂を減数分裂という。減数分裂のとき，対になった染色体が2つに分かれるので，対になった遺伝子も2つに分かれて別々の生殖細胞に入る。これを分離の法則という。

(4) 精細胞と卵細胞は，減数分裂によって染色体の数が半分の7本になっている。
精細胞と卵細胞が受精したあとの受精卵の染色体の数は，精細胞と卵細胞の各7本が合わさった 14 本になる。

(5) 1回目の分裂は縦に割れて2個の細胞になる。2回目の分裂はさらに縦に割れて4個の細胞になる。3回目の分裂は横に割れて8個の細胞になる。4回目の分裂で 16 個の細胞になり，細胞の数はふえるがひとつひとつの細胞はだんだん小さくなっていく。

3 ① **相同器官**
② **進化**

解説 ▼

形やはたらきが異なっていても，基本的なつくりが同じ器官を相同器官という。もとは同じ器官が，生活のしかたに合うように，進化の過程で変化したものと考えられている。

STEP 03 実戦問題

本冊118ページ

1 (1) **イ**
(2) **ウ**
(3) **エ**
(4) **キイロショウジョウバエ　16通り**
エンドウ　128通り

解説

(1) 1個の細胞あるいは個体から無性生殖によってふえた細胞群あるいは個体群をクローンといい，全く同一の遺伝子をもつ個体ができる。ES細胞（胚性幹細胞）は，ヒトやマウスの胚（受精卵）からつくられた，さまざまな臓器をつくり出すことができる細胞である。iPS細胞（人工多能性幹細胞）は，ヒトの皮膚などの体細胞からつくられた，さまざまな臓器をつくり出すことができる細胞である。

(2) **ウ**は，生殖細胞自体が分裂することはないので誤り。減数分裂によって生殖細胞ができる。

(3) **ア**…体細胞の染色体数は偶数になるが，生殖細胞の染色体数は奇数とはかぎらない。たとえば，表にあるイネでは生殖細胞の染色体数は12である。
イ…染色体の数は生物の種類によって決まっている。
ウ…染色体の数の多い，少ないは，セキツイ動物，無セキツイ動物には関係ない。

(4) 染色体数が4の生物の生殖細胞の染色体の組み合わせは図より2×2〔組〕= 2^2〔通り〕である。よって，染色体数が8（4組）のキイロショウジョウバエ，染色体数が14（7組）のエンドウでは，染色体の組み合わせはそれぞれ 2^4〔通り〕，2^7〔通り〕となる。

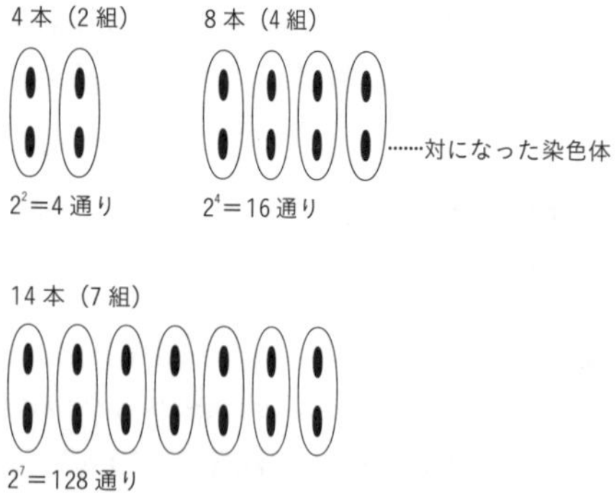

2 (1) **エ**
(2) **（例）ひとつひとつの細胞が離れやすくなるから。**
(3) ① **核**
② **ア，オ，イ，ウ，エ**
③ **ウ**

解説

(1) 核を染める染色液には，酢酸カーミン（溶）液や酢酸オルセイン（溶）液を用いる。これらの液を使うのは，核やその中にある染色体を赤色に染色して観察しやすいようにするためである。

(2) うすい塩酸で処理するのは，ひとつひとつの細胞を離れやすくするためである。また，細胞分裂を止めるはたらきもある。

(3) ③ 根の先端のほうで細胞分裂がさかんなことから，**ウ**となる。

くわしく

1つの細胞が2つの細胞に分かれていくことを細胞分裂という。細胞分裂によって，細胞の数が増加し，増加した細胞のそれぞれが大きくなって，生物の体は成長していく。

3 (1) **対立形質**
(2) **実験Ⅰ　イ**
実験Ⅱ　キ
(3) **ア**
(4) **エ**
(5) **（例）遺伝子組換え技術により，自然界にない青いバラがつくられている。／特定の病気の原因となる遺伝子が発見され，治療法が開発されつつある。**

解説

(2) 実験Ⅰと実験Ⅱでできた種子の遺伝子の組み合わせは次のようになる。実験ⅠはすべてAa，実験Ⅱでは，AA：Aa：aa＝1：2：1の割合となる。

実験Ⅰ

	a	a
A	Aa	Aa
A	Aa	Aa

すべてAa

実験Ⅱ

	A	a
A	AA	Aa
a	Aa	aa

AA：Aa：aa
＝1：2：1

(3) **(2)**より，実験Ⅱでできた種子は，丸：しわ＝3：1なので，しわの割合は，1÷(3＋1)×100＝25〔%〕。

(4) 実験Ⅱでできた丸い種子は，AA：Aa＝1：2なので，自家受粉でAAからできる種子を $2x$ 個とすると，Aaからは $4x$ 個の種子ができる。また，AAからはすべて丸い種子ができ，Aaからは丸い種子としわのある種子が3：1の割合でできるので，AAからできる丸い種子は $2x$ 個，Aaからできる種子で丸い種子は $3x$ 個，しわのある種子は x 個となる。よって，丸い種子：しわのある種子＝$(2x+3x):x$ となる。すなわち，$5x:x$＝5：1となる。

AA		
	A	A
A	AA	AA
A	AA	AA

$2x$ 個はすべて AA

Aa		
	A	a
A	AA	Aa
a	Aa	aa

AA : Aa : aa
＝1 : 2 : 1より
AA は x個
Aaは $2x$個
aaは x個

(5) DNA 解析によって，がんや糖尿病などの病気に関係する遺伝子の調査が進み，治療や医療品開発に役立てられている。また個人の DNA を調べる技術は，かかりやすい病気を判定したり，犯罪捜査などの個人を識別したりするなどして，利用されている。生物の遺伝子を改変する技術は，害虫に強い作物づくりや，役立つタンパク質を大量に大腸菌につくらせることなどを可能にし，利用されている。

4 (1) **Aa**
(2) **1 : 2 : 1**
(3) **ウ**
(4) **イ**

解説

(1) AA と aa をかけ合わせるので，すべて Aa となる。
(2) AA : Aa : aa ＝赤色 : 桃色 : 白色＝1 : 2 : 1となる。
(3) Aa と aa をかけ合わせるので，
Aa : aa ＝桃色 : 白色＝1 : 1となる。

	a	a
A	Aa	Aa
a	aa	aa

Aa : aa ＝1 : 1

(4) 自家受粉させたとき，赤色の花をつける個体からは赤色の花，白色の花をつける個体からは白色の花ができる。桃色の花をつける個体からは，桃色のほかに赤色および白色の花をつける個体もできる。よって，自家受粉をくり返していくと，桃色の花の割合は減り続けることになる。

7 生物 自然界の生物と人間

STEP01 要点まとめ

本冊122ページ

1 **1** 01 **食物連鎖** 02 **食物網**
2 03 **生産者** 04 **消費者**
05 **多く** 06 **肉食**
07 **草食**
3 08 **つり合い** 09 **A**
10 **C** 11 **A**
12 **B** 13 **A**
4 14 **菌類** 15 **細菌類**
16 **有機物** 17 **無機物**
18 **消費者**
5 19 **炭素** 20 **光合成**
21 **呼吸** 22 **二酸化炭素**
23 **酸素** 24 **分解者**
2 **1** 25 **地球温暖化** 26 **二酸化炭素**
2 27 **ハザードマップ**

解説

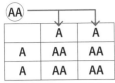

03 生産者は光合成によって有機物をつくり出す植物である。植物は食物連鎖の始まりになる。
05 食物連鎖における生物の数量関係は，植物などの生産者を底辺にしたピラミッド形で表すことができる。食べる生物は食べられる生物よりも数量が少ない。
09～13 B がふえると，B を食べる A がふえる。C は食べられる数量がふえるので減る。B を食べる A がふえると，B は食べられる数量がふえるので減る。A は食べ物になる B が減ると，やがて減る。こうしてつり合いが保たれる。
14～15 分解者には，菌類，細菌類のほか，ダニやミミズなどの土の中の小動物もふくまれる。
18 分解者は，生物の死がいや排出物にふくまれる有機物を無機物に分解する過程にかかわるが，ほかの生物から有機物をとり入れていることから消費者ともいえる。
19 炭素は空気中では二酸化炭素，食物連鎖では有機物として循環している。
20，21 生物が呼吸によって排出した二酸化炭素を生産者がとり入れて光合成をおこなう。植物は呼吸をおこないながら，光合成もおこなっている。
25 温室効果ガスの増加などによって，地球の平均気温が高くなる現象を地球温暖化という。地球温暖化によって，海水面の上昇や異常気象などが起こっている。
26 植物は二酸化炭素を吸収して光合成をおこなうので，森林の大量伐採をおこなうと，吸収される二酸化炭素が減る。

27 ハザードマップには，火山の噴火，津波，洪水，高潮，土砂災害など，さまざまなものがある。

STEP02 基本問題

本冊124ページ

1 (1) **生態系**
(2) **ウ**
(3) **ウ**
(4) **ア**
(5) **ウ**
(6) **光合成**

解説 ▼

(1) ある地域に生息するすべての生物と，それらの生物をとりまく環境を，1つのまとまりとしてとらえたものを生態系という。

くわしく

生態系においては，植物を草食動物が食べ，草食動物を肉食動物が食べるという関係が成り立っている。この食べる・食べられるの関係を食物連鎖という。また，動物の多くは，複数の種類の生物を食べるので，生態系全体で見ると，食物連鎖が複雑に網の目のようにつながっている。これを食物網という。

(2) **ア**…インゲンマメは **A** の植物（生産者）にあたる。
イ…ナナホシテントウはアブラムシを食べる。
エ…ウサギは **B** の草食動物にあたる。

(3) **ウ**は食物網に関する説明である。

(4) 乳酸菌と大腸菌は細菌類，カビと酵母は菌類である。

(5) 肉食動物が減ると，まず，肉食動物に食べられる草食動物が増加する。次に，草食動物が増加すると食べ物となる植物が減少する。それと同時に草食動物を食べる肉食動物もふえる。肉食動物がふえるので草食動物が減ってくる。すると，草食動物が減るので肉食動物が減り，植物はふえ，もとのつり合いのとれた状態にもどる。

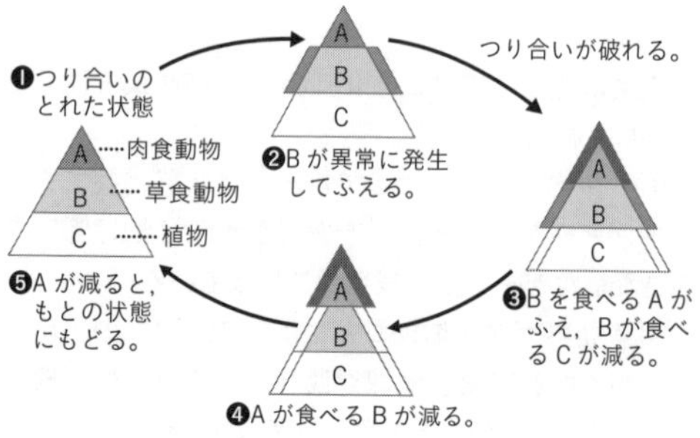

(6) **a** は植物であるハコベが光合成の原料として吸収する二酸化炭素の流れを示している。

2 (1) **地熱発電**
(2) **ハザードマップ**

解説 ▼

(1) 日本は火山が多く，火山活動により大きな被害を受けることも多い。しかしその一方，火山の活動がさまざまな恩恵をもたらしている面もある。火山周辺では，温泉が湧き出たり，地熱を利用した地熱発電がおこなわれたりするなど，豊富な熱資源が生活を豊かにしている場合もある。

(2) 自然災害が発生したときの避難経路や，災害の予想地域，避難場所などの情報を地図に表したものをハザードマップ（防災マップ）といい，多くの地方自治体で作成されている。

STEP03 実戦問題

本冊126ページ

1 (1) **A 生産者**
B 消費者
C 分解者
(2) ① **イ**
② **ク**
(3) **エ**
(4) **ウ**

解説 ▼

(1) 光合成によって無機物から有機物をつくり出す生物を生産者といい，食物連鎖の出発点となる。生産者がつくり出した有機物を，直接または間接的に食べる草食動物・肉食動物を消費者という。また，有機物を無機物に分解する生物を分解者という。

(2) ① 光合成は **A** の生産者がおこない，原料の二酸化炭素を吸収するので **b** となる。
② **B** の消費者には，植物を食べる草食動物とさらに草食動物を食べる肉食動物がいる。これらにより，炭素は有機物として移動する。また，**C** の分解者によって，**A** や **B** の死がいなどから有機物を無機物に分解する。よって，有機物としての炭素の移動を示しているのは，**e**，**f**，**g** となる。
a，**c**，**d** は呼吸による炭素の移動で，**h** は化石燃料の燃焼による炭素の移動である。

(3) 生物が呼吸によって排出する **a**，**c**，**d** で示された二酸化炭素の和と **b** がつり合っていたが，近年，化石燃料の利用による二酸化炭素の排出量 **h** が増加し，つり合いがくずれている。

(4) 植物が光合成により吸収する二酸化炭素の量と，植物が呼吸により放出する二酸化炭素の量との差が，森林が大気中から減らす二酸化炭素の量で，
22－12＝10〔t/ha〕となる。よって，千葉県における

二酸化炭素の増加量とつり合うには,
$2.0\times10^7\div10=2.0\times10^6$〔ha〕の森林が必要である。

2 (1) **ア**
(2) **(例) 琵琶湖の微生物は，琵琶湖の生物の死がいや排出物などの有機物を，呼吸によって二酸化炭素などの無機物に分解している。**

解説 ▼

(1) フラスコBではろ液を沸騰させたので微生物は死んでしまったため，二酸化炭素の割合は実験前のフラスコ内の空気にふくまれる二酸化炭素の割合とほぼ同じ0.05%と考えられる。
(2) 微生物は，生物の死がいや排出物の有機物を，呼吸のはたらきによって無機物に分解するはたらきをしている。

くわしく

人の使った洗剤や，農薬・肥料にふくまれる窒素やリンが川や湖に流れこみ，養分が多すぎる状態になることを富栄養化という。富栄養化により，植物プランクトンが大量発生し，水面が緑色になるアオコや，海の色が赤色に変わる赤潮などが引き起こされることもある。

地学編

1 地学 大地の変化①

STEP01 要点まとめ

本冊130ページ

1 **1** 01 **震源** 02 **震源**
03 **震央** 04 **同心円**
05 **初期微動** 06 **P**
07 **主要動** 08 **S**
09 **初期微動継続**
10 **比例**
2 11 **震度** 12 **マグニチュード**
3 13 **津波** 14 **液状化**
2 **1** 15 **マグマ** 16 **火山噴出物**
2 17 **弱い** 18 **強い**
19 **おだやか** 20 **激しい**
3 21 **火山岩** 22 **深成岩**
23 **鉱物** 24 **斑状**
25 **等粒状**

解説 ▼

01〜03 震源は地下，震央は地表にある点である。震央から観測点までの地表での距離を震央距離，震源から観測点までの地下での距離を震源距離という。
04 地震の波は，どの方向にもほぼ一定の速さで伝わるので，ふつう，震度の分布は震央を中心にした同心円状になる。
05〜08 地震は速さの異なる2種類の波が，同時に発生してまわりに伝わる。
09, 10 地震の波の速さのちがいにより，ある観測点にS波が届くまでは初期微動が続くことになる。この時間を初期微動継続時間という。震源からの距離が遠い観測点ほど，初期微動継続時間は長くなる。
11 震度には0〜7の10段階ある。震度5と6には「弱」と「強」がある。
12 マグニチュードの値が1大きいと，地震のエネルギーの大きさは約32倍になる。
16 火山噴出物は，マグマがもとになってできた物質である。溶岩は地下のマグマが地表に噴出したもので，冷えて固まったものも溶岩という。
17〜20 マグマのねばりけが強いとマグマにふくまれるガスがぬけにくく，ガスが大量に地下に集まる。こうして圧力が大きくなり，激しい噴火になる。
21〜25 火成岩はマグマの冷え方によって，火山岩と深成岩に分けられる。急に冷えると鉱物の大きさはあまり大きくならない（斑状組織）が，ゆっくり冷えるとそれぞれの鉱物が大きくなる（等粒状組織）。

STEP02 基本問題

本冊132ページ

1 ⑴ ① **5**

② **6**

⑵ **震央**

解説 ▼

⑵ 地下の地震が起こった地点を震源といい，その真上の地表の地点を震央という。

2 ⑴ ① **イ**

② **エ**

⑵

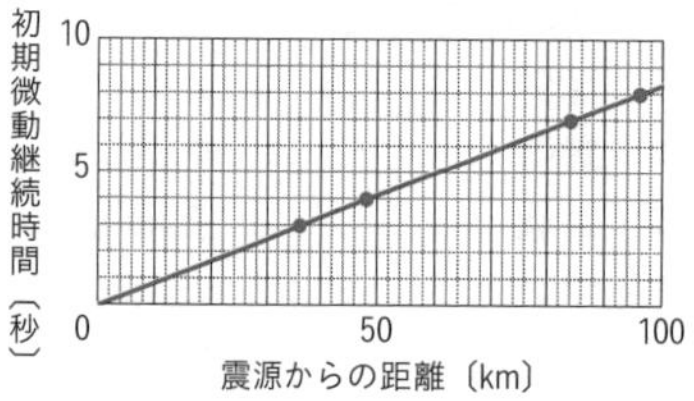

⑶ **9時25分24秒**

解説 ▼

⑵ 初期微動継続時間は，S波の到達時刻とP波の到達時刻の差から求める。地点**A**～**D**の初期微動継続時間は，それぞれ3秒，4秒，7秒，8秒となる。上の図のように，初期微動継続時間は震源からの距離に比例する。これは，震源からの距離が長くなるほど，P波とS波の届く時刻に差ができるからである。

⑶ 初期微動継続時間は震源からの距離に比例する。この地点の初期微動継続時間は地点**A**の2倍なので，震源までの距離は地点**A**の2倍の72 kmであり，地点**A**から36 km離れている。**A**から12 km離れた**B**では**A**から3秒後に主要動が始まっている。よって，この地点では，$36 \div 12 \times 3 = 9$より**A**の9秒後の9時25分24秒に主要動が始まる。

3 ⑴ **ねばりけが強い**

⑵ **B**

解説 ▼

⑴ 白っぽい色の火山灰は，二酸化ケイ素が多くふくまれていることを示している。二酸化ケイ素の割合が多いほど，マグマのねばりけは強くなる。

⑵ マグマのねばりけが強いと，雲仙普賢岳（うんぜんふげんだけ）や昭和新山，有珠山（うすざん）のようなおわんをふせたようなドーム状の形の火山となる。また，ねばりけが弱いと，ハワイ島のキラウエアやマウナロアのような傾斜のゆるやかなたて状の形の火山となる。

4 ⑴ **等粒状組織**

⑵ **ウ**

解説 ▼

⑴ **A**のように，ほぼ同じ大きさの鉱物の結晶が組み合わさっている組織のことを等粒状組織という。この組織は，深成岩のように，マグマが地下深い場所でゆっくりと冷えて固まった場合にできる。

一方，**B**のように，細かい鉱物などの石基に比較的大きな結晶である斑晶が散らばっている組織のことを斑状組織という。この組織は，火山岩のように，マグマが地表近くで急に冷えて固まった場合にできる。

⑵ **B**は火山岩で，色が白っぽいため，**ウ**の流紋岩である。**ア**の玄武岩は黒っぽい色をしている。

STEP03 実戦問題

本冊134ページ

1 ⑴ **エ**

⑵ **（例）震源Rで発生した地震のほうが震源が浅いので，震度が大きかった。**

⑶ **震央　イ**

震源の深さ　40km

解説 ▼

⑴ 日本近海では，海洋プレートが大陸プレートの下に沈みこむことで起こる地震が多い。したがって，地震の震源は，海洋プレートと大陸プレートの境界付近に分布している。とくに，太平洋側の海溝付近に多くなっている。下の図のように，海洋プレートは大陸プレートの下に沈みこむので，太平洋側から日本海側に向かうにしたがって震源は深くなっていく。

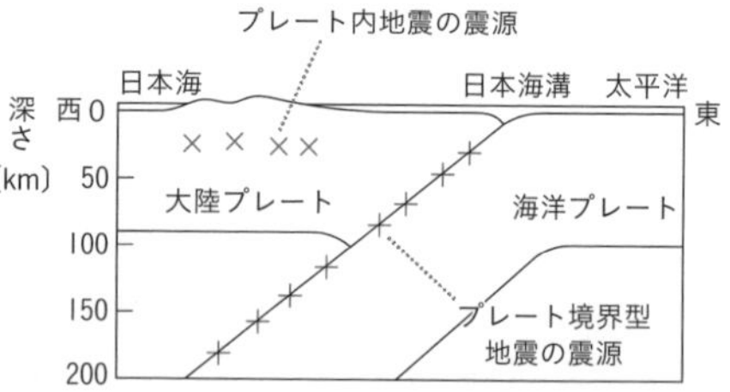

⑵ 震源の深さは，**Q**が220～230 km，**R**が10～20 kmとなっている。よって，震源の深さが浅い**R**の震央付近での震度は大きかったと考えられる。

⑶ 地震が起こると，その揺れは同心円状に伝わっていく。次のページの図のように，**A**～**C**の3地点における震源からの距離を半径とする円をかき，2つの円の交点をそれぞれ結ぶと，震央の位置はそれらの交点となる。よって，震央の位置は**イ**となる。

イは**B**地点と同じ位置なので，震源からの距離と震源の深さは等しい。よって，震源の深さは40 kmである。

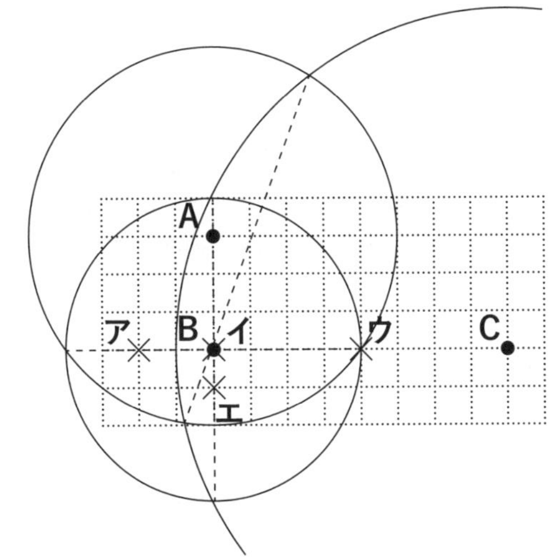

くわしく

◉震央を特定する方法

3地点の位置と震源からの距離がわかっていれば，震央と震源を特定することができる。

地震の波は同心円状に伝わることから，震源は，観測地点を中心とし，震源からの距離を半径とする半球の球面上にある。

2地点 **A**，**B** の震源からの距離がわかっていれば，図1のように，**A**，**B** それぞれを中心に震源からの距離を半径とした半球の球面が交わる線上に震源があることがわかる。これを上から見たのが図2である。このとき，地点 **A**，**B** における震源からの距離を半径とする2つの円の交点をそれぞれ結んだ線上に，震央があることになる。

図1

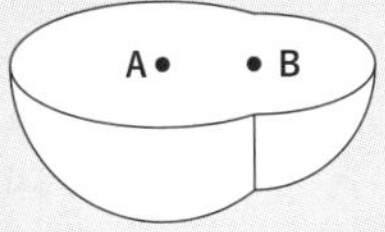

図2

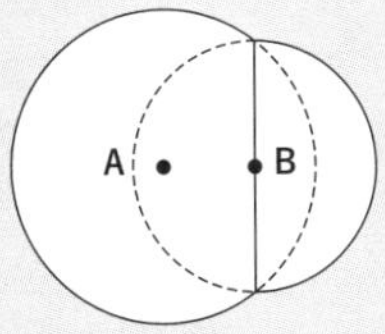

さらに3地点 **A**～**C** の震源からの距離がわかっていれば，図3のように，それぞれの地点を中心とし，震源からの距離を半径とする円をかき，2つの円の交点をそれぞれ結ぶと，震央の位置はそれらの交点となる。

図3

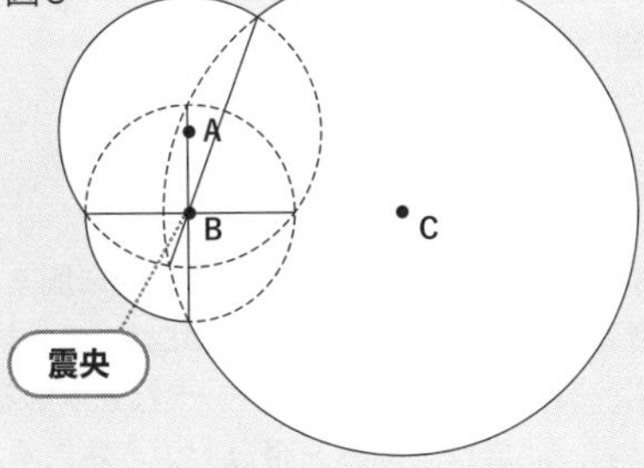

2 (1) **(例) マグマが急激に冷え固まるときに，ふくみきれなくなった火山ガスの成分が気体になってできたもの。**

(2) **花こう岩**

(3) **溶岩A　ア**
火山灰B　エ

解説

(1) 地下にあるマグマには火山ガスの成分がふくまれている。マグマが噴火によって地表に出ると，まわりの圧力が小さくなり，ふくまれていたものが火山ガスとなってぬけ出るため，細かい穴が開く。

(2) マグマが地下の深いところで冷えて固まった場合，できる岩石は深成岩である。また，火山灰Bにふくまれる鉱物はセキエイやチョウ石類が大部分を占めていることから，できる岩石は全体に白っぽくなると考えられる。深成岩のうち，色が白っぽいのは花こう岩である。

(3) 火成岩の鉱物組成から，溶岩 **A** は玄武岩に近い黒っぽい岩石である。すなわち，二酸化ケイ素の割合が少ないため，マグマの粘性が低く噴火はおだやかであると考えられる。セキエイやチョウ石類が大部分を占める火山灰 **B** は，流紋岩に近い白っぽい色の火山灰である。すなわち，二酸化ケイ素の割合が多いため，マグマの粘性は高く，溶岩がドーム状に盛り上がるような噴火をすると考えられる。

くわしく

◉マグマと二酸化ケイ素

マグマは，主成分である二酸化ケイ素の割合が大きいほどねばりけが強い。また，セキエイは二酸化ケイ素が結晶になったもので，無色透明の鉱物である。二酸化ケイ素を多くふくむマグマが冷え固まるとセキエイを多くふくむ岩石になるので，白っぽい溶岩をつくる。

2 地学 大地の変化②

STEP01 要点まとめ

本冊136ページ

1 01 風化　02 侵食
03 運搬　04 堆積
05 大きい　06 小さい

2 07 古い　08 柱状図
09 かぎ層

3 10 堆積岩　11 大きさ
12 れき岩　13 砂岩
14 泥岩　15 凝灰岩
16 二酸化炭素　17 チャート

4 18 隆起　19 沈降
20 断層　21 活断層
22 しゅう曲　23 プレート

5 24 示相化石　25 示準化石
26 広い

解説 ▼

05, 06　粒の大きいものからはやく沈むため，河口や海岸から沖に向かって，れき→砂→泥の順に堆積する。

07　ふつう，地層は積み重なってできるため，下の層ほど古いが，土地の隆起や沈降，しゅう曲などの大地の変化によって位置が変わってしまうこともある。

08　離れた複数の地点の柱状図を比較することで，土地の傾きや成り立ちなどを知ることができる。

09　かぎ層は，岩石やふくまれている化石などが上下の層と容易に区別できる特徴をもっているものが適している。また，うすく広い範囲にできた層ほどよい。火山灰の層や火山灰が押し固められて岩石になった凝灰岩の層などがかぎ層として利用されることが多い。図中の柱状図では，A 地点と B 地点のかぎ層は斜交葉理・砂岩（貝化石）の層，A 地点と C 地点のかぎ層は凝灰岩の層となっている。

16　石灰岩と石灰石は同一のもので，よび方がちがうだけである。石灰石にうすい塩酸を加えると二酸化炭素が発生する。

17　チャートの主成分は二酸化ケイ素 SiO_2 である。二酸化ケイ素は単にケイ酸ともよばれ，身近なものでは，ガラスの主成分として用いられている。

18　世界一高い山であるエベレストの山頂付近にはイエローバンドとよばれる地層がある。この地層には海に生息するウミユリの化石が見られることから，エベレストの山頂付近は昔，海中にあり，隆起したものであると考えられている。

STEP02 基本問題

本冊138ページ

1 (1) かぎ層
(2) ① 泥
② （例）C，B，A の順に堆積物の直径が小さくなっていることから，C が堆積した時代の海は浅く，しだいに深くなっていったと考えられる。
(3) ア

解説 ▼

(1)　離れた地域の地層を比較する手がかりとなる地層をかぎ層という。かぎ層として利用されるのは，火山灰による凝灰岩の層など，短期間に広い範囲に堆積し，岩石に特徴があってわかりやすいものである。

(2)　①…川から海へ土砂が流れこむとき，粒が大きく重いものから順に堆積するので，れき，砂，泥の順に堆積する。
②…下の地層ほど堆積した時期が古く，地点Ⅲの A は泥岩，B は砂岩，C はれき岩であることから，れき岩→砂岩→泥岩の順に堆積したことになる。れき岩が河口から近い場所，泥岩は河口から遠い場所で堆積するので，この地点の海の深さはだんだん深くなっていったと考えられる。

(3)　地点Ⅳの深さ 15 m 以下の地層は，下の図のようになっていると考えられる。地点Ⅲより，砂岩の層は5 m あり，その下に約4 m のれき岩の層が，さらにその下に約1 m の凝灰岩の層がある。よって，地点Ⅳでは，深さ 15 m の地点まで砂岩の層があり，その下に深さ 19 m の地点までれき岩の層があると考えられる。よって，凝灰岩の層は約 19～20 m の深さのところに現れる。

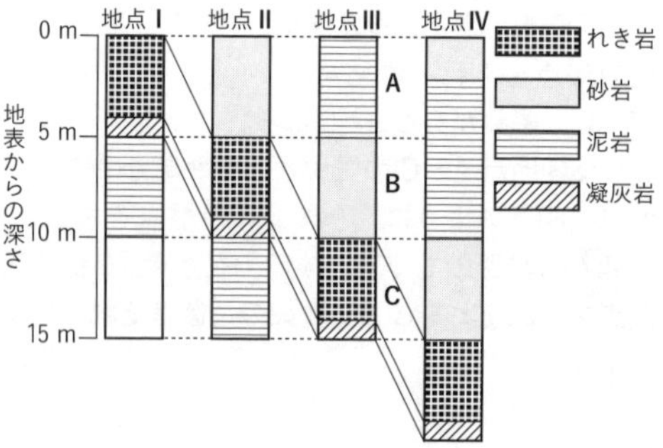

2 (1) 堆積岩
(2) エ

解説 ▼

(1)　地層をつくっている砂や泥などが，長い間に固まってできた岩石を堆積岩という。堆積岩には，れき岩，砂岩，泥岩，凝灰岩，石灰岩，チャートなどがある。れき岩，砂岩，泥岩は，丸みを帯びた大きさのそろった粒でできているのが特徴で，化石をふくむものもある。

(2) れき岩，砂岩，泥岩の区別は粒の大きさによって見分ける。直径がおよそ2 mm以上のものがれき岩，$\frac{1}{16}$～2 mmのものが砂岩，$\frac{1}{16}$ mm以下のものが泥岩である。

3 (1) ① **エ**
② **ウ**
(2) **しゅう曲**

解説 ▼

(1) ①…風や水のはたらきや温度変化によって，岩石が表面からくずれていく現象を風化という。
②…流水が陸地をけずるはたらきを侵食という。地表の土や岩石は，流水による侵食で少しずつけずられていく。

(2) 地殻の変動で両はしから地層を押す力が加わり，水平であった地層が曲げられてできたものをしゅう曲という。一方，横から押す力や，横に引っ張る力がはたらいて，地層が上下または左右にずれた部分を断層という。

4 (1) **ア**
(2) **あたたかくて浅い海**

解説 ▼

(1) 恐竜の化石のような，地層が堆積した時代を知る手がかりとなる化石を示準化石という。ある生物の化石が示準化石となるための条件は，ある時期にだけ栄えていたこと，広い範囲に生息していたことである。

(2) 地層が堆積した当時の環境を知る手がかりとなる化石を示相化石という。示相化石となる生物の条件は，限られた環境にしか生息できないことである。サンゴはあたたかく，浅い海でしか生息できない。

くわしく

◉代表的な示準化石
古生代…サンヨウチュウ，フズリナ
中生代…アンモナイト，始祖鳥，恐竜
新生代…ビカリア，ナウマンゾウ

◉代表的な示相化石
シジミ…湖や河口付近
カキ…海岸近く，浅い海
ホタテガイ…冷たく浅い海
サンゴ…あたたかく浅い海

STEP03 実戦問題

本冊140ページ

1 (1) **（例）地層に押す力がはたらき，曲げられてできる。**
(2) **イ**
(3) **ア**

解説 ▼

(2) 凝灰岩は火山灰が堆積し固まってできたもので，塩酸をかけても泡は発生しない。一方，貝殻やサンゴなどが堆積してできた石灰岩は，塩酸をかけると二酸化炭素の泡が発生する。

(3) 図2において，B，C，E，F地点では地表から10～15 mの深さに泥状の炭の層があるが，D地点では地表から10～15 mの深さに泥状の炭の層がない。この条件を満たすのは**ア**の図である。

2 (1) **ウ**
(2) **ウ**
(3) **X　1**
Y　192
Z　193
(4) **0 mから1 m**

解説 ▼

(1) ビカリアの化石は示準化石となる。ビカリアが生息していたのは新生代である。

(2) 下の地層ほど堆積した時代が古く，A地点のXは泥の層，Yは砂の層，Zは泥の層であることから，泥→砂→泥の順に堆積したことになる。泥と砂では，粒の大きい砂のほうが河口に近い（浅い）場所で堆積する。そのため，A地点の海の深さはいったん浅くなったあと，再び深くなったと考えられる。よって，A地点では大地が隆起して海面が浅くなり，その後沈降して海面が深くなったと考えられる。

(3) X…6 − 5 = 1〔m〕だけA地点がB地点よりも火山灰の層の標高が高い。
Y…D地点の標高は196 m，火山灰の層は深さ3～4 mなので，196 − 4 = 192〔m〕
Z…196 − 3 = 193〔m〕

(4) 図1の地域の地層は南西の方角が低くなるように傾いているため，C地点の火山灰の層の標高はA地点と同じで191～192 mである。図1より，C地点の地表の標高は192 mなので，C地点の火山灰の層の地表からの深さは0～1 mとなる。

3 地学 変化する天気①

STEP01 要点まとめ

本冊142ページ

1

1
01 飽和水蒸気量　02 高い
03 露点　04 大きい（多い）
05 小さく　06 下がる
07 水滴　08 湿度
09 飽和

2
10 低く　11 下がる
12 露点　13 上昇気流
14 下降気流　15 上昇

2

1
16 大気圧（気圧）　17 低く（小さく）
18 高い

2
19 海風　20 高く
21 陸風　22 低く
23 季節風　24 冬
25 夏　26 貿易
27 偏西

3
28 等圧線　29 弱い
30 強い　31 高気圧
32 よい　33 低気圧
34 悪い　35 下降
36 時計（右）　37 上昇
38 反時計（左）

解説

03 露点は，そのときの空気の温度とは関係なく，空気中にふくまれる水蒸気の質量で決まる。

08 湿度が100%のときの水蒸気の質量は，飽和水蒸気量と同じ。湿度が100%のときの空気の温度は，露点である。

19, 21 海からふく風が海風，陸からふく風が陸風である。海風と陸風のように，1日の昼と夜で風向きが変わる風を，まとめて海陸風という。

23〜25 日本付近では冬は大陸から海へ北西の季節風，夏は海から大陸へ南東の季節風がふく。北にある大陸からふく冬の季節風は，冷たくて乾燥している。南の海からふく夏の季節風は，あたたかくて湿っている。

28 等圧線は気圧1000 hPaを基準にして，4 hPaごとに引く。20 hPaごとに線を太くする。

31, 33 高気圧や低気圧に決まった気圧の値はなく，等圧線が閉じていて，まわりより気圧が高いところを高気圧，低いところを低気圧という。天気図では，高気圧は「高」，低気圧は「低」と表す。

STEP02 基本問題

本冊144ページ

1
(1) エ
(2) ア
(3) イ

解説

(1) 簡易真空容器内の空気をぬいていくと，容器中の空気の粒子の数が減少するものの容器の体積は一定のため，粒子のたがいの距離は大きくなる（膨張する）。また，容器中の空気の粒子の数が減少するため，容器を内側から押す力の合計が小さくなり，気圧は下がる。容器内の気圧が風船内の気圧より低くなるので，風船は膨らむ。

(2) 簡易真空容器の空気をぬいていくと，容器中の気圧が下がり，空気が膨張することで，容器中の気温が下がる。気温が露点以下になると，空気中にふくみきれなくなった水蒸気が水滴（白いくもり）となって出てくる。この水蒸気が水滴となったものが，雲に相当する。この実験で，容器内を水で湿らせたのは，容器内の湿度を上げるためである。湿度が高ければ温度が少し下がっただけでも露点に達するため，水蒸気の一部が水滴となり，容器の中がくもりやすくなる。また，容器の中に，線香の煙を入れたのは，煙が核となって，水蒸気が凝結しやすくなるためである。

(3) ア…下降気流では雲はできにくい。
ウ…まわりより気圧が低いところでは上昇気流が起こる。
エ…あたたかい空気と冷たい空気が接する場所では前線ができ，あたたかい空気が冷たい空気の上をはい上がるように上昇していくので雲ができやすい。

2
(1) 天気　くもり，風向　南東，風力　2
(2) ウ

解説

(1) 天気は天気記号から，風向は矢の向きから，風力は矢羽根の数から読みとる。風向は風のふいてくる方向のことをさし，たとえば，東から西に向かってふく風の風向は東である。

(2) 高気圧はまわりよりも気圧が高いところであり，中心から時計回りに風がふき出す。中心付近では下降気流ができ，天気がよい。
ア…低気圧の中心付近では上昇気流ができる。
イ…台風などの熱帯低気圧は温帯低気圧と異なり，前線をともなわない。これはあたたかい空気だけでできていてあたたかい空気と冷たい空気の境目がないからである。
エ…北半球の高気圧では中心から時計（右）回りに風がふき出す。

くわしく

◉天気記号

天気	快晴	晴れ	くもり	雨	雪
記号	○	⦶	◎	●	⊛

◉風力

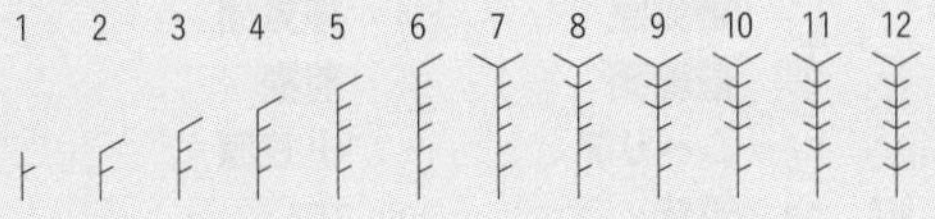

◉風向の 16 方位

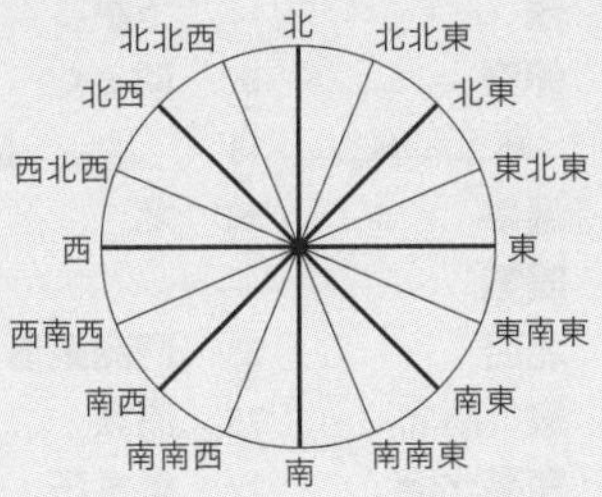

3 ⑴ **30℃**
⑵ **11 g**

解説 ▼

⑴ 湿度が 100%のときに空気中にふくまれる水蒸気量が飽和水蒸気量なので，湿度が 81%のとき 34℃の空気 1 m^3 中にふくまれる水蒸気量は，37.6 × 0.81 = 30.456〔g〕である。よって，飽和水蒸気量が 30.4 g/m^3 の温度になったとき，コップの表面に水滴がつき始める。このような，水滴がつき始める温度を露点という。表より，露点はおよそ 30℃である。

⑵ ⑴より，理科室の空気 1 m^3 中にふくまれる水蒸気量は約 30.5 g である。22℃の飽和水蒸気量は 19.4 g/m^3 なので，34℃から 22℃まで温度を下げたときに，空気中にふくみきれなくなる水蒸気量は，30.5 − 19.4 = 11.1〔g〕である。小数第 1 位を四捨五入し，11 g が答えとなる。

STEP03 実戦問題

本冊146ページ

1 ⑴ **エ**
⑵ **291 g**

解説 ▼

⑴ 水から水蒸気への変化は，液体が気体に変わる状態変化である。水蒸気（気体）は目に見えないが，小さな水滴（液体）は白く見える。
ア，**イ**，**ウ**はいずれも，水蒸気が水に変化する状態変化である。
エは水が蒸発して水蒸気となって空気中に出ていくことで，タオルが乾く。

⑵ 22℃の飽和水蒸気量は 19.4 g/m^3 で，湿度が 45%なので，部屋の空気 1 m^3 中にふくまれている水蒸気量は，19.4 × 0.45 = 8.73〔g〕である。
また，22℃で湿度が 60%のとき，空気 1 m^3 中にふくまれている水蒸気量は，19.4 × 0.6 = 11.64〔g〕なので，部屋の湿度を 60%にするには，空気 1 m^3 あたり 11.64 − 8.73 = 2.91〔g〕の水蒸気が不足している。部屋の容積は 100 m^3 なので 2.91 × 100 = 291〔g〕の水を加湿器から放出する必要がある。

2 ⑴ **太陽**
⑵ **40**

解説 ▼

⑴ 水の循環を支えているのは，太陽の光と熱のエネルギーである。
太陽からのエネルギーにより，海洋が加熱され，海水が蒸発し，大気中に水蒸気が送りこまれる。水蒸気はやがて冷えて，凝結して雲となり降水となる。

⑵ 循環する水の量は下の図のようになる。大気，海，陸地に存在している水の割合はそれぞれ長期にわたって変化しないことから，陸地から流水となって海に流れこむ水の量は，111 兆 − 71 兆 = 40 兆〔t〕となる。

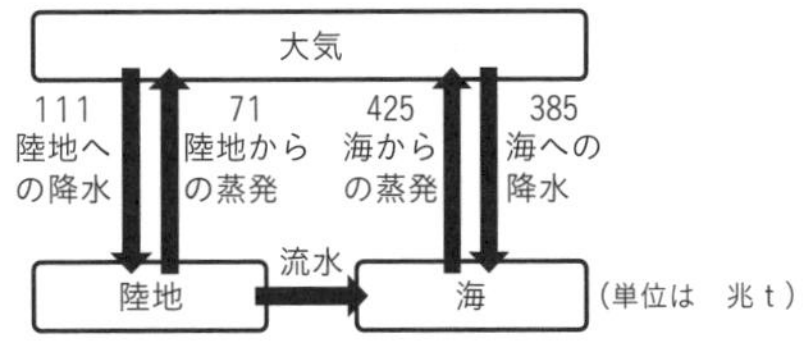

3 ⑴ **510 m**
⑵ **17℃**
⑶ **38℃**
⑷ **31.4%**

解説 ▼

⑴ **A** 地点の空気の温度は 30℃なので，そのときの飽和水蒸気量は，表から 30.4〔g/m^3〕である。湿度が 76%なので，**A** 地点の空気 1 m^3 中にふくまれる水蒸気量は，30.4 × 0.76 = 23.104 ≒ 23.1〔g〕である。
B 地点で雲ができ始めたことから，**B** 地点の気温は，飽和水蒸気量が 23.1 g/m^3 となる温度なので，表から，25℃とわかる。つまり，**B** 地点は **A** 地点よりも気温が 30 − 25 = 5〔℃〕低い。
空気が山腹を上昇するとき，雲ができ始めるまでは空気が 100 m 上昇するごとに気温が 1℃下がるため，**B** 地点の標高は，**A** 地点より 100 × 5 = 500〔m〕高いことになる。**A** 地点は標高 10 m なので，**B** 地点の標高は，10＋500＝510〔m〕である。

(2) 雲が発生している場合，空気が 100 m 上昇するごとに気温は0.5℃下がる。**B** 地点と **C** 地点の標高の差は，2110 − 510 ＝ 1600〔m〕なので，気温は **B** 地点よりも 0.5 ×（1600 ÷ 100）＝ 8〔℃〕下がる。よって，**C** 地点の気温は，25 − 8 ＝ 17〔℃〕である。

(3) 雲がない場合，空気が 100m 下降するごとに気温は 1℃上がる。**C** 地点と **D** 地点の標高の差は，2110 − 10 ＝ 2100〔m〕なので，気温は **C** 地点よりも 1 ×（2100 ÷ 100）＝ 21〔℃〕上がる。よって，**D** 地点の気温は，17 ＋ 21 ＝ 38〔℃〕である。

(4) **C** 地点では気温 17℃，湿度は 100%なので，**C** 地点での空気 1 m^3 中にふくまれる水蒸気量は，17℃の飽和水蒸気量と等しく，14.5 g/m^3 である。**D** 地点では，水蒸気量は変わらず気温が 38℃になる。表より，38℃の飽和水蒸気量は 46.2 g/m^3 なので，**D** 地点の湿度は，

$\frac{14.5}{46.2} \times 100 = 31.38\cdots$〔%〕

小数第 2 位を四捨五入し，31.4%となる。

4 地学 変化する天気②

STEP01 要点まとめ

本冊148ページ

1

1
- 01 天気図　02 気団
- 03 暖気団　04 寒気団
- 05 前線面　06 前線
- 07 シベリア　08 小笠原

2
- 09 温暖　10 広い
- 11 南　12 寒冷
- 13 短　14 下がる
- 15 停滞　16 閉そく
- 17 　18 
- 19 温帯　20 北
- 21 暖気

3
- 22 北西　23 西高東低
- 24 縦（南北）　25 南東
- 26 南高北低　27 低気圧
- 28 偏西風　29 梅雨
- 30 台風

2
- 31 水力　32 氾濫
- 33 遊水池（遊水地）

解説 ▼

07, 08 シベリア気団は冷たくて乾燥している気団，小笠原気団はあたたかくて湿っている気団である。また，オホーツク海気団は冷たくて湿っている気団である。

19 温帯低気圧は，南東に温暖前線，南西に寒冷前線をともなう。通過時は，次のように天気が移り変わる。
①温暖前線が近づいて，天気が悪くなる。
②温暖前線が通過しているときは，弱い雨が長時間降る。
③温暖前線通過後は，天気がよくなり，気温が上がる。風向は，南寄りになる。
④寒冷前線が通過しているときは，強い雨が短時間降る。
⑤寒冷前線通過後は，天気がよくなり，気温が下がる。風向は，北寄りになる。

23 冬はシベリア気団が発達し，日本付近では西高東低の気圧配置になる。

26 夏は小笠原気団が発達し，日本付近では南高北低の気圧配置になる。

29 6月ごろにできる停滞前線を梅雨前線，9月ごろにできる停滞前線を秋雨前線という。

30 台風は前線をともなわない。台風は日本列島付近まで北上すると偏西風に流されて東寄りに進路を変えるが，偏西風の強さなどが変わるため季節によって進路は変わる。

STEP02 基本問題

本冊150ページ

1 ⑴ **前線面**
⑵ ① **イ**
② **ア**

解説

⑴ 冷たい空気（寒気）とあたたかい空気（暖気）がふれ合ってできる境の面を前線面といい，前線面が地表面に接しているところを前線という。

⑵ ①…冷たい空気とあたたかい空気を比べると冷たい空気のほうが密度が大きい。同じ体積で比べた場合，冷たい空気のほうがあたたかい空気より重いので，冷たい空気があたたかい空気の下にもぐりこむ。
②…冷たい空気があたたかい空気の下にもぐりこむため，下から押し上げられたあたたかい空気は垂直方向に上昇し，垂直方向に発達する積乱雲ができる。

くわしく

◉寒冷前線
優勢な寒気団が暖気団の下にもぐりこみ，暖気団をもち上げるようにして進んでいくとできる。前線面の傾きが急なので，積乱雲などの積雲状の雲ができる。前線面の後方のせまい範囲で短時間に強い雨が降ることが多い。

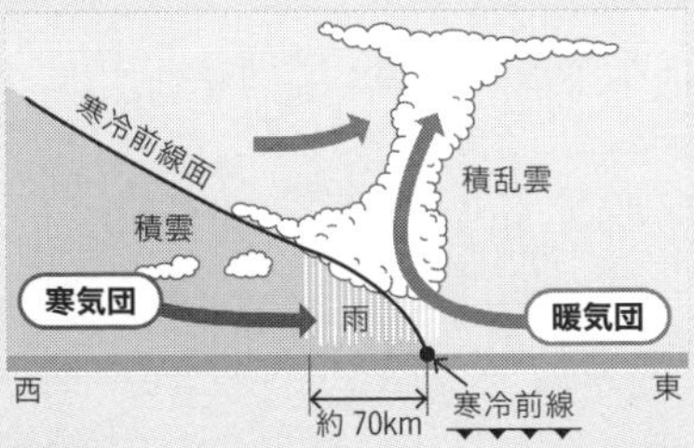

◉温暖前線
優勢な暖気団が寒気団の上にはい上がり，寒気団を押しつぶすように進んでいくとできる。前線面の傾きがゆるやかなので，乱層雲などの層雲状の雲ができる。前線面の前方の広い範囲で長時間にわたっておだやかな雨が降ることが多い。

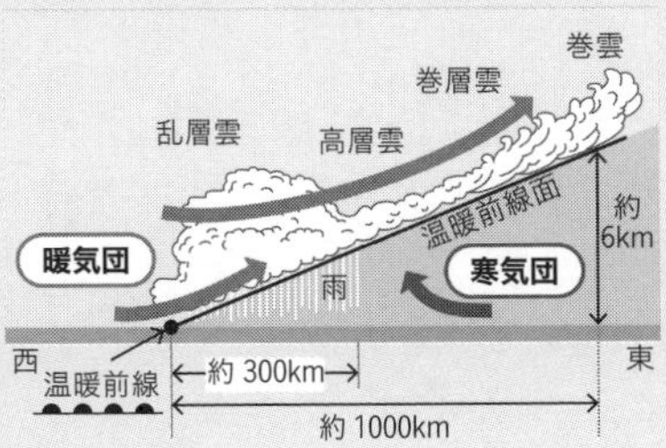

2 ⑴ **寒冷前線**
⑵ **ア**

解説

⑴ 温帯低気圧では，前線がおれまがったくさび形になり，低気圧の中心から南西の方向に寒冷前線，南東の方向に温暖前線が発達する。よって，**X − Y**，**X − Z** はそれぞれ寒冷前線，温暖前線である。

⑵ 前線をともなう温帯低気圧は，偏西風の影響で西から東へと移動する。よって，地点 **A** を通過するのは **X − Y** の寒冷前線である。寒冷前線が通過したあとは，冷たい空気の中に入るので気温は下がり，風向は北寄りに変わる。

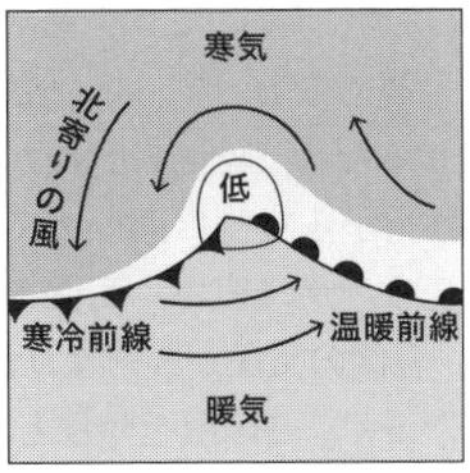

3 ⑴ **ウ**
⑵ **ウ**

解説

⑴ 図1は，東西に停滞前線（梅雨前線）がのびていることから，梅雨の天気図である。
図2は，等圧線が南北にのび，大陸側に高気圧，太平洋側に低気圧が発達している西高東低の気圧配置であることから，冬の天気図である。
図3は，等圧線が東西にのび，太平洋側に高気圧，北側に低気圧がある南高北低の気圧配置であることから，夏の天気図である。

⑵ 陸をつくる岩石は海と比べて，あたたまりやすく冷えやすい性質をもっているため，冬の時期には大陸の気温が海の気温より低くなる。その結果，海上の空気が膨張して上昇し，上空で大陸に向かって流れ出す。このため，大陸の周辺の地表付近では，冬に大陸からふき出す風，すなわち北西の季節風がふく。

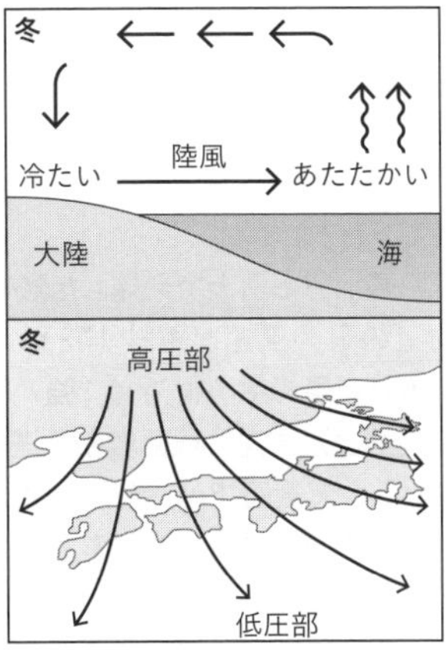

STEP 03 実戦問題

本冊152ページ

1
(1) **ア　高く**　**イ　○**
ウ　低く　**エ　海から陸**
(2) **ウ**
(3) **北側**
(4) **ア**

解説 ▼

(1) 岩石はあたたまりやすく冷めやすいが，水はあたたまりにくく冷めにくい。このため，昼間は陸地の気温が海面より高くなる。すると，空気が膨張して上昇気流が生じるため，陸側の気圧が海側の気圧より低くなり，海側から陸側に向かって風がふく。この風を海風という。逆に夜は，海面の温度が陸地よりも高くなり，海側の気圧が陸側より低くなり，陸側から海側に風がふく。この風を陸風という。

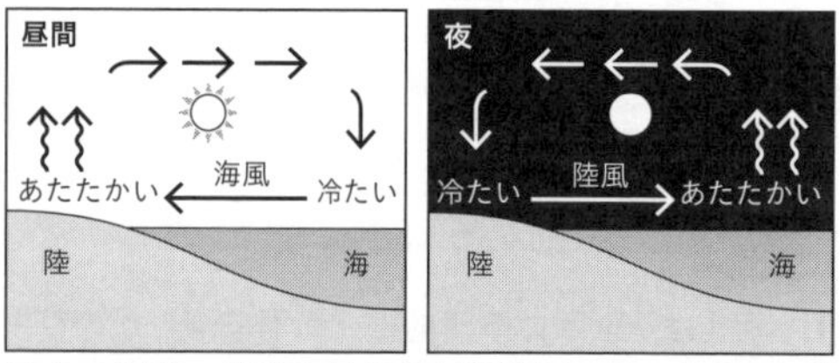

(2) 日本の夏は，南東に高気圧が発達しているので，南東の季節風がふく。一方，冬は北西の季節風がふく。
(3) 前線をともなった低気圧，すなわち温帯低気圧において，晴れてあたたかいのは低気圧の南側の温暖前線と寒冷前線にはさまれた場所である。よって，低気圧が通過したのは観察していた場所の北側である。
(4) 寒冷前線が通過すると，風向きは北寄りに変わる。

2
(1) **① b　② a　③ b　④ a**
⑤ b　⑥ a　⑦ b　⑧ a
⑨ b
(2) **A　偏西**
B　小笠原
(3) **エ**
(4) **① 9時　ウ　18時　オ**
② キ

解説 ▼

(1) 台風は熱帯地方の海上で発達した熱帯低気圧のうち，中心付近の最大風速が毎秒 17.2 m 以上になったものである。台風の中心付近は，強い上昇気流によって鉛直（垂直）方向に積乱雲が発達し，大雨と強風をともなう。天気図では，台風は間隔のせまい同心円状の等圧線で表され，前線をともなわない。また，南方で発生した台風は，最初はほぼ北西に向かって進むが，その後，偏西風に流されて，北東寄りに進路を変える。日本付近を北上するときの台風の速さは速くなる傾向にある。
(2) 台風は偏西風の影響を受けながら，太平洋上の小笠原気団のふちに沿って移動していく。
(3) 台風の中心は，下降気流があり，ほとんど雲がない。この部分を台風の目という。
(4) ①…台風が近づくにつれて気圧は下がっていくので，気圧が最も低くなった9時ごろが，台風が最も近づいた時刻だと考えられる。したがって，9時の天候は，風力が最も強く，天気が雨の**ウ**である。台風が最も遠くにあるときの天候は，風力が最も小さい風力3の**オ**だが，問題文より，3時ごろは雨が降っているはずなので，**オ**は18時の天候であると考えられる。
②…風力と風向を考えると，台風が近づいてきたときの天気の変化は，**イ**→**カ**→**ウ**→**ア**→**エ**→**オ**の順である。観測地点の風向は，東側を台風が通ると反時計回りに，西側を台風が通ると時計回りに変化する。地点 **X** の風向は反時計回りに変化していることから，地点 **X** では台風は東側を通ると考えられる。また，台風が最も近づいたときの風向は北北東だったことから，**キ**が答えとなる。

5 地学 地球と宇宙①

STEP01 要点まとめ

本冊154ページ

1

1 01 球　02 クレーター
03 恒星　04 黒点
05 低く　06 球

2 07 日食　08 月食

2

1 09 自転　10 15
11 西（から）東
12 日周運動　13 東（から）西
14 南中　15 子午線

2 16 公転　17 1
18 年周運動

3 19 23.4　20 公転
21 長い　22 高い

解説

02　クレーターは，いん石などの衝突によってできた地形であると考えられている。月だけでなく地球やほかの天体でも見られる。

05　太陽表面の温度は約 6000℃，黒点の温度は約 4000℃である。

07，08　月食は「太陽，地球，月」と並んだとき，つまり満月のときに見られる現象である。しかし満月のたびに月食の現象が見られないのは，月や地球の軌道面にずれがあるからである。日食が「太陽，月，地球」と並んだときに必ず見られるわけではないことも，軌道面のずれによるものである。

10　地球は 24 時間で 1 回（約 360°）自転する。したがって，1 時間に 360 ÷ 24 ＝ 15〔°〕自転している。

11　北極星のほうから見ると，時計の針の回転方向と反対の方向（反時計回り）にまわっている。

16　地球は太陽のまわりを公転し，月は地球のまわりを公転している。

17　地球は 1 年（12 か月）で太陽のまわりを 1 回（約 360°）公転する。したがって，1 か月に 360 ÷ 12 ＝ 30〔°〕公転している。

19，20　地球が地軸を傾けたまま太陽のまわりを公転しているため，太陽の光の当たり方が変化する。この変化が季節の変化の原因となっている。夏は太陽の南中高度が高く，昼の時間が長いため，気温が高くなる。一方，冬は太陽の南中高度が低く，昼の時間が短いため，気温は低くなる。

STEP02 基本問題

本冊156ページ

1 (1) ① （例）フェルトペンの先の影が点 O にくるようにする。
② エ
(2) ① イ　② イ　③ イ
(3) イ

解説

(1) ①…太陽の位置を透明半球上に記録するときは，フェルトペンの先の影が点 O にくるようにして記録していく。このようにして記録すると，ペン先の位置は，円の中心（点 O）に観測者がいるときの太陽の位置となる。記録した点をなめらかに結んだ線は，天球上における太陽の動きを表す。
②…冬至の日の太陽は，真東より南寄りから出て，真西より南寄りに沈む。また，北半球では太陽は南の空を通って西に沈む。
太陽が地平線に対し垂直にのぼっている**ア・イ・ウ**は赤道での太陽の動きを表している。

(2) X の位置は北半球の日照時間が長いため，日本の季節は夏である。Y の位置は北半球の日照時間が短いため，日本の季節は冬である。
冬は，北半球では太陽の南中高度が低くなるので，同じ面積に当たる光の量が少なくなり，気温は低くなる。

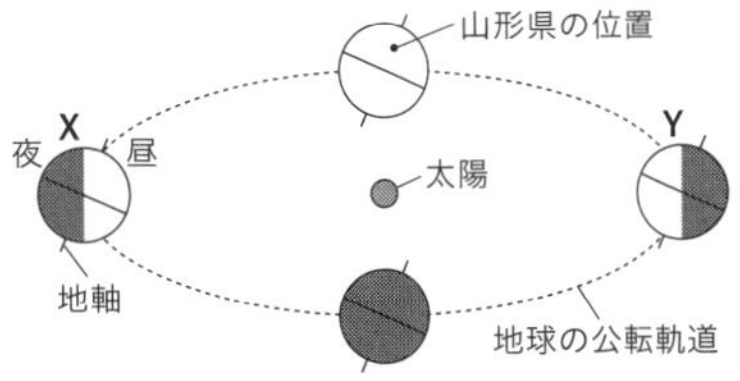

(3) (2)と同様に，日本が夏至なのは地軸の北側が太陽のほうに傾いている位置にあるときである。真夜中に南中する星座は，太陽と反対方向にあるさそり座である。

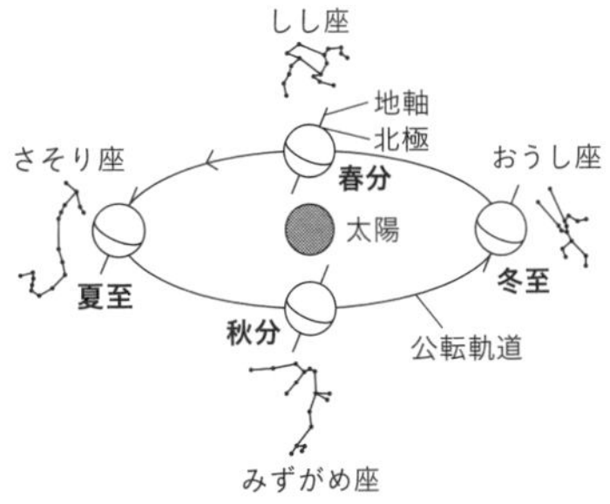

2 (1) 月の位置　ア
移動する方角　X
(2) イ

解説 ▼

(1) 月の位置と見える形は下の図のようになる。**ア**は右半分が光る上弦の月，**イ**は満月，**ウ**は左半分が光る下弦の月，**エ**は月が見えない新月である。また，月は北極側から見て反時計回りに公転するので，月の満ち欠けで見える形は，新月→上弦の月→満月→下弦の月と変化していく。**A** は上弦の月なので，見える位置は**ア**，移動する方角は **X** となる。

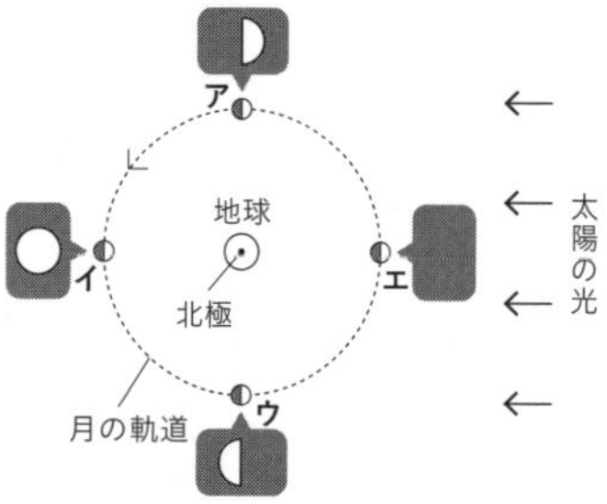

(2) 北の空では，天体は北極星を中心に反時計回りに，1時間に 15° ずつ移動していく。そのため，3時間後の位置は，45° 反時計回りに移動した**イ**となる。

STEP 03 実戦問題

本冊158ページ

1 (1) **ア**
(2) **43.1°**
(3) **a イ　b ウ**

解説 ▼

(1) 観測地点が異なっていても，緯度が同じ地点であれば，日の出から日の入りまでの昼の長さは等しく，日の出，南中，日の入りの時刻は東にある地点のほうが早くなる。
地点 **Y** のほうが地点 **X** よりも南中時刻が 10 分早いことから，日の出も日の入りも地点 **Y** のほうが地点 **X** よりも 10 分早くなる。したがって，**ア**が正解となる。

(2) 夏至の日の南中高度＝ 90° －（地点 **X** の緯度－ 23.4°）である。夏至の南中高度が 70.3° だったことから，90° －（地点 **X** の緯度－ 23.4°）＝ 70.3° が成り立つ。
地点 **X** の緯度＝ 90° ＋ 23.4° － 70.3° ＝ 43.1°

(3) 夏至の日の南中高度＝ 90° －（地点 **X** の緯度－ 26.0°）
冬至の日の南中高度＝ 90° －（地点 **X** の緯度＋ 26.0°）
である。よって，太陽の南中高度の差は
夏至と冬至の日の南中高度の差
＝［90° －（地点 **X** の緯度－ 26.0°）］
－［90° －（地点 **X** の緯度＋ 26.0°）］
＝ 26.0° × 2
となる。夏至と冬至の日の南中高度の差は，地軸の傾きが 23.4° のときより大きくなる。
春分・秋分の日の南中高度＝ 90° －地点 **X** の緯度
より，春分の日と秋分の日の南中高度の差は，地軸の傾きに左右されない。

2 (1) **下図**

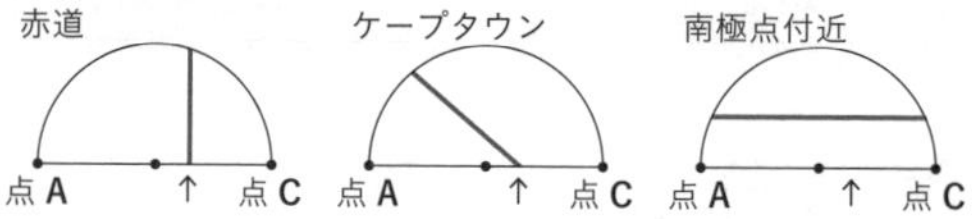

(2) **ウ**
(3) **イ**
(4) **イ，エ**

解説 ▼

(1) 太陽の軌跡の傾きから，図1において点 **C** が南である。また，日の出・日の入りの方角が南寄りであることから，季節は冬だと考えられる。日本が冬のとき，赤道とケープタウンでも日の出・日の入りの方角は南寄りになる。
赤道では，太陽は地平線に対して垂直にのぼり，真上へ移動して垂直に沈む。
南半球のケープタウンでは，太陽は北の空を通って移動する。
南極点付近では，太陽は水平に移動し沈まない。

(2) 夕方，東の空にかに座が見えたとき，かに座は，地球から見て太陽と反対の方向にある。よって，地球の位置は **G** から **H** の間だと考えられる。

(3) 夏至の日に地球は **E** の位置にあり，それから2か月後には，地球は太陽から見てみずがめ座の方向にある。このとき，地球から見て太陽と同じ方向にあるしし座は夜中には見ることはできない。

(4) 夏に暑くなるのは，地表面が受ける日光の量が多くなるからである。地表面が受ける日光の量は，昼の長さや太陽の高度によって変わる。
昼の長さが長いほど，1日の間に地表面が受ける日光の量は多くなる。
また，下の図のように，太陽の高度が大きいほど一定面積の地表面が受ける日光の量は多くなる。
よって，**イ**と**エ**は夏が暑い理由とは直接関係がない。

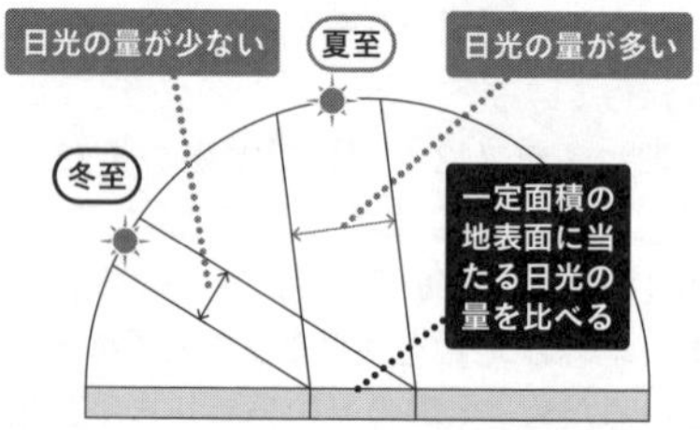

3 (1) **C**
(2) **イ**
(3) **ウ**

解説 ▼

(1) 上弦の月は地球から見て右半分が光って見えるため，**C** である。

(2) 月は約 27.3 日（約4週間）かけて地球のまわりを公

転しているので，観察した日から1週間後の月は，C からEの位置に移動している。Eの位置の月は満月で，夕方東からのぼって真夜中に南の空に見える。よって，午後9時ごろには南東の方角に見える。

(3) (2)より満月である。

4 (1) **エ**
(2) **四方位　北　　高度　70°**

解説

(1) それぞれの月や2つの恒星の位置から考える。高い位置にある月は，ベテルギウスを追うように西の空に沈んでいく。シリウスは，低い位置にあるので南西の空に沈む。

(2) 東経 138°，南緯 35° でシリウスを観察した場合，経度が変わらないため，見える方角の東西方向は変わらない。見える高度は，南へ行った分，35° ＋ 35° ＝ 70° だけ上がる。下の図より，シリウスの高度は 180° －（40° ＋ 70°）＝ 70° となる。また，南半球では天体は北の空を通るので，見える方角は北である。

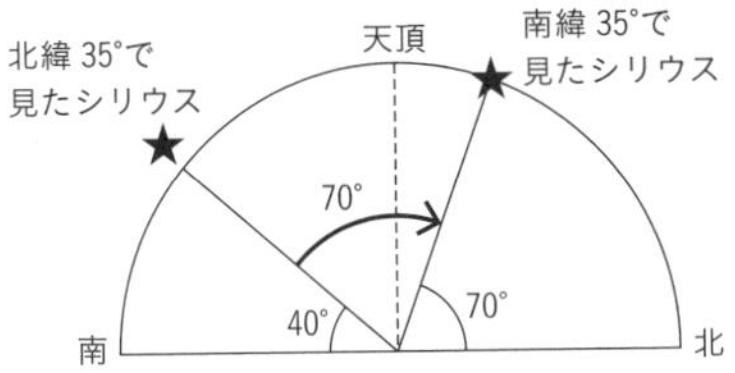

5 (1) **恒星**
(2) **エ**
(3) ① **球形**
② **自転**
(4) **0.5°**

解説

(1) 星座を構成している星などのように，自ら光や熱を出している天体を恒星という。地球から見ていちばん明るい恒星は太陽である。

(2) 太陽の表面温度は約 6000℃で，黒点の温度は約 4000℃である。黒点は周囲と比べて温度が低いため暗く見える。

(3) ①…同じ黒点の形が太陽の周辺部にいくほどゆがんで見えることから，太陽が球形であることがわかる。
②…黒点が東から西へ移動していることから，太陽が自転していることがわかる。太陽の黒点は，約 27〜30 日で一周する。

(4) 観測Ⅱで，太陽の像が2分で太陽の直径1つ分を動いたことから，太陽の見かけの大きさを表す角度 x は，2分かけて地球が自転する角度のことである。地球は 24 時間（1440 分）で 360° 自転するので，2分間では，360 ÷ 1440 × 2 ＝ 0.5〔°〕自転する。

6 地学 地球と宇宙②

STEP01 要点まとめ

本冊162ページ

1 01 **恒星**　02 **惑星**
03 **反射**　04 **太陽系**
05 **地球型惑星**　06 **木星型惑星**
07 **銀河系**

2 08 **西**　09 **東**
10 **内**

解説

01 夜空に輝いて見える星のほとんどは，自ら光を出している太陽のような恒星である。

05, 06 地球と木星を比べると，木星の直径は地球の約 11 倍，質量は地球の約 300 倍にもなる。しかし，木星はおもに水素とヘリウムのような軽い物質でできているので，密度は地球の約$\frac{1}{4}$しかない。

惑星は，地球型惑星，木星型惑星という分類のほかに，公転軌道によっても分類される。水星や金星のように，地球の内側を公転している惑星を内惑星，木星や土星のように，地球の外側を公転している惑星を外惑星という。

10 真夜中，つまり観測者が太陽の反対側にいるとき，金星は太陽の側にあるので観測者から見ることはできない。

STEP02 基本問題

本冊163ページ

1 (1) **水星，金星，火星**
(2) **ア**

解説

(1) 太陽系の惑星は，大きさと密度から見ると，地球型惑星と木星型惑星の2つに分けられる。水星・金星・地球・火星の4つが地球型惑星である。地球型惑星は，惑星表面は岩石でできていて，半径や質量は小さいが，平均密度は大きい。

(2) 木星・土星・天王星・海王星の4つは木星型惑星である。木星型惑星は，惑星表面はガス（気体）でできていて，半径や質量は大きいが，平均密度は小さい。大気の成分はおもに水素とヘリウムであり，4つともすべて環（リング）をもつ。太陽系外縁天体とは，海王星の外側を回る，氷などでおおわれた小型の天体のことである。めい王星は，太陽系外縁天体にふくまれる。

2 (1) **D**
(2) **イ**

解説 ▼

(1) 下の図において，地球の自転は反時計回りである。そのため，午前5時（夜明けごろ）の位置は**P**点である。この位置の観測者は，**A～C**の金星は観測できない。

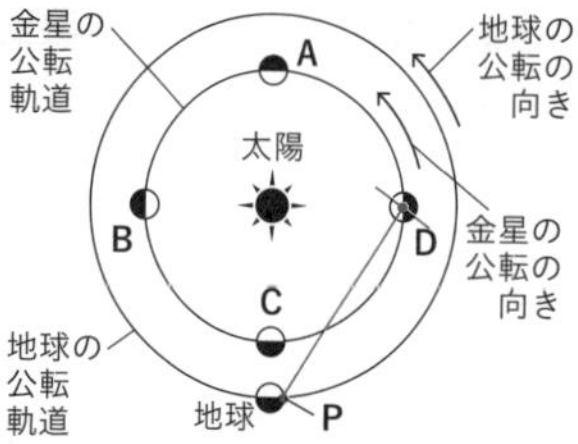

(2) 上の図のように，**D**の位置にある金星は，地球から見ると右側が少し欠けて見える。

くわしく

◎金星の見え方と大きさ

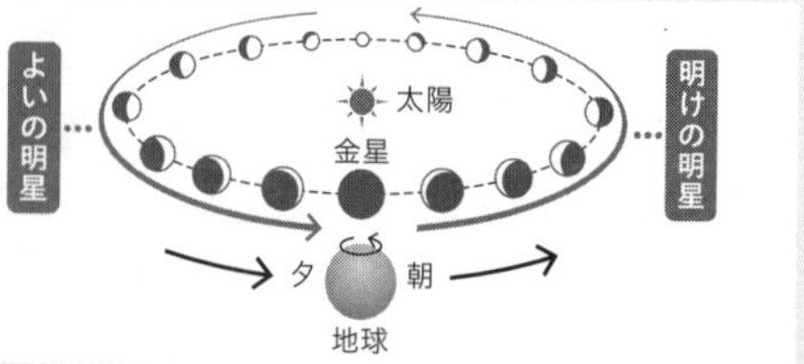

STEP03 実戦問題

本冊164ページ

1 (1) **水星　エ　　木星　オ**
(2) **（例）内惑星である水星は，月食が起こる満月の日に月と同じ方向には見えないから。**
(3) **記号　ア**
理由　（例）Bのほうが，水星が月に隠れて見えない時間が短いので，月の裏側を通過する距離が短いと考えられるから。

解説 ▼

(1) 下の図のように，木星は水星と同じ方向の遠方にある。このとき，水星は右半分が光っている形，木星は外惑星なのでほぼ全面が光って見える。

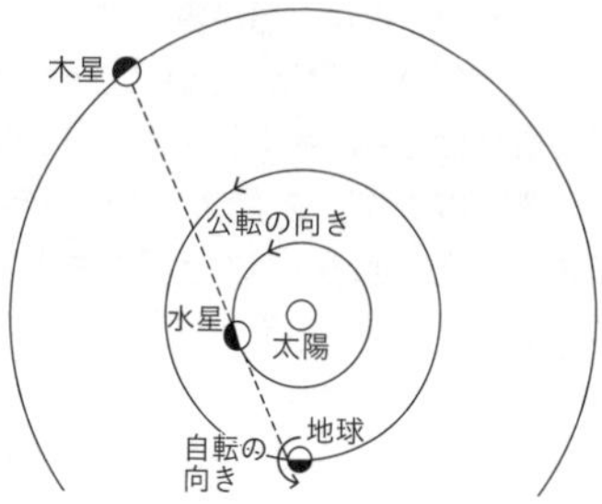

(2) 月食のときは，下の図のように，地球からは太陽と反対の方角に月が見える。水星は地球よりも内側を公転しているため，月食のときに月と水星が同じ方向に見えることはない。

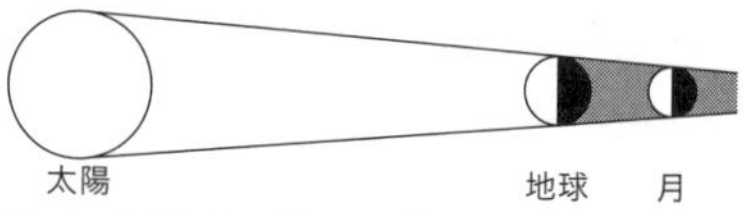

(3) 月に隠れた水星は，月の下側から再び見え始める。水星が隠れてから再び見え始めるまでの時間は地点**B**のほうが短いので，月の裏側を通過する距離が短いと考えられる。そのため，月の周辺部に近い側の裏を通過すると考えられる**ア**が，地点**B**で見える水星の位置である。

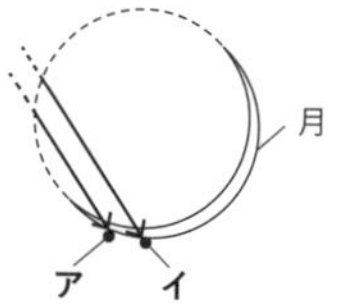

2 (1) **ウ，オ**
(2) **エ**
(3) **エ**
(4) **ア**
(5) **オ**

解説 ▼

(1) **ア**…土星は天王星の内側を公転している。
イ…木星型惑星の木星・土星・天王星・海王星はすべて環をもっている。
エ…土星の大気の主成分は水素でヘリウムも少しふくんでいる。

(2) 土星の環は，無数の岩や氷の粒でできた多数の細い環が集まったものである。

(3) アンタレスは南の空で観測されることから，図において，向かって左が東，右が西である。よって，土星は，2月から4月にかけて西→東，4月から8月にかけて東→西，8月から12月にかけて西→東と位置を変えて見える。

(4) 土星が東→西に動いているように見えるものを選ぶ。
ウ…太陽の方向のため見えない。
イ，**エ**…土星の位置はほとんど変わらない。

(5) 土星の公転周期は30年なので，1年あたり $360 \div 30 = 12$〔°〕公転する。よって，10年後の8月には，北極側から見て反時計回りに $12 \times 10 = 120$〔°〕移動した位置にある。また，土星は1か月あたり $12 \div 12 = 1$〔°〕公転し，地球は1か月あたり $360 \div 12 = 30$〔°〕公転するので，地球から見た土星の位置は1か月あたり $30 - 1 = 29$〔°〕反時計回りに移動する。よって，土星が夜8時に南の空にくるのは $120 \div 29 = 4.1$…より，約4か月後である。よって，2027年12月となる。

入試予想問題①

本冊168ページ

1 (1) ① **a＋d**

② **（例）日当たりのよくないところ。**

(2) **記号　ウ**

理由　（例）（Cを通過するとき，）水平方向に運動エネルギーをもっているので，その分，位置エネルギーはA点のときより小さくなるから。

解説

(1) ①…dは，光の強さが0の状態なので，光合成はおこなわれず，植物Aの呼吸による二酸化炭素の排出量のみを示すと考えられる。植物AにPの強さの光を当てると，呼吸による二酸化炭素の排出量よりも，光合成による二酸化炭素の吸収量のほうが大きくなり，見かけ上はaの量の二酸化炭素を吸収しているように見える。実際に吸収している量は，呼吸によって排出された量dを加えたa＋dとなる。

②…二酸化炭素の吸収量が一定になり始めたときの光の強さは，光をそれ以上強くしても光合成がさかんにならない光の強さ（光飽和点という）を示しており，その強さは，植物Bのほうが植物Aより弱い。それは，植物Bが植物Aより光の強さが弱い場所での生育に適応しているということである。したがって，植物Bは植物Aより日当たりの悪い環境で生育していると考えられる。

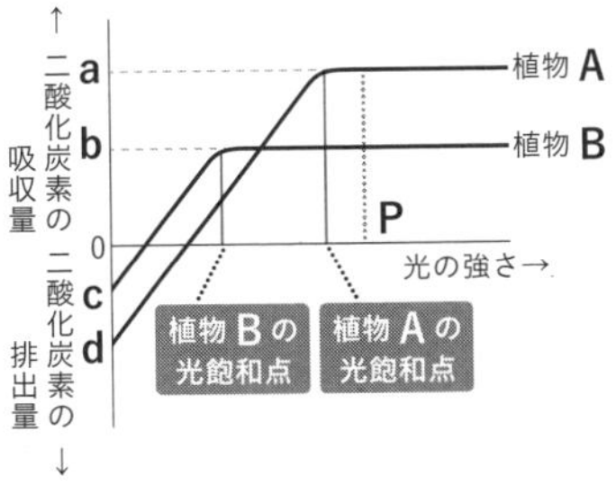

(2) 力学的エネルギーの保存により，球のもつ位置エネルギーと運動エネルギーの和は，A点とCを通過するときで等しい。Cを通過するときは水平方向に動いているので，球は運動エネルギーをもっている。その分，Cを通過するときにもつ位置エネルギーはA点のときより小さくなるため，球はA点より低いところを通過する。

2 (1) **湿球　21.5 ℃　湿度　79%**

(2) **20 ℃**

(3) **エ**

解説

(1) 乾湿計では，水が蒸発するときにまわりから熱をうばうため，湿球のほうが乾球より示度が低くなる。したがって，左側が乾球の示度（24.0 ℃），右側が湿球の示度（21.5 ℃）とわかる。また，表1の湿度表の左端の列（縦）は乾球の示度を，上端の行（横）は乾球と湿球の示度の差をそれぞれ示している。よって，左端の24 ℃の行と，上端の，24 − 21.5 = 2.5（℃）の列の交わる79%がそのときの湿度である。

(2) 気温24 ℃の飽和水蒸気量は，表2より21.8 g/m^{3}だから，湿度79%の空気1 m^{3}にふくまれる水蒸気の量は，21.8 × 0.79 = 17.222(g) である。飽和水蒸気量が17.222 g/m^{3}に近い温度は20 ℃なので，このときの露点は約20 ℃である。

(3) 露点は，空気1 m^{3}にふくまれる水蒸気の量と，飽和水蒸気量が一致するときの温度である。飽和水蒸気量は温度が低いほど小さくなるので，露点が低くなったということは，その空気1 m^{3}にふくまれる水蒸気の量が少なくなったことを示している。湿度は，そのときの気温の飽和水蒸気量に対する，空気中の水蒸気の量の割合で決まるので，新しい空気の温度が高い場合，その空気の湿度が低くても，ふくまれる水蒸気の量が多く露点が高くなる場合もある。そのため，ウは必ずしも正しいとは言えない。

$$湿度(\%)=\frac{空気1\,m^3中にふくまれる水蒸気の量(g/m^3)}{その温度での飽和水蒸気量(g/m^3)}\times 100$$

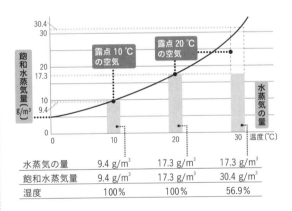

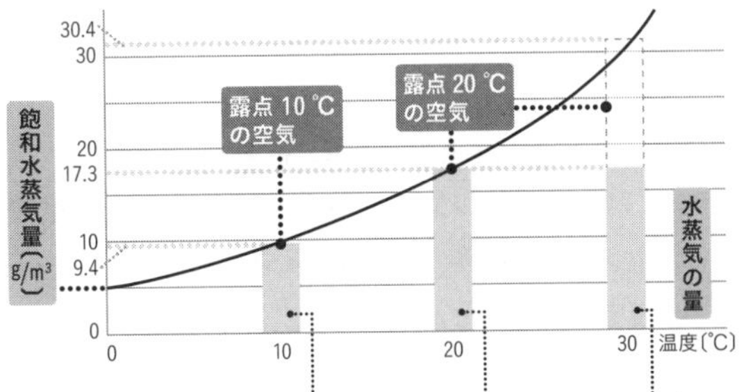

水蒸気の量	9.4 g/m^3	17.3 g/m^3	17.3 g/m^3
飽和水蒸気量	9.4 g/m^3	17.3 g/m^3	30.4 g/m^3
湿度	100%	100%	56.9%

3 (1) **黄色→緑色→青色**

(2) $H^+ + OH^- \rightarrow H_2O$

(3) **水素イオン　エ**

イオンの合計数　ウ

解説▼

⑴ うすい塩酸にうすい水酸化ナトリウム水溶液を加えていくと中和が起きて，混合液は酸性→中性→アルカリ性と変化する。したがって，BTB溶液の色は，黄色→緑色→青色と変化する。

⑵ うすい塩酸にうすい水酸化ナトリウム水溶液を加えると，塩酸の中の水素イオン（H^+）と水酸化ナトリウム水溶液の中の水酸化物イオン（OH^-）が反応して水が生じる。その反応をイオンの化学式を用いた反応式で表すと，$H^+ + OH^- \rightarrow H_2O$ となる。

⑶ うすい塩酸とうすい水酸化ナトリウム水溶液の中和反応全体の化学反応式は下記のようになる。

$$HCl + NaOH \rightarrow NaCl + H_2O$$

ナトリウムイオン（Na^+）と塩化物イオン（Cl^-）は，混合液中では結びつかず，それぞれイオンのままで存在している。

水素イオンは，水酸化物イオンと結合して水になっていくので，水素イオンの数はしだいに減少する。しかし，水素イオンが減少した分だけナトリウムイオンがふえるため，水溶液中のイオンの合計数は変化しない。完全に中和したあとは中和反応は起こらないため，加えたナトリウムイオンと水酸化物イオンの分だけイオンの合計数はふえていく。それぞれのイオンの水溶液中の数の変化のグラフは，以下のとおりである。

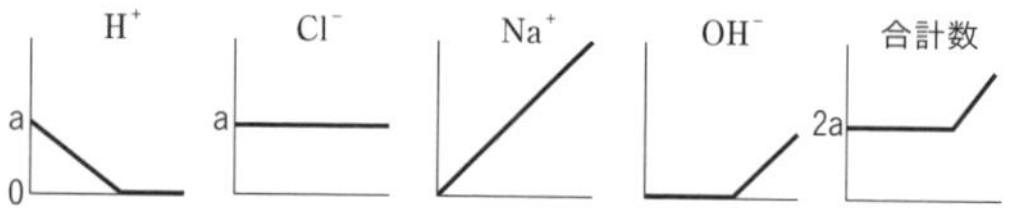

4 ⑴ **X　網膜　Y　虹彩**

⑵ **ウ**

⑶ ① **スクリーン　左へ動かす。**
像の大きさ　小さくなる。

② **（例）レンズの厚みを変えて焦点の位置（焦点距離）を変化させる。**

③ **ウ**

解説▼

⑴ ヒトの目のつくりの中で，**X**は網膜で，光の刺激を受けとる細胞がある。**Y**は虹彩とよばれるレンズの前にあるドーナツ状のうすい膜で，のび縮みすることでひとみの大きさを変え，レンズを通る光の量を調節する。

⑵ 網膜に映った像を，網膜の裏側，すなわち図の右側から見ると，光源に対して上下左右が逆さまの像が見える。したがって，レンズの側から見ると上下だけが逆さまの像になる。

⑶ ①…光源を左に移動すると，できる実像の位置は左にずれるので，スクリーンを左へ動かす必要がある。また，光源をレンズから遠ざけるほど，できる実像の大きさは小さくなる。光源を焦点距離の２倍の位置に置くと，光源と同じ大きさの実像が焦点距離の２倍の位置にできる。

②…ヒトの目では，光源までの距離が変わっても網膜の位置を動かすことはできない。そこで，レンズのまわりにある筋肉によってレンズの厚みを変え，レンズの焦点距離を変化させることで，ピントの合った像を網膜上に映せるようになっている。

③…下の図１で，光源の**P**から出てレンズを通過した光は，すべてスクリーン上のP_1に集まる。また，**Q**から出た光はすべてQ_1に集まる。このように，**PQ**間の各点から出てレンズを通過した光は，すべてP_1Q_1間の対応する点に集まることで，$P_1 - Q_1$の全体像が映る。次に，図２のようにレンズの上半分をおおっても，**PQ**間から出た光のうちレンズの下半分を通過した光は，それぞれP_2Q_2間に集まる。このとき，レンズを通過する光が半分になるので像は暗くなるが，$P_2 - Q_2$の全体像はスクリーンに映る。それに対して，図３のようにレンズをおおうと，**PR**間から出た光はレンズを通過できない。それに対し，**RQ**間から出た光は，レンズを通過してR_3Q_3間に集まる。したがって，スクリーンに映る像は，$P_3 - R_3$の部分が欠けた$R_3 - Q_3$の像になる。

図１

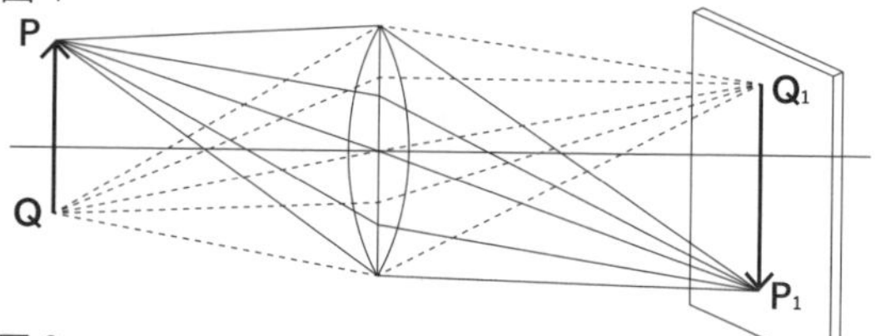

図２

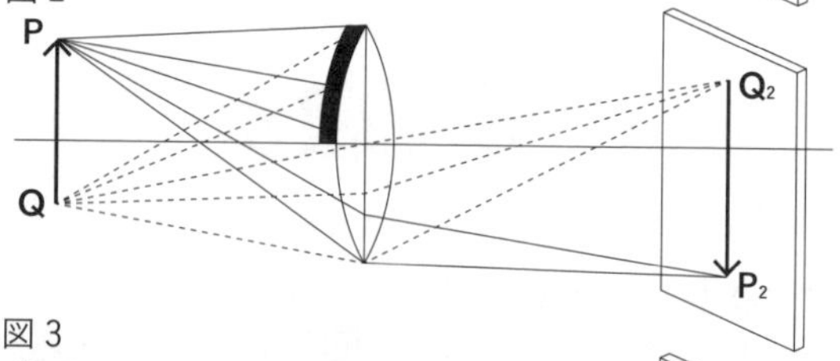

図３

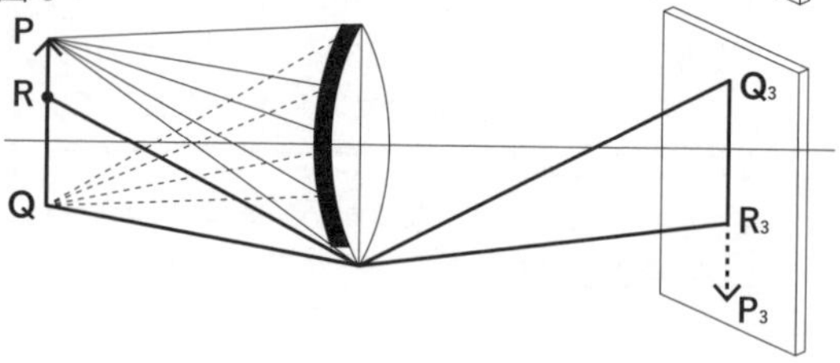

5 (1) **ウ**

(2) ① **北緯 66.6°**

② **イ**

③ **エ，オ**

解説 ▼

(1) 地球の内部に棒磁石が入っていると考えると，N 極とS 極は引き合うため，方位磁針のN 極の指す地球の北極付近にはS 極があることになる。また，磁界の向きはN 極からS 極へ向かうと決まっているので，方位磁針のN 極の指す向きはその地点の磁界の向きに一致する。したがって，地球の磁界の向きは，方位磁針のN 極の指す **a** の向きである。

(2) ①…地軸は，地球が公転している平面（公転面）に対して垂直な方向から約 23.4° 傾いている。したがって，夏至の日に太陽の光は下の図1のように地球に当たる。その結果，**P** 点より緯度の高いところでは，地球が地軸を中心に1回自転しても太陽の光が当たり続ける。つまり，真夜中でも太陽が地平線の下に沈まない白夜になる。**P** 点の緯度を x° とすると，図中の x が **P** 点の緯度を表している。よって，$x = 90 - 23.4 = 66.6$(°)　つまり，北緯 66.6° より北の地点で白夜が見られる。

図 1

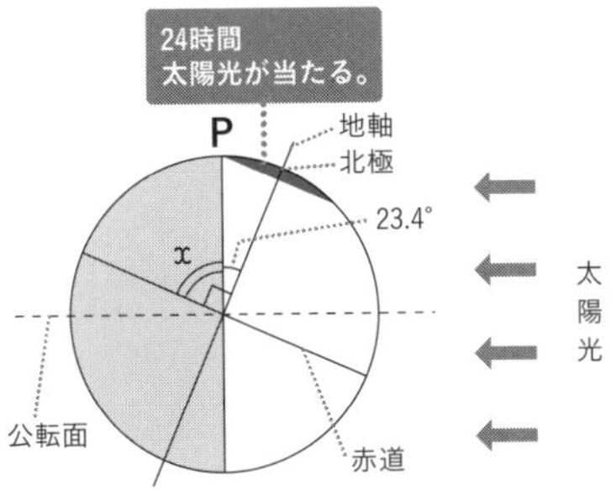

②…①より，夏至の日に北緯 66.6° より北の地点では真夜中でも太陽が地平線の下に沈まないため，北緯 86.5° 上の北磁極でも太陽は地平線の下に沈まない。したがって，**イ**のような太陽の動きになる。ちなみに北極点では，次の図2のように，春分と秋分の日に太陽は地平線上を1周し，春分→夏至→秋分の半年間は白夜が続く。逆に，秋分→冬至→春分の半年間は太陽がのぼらない極夜とよばれる現象が続く。

図 2

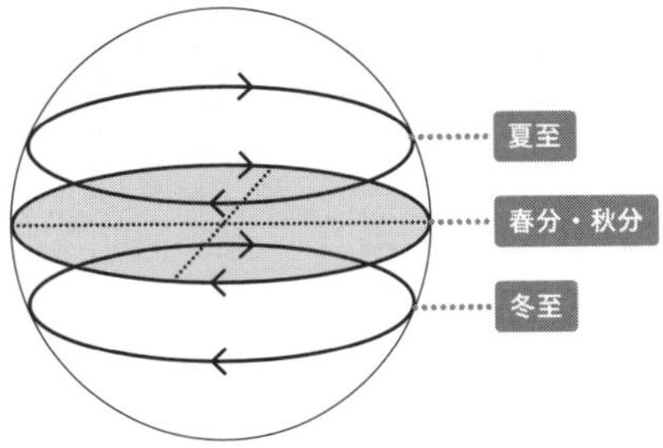

⬆北極点での太陽の日周運動

③…赤道上の地点での，夏至の日，春分・秋分の日，冬至の日の太陽の日周運動は，下の図3のようになる。

図 3

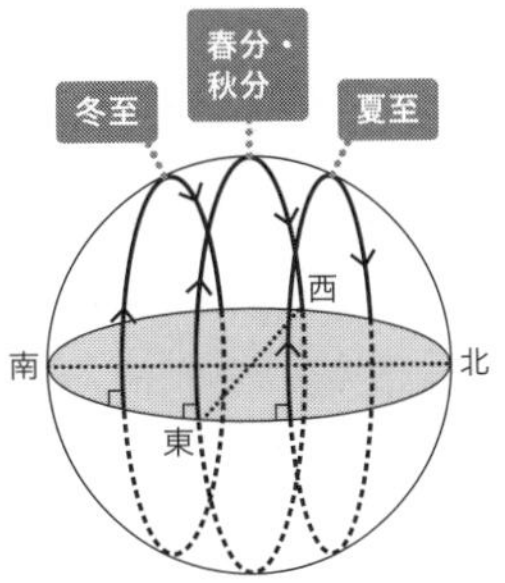

⬆赤道上の地点での太陽の日周運動

図3のように，太陽は1年中，地平線に対して垂直にのぼり（**ア**），垂直に沈む。また，夏至の日の太陽は，1年のうちで最も北寄りの東の地平線からのぼり，最も北寄りの西の地平線に沈む（**イ**）。逆に，冬至の日の太陽は，1年のうちで最も南寄りからのぼり，最も南寄りに沈む。春分と秋分の日の太陽は，真東からのぼり，真西に沈む。南中高度が最も高くなるのは春分と秋分の日で（**ウ**），その角度は 90° である。さらに，秋分→冬至→春分の半年間，太陽は東からのぼったあと南の空を通過し，春分→夏至→秋分の半年間は北の空を通過する。また，下の図4のように，北極星の高度は観測地点の緯度に等しいから，北緯 0° の赤道上での北極星の高度は 0° となる。よって，北極星は地平線上にあり観測できない。したがって，**エ**と**オ**が誤り。

図 4

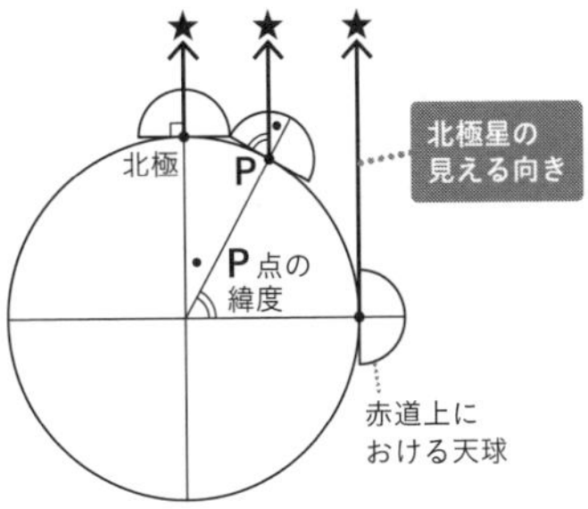

入試予想問題②

本冊172ページ

1 (1) **X A (E)**
Y E (A)
Z D
(2) **季節 冬**
気圧配置 西高東低

解説▼

(1) ①より，5つの水溶液の中で，青色の**B**は硫酸銅水溶液である。②より，フェノールフタレイン溶液を加えて赤色になった**C**と**E**はアルカリ性なので，うすい水酸化ナトリウム水溶液かうすい水酸化バリウム水溶液のいずれかである。③より，BTB溶液の色が黄色になった**A**と**B**は酸性で，**B**は硫酸銅水溶液なので，**A**はうすい塩酸である。④より，**B**の硫酸銅水溶液にうすい水酸化バリウム水溶液を加えると，硫酸バリウムの白い沈殿ができる。したがって，**C**はうすい水酸化バリウム水溶液，②より**E**はうすい水酸化ナトリウム水溶液とわかる。よって，残った**D**は食塩水である。うすい塩酸にうすい水酸化ナトリウム水溶液を加えると，中和して水と塩化ナトリウムが生じる。よって，⑤で用いた試験管**X**と**Y**は，うすい塩酸とうすい水酸化ナトリウム水溶液のいずれかの水溶液で，そのとき生じた物質と同じ物質が溶けている試験管**Z**は食塩水である。

(2) 図の雲画像では，日本海に北西から南東に向かってのびるすじ状の雲が多く見られる。これは，北西の季節風が日本海の上空を通過するときに，暖流である対馬海流から大量の水蒸気が供給されることで生じた雲である。このような雲画像が見られる季節は冬で，このとき下の天気図のような西高東低の気圧配置になっていることが多い。

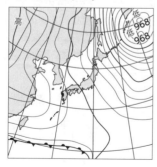

2 (1) **70 mA**
(2) **280 mA**
(3) **112 mA**
(4) **スイッチ Ⅰ，Ⅲ**
電流計 560 mA
(5) **900 Ω**

解説▼

(1) 設問文の図の状態のとき，**PQ**間には，左上にある600 Ωと右下にある200 Ωの電熱線が直列につながっている。したがって，回路を流れる電流は，

$$\frac{56(\mathrm{V})}{(600+200)(\Omega)}=0.07(\mathrm{A})$$

すなわち，70 mAとなる。

(2) スイッチⅠだけを入れると，回路は下の図1のように，左上の600 Ωの電熱線と抵抗のない導線とが並列につながり，それらと右下の200 Ωの電熱線が直列につながる。このように，抵抗のある電熱線と抵抗のない導線とを並列につなぐと，電流はすべて抵抗のない導線のほうに流れ，抵抗のある電熱線には電流が流れない。したがって，**PQ**間の抵抗は，下の図2のように200 Ωになる。よって，回路を流れる電流は，$\frac{56(\mathrm{V})}{200(\Omega)}=0.28(\mathrm{A})$　すなわち，280 mAとなる。

図1

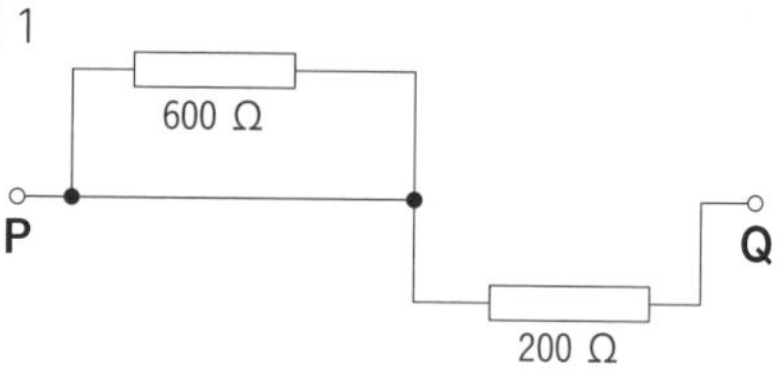

図2

(3) スイッチⅡだけを入れると，左側の2本の600 Ωの電熱線が並列につながり，それらと右下の200 Ωの電熱線が直列につながる。2本の600 Ωの電熱線の合成抵抗Rは，$\frac{1}{R}=\frac{1}{600}+\frac{1}{600}=\frac{2}{600}=\frac{1}{300}$　よって，$R=300(\Omega)$　したがって，回路を流れる電流は，

$$\frac{56(\mathrm{V})}{(300+200)(\Omega)}=0.112(\mathrm{A})$$

すなわち，112 mAとなる。

(4) **PQ**間の抵抗が最小になると，電流計の示す値が最大になる。抵抗を並列につなぐと合成抵抗は小さくなる。また，各抵抗の値が小さいほうが，合成抵抗の値も小さくなる。そこで，左側の電熱線には電流が流れない状態，かつ，右側の2本の200 Ωの電熱線を並列つなぎにするために，スイッチⅠとⅢを入れる。そのときの合成抵抗Rは，

$$\frac{1}{R}=\frac{1}{200}+\frac{1}{200}=\frac{2}{200}=\frac{1}{100}$$

よって，$R=100(\Omega)$　回路を流れる電流は，

$\frac{56(\text{V})}{100(\Omega)} = 0.56(\text{A})$　すなわち，560 mA となる。

(5) **(1)**〜**(4)**で，それぞれ**PQ**間の抵抗は，800 Ω，200 Ω，500 Ω，100 Ω であった。残りの 300 Ω，400 Ω，600 Ω，700 Ω，900 Ωをつくる方法を考える。
スイッチⅣだけを入れると，右下の 200 Ωの電熱線には電流が流れないので，全抵抗は左上の電熱線の 600 Ω，スイッチⅡとⅣを入れると，左側の２本の 600 Ωの電熱線が並列になるので，全抵抗は 300 Ω，スイッチⅢだけを入れると，右側の２本の 200 Ωの電熱線が並列になり，それが左上の 600 Ωの電熱線と直列につながるので，全抵抗は 700 Ωになる。スイッチⅡとⅢを入れると，回路は下の図３のようになる。このような回路（ブリッジ回路とよばれる）の抵抗を考えるときは，下の図４のような回路に置き換えて考えるとよい。
PR間，**SQ**間の合成抵抗をそれぞれR_1，R_2とすると，
$\frac{1}{R_1}=\frac{1}{600}+\frac{1}{600}=\frac{1}{300}$，$\frac{1}{R_2}=\frac{1}{200}+\frac{1}{200}=\frac{1}{100}$より，
$R_1 = 300(\Omega)$，$R_2 = 100(\Omega)$
よって，全抵抗$R = 300 + 100 = 400(\Omega)$になる。
残る 900 Ωだけは，実現できない。

図３

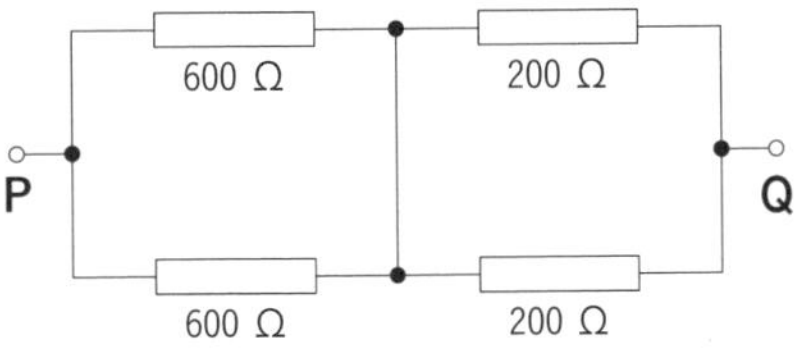

図４

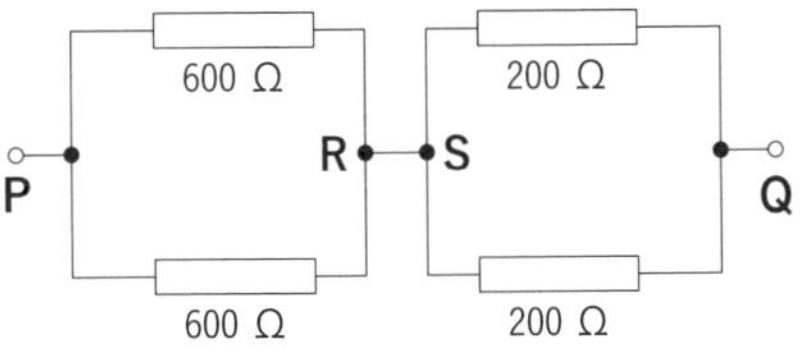

3 (1) **P波　6.0 km/s**
S波　3.6 km/s
(2) **90 km**
(3) ① **19.9 km**　② **30 km**
(4) **ウ**

解説 ▼

(1) **A**，**B**２つの観測地点の震源からの距離の差は，
108 −36 =72〔km〕　P 波，および S 波の到着時刻の差は，P 波は，26−14=12〔秒〕，S 波は，38 −18=20〔秒〕である。よって，それぞれの波の速さは，
P 波は，$\frac{72}{12}= 6.0$〔km/s〕　S 波は，$\frac{72}{20}= 3.6$〔km/s〕
となる。

(2) 表から，地点**C**は地点**A**よりも，初期微動の開始時刻が 23−14=9〔秒〕遅いことがわかる。
(1)より，P 波の伝わる速さは 6.0 km/s なので，6.0〔km/s〕×9〔秒〕=54〔km〕だけ，地点**C**は地点**A**よりも震源から遠い。したがって，地点**C**の震源からの距離**X**は，36+54=90〔km〕となる。

(3) ①…縮尺 10 万分の１の地図上で，19.9 cm の長さの実際の距離は，19.9 × 100000 = 1990000〔cm〕　すなわち，$1990000 \times \frac{1}{100} \times \frac{1}{1000} = 19.9$〔km〕となる。
（$\frac{1}{100}$：メートルへ変換，$\frac{1}{1000}$：キロメートルへ変換）

②…右図のように，観測地点**A**から震源**K**までの距離は 36 km，震央**E**までの距離は 19.9 km である。よって，震源の深さを d km とすると，三平方の定理により，
$19.9^2 + d^2 = 36^2$ が成り立つ。
これを解くと，
$d^2 = 36^2 - 19.9^2 \fallingdotseq 900$
よって，$d = 30$〔km〕となる。

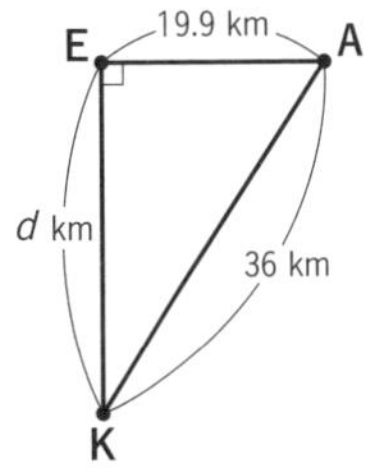

(4) マグニチュードは，その地震のエネルギーの大きさを表す数値で，数値が２大きくなると 1000 倍大きくなると決められている。したがって，数値が１大きくなると，$\sqrt{1000} = 31.62\cdots$より，およそ 32 倍大きくなる。マグニチュード 6.2 の地震のエネルギーは，マグニチュード 4.2 の 1000 倍，マグニチュード 7.2 の地震のエネルギーは，マグニチュード 6.2 のおよそ 32 倍である。よって，マグニチュード 7.2 の地震のエネルギーは，マグニチュード 4.2 のおよそ，1000 × 32 = 32000 倍になる。

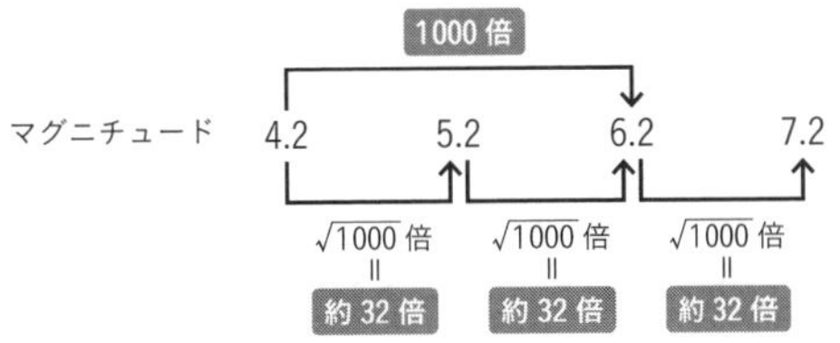

4 (1) ① **セキエイ**　② **ア**
(2) **イ**
(3) ① $CaCO_3 + 2HCl \rightarrow CaCl_2 + H_2O + CO_2$
② **0.8 g**　③ **1.4 g**

解説 ▼

(1) ①…無色透明で不規則に割れ，ガラスの破片のような鉱物はセキエイである。
②…セキエイのような無色鉱物を多くふくむ火山灰は，ねばりけの強いマグマが噴出してできたものである。そのようなマグマが固まると，おわんをふせたような形の火山になる。

(2) 泥岩・砂岩・れき岩は，川が運んできた土砂が，海

底や湖底で固まってできた堆積岩である。この3つの堆積岩は，粒の大きさで区別される。

(3) ①…炭酸カルシウムにうすい塩酸を加えると，塩化カルシウムと水と二酸化炭素が生じる。

②…うすい塩酸および加えた石灰岩（炭酸カルシウム）の質量の合計と，反応後に残った物質の質量との差が，発生した二酸化炭素の質量である。設問文の表からその差を求めると，石灰岩を 2.0 g, 2.5 g, 3.0 g 加えたときはすべて 0.8 g になっているので，このときうすい塩酸 10.0 g はすべて反応しており，0.8 g の二酸化炭素が発生するとわかる。

③…②で，うすい塩酸 10.0 g がすべて反応して二酸化炭素が 0.8 g 生じるとき，過不足なく反応する石灰岩の質量を考える。表で，石灰岩を 0.5 g, 1.0 g（2倍），1.5 g（3倍）としたとき，発生する二酸化炭素の質量も 0.2 g, 0.4 g（2倍），0.6 g（3倍）となっているので，0.8 g の二酸化炭素が生じるときに過不足なく反応する石灰岩の質量を x g とすると，0.5 : 0.2 = x : 0.8 より，x = 2.0〔g〕とわかる。したがって，実験で用いた塩酸の2倍の濃度の塩酸 10.0 g と過不足なく反応する石灰岩は，
2.0 × 2 = 4.0〔g〕で，発生する二酸化炭素の質量は 0.8 × 2 = 1.6〔g〕である。よって，加えた石灰岩 3.5 g はすべて反応し，発生する二酸化炭素の質量は，反応した石灰岩の質量に比例する。このとき発生した二酸化炭素の質量を y g とすると，
4.0 : 1.6 = 3.5 : y
これを解くと，y = 1.4〔g〕となる。

5 (1) **ア　子房**
イ　被子
ウ　双子葉
エ　離弁花
(2) ①　**緑色**
②　**実験Ⅰ　GG　実験Ⅳ　YY**
③　**（例）すべて緑色のさやをつけた**
④　**（例）すべて緑色のさやがつく。**

(1) 胚珠が子房に包まれているのは被子植物，その中で網目状の葉脈をもつものは双子葉類，双子葉類の中で花弁がばらばらになるものは離弁花類である。

(2) ①…実験Ⅱにおいて，実験Ⅰで得られた種子を育てて自家受粉させたとき，すべて緑色のさやをつけたことから，さやを緑色にする形質のほうが顕性といえる。

②…種子をおおうさやは，胚珠を包んでいた子房が成長したものである。したがって，さやのもつ遺伝子は，受精でできた種子の遺伝子と同じものではなく，めしべの一部である子房をつくった親のエンドウのもつ遺伝子と同じものである。したがって，実験Ⅰでついた緑色のさやは，そのさやをつけたエンドウ **A** のもつ遺伝子 GG を，実験Ⅳでついた黄色のさやは，エンドウ **B** のもつ遺伝子 YY をそれぞれもっている。

③…実験Ⅳで遺伝子 YY をもつエンドウ **B** と，遺伝子 GG をもつエンドウ **A** をかけ合わせてできた種子のもつ遺伝子は，すべて GY である。したがって，実験Ⅴでその種子を育てて自家受粉させると，ついたさやのもつ遺伝子はすべて GY であり，さやはすべて緑色になる。

④…遺伝子 GY をもつエンドウのめしべに，遺伝子 YY をもつエンドウの花粉をつけたとき，つくさやのもつ遺伝子はめしべをつくった親のもつ遺伝子 GY である。したがって，すべて緑色のさやがつく。

GAKKEN
PERFECT
COURSE